LEONHARDI EULERI

OPERA OMNIA

LEONHARDI EULERI

LETTRES A UNE PRINCESSE D'ALLEMAGNE

ACCESSERUNT

RETTUNG DER GÖTTLICHEN OFFENBARUNG

ELOGE D'EULER PAR LE MARQUIS DE CONDORCET

VOLUMEN POSTERIUS

EDIDIT

ANDREAS SPEISER

AUCTORITATE ET IMPENSIS
SOCIETATIS SCIENTIARUM NATURALIUM HELVETICAE

TURICI MCMLX

VENDITIONI EXPONUNT
ORELL FÜSSLI TURICI

TYPIS EXCUSSIT ORELL FÜSSLI TURICI

LEONHARDI EULERI
OPERA OMNIA

SUB AUSPICIIS
SOCIETATIS SCIENTIARUM NATURALIUM
HELVETICAE

EDENDA CURAVERUNT

ANDREAS SPEISER
ERNST TROST
CHARLES BLANC

SERIES TERTIA
LETTRES A UNE PRINCESSE D'ALLEMAGNE
VOLUMEN DUODECIMUM

AUCTORITATE ET IMPENSIS
SOCIETATIS SCIENTIARUM NATURALIUM HELVETICAE

TURICI MCMLX

VENDITIONI EXPONUNT
ORELL FÜSSLI TURICI

VORREDE ZUM BAND III 12

Über die Briefe an die Deutsche Prinzessin ist in der Einleitung zum vorigen Band III 11 berichtet worden, und wir haben keinen Anlaß, darauf zurückzukommen, dagegen geben uns die beiden weiteren Abhandlungen, nämlich die «Rettung der göttlichen Offenbarung gegen die Einwürfe der Freigeister» und der «éloge» von CONDORCET noch Gelegenheit, einiges zu bemerken.

EULER ALS THEOLOGE

EULER hatte zunächst Theologie studiert und mit seinem Vater, der bei JACOB BERNOULLI und bei SAMUEL WERENFELS wissenschaftlich ausgebildet wurde, viel über die damals wichtigen Gegenstände verhandelt. Das Hauptproblem bildete offenbar die Frage, ob man als Christ die neuen Lehren, namentlich die KOPERNIKANische, glauben dürfe. Bekanntlich wurden in Italien und in Frankreich die Anhänger dieser Wissenschaft verfolgt. Alles kam auf die große Frage an, ob Gott in der Bibel den Aufbau der Welt geoffenbart hatte. Die Tendenz in diesem Kreise ging dahin, daß diese Frage zu verneinen sei. Die einzige Veröffentlichung, die EULER der Theologie gewidmet hat, besteht in seiner Widerlegung der Lehre der Freigeister. Sie ist anonym erschienen, wurde aber sogleich als sein Werk erkannt und ist äußerst knapp verfaßt, so daß sie kaum mehr im Auszug wiedergegeben werden kann, weshalb THOLUCK auch meist wörtliche Zitate verwendet. Wenn er sie mit AUGUSTIN vergleicht, so hat er vollkommen recht, denn selbst in der Theologie, die an präzise Arbeit gewöhnt ist, gibt es wenige Schriften, die so klar geschrieben sind. Man sieht, daß der Verfasser viele Jahre mit diesen Fragen geistig gerungen hat, bis ihm diese Darstellung gelang. Es handelt sich offenbar um eine der wichtigsten Fragen für die Wissenschaft. Wenn die heutige Theologie sich nicht mehr viel um sie kümmert, so liegt dies einerseits daran, daß mit EULERS Abhandlung die Schwierigkeit endgültig gelöst wurde, andrerseits aber auch darin, daß diese Wissenschaft immer mehr in das historische Fahrwasser gelangte, wo Naturwissenschaft kaum mehr getrieben wird.

Die Abhandlung beginnt mit dem Satz: «Die Kräfte der Seele äußern sich in einem gedoppelten Vermögen, davon man eines den Verstand, das andere den Willen nennt.» Auf dieser Grundlage beruhen sämtliche weiteren Überlegungen. Die Freigeister pflegten über die Bibel zu spotten, wegen der dort geltenden altmodischen Anschauungen über den Kosmos. EULER bekämpft sie. Er hatte darin viele Vorläufer, ich erwähne das 16. Kapitel in den Caractères von LA BRUYERE, wo es heißt: «Je voudrais voir un homme sobre, modéré, chaste, équitable, prononcer qu'il n'y a point de Dieu, il parlerait du moins sans intérêt, mais cet homme ne se trouve point.» EULER löst das Problem durch den Satz: Gottes Offenbarung bezieht sich auf den Willen, nicht auf den Verstand. Sein oberstes Gebot lautet: Liebe Gott und den Nächsten, und dieses kann nicht mehr überboten werden.

Nun erhebt sich die Frage: Warum hat Gott nicht auch das oberste Naturgesetz geoffenbart? Die Antwort lautet so: Unsere Glückseligkeit besteht in der vollkommenen Unterwerfung unseres Willens unter Gottes Willen. Nun wächst aber mit der Erkenntnis auch der Bereich für unsere Pflichten. Wenn unsere Erkenntnis absolut wäre, so wäre das Feld unserer Pflichterfüllung unermeßlich, und es wäre unmöglich, unseren Willen demjenigen Gottes zu unterwerfen. Denn mit der Pflichterfüllung ist es nicht getan, sondern (§ 9) «solange der Mensch noch eine Widerstrebung gegen das wahre Gute, das ist gegen den göttlichen Willen, bei sich verspürt, so ist dieselbe schon für sich ein sicheres Merkmal einer innerlichen Unruhe und Unzufriedenheit, von welcher die wahre Glückseligkeit ganz und gar befreit werden muß».

Denselben Gedanken findet man bei FICHTE, offenbar mit einer Spitze gegen KANT, in folgendem Satz (Sämtliche Werke Bd. X, S. 292): «Das aus eigennütziger Klugheit oder auch aus Selbstachtung zufolge eines kategorischen Imperativs Entsprungene gibt tote und kalte Früchte, ohne Segen für den Täter und den Empfänger.» Auch dies ist ein zentraler Punkt der Theologie, dessen Wichtigkeit heute wohl überall anerkannt ist.

Aus dieser Überlegung heraus folgt EULERS Abneigung gegen die Metaphysik in der Naturwissenschaft: Wir sind nur vermögend, einen sehr geringen Grad in dieser Erkenntnis zu erreichen, und die Aufsuchung eines allgemeinen Weltgesetzes ist ein vergebliches Bemühen. Dagegen können wir im Verlauf unserer Untersuchungen in immer höherem Maße Grund zur Bewunderung der göttlichen Schöpfung gewinnen, und so ist die Grundstimmung EULERS, wie übrigens auch KEPLERS, die, welche wir am treffendsten in den Versen GOETHES wiedergeben können:

Die unbegreiflich hohen Werke Sind herrlich wie am ersten Tag.

Dies muß man vor Augen haben, wenn EULER etwa in der Verteidigung von MAUPERTUIS' Gesetz überschwenglich spricht.

Wir sind damit auf ein Thema gekommen, das in der Folgezeit zu den abenteuerlichsten Behauptungen führte, die grundfalsch sind, und darüber wollen wir noch berichten.

DER FALSCHE LEIBNIZBRIEF UND DAS URTEIL DER BERLINER AKADEMIE

Als MAUPERTUIS 1746 Präsident der Berliner Akademie wurde, war er ein weltberühmter Mann. Seine Expedition in den Norden hatte die Abplattung der Erdkugel endgültig festgestellt, und wir wissen, etwa am Beispiel von FRITHJOF NANSEN, welche Popularität derartige wissenschaftliche Forschungsreisen in den hohen Norden verleihen. Er war auch wissenschaftlich gebildet und erkannte in EULER den ebenbürtigen Kollegen, so daß die beiden Männer sich rasch befreundeten; der letztere war und blieb der eigentliche Leiter der mathematisch-naturwissenschaftlichen Klasse der Akademie, wenn auch MAUPERTUIS offiziell die Macht in den Händen hatte. Da über dieses Verhältnis falsche Ansichten verbreitet sind, indem man EULER Unterwürfigkeit gegenüber dem Präsidenten vorwarf, so wollen wir aus einem Schreiben, das EULER an PIERRE BOUGUER 1755 richtete und das in der Basler Universitätsbibliothek aufbewahrt ist, folgenden Abschnitt mitteilen, der hier zum erstenmal publiziert wird:

«Ce que vous me marqués à l'occasion de la place d'associé étranger vacante par la mort de Mr. DE MOIVRE m'oblige à la plus vive reconnoissance et votre généreuse intention toute seule satisfait à mon peu d'ambition infiniment plus, que si vous y pouviez réussir. Car je sais que vous rencontreriés des obstacles invincibles de la part de quelques uns de vos membres, auprès desquels j'ai eu le malheur de tomber en disgrace, sans que j'en puisse deviner la raison: et pour vous dire la vérité, j'aimerois mieux n'être membre d'aucune Académie, que de l'être avec la moindre protestation de qui que ce soit. Ensuite il y a partout tant de savants qui briguent cet honneur là, et qui cherchent même l'appui des princes, que l'election d'un associé étranger est regardée presque comme une affaire de politique où l'état semble être intéressé et à cet égard votre suffrage, quoiqu'il soit sans effet, m'est infiniment plus précieux que si tous les princes s'intéressoient en ma faveur.»

Die Pariser Akademie der Wissenschaften kam in einzigartiger Höflichkeit EULERS Wunsch entgegen und ernannte ihn im selben Jahr 1755 zum Mitglied, trotzdem die Zahl der acht Auswärtigen schon erfüllt war.

PIERRE BOUGUER war der Leiter der Expedition, die gleichzeitig mit derjenigen von MAUPERTUIS nach Quito in Ecuador abgesandt wurde, um den Meridiangrad unter dem Äquator zu messen.

Ähnlich wie EULER im 18. Jahrhundert dachten im folgenden 19. seine Basler Mitbürger, wie J. J. BACHOFEN, JACOB BURCKHARDT, ANDREAS HEUSLER und andere. Ein Abhängigkeitsgefühl EULERS gegenüber dem Präsidenten bestand also sicher nicht.

Im März 1744 veröffentlichte MAUPERTUIS sein Prinzip der kleinsten Aktion, und EULER hatte unabhängig dasselbe gefunden, aber die «Methodus inveniendi lineas curvas maximi minimive proprietate gaudentes» erschien erst im September 1744 in Lausanne, so daß die Priorität nach allen Regeln dem ersteren zukam, und EULER dachte nicht daran, dies zu bestreiten, wenn auch seine Einsicht natürlich diejenige MAUPERTUIS' enorm übertraf. Das Wort «Aktion» bedeutet den Arbeitsaufwand und ist gleich der Masse mal der Geschwindigkeit mit dem Weg multipliziert. Man kann das Gesetz populär formulieren, als das Gesetz der kleinsten Mühe oder der größten Wirkung (bei gegebenem Aufwand). MAUPERTUIS macht natürlich sofort metaphysische Anwendungen, während EULER zunächst bemerkt, es gelte nicht allgemein, und alsdann ironisch auf die Möglichkeit, metaphysische Schlüsse zu ziehen, hinweist, was sich natürlich auf die LEIBNIZianer bezieht. Dies steht im zweiten Additamentum des genannten EULERschen Werkes.

1752 kam SAMUEL KÖNIG mit der Abschrift eines Briefes von LEIBNIZ nach Berlin. Er hatte durch die Marquise DU CHATELET Beziehungen zu VOLTAIRE und, statt zuerst zu seinem Landsmann EULER zu gehen, begab er sich direkt zu MAUPERTUIS. Man findet die Einzelheiten in der Vorrede zum Bande II 5 dieser Werke.

Bedenkt man die unzähligen Briefe und Kunstwerke, die seit dem Altertum bis heute gefälscht worden sind, so ist ein derartiger Brief, von dem man nur Abschriften kennt und keinen Empfänger, von vorneherein sehr verdächtig. Bis heute hat sich kein möglicher Empfänger nachweisen lassen, nachdem VARIGNON durch KABITZ in den Sitzungsberichten 1913 der Berliner Akademie ausgeschaltet wurde. Der Verfasser des Briefes hat wohl diesen mit drei echten Briefen an SAMUEL HENZI, der damals in Neuchâtel weilte, in Abschrift gesandt, und von ihm erhielt KÖNIG seine Kopie. Warum die Fälschung ausgeführt wurde, läßt sich nicht entscheiden, wahrscheinlich war der Inhalt der drei echten Briefe nicht bedeutend genug und man wollte die Sendung bereichern.

Der Verfasser hat sich kaum bemüht, den Denkstil LEIBNIZ' zu imitieren. Liest man etwa eine Reihe von Briefen an VARIGNON und schaltet man den neuen ein, so hat man einen Eindruck ungefähr, wie wenn man einige Klavierstücke von HAYDN spielt und plötzlich auf eine virtuose ungarische Rhapsodie von LISZT stößt. Der größte Teil des Briefes besteht aus einem konzentrierten Referat über einen Vortrag, in dem ein WOLFFianer das Kontinuitätsgesetz mit vielen Folgerungen auseinandersetzt. Alsdann folgt unerwartet ein Scharfschuß, bestehend aus zwei Sätzen, die aus EULERS Additamentum die Hauptresultate wiedergeben. Wir wollen sie hier wiederholen:

«Mais l'action n'est point ce que vous pensez: la considération du tems y entre; elle est comme le produit de la masse par l'espace et la vitesse, ou du tems par la force vive. J'ai remarqué que, dans les modifications de mouvemens, elle devient ordinairement un *Maximum* ou un *Minimum:* on en peut déduire plusieures propositions de grande conséquence; elle pourroit servir à déterminer les Courbes que décrivent les Corps attirés à un ou plusieurs Centres.»

Dies sind zwei vollbefrachtete Sätze, wie sie LEIBNIZ nie geschrieben hat. Zunächst finden wir die Identität

$$m v\, ds = m v^2\, dt \; .$$

Sie steht gleich auf der ersten Seite von EULERS Additamentum (I 24, p. 298), wobei man beachten muß, daß v bei EULER das Quadrat der Geschwindigkeit bedeutet. In den vierziger Jahren des achtzehnten Jahrhunderts bestand der bekannte Streit der CARTESianer und der LEIBNIZianer nach der wahren Schätzung des Kraftaufwandes, etwa beim Einschlagen eines Nagels in die Wand. Die ersteren behaupteten, er sei mv, die letzteren, er sei mv^2 (die lebendige Kraft). EULER zeigte in seiner Abhandlung E 82 (opera omnia II 8), daß beide Parteien unrecht haben, indem die ersteren den Faktor des Weges, letztere denjenigen der Zeit wegließen. Dies mußte ein WOLFFianer sogleich merken. Es folgt der Ausdruck «Maximum oder Minimum», der bei EULER gleich in der ersten Zeile steht. Hierauf wird kurz das Gesetz der kleinsten Aktion erwähnt, das einen Hauptinhalt ausmacht. Schließlich wird noch dessen Anwendung auf die Bewegung eines Körpers, der von einem oder von mehreren Zentren attrahiert wird, erwähnt (bei EULER am Ende von § 13).

Diese Übereinstimmung in schwierigen und neuen Sätzen wird den Beweis für die Unechtheit des Briefes zwingend machen. Als EULER ihn zu Gesicht bekam, erkannte er sofort die Fälschung, denn sie war ja unmittelbar gegen ihn selber gerichtet. MAUPERTUIS war natürlich empört und so beschlossen die beiden Gelehrten, den Fall vor die Akademie zu bringen, und diese erklärte denn auch, nachdem Nachforschungen nach dem Original angestellt wurden, die selbstverständlich ergebnislos verliefen, den Brief für falsch. Dies war unvorsichtig, denn sie gab VOLTAIRE, der hinter S. KÖNIG stand, die Möglichkeit, gegen seinen Feind MAUPERTUIS und die Berliner Akademie einen Schlag zu führen in Form eines Pamphletes «Diatribe du Docteur Akakia, médecin du Pape». Die Wirkung dieses hinterhältigen Knock-out's war für den Betroffenen katastrophal und das Mitleid CONDORCETS mit KÖNIG hätte sich besser auf den Präsidenten beziehen sollen. VOLTAIRE hat seine Tat sicher nie bereut, denn er wurde durch sie zum berühmtesten und gefürchtetsten Literaten seiner Zeit. Dagegen verlieh eine gütige Fee seinem Adlaten KÖNIG wie dessen Geistesvetter KLEIN ZACHES ein freundliches Andenken bei der Nachwelt.

Es dürfte nicht schwer sein, den Verfasser des Briefes ausfindig zu machen. Er war ein gewandter und gebildeter Gelehrter, der gewohnt war, Rezensionen zu schreiben. Die oben zitierte Abhandlung E 82 ist am 4. Juni 1744 in der Berliner Akademie verlesen worden, kurz vor dem Erscheinen der Methodus inveniendi. Ihr Inhalt konnte also dem Verfasser bekannt sein, und da er wahrscheinlich ein WOLFFianer war, so mußte er von der Gegnerschaft EULERS wissen. Vielleicht stand er mit dem Lausanner Verleger BOUSQUET in Beziehung, denn der «point de rebroussement», der im Brief ohne weitere Erklärung erwähnt wird, bildet den Gegenstand eines Briefes, den EULER Ende 1744 nach Lausanne eben diesem Verleger übermitteln ließ (vgl. I 9, p. 185).

Oktober 1960 ANDREAS SPEISER

NACHWORT VON ANDREAS SPEISER

Da dieser Band III 12 der letzte unserer EULERausgabe ist, so möchte ich im Namen der Redaktion den Dank aussprechen für die Leitung, welche dem ganzen Unternehmen vorgestanden hat, nämlich der EULERkommission der Schweizerischen Naturforschenden Gesellschaft, insbesondere dem langjährigen Präsidenten, Herrn Prof. Dr. ERNST MIESCHER und dem Schatzmeister, Herrn Dr. CHARLES ZOELLY, sowie den übrigen Mitgliedern. Möge es ihnen vergönnt sein, die noch ausstehenden zwanzig Bände zum guten Abschluß zu bringen.

Unser Werk hatte sich immer der tatkräftigen Unterstützung der Schweizerischen Handels- und Industriewelt zu erfreuen und bei der Feier des zweihundertfünfzigsten Geburtstages von EULER konnte ich öffentlich den Dank zum Ausdruck bringen. Ich möchte mir darum erlauben, die Ansprache, die ich damals im Namen der Redaktion gehalten habe, hier zu veröffentlichen.

ANSPRACHE AN DER EULERFEIER DER SCHWEIZERISCHEN MATHEMATISCHEN GESELLSCHAFT IN BASEL, 18. MAI 1957

Heute feiern wir zwei Jubiläen, den zweihundertfünfzigsten Geburtstag von EULER und das fünfzigste Jahr der Eulerausgabe. FERDINAND RUDIO, der Begründer der Opera omnia EULERS, erklärte das Jahr 1907 als das Geburtsjahr derselben. Damals fand in Basel ein Festakt statt und RUDIO teilte der Öffentlichkeit zum ersten Mal den Entschluß zur Ausführung dieses gewaltigen Werkes mit. Zwei Jahre später wurde in Lausanne die Eulerkommission der Schweizerischen Naturforschenden Gesellschaft unter dem Präsidium von Prof. KARL VON DER MÜHLL gegründet und schon im nächsten Jahr konnte mit dem Druck begonnen werden. In rascher Folge erschienen bis 1914 zwölf Bände, aber der Krieg und die Nachkriegszeit brachten derartige Schwierigkeiten, daß bis 1939 nur noch 15 Bände erschienen. Bald nach dem Ausbruch des Zweiten Weltkrieges durfte das Unternehmen einen neuen Aufschwung erleben, so daß heute 48 Bände im Druck fertiggestellt sind und nur noch 25 Bände übrig bleiben, die zum Teil schon druckbereit vorliegen. Wir danken der schweizerischen Privatwirtschaft für ihre gewaltige Hilfe, die es uns ermöglichte, einstweilen ohne staatliche Subvention auszukommen, namentlich den Kraftwerken, den Banken, der Aluminiumindustrie, den Maschinenfabriken, allen voran BROWN BOVERI, den Basler Chemischen Fabriken, der Zementindustrie und den Schweizerischen Versicherungsgesellschaften, und gerne gedenken wir der großen Tatkraft von Herrn Dr. MAX SCHMIDHEINY, die uns immer wieder ermutigt.

Die große Verzögerung im Druck hatte auch ihre guten Folgen. Die Bearbeiter der Bände gewannen Zeit zur Abfassung hervorragender Übersichten über die von ihnen durchgearbeiteten Abhandlungen. Das Reich der Mathematik ist nicht mit einem Bergwerk zu vergleichen, in dem man wühlt, sondern mit einem wohlgegliederten Gelände, in dem die Mathematiker, wie PLATO sagt, auf die Jagd gehen. Wie in den Alpen, muß man zunächst mühsame Wege gehen, bis sich das lachende Gelände auftut, in dem man arbeiten kann. EULER ist wohl der größte Entdecker solcher Gefilde und es bietet dem heutigen Forscher einen großen Reiz, zu sehen, wie weit er schon damals vorgedrungen ist.

Wohl das schönste Gebiet, das er entdeckt hat, bildet die höhere Zahlentheorie. Sie begleitete ihn durch sein ganzes Leben und immer wieder war er voll des Lobes darüber. Als Herausgeber wirkte zuerst RUDIO, dann konnten wir RUDOLF FUETER gewinnen, der von DAVID HILBERT ausgebildet war und selber Hervorragendes in der algebraischen Zahlentheorie geleistet hatte. Zuerst ging er mißtrauisch ans Werk, sogleich aber folgten die Überraschungen, und als er entdeckte, daß EULER schon höhere Reziprozitätsgesetze gefunden, freilich nicht bewiesen hatte, da schreibt der sonst keineswegs enthusiastische Gelehrte in der Vorrede: «Es grenzt ans Unfaßbare, wie EULER diese komplizierten Bedingungen erraten konnte. Kein schlagenderes Beispiel beweist seine geniale Einsicht in mathematische Beziehungen.» Die Sätze erwiesen sich in der Tat auf Grund der Arbeiten des vorigen Jahrhunderts als richtig. Noch heute bildet die höhere Zahlentheorie das Paradies für den Mathematiker. Leider ist es von Felsen begrenzt, die uns einstweilen noch unersteiglich sind, und ein neues Genie müßte kommen, um uns weiterzuhelfen.

In der Lehre von den unendlichen Reihen hatten namentlich Engländer des siebzehnten Jahrhunderts sehr merkwürdige Dinge gefunden. EULER machte während seines ganzen Lebens große Expeditionen darin. Seine erstaunlichste Entdeckung wurde hundert Jahre später von dem großen Mathematiker BERNHARD RIEMANN bewiesen und man nannte die Formel die RIEMANNsche Funktionalgleichung der Zetafunktion. Dessen Arbeit reicht allerdings viel weiter, aber man wunderte sich doch vor allem darüber, wie er auf die geniale Idee kam. Aber sie war zu RIEMANNS Zeiten wohlbekannt, ja es war schon ein Preis auf die Lösung gesetzt und der Mathematiker SCHLÖMILCH gab einige Monate vor RIEMANN den Beweis mit Hilfe einer andern Formel EULERS. Man kennt den Weg, wie EULER die Formel fand. Es war die Verwendung divergenter Reihen. Dieses sehr kräftige Hilfsmittel zum Entdecken handhabte er mit größter Virtuosität. Insbesondere stellte er das Problem, zu untersuchen, warum die verschiedensten Methoden stets zum gleichen und zwar richtigen Resultat führen, soweit man es kontrollieren kann. Im 19. Jahrhundert hat man, wohl aus falsch verstandenen weltanschaulichen Gründen, dergleichen Reihen verboten. Aber heute sind die Mathematiker wieder freier und mutiger geworden, so daß auch hier von EULER ein Problem für die Zukunft gestellt ist. Für unsere Ausgabe gewannen wir in Herrn Professor GEORG FABER einen hervorragenden Bearbeiter, der eine eingehende Inhaltsangabe geliefert hat.

Das Gebiet der Variationsrechnung war kurz vor EULER von JOHANN BERNOULLI in einem schönen Problem der Brachistochrone erblickt worden. EULER faßte es in seiner ganzen Allgemeinheit und schrieb ein vielbewundertes Werk sowie zahlreiche Abhandlungen. Sie wurden von dem großen in Deutschland lebenden griechischen Mathematiker CONSTANTIN CARATHÉODORY bearbeitet und lichtvoll gewürdigt. Ein weiteres Gebiet, die Flächentheorie, ist wohl ganz von EULER entdeckt und weitgehend durchforscht worden. Später machte GAUSS darin neue wichtige Funde. Diese beiden Gebiete der Variationsrechnung und der Flächentheorie ermöglichten ALBERT EINSTEIN, die allgemeine Relativitätslehre aufzustellen, und in Frauenfeld bei einer denkwürdigen Sitzung der Schweizerischen mathematischen Gesellschaft trug er 1913 seine Lehre zum erstenmal vor.

Was wir bis jetzt beschrieben haben, gehört der ersten Serie an, welche die mathematischen Werke enthält und heute vollständig erschienen ist. Auch von der zweiten Serie, mit den Arbeiten aus der Mechanik und Astronomie, sind mehrere Bände fertiggestellt. Für die Hydrodynamik konnten wir Herrn Professor TRUESDELL von der Indiana-Universität in den Vereinigten Staaten gewinnen, einen Gelehrten, der in seltener Weise die größte Kenntnis seines Faches mit einem feinen historischen Sinn verbindet. Seine beiden Vorreden geben eine vollständige Geschichte der Hydrodynamik im 17. und 18. Jahrhundert. Die Bände der Maschinenlehre übernahm der beste Kenner, Herr Professor ACKERET von der Eidg. Technischen Hochschule und wir verdanken ihm eine Geschichte der Turbine. EULER, der über eine treffliche technische Phantasie verfügte, hatte mehrere Typen bis ins letzte beschrieben, und als die Firma ECHER-WYSS vor einiger Zeit ein Modell genau nach diesen Angaben herstellte, zeigte es sich, daß die Turbine selbst den heutigen Ansprüchen genügte. Auch die dritte Serie mit philosophischen und optischen Werken ist in Angriff genommen worden. Herr Professor J. J. BURCKHARDT gab eine klare Übersicht über EULERS Leistungen in der Philosophie. Wir gedenken bei dieser Gelegenheit auch des ORELL FÜSSLI Verlages, der den Druck der Bände vortrefflich ausführt.

Nach diesem Bericht über EULERS Werke wollen wir uns seiner Lebensgeschichte zuwenden. Er ist am 15. April 1707 geboren. Sein Geburtshaus konnte noch nicht nachgewiesen werden; vermutlich lag es zwischen dem Marktplatz und dem Rhein. Der Vater war damals Vikar zu St. Jakob an der Birs, aber ein Jahr später kam er als Pfarrer nach Riehen und dort blieb er bis zu seinem Lebensende. Er hatte bei SAMUEL WERENFELS und JACOB BERNOULLI studiert. Diese beiden Gelehrten waren Jugendfreunde und in einem schönen Lobgedicht beim Tode JACOB BERNOULLIS bekennt WERENFELS, daß er ihm seine ganze Bildung verdanke. Besonders hebt er hervor, daß er ihn vor der Täuschung bewahrt habe, mit den Gesetzen der Physik die Gedanken Gottes zu erkennen. Das richtet sich deutlich gegen die metaphysische Physik von LEIBNIZ.

In dieser reinen geistigen Luft wuchs LEONHARD auf. Er bezog mit 13 Jahren die Universität und legte dort die Grundlage zu seiner humanistischen Bildung. Das Zentrum seiner Studien bildete die Theologie, und derselbe WERENFELS war auch sein Lehrer. Nachdem er mit 17 Jahren die Magisterwürde erworben hatte, wendete er sich ganz der Mathematik zu, und sein Lehrer JOHANN BERNOULLI widmete ihm viel Zeit zum Unterricht. Noch sind einige Aufsätze erhalten, aus denen die Begabung des Schülers und die Sorgfalt des Lehrers hervorgehen. Schon damals hatte EULER den durchaus neuen Begriff der willkürlichen Funktion erkannt, der sich offenbar gegen das Kontinuitätsgesetz richtet, mit dem LEIBNIZ seine mechanistische Welterklärung stützte. Mit einer Dissertation bewarb er sich im Alter von 20 Jahren um den Lehrstuhl für Physik. Darin interessieren uns namentlich die Thesen, die er am Schluß anbrachte. In der ersten erklärt er das Gesetz der prästabilierten Harmonie für falsch. Die Widerlegung dürfte wohl im Nachweis bestanden haben, daß man die willkürlichen Funktionen in der Physik brauche. Dadurch wurde ihm ermöglicht, die Freiheit in das Weltbild einzuführen, die bei LEIBNIZ, wenigstens nach der damaligen Deutung seiner Philosophie, verlorengegangen war. In einer andern These bestimmte er die Natur der Singularitäten beim Gravitationsgesetz. Er zeigte, daß ein Massenpunkt, der in ein Attraktionszentrum gelangt, dort eine unendlich große Geschwindigkeit besitzt, aber sogleich wieder abgestoßen wird. Diese Behauptung erregte allgemeines Kopfschütteln, aber heute anerkennt man ihre Richtigkeit. Namentlich ruht das sogenannte letzte Theorem von POINCARÉ aus dem Jahre 1912, das später von dem großen amerikanischen Mathematiker G. D. BIRKHOFF bewiesen wurde, auf dieser Grundlage.

EULER erhielt den Lehrstuhl für Physik nicht und er nahm den Ruf nach Petersburg an, den ihm DANIEL und NIKOLAUS BERNOULLI, zwei Söhne JOHANNS, verschafft hatten. Bei seiner Ankunft wurde er unter anderm von dem Maler GSELL aus St. Gallen empfangen, dessen Tochter er später heiratete. Das gewaltige russische Reich war in großem Aufblühen begriffen, und die Akademiker arbeiteten mit Eifer und Fleiß. Zunächst zogen ihn das Meer und die Marine an, dann rechnete er an den Karten, welche der Franzose DE L'ISLE wesentlich verbessert hatte. Er publizierte seine Musiklehre, die ihm sehr am Herzen lag und die, wie Sie gestern gehört haben, in unserer Zeit wieder zu Ehren gezogen wird. Bald erschien sein Werk über die Mechanik, das ihn in die vorderste Reihe der damaligen Gelehrten stellte.

Im Jahre 1741 folgte er einem Ruf an die wiederbelebte Berliner Akademie. Er stand nun in seinem 35. Lebensjahr, und seiner draufgängerischen Natur paßte es gut, die Geschäfte vorwärtszutreiben. Vor allem sorgte er für die Finanzen, indem er den Vertrieb eines Kalenders veranlaßte und dadurch für die Akademie erhebliche Summen flüssig machte. Die Grundlagen der exakten Naturwissenschaften überdachte er völlig neu, denn der damalige Zustand dieser Wissenschaft bildete ein wahres Chaos. Sehr grell beleuchtet KANT in seiner Schrift über die negativen Größen den Gegensatz. Nachdem er EULERS Lehre von Raum und Zeit gelobt hatte, fährt er in den prophetischen Sätzen fort: «Allein, es scheint bequemer, sich in finsteren und schwer zu prüfenden Abstraktionen aufzuhalten, als mit einer Wissenschaft in Verbindung zu treten, welche nur an verständlichen und augenscheinlichen Einsichten teilnimmt».

EULER verlebte an der Berliner Akademie 25 arbeitsreiche Jahre in völliger Freiheit. Er war ihr geistiger Leiter. In einem Preisausschreiben wurden die Anhänger der LEIBNIZ-WOLFFschen Philosophie aufgefordert, die Physik zu begründen. Das Resultat war, wie zu erwarten stand, negativ. Zwischen Potsdam und der Akademie bestanden keine gesellschaftlichen Beziehungen, nur der Präsident, der MARQUIS DE MAUPERTUIS war beim König ein gern gesehener Gast. Nach der Beendigung des siebenjährigen Krieges im Jahre 1763 erfuhr man, daß der König es nun ernst meinte mit der Berufung französischer Gelehrter und EULER merkte, daß seine Berliner Tage gezählt waren. Der wahre Leiter der Akademie wurde D'ALEMBERT in Paris. Dieser richtete einen Ruf an den jungen Piemontesen LAGRANGE, aber er erhielt die Antwort: «Il me semble que Berlin ne me convient point, tandis qu'il y a M. EULER». Er hatte vollkommen recht, denn neben EULER konnte man nicht selbständig arbeiten. EULER hatte das schon lange gemerkt und sich alle Mühe gegeben, den andern die Priorität zu überlassen. Ein hübsches Beispiel hat Herr Professor SPIESS entdeckt. Er gibt es zwar nur als eine Vermutung, aber man darf wohl sagen: Se non è vero, è *ben* trovato. NIKOLAUS I. BERNOULLI hatte EULER einen Satz mitgeteilt, den er nicht beweisen konnte. EULER schickte ihm nun Formeln, die hart an den Rand des Beweises führten, um ihm nicht die Freude der eigenen Entdeckung zu nehmen.

Einmal freilich brachte ihn seine Generosität in große Unannehmlichkeit. Er war mit MAUPERTUIS befreundet, aber er urteilte offenbar, seine wissenschaftlichen Leistungen bedürften noch einiger Aufbesserungen, und schenkte ihm darum das berühmte Variationsprinzip der Mechanik, das immer dann gilt, wenn die Kräfte ein Potential besitzen. Noch heute läuft es unter den Namen MAUPERTUIS, EULER, HAMILTON, JACOBI und andern. Dieses Geschenk konnte er freilich nur mit knapper Not begründen, denn MAUPERTUIS wußte nichts von der Variationsrechnung. VOLTAIRE, der selber Ambitionen in der Naturphilosophie hatte, wurde wütend und erhob einen Höllenlärm, der für die Akademie und ihren Präsidenten die übelsten Folgen hatte; auch EULER bekam einige Spritzer. Er hatte entschieden die Grenze überschritten. Man kann ihn damit entschuldigen, daß im 18. Jahrhundert der historische Sinn noch wenig entwickelt war. Man zitierte nie, um seine Quellen anzugeben, sondern nur in polemischer Absicht. Auch wenn KANT immer wieder EULER rühmt, so ist seine wahre Absicht, die Unwissenheit seiner philosophischen Zeitgenossen zu rügen.

Als dem König die Antwort LAGRANGES mitgeteilt wurde, war die Entlassung EULERS entschieden, aber dessen Ruhm erforderte einige Vorsicht. Soeben wurde eine Tatsache bekannt, die in der Geschichte der Mathematik einzigartig ist. Das Parlament von Großbritannien bestimmte die Summe von dreihundert Pfund zu seinen Gunsten, «weil er Theoreme geliefert hatte». Es handelte sich um die Bestimmung der Mondbahn. Bald darauf gab EULER sein Entlassungsgesuch ein und nach einigen Schwierigkeiten, die man ihm wohl nur zum Schein machte, folgte er 1766 einem Ruf nach Petersburg. Dort wurde er von der Kaiserin KATHARINA DER ZWEITEN wahrhaft verwöhnt. Zunächst veröffentlichte er 1768 seine Briefe an eine Deutsche Prinzessin, die an eine entfernte Verwandte FRIEDRICHS DES GROSSEN 1761 in französischer Sprache gerichtet waren. Sie wurden sogleich in alle Kultursprachen übersetzt und enthalten neben einer lichtvollen Darstellung der Physik eine Kritik des dogmatischen Idealismus und die Grundzüge der Transzendentalphilosophie. KANT verfaßte zwei Jahre später seine berühmte Dissertation ganz im Anschluß an EULER. Leider vernachlässigten seine späteren Nachfolger die Mathematik, und so verfiel sein grandioses Unternehmen etwa seit 1830 der Erstarrung. Es dürfte die wichtigste, aber auch schwierigste Aufgabe der zukünftigen Mathematik sein, hier wieder Leben hineinzubringen und namentlich das viel vollkommenere Gebäude, das PLATO und seine Nachfolger errichtet haben, wieder zu studieren.

Im Jahre 1766 erblindete EULER. Als er trotzdem in seiner Produktion ungehindert fortfuhr, erreichte sein Ruhm den Gipfelpunkt. Das Medaillon und die beiden Büsten, welche der Franzose RACHETTE damals schuf, zeigen ihn als einen überlegenen Menschen mit einem heiter verklärten Gesichtsausdruck, wie kaum ein anderes Gelehrtenportrait.

In seinem letzten Lebensjahr nahm seine Produktivität deutlich ab, und am 18. September 1783 starb er unerwartet an einem Herzschlag. Wohl nur wenige Menschen durften während ihres Aufenthaltes auf unserem Planeten so viele Geschenke aus der Geisteswelt entgegennehmen, wie LEONHARD EULER.

TABLE DES MATIERES

dans les lettres CXXXIII—CLIV du second tome

LETTRE CXXXIII

Je ne saurois disconvenir, que les pensées sur les couleurs, que j'ai eu autrefois l'honneur de présenter à V.A.[1]) sont encore fort éloignées du degré d'évidence auquel j'aurois souhaité les pouvoir porter. Cette matiere a été de tout tems l'écueil des Philosophes, et je ne saurois me flatter d'en lever toutes les difficultés. Cependant j'espere, que les éclaircissemens, que je vais exposer en feront évanouir une bonne partie.

Les anciens Philosophes ont rapporté les couleurs parmi les qualités des corps dont nous ne connoissons que les noms. Quand on leur demandoit, pourquoi un tel corps étoit, par exemple, rouge: ils répondoient que cela arrivoit par une qualité, qui faisoit que ce corps paroissoit rouge. V.A. comprend aisément, que par cette réponse on n'est guere avancé, et qu'il auroit autant valu avouer franchement son ignorance sur cette question.

DESCARTES qui le premier eut le courage d'approfondir les mysteres de la nature, attribua les couleurs à un certain mélange de lumiere et d'ombre.

---

1) LETTRES XXVII, XXVIII et XXXI du Tome I.

Or l'ombre n'étant autre chose qu'un défaut de lumiere, puisque l'ombre se trouve toujours où la lumiere ne sauroit pénétrer, on voit bien que la lumiere mêlée avec un défaut de lumiere, ne sauroit produire les différentes couleurs, que nous observons dans les corps.

Comme nous savons que nous ne voyons rien que moyennant des rayons qui entrent dans nos yeux, il faut bien que les rayons qui excitent dans nos yeux le sentiment de la couleur rouge, soient d'une autre nature, que ceux, qui y excitent la sensation des autres couleurs; et de là on comprend aisément, que chaque couleur est attachée à une certaine qualité des rayons dont le sens de la vue est frappé. Un corps nous paroît, par exemple rouge, lorsque les rayons qui en sont lancés sont de telle nature, qu'ils excitent dans nos yeux la sensation de la couleur rouge.

Tout revient donc à approfondir cette différence entre les rayons, qui fait que les uns excitent la sensation de la couleur rouge, et les autres celle des autres couleurs. Il doit donc y avoir une grande différence parmi les rayons, pour produire de si différentes sensations dans nos yeux. Mais en quoi cette différence pourroit-elle consister? Voilà la grande question à laquelle se réduit toute notre recherche.

La premiere différence qui s'offre entre les rayons, est que les uns sont plus forts que les autres. Il n'y a aucun doute que les rayons du soleil ou d'un autre corps fort brillant, ou fort éclairé, ne soient beaucoup plus forts que ceux qui viennent d'un corps peu éclairé, ou doué d'une lumiere très foible; nos yeux en sont sans doute frappés fort différemment.

De là on pourroit soupçonner, que les diverses couleurs résultent de la force des rayons; de sorte que les rayons les plus forts produisent, par exemple, la couleur rouge, les moins forts la couleur jaune, et ensuite les couleurs vertes et bleues.

Mais rien n'est plus aisé que de renverser ce sentiment; puisque nous savons par l'expérience, que le même corps paroit toujours de la même couleur, soit qu'il soit plus ou moins éclairé, ou que les rayons en soient forts ou foibles. Un corps rouge, par exemple, paroit aussi bien rouge, soit qu'il soit exposé au plus grand éclat du soleil, ou qu'il se trouve dans un lieu obscur, où les rayons sont certainement très foibles. Ce n'est donc pas dans les différens degrés de force des rayons, qu'il faut chercher la cause des différentes couleurs, et la même couleur peut aussi bien être représentée par des rayons très forts que par des rayons très foibles. La moindre lueur nous découvre aussi bien la différence entre les couleurs que le plus grand éclat de clarté.

Il faut donc absolument qu'il se trouve encore une autre différence parmi les rayons, qui caractérise leur nature par rapport aux diverses couleurs. Or pour découvrir cette différence, V.A. jugera sans doute qu'il faut mieux connoître la nature et l'origine des rayons, ou bien ce qui est capable d'entrer dans nos yeux et d'y exciter la sensation de la vision: cette description ou définition d'un rayon est sans doute la plus juste, puisqu'en effet un rayon n'est autre chose, que ce qui entre par la pupille, comme je viens de le dire, dans l'œil, et y excite la sensation.

J'ai déjà eu l'honneur de dire à V.A. qu'il n'y a que deux systêmes ou théories pour expliquer l'origine et la nature des rayons. L'un est celui de NEUTON, qui soutient que les rayons sont des émanations actuelles qui sortent du soleil et des autres corps luisans; et l'autre celui que j'ai tâché de prouver à V.A. et dont on me regarde comme l'auteur, quoique d'autres avant moi aient eu à peu près les mêmes idées. Peut-être ai-je réussi à le porter à un plus haut degré d'évidence. Il sera donc bon de montrer dans l'un et l'autre systême, sur quel principe on pourroît fonder la différence entre les couleurs.

Dans le systême de l'émanation actuelle, où les rayons sont supposés sortir des corps luisans, en forme de rivieres ou plutôt de jet-d'eau, qui en sont dardés en tout sens, on veut que les particules lancées different ou en grosseur ou en matiere, de la même maniere qu'un jet-d'eau pourroit lancer du vin, de l'huile, et d'autres liqueurs; de sorte que les différentes couleurs soient causées par la diverse matiere subtile qui est lancée du corps lumineux. Ainsi une certaine matiere subtile lancée d'un corps lumineux seroit la couleur rouge, une autre matiere, la couleur jaune, et ainsi des autres couleurs. Cette explication montreroit assez clairement l'origine de diverses couleurs, si le systême même pouvoit subsister. L'ordinaire prochain j'aurai l'honneur d'en parler plus amplement à V.A.

le 2 Juin 1761

LETTRE CXXXIV

V.A. se souviendra bien encore des argumens, dont je me suis servi pour combattre le systême de l'émanation actuelle de la lumiere[1]), qui me paroîssoient si forts, qu'on ne sauroit plus admettre ce systême dans la Physique. Aussi en ai-je convaincu plusieurs grands Physiciens, qui ont embrassé mon sentiment avec la plus grande satisfaction.

Les rayons de lumiere ne sont donc point une émanation actuelle du soleil et d'autres corps luisans, et ils ne consistent pas dans une matiere subtile, qui soit lancée du soleil, et qui parvienne jusqu'à nous avec cette terrible rapidité, dont V.A. a eu raison d'être surprise. Ce seroit sans doute un terrible torrent, si les rayons parvenoient du soleil jusqu'à nous en moins de huit minutes de tems, et le corps du soleil, quelque grand qu'il soit, en seroit bientôt épuisé.

Selon mon systême, les rayons du soleil, que nous sentons ici n'ont jamais été dans le soleil: ce ne sont que les particules de l'éther, qui se trouvent dans nos environs, mais qui sont mises dans une agitation de vibration, qui leur est communiquée par une semblable agitation du soleil même, sans qu'elles changent sensiblement de place.

Cette propagation de lumiere se fait d'une maniere semblable à celle dont le son provient des corps sonores. Quand V.A. entend le bruit d'une cloche ce n'est pas que la cloche lance des particules qui entrent dans les oreilles. On n'a qu'à toucher une cloche, quand elle est frappée pour s'assurer que toutes ses parties sont agitées d'un frémissement très sensible. Cette agitation se communique d'abord aux particules de l'air plus éloignées, de sorte que toutes les particules de l'air en reçoivent successivement un frémissement semblable, lequel entrant dans l'oreille y excite le sentiment d'un son. Les cordes dans un instrument de musique, ne laissent là-dessus aucun doute, on les voit trembler, ou aller et revenir; et on peut même déterminer par le calcul, combien de fois chaque corde tremble pendant une seconde et puisqu'une semblable agitation est communiquée aux particules de l'air, qui sont voisines de l'organe de l'ouye, notre oreille en est frappée précisément autant de fois pendant une seconde, et c'est la perception de ce frémissement qui constitue la nature du son que nous appercevons. Plus le nombre des vibrations, que la corde acheve dans une seconde, est grand, et plus le son est haut et aigu, pendant que des vibrations moins fréquentes produisent des sons bas et graves.

Toutes ces circonstances, qui accompagnent la sensation de l'ouye, se

1) LETTRES XVII et XVIII du Tome I.

trouvent d'une maniere tout-à-fait analogue dans la sensation de la vue. Il n'y a que le milieu et la rapidité des vibrations, qui soient différents. A l'égard du son c'est l'air à travers duquel les vibrations des corps sonores sont transmises; mais à l'égard de la lumiere, c'est l'éther, ou ce milieu incomparablement plus subtile et plus élastique que l'air, qui se trouve répandu partout où l'air et les corps grossiers laissent des interstices.

Donc toutes les fois, que cet éther est mis dans un frémissement ou trémoussement, et qu'il est transmis dans un œil, il y excite le sentiment de la vision, qui n'est alors autre chose qu'un semblable trémoussement, dont les moindres fibrilles nerveuses au fond de l'œil sont agitées.

V.A. comprendra aisément, que la sensation doit être différente, selon que ce trémoussement est plus ou moins fréquent, ou selon que le nombre des vibrations, qui se font dans une seconde, est plus ou moins grand. Il doit en résulter une différence semblable à celle, qui se fait dans les sons, lorsque les vibrations rendues dans une seconde sont plus ou moins fréquentes. Cette différence est très sensible à notre oreille, puisque le grave et l'aigu dans les sons en dépend. V.A. se souviendra, que le son marqué *C* dans le clavecin acheve environ 100 vibrations dans une seconde, que le son *D* en fait 112; le son *E*, 125; le son *F*, 133; le son *G*, 150; le son *A*, 166; le son *H*, 187; et le son *c*, 200. C'est ainsi que la différente nature des sons dépend du nombre des vibrations qui s'achevent par secondes.

Il n'y a donc aucun doute que le sens de la vue ne soit aussi différemment affecté, selon que le nombre des vibrations, dont les fibrilles nerveuses dans le fond de l'œil sont excitées, est plus ou moins grand. Quand ces fibrilles frémissent 1000 fois dans une seconde, la sensation doit être tout autre que si elles frémissoient 1200, ou 1500 fois dans le même tems.

Il est bien vrai que notre organe de vue n'est pas en état de compter ces grands nombres, moins encore que notre oreille ne compteroit pas les vibrations, qui constituent les sons; mais toujours nous pouvons fort bien distinguer le plus et le moins.

C'est donc dans cette différence, qu'il faut chercher la cause des diverses couleurs, et il est certain, que chaque couleur répond à un certain nombre de vibrations, dont les fibrilles de nos yeux sont frappées dans une seconde, quoique nous ne soyons pas encore en état de déterminer le nombre qui convient à chaque couleur, comme nous le sommes à l'égard des sons.

Il a fallu bien des recherches pour parvenir à connoître les nombres, qui répondent à tous les sons du clavecin, quoiqu'on fût déjà convaincu, que la différence entre ces sons est fondée sur la diversité de ces nombres. Nous devons donc être contents de savoir que la diversité des couleurs est fondée sur les divers nombres de vibrations qui se trouvent dans les rayons, et notre connoissance est toujours assez avancée par ce que nous savons qu'il regne une si belle ressemblance entre les divers sons du clavecin et les diverses couleurs.

En général on voit une si admirable analogie entre les objets de notre ouye et ceux de notre vue, que les circonstances de l'une servent à éclaircir celles de l'autre. C'est aussi cette analogie qui fournit les preuves les plus convaincantes, pour établir mon systême. Mais j'aurai l'honneur d'appuyer en particulier mon sentiment sur les couleurs par des raisons encore plus solides, qui le mettront à l'abri de tous les doutes.

le 6 Juin 1761

LETTRE CXXXV

Rien n'est plus propre à nous éclaircir sur la nature de la vision, que la belle analogie qu'on découvre presque partout entre elle et l'ouye. Ce que sont par rapport à l'ouye les divers sons dans la musique, les diverses couleurs le sont par rapport à la vue. Les diverses couleurs different entre-elles d'une maniere semblable à celle dont les sons graves et aigus different entre-eux. Or nous savons que le grave et l'aigu dans les sons, dépendent du nombre de vibrations, dont l'organe de l'ouye est frappé pendant un certain tems, et que la nature de chaque son est déterminée par un certain nombre qui marque les vibrations rendues dans une seconde: d'où je conclus, que chaque couleur est aussi astreinte à un certain nombre de vibrations qui agissent sur l'organe de la vision.

Il n'y a que cette différence, que les vibrations, qui produisent les sons, résident dans l'air grossier, pendant que celles de la lumiere et des couleurs sont transmises par un milieu incomparablement plus subtil et plus élastique que celui de l'air. Il en est de même des objets de l'un et de l'autre sens. Ceux de l'ouye sont tous les corps propres à rendre des sons, c'est-à-dire ceux qui sont susceptibles d'un mouvement de vibration ou de trémoussement, lequel se communiquant à l'air, excite ensuite dans notre organe le sentiment d'un certain son, qui convient à la rapidité des vibrations.

Tels sont les instrumens de Musique et pour m'arrêter principalement au clavecin, on attribue à chaque corde un certain son, qu'elle rend étant frappée. Ainsi une corde est nommée du son C, une autre du son D, et ainsi de suite.

Une corde est dite être C, lorsque sa tension et sa structure est telle, qu'étant frappée, elle rend environ 100 vibrations par seconde: et si elle rendoit plus ou moins de vibrations dans le même tems, elle auroit le nom d'un autre son, plus aigu ou plus grave.

V.A. se souviendra que le son d'une corde dépend de ces trois choses: 1° de sa longueur; 2° de son épaisseur; 3° de la force dont elle est tendue: et plus elle est tendue, plus le son devient aigu. Aussi tant qu'une corde conserve cette même disposition, elle conserve aussi le même son, mais dès qu'elle souffre quelque changement, elle change aussi de son.

Appliquons tout ceci aux corps, entant qu'ils sont des objets de notre vue. Les moindres particules qui composent le tissu de leur surface, peuvent être regardées comme des cordes tendues, entant qu'elles sont douées d'un certain degré de ressort et de masse; de sorte qu'étant convenablement frappées, elles en reçoivent un mouvement de vibrations dont elles acheveront un certain nombre dans une seconde: et c'est aussi de ce nombre, que dépend la couleur que nous attribuons à ce corps.

De là un corps est rouge, lorsque les particules de sa surface ont une telle tension, qu'étant ébranlées, elles rendent précisément autant de vibrations dans une seconde qu'il faut, pour exciter en nous le sentiment de la couleur rouge. Un autre degré de tension, qui produiroit des vibrations plus ou moins rapides, exciteroit aussi le sentiment d'une autre couleur; et le corps seroit alors ou jaune, ou verd, ou bleu, etc.

Nous ne sommes pas encore parvenus à pouvoir assigner à chaque couleur le nombre de vibrations qui en constituent l'essence; et nous ne savons pas même, quelles sont les couleurs qui demandent une plus grande ou une plus petite rapidité dans le mouvement des vibrations; ou bien il n'est pas encore décidé quelles couleurs répondent aux sons graves et aux sons aigus. Mais il suffit de savoir que chaque couleur est attachée à un certain nombre de vibrations, quoique ce nombre nous soit inconnu, et qu'on n'a qu'à changer la tension ou le ressort des moindres particules, qui tapissent la surface d'un corps, pour lui faire changer aussi de couleur.

C'est ainsi que nous voyons, que les plus belles couleurs des fleurs changent bientôt et s'évanouissent, et la raison s'en trouve évidemment dans le défaut du suc nourricier, d'où les moindres particules perdent leur vigueur ou leur tension. Une semblable cause s'observe aussi dans tous les autres changemens des couleurs.

Pour mettre cela dans un plus grand jour, supposons que le sentiment de la couleur rouge demande une telle rapidité dans le mouvement des vibrations que 1000 s'achevent dans une seconde; que l'orange en exige 1125, le jaune 1250, le verd 1333, le bleu 1500, et le violet 1666. Car quoique ces nombres soient sans doute faux, cela ne fait rien à mon dessein. Tout ce que je dirai de ces faux nombres, se pourra dire de la même maniere des nombres véritables, quand ils seront peut-être un jour connus.

Cela posé, un corps sera rouge, lorsque les moindres particules de sa surface se trouvent dans une telle disposition, qu'étant mises en vibration, elles en achevent 1000 par seconde; un autre corps sera orange, lorsque ses particules seront disposées à rendre 1125 vibrations par seconde: et ainsi de suite. De là on comprend qu'il y a une infinité de couleurs moyennes entre les six couleurs principales que je viens de rapporter; et de là on voit aussi, que si un corps étoit tel, que ses particules étant ébranlées rendroient 1400 vibrations par seconde, ce corps auroit une couleur moyenne entre le verd et le bleu, puisque le verd répond au nombre 1333 et le bleu au nombre 1500.

De cette maniere notre connoissance sur les couleurs est incomparablement plus parfaite que celle du peuple, et même des Philosophes, dont ceux, qui se vantent être les plus clairvoyans, se sont égarés, jusqu'à envisager les couleurs comme de pures illusions, en leur refusant toute réalité.

le 9 Juin 1761

LETTRE CXXXVI

V.A. ne trouvera aucune difficulté dans l'idée que je viens d'établir des corps colorés. Les moindres particules dont les surfaces de tous les corps sont tapissées, sont toujours douées d'un certain degré de ressort qui les rend susceptibles d'un mouvement de vibration ou d'agitation de même qu'une corde qui est toujours suceptible d'un certain son. Et c'est le nombre de vibrations que ces particules sont capables de rendre dans une seconde qui détermine l'espece de la couleur.

En cas que les particules de la surface soient trop relâchées pour recevoir une telle agitation le corps sera noir, puisque la noirceur n'est autre chose qu'un manque de lumiere, et que tous les corps dont aucun rayon n'est transmis dans nos yeux, nous paroissent noirs.

Je viens à présent à une question bien importante, sur laquelle V.A. pourroit bien encore avoir quelques doutes. On demande, par quelle cause les dites particules où les couleurs des corps résident, sont actuellement ébranlées pour recevoir ce mouvement de vibrations, qui excite ensuite des rayons de la même couleur?

En effet tout revient à découvrir cette cause capable de produire une agitation: car dès que les particules mentionnées seront mises dans un mouvement de vibration, l'éther répandu dans l'air, en reçoit d'abord une semblable agitation, qui étant continuée dans nos yeux, y constitue ce que nous nommons *rayons*, d'où la vision est excitée.

D'abord je remarque, que les particules des corps ne sont pas mises en mouvement par elles mêmes, mais qu'il faut pour cet effet une force étrangere: de même qu'une corde tendue demeureroit toujours en repos, si elle n'étoit pas frappée par quelque force. C'est aussi le cas où se trouvent tous les corps pendant la nuit ou dans les ténebres; car puisque nous ne les voyons point, c'est une marque certaine qu'ils n'engendrent point des rayons, et que leurs particules sont en repos, c'est-à-dire que pendant la nuit ou dans les ténebres, les corps se trouvent dans le même cas que les cordes d'un instrument, qui n'est pas touché, ou qui ne rend aucun son; au lieu que tant que les corps sont visibles, ils sont à comparer avec des cordes qui résonnent actuellement.

Or puisque les corps deviennent visibles dès qu'ils sont éclairés, ou que les rayons du soleil, ou de quelque autre corps lumineux y tombent, il faut bien que la même cause qui les éclaire excite aussi leurs moindres particules à ce mouvement de vibration propre à engendrer des rayons et à exciter dans nos yeux le sentiment de la vision. Ce seroient donc les rayons de lumiere, entant qu'ils tombent sur un corps, qui font frémir les moindres particules pour les rendre visibles.

Cela paroit d'abord fort surprenant, attendu qu'en exposant nos mains à la plus forte lumiere, nous n'en ressentons point la moindre impression: Mais il faut considérer que notre sens d'attouchement est trop grossier pour sentir ces subtiles et légeres impressions, au lieu que le sens de la vue, étant incomparablement plus délicat, en est bien vivement frappé. Ce qui nous fournit une preuve incontestable, que les rayons de lumiere, lorsqu'ils tombent sur un corps, ont assez de force pour agir sur les moindres particules pour les faire frémir. Et c'est précisément en quoi consiste l'action, dont j'ai besoin pour expliquer, comment les corps étant éclairés, sont mis en état de produire eux mêmes des rayons par le moyen desquels ils nous deviennent visibles. Il suffit que les corps soient éclairés ou exposés à une autre lumiere, pour que leurs moindres particules en soient agitées et mises par là en état d'engendrer elles mêmes des rayons qui nous les rendent visibles.

La belle harmonie entre l'ouye et la vue porte cette explication au plus haut degré de certitude. On n'a qu'à exposer un Clavecin à un grand bruit, et l'on verra que non seulement ses cordes en sont mises en vibration, mais on entendra aussi le son de chacune presque de la même maniere, que si elle étoit touchée effectivement. Le méchanisme de ce phénomene est aussi aisé à comprendre, dès qu'on reconnoît, qu'une corde agitée est capable de communiquer à l'air un semblable mouvement de vibration, qui étant transmis à l'oreille, y excite le sentiment d'un son que cette même corde rend.

Or de la même maniere qu'une corde excite dans l'air un tel mouvement, il s'ensuit réciproquement, qu'un tel mouvement dans l'air est aussi capable d'agir sur la corde et de la faire trembler. Donc puisqu'il est certain, qu'un bruit est capable de mettre en mouvement les cordes d'un clavecin, pour les faire résonner, la même chose doit aussi avoir lieu dans les objets de notre vue. Les corps colorés sont semblables aux cordes d'un clavecin, et les différentes couleurs aux sons différens par rapport au grave et à l'aigu. La lumiere dont ces corps sont éclairés est analogue au bruit auquel le clavecin est exposé; et comme ce bruit agit sur les cordes, la lumiere dont un corps est éclairé, agira d'une maniere semblable sur les moindres particules dans la surface de ce corps et en leur faisant rendre des vibrations, il en nait des rayons, tout de même que si ces particules étoient lumineuses: la lumiere n'étant autre chose que le mouvement de vibration des moindres particules d'un corps, communiquées à l'éther qui les transmet ensuite jusque dans les yeux.

Après cet éclaircissement il me semble que tous les doutes, que V.A. pourroit encore avoir eu sur mon systême des couleurs, doivent s'évanouir. Au moins je me flatte avoir aussi bien établi le vrai principe de toutes les couleurs différentes, qu'expliqué comment ces couleurs nous deviennent visibles par la seule lumiere, dont les corps sont éclairés, à moins que les doutes ne roulent sur quelque autre article, que je n'ai pas touché.

le 13 Juin 1761

LETTRE CXXXVII

Lorsque j'ai eu l'honneur d'expliquer à V.A. la théorie des sons, je n'en ai considéré qu'une double différence: la premiere regardoit la force des sons, où j'avois remarqué qu'un son est d'autant plus fort, que les vibrations qui en sont excitées dans l'air sont violentes; de là le bruit d'un canon, ou le son d'une cloche est plus fort que le son d'une corde, ou d'un homme qui parle.

L'autre différence est tout à fait indépendante de celle-ci et se rapporte au grave et à l'aigu des sons, par laquelle nous disons que certains sons sont hauts et d'autres bas. Par rapport à cette différence, j'avois remarqué, qu'elle dépend du nombre des vibrations, qui s'achevent dans un certain tems, comme dans une seconde; de sorte que plus ce nombre est grand, plus le son est haut, ou aigu, et plus il est petit, plus le son est bas ou grave.

V.A. comprend qu'un même ton peut être fort ou foible: et nous voyons aussi que le *forte* et *piano*, dont les musiciens se servent, ne change rien dans la nature des sons. Entre les bonnes qualités d'un clavecin on exige que tous les sons aient à peu près la même force, et c'est toujours un grand défaut, lorsque quelques unes des cordes sont pincées avec plus de force que les autres. Or le grave et l'aigu ne se rapportent qu'aux sons simples dont toutes les vibrations se suivent régulierement et par intervalles égaux; et ce n'est que de ces sons qu'on nomme simples, qu'on se sert dans la musique. Les accords qu'on y emploie, sont des sons composés, ou un amas de plusieurs sons produits à la fois, où parmi les vibrations doit regner un certain ordre, qui est le fondement de l'harmonie. Mais quand on ne découvre aucun ordre dans les vibrations, c'est un bruit confus, dont on ne sauroit dire, avec quel son du clavecin il est d'accord, comme par exemple, le bruit d'un canon ou d'un fusil.

Mais parmi les sons simples il y a même encore une différence très remarquable, qui semble être échappée à l'attention des Philosophes. Deux sons peuvent être également forts et d'accord avec le même son du clavecin, et malgré cela ils peuvent être très différens à l'oreille. Le son d'une flûte est tout à fait différent de celui d'un cor; quoique tous les deux conviennent avec le même ton du clavecin et soient également forts. C'est ainsi que chaque son tient quelque chose de l'instrument qui le rend; et on ne sauroit presque dire en quoi cette qualité consiste; aussi la même corde rend-elle des sons différens à cet égard, selon qu'elle est frappée, touchée ou pincée; et V.A. sait très bien distinguer les sons des cors, des flûtes, et d'autres instrumens.

La plus admirable diversité s'observe dans la voix humaine, qui nous offre le plus merveilleux chef-d'œuvre du Créateur, sans parler des différentes articulations dont la parole est formée. Que V.A. daigne seulement réfléchir sur les diverses voyelles, que la bouche prononce ou chante tout simplement. Quand on prononce ou chante la lettre *a*, le son est tout autre, que si l'on prononçoit ou chantoit la lettre *e*, ou *o*, ou *i*, ou *u*, ou *ai*, etc.: quoiqu'on demeure au même ton. Ce n'est donc pas dans la rapidité ou l'ordre des vibrations qu'on doit chercher la raison de cette différence: cette raison semble si cachée que les Philosophes ne l'ont pas encore pu approfondir.

V.A. s'appercevra aisément, que pour prononcer ces diverses voyelles, il faut donner à la cavité de la bouche une différente conformation à laquelle notre bouche est propre, préférablement à celle de tous les animaux. Aussi voyons nous, que quelques oiseaux qui apprennent à imiter la voix humaine, ne sont jamais capables de prononcer distinctement les différentes voyelles; ce n'est toujours à cet égard qu'une imitation très imparfaite.

On trouve dans plusieurs orgues un registre, qui porte le nom de voix humaine. Ordinairement ce ne sont que des sons, qui rendent la voyelle *ai* ou *ae*. Je ne doute pas qu'en y faisant quelque changement, on pourroit aussi produire les sons des autres voyelles *a*, *e*, *i*, *o*, *u*, *ou*, mais tout cela ne suffiroit pas encore pour imiter une seule parole de la voix humaine; comment y voudroit-on ajouter les lettres consonantes, qui sont autant de modifications des voyelles? Notre bouche est si admirablement ajustée, que quelque commun que soit cet usage, il nous est presque impossible d'en approfondir le véritable méchanisme.

Nous observons bien trois organes, pour exprimer les consonantes: les levres, la langue et le palais; mais le nez y concourt aussi très essentiellement. En fermant le nez on ne sauroit prononcer les lettres *m* et *n*, on n'entend alors que *b* et *d*. Une grande preuve de la merveilleuse structure de notre bouche qui la rend propre à prononcer des paroles est sans doute, que l'adresse des hommes n'a encore pu réussir à l'imiter par quelques machines. On a bien imité le chant, mais sans aucune articulation de sons et distinction des diverses voyelles.

Ce seroit sans doute une des plus importantes découvertes, que de construire une machine qui fut propre à exprimer tous les sons de nos paroles avec toutes les articulations. Si l'on réussissoit jamais à exécuter une telle machine, et qu'on fût en état de lui faire prononcer toutes les paroles par le moyen de certaines touches, comme d'une orgue ou d'un clavecin, tout le monde seroit avec raison surpris d'entendre, qu'une machine prononçât des discours entiers, ou des sermons qu'il seroit possible d'accompagner avec la meilleure grace. Les prédicateurs et les orateurs, dont la voix n'est pas assez forte ou agréable, pourroient alors jouer leurs sermons et discours sur une telle machine, tout de même que les organistes jouent des pieces de musique. La chose ne me paroît pas impossible.

le 16 Juin 1761

LETTRE CXXXVIII

La matiere, sur laquelle je voudrois à présent entretenir V.A., me fait presque peur. La variété en est si surprenante, et le dénombrement des faits sert plutôt à nous éblouir qu'à nous éclairer. C'est de l'Electricité dont je parle, et qui depuis quelque tems est devenue un article si important dans la Physique, qu'il n'est presque plus permis à personne d'en ignorer les effets.

Je ne doute pas, que V.A. n'en ait déjà entendu parler très souvent, quoique je ne sache pas si Elle en a aussi vu faire les expériences. Tous les Physiciens en parlent aujourd'hui avec le plus grand empressement, et on y découvre presque tous les jours de nouveaux phénomenes, dont la seule description rempliroit plusieurs centaines de lettres; et peut-être ne finirois-je jamais.

Voilà l'embarras où je me trouve. Je ne voudrois pas laisser ignorer à V.A. une partie si essentielle de la Physique; mais je ne voudrois pas non plus L'ennuyer par une description diffuse de tous les phénomenes, qui outre cela ne fourniroit point les éclaircissemens que V.A. seroit en droit d'exiger sur cette matiere. Je me flatte cependant avoir trouvé une route, suivant laquelle j'espere de mettre V.A. tellement au fait de cette matiere embrouillée, qu'Elle en acquerrera très facilement une connoissance beaucoup plus parfaite, que n'en ont la plupart de Physiciens, qui travaillent jour et nuit à approfondir ces mysteres de la nature.

Sans m'arrêter à exposer à V.A. tous les différens phénomenes et effets de l'électricité, ce qui m'engageroit sans doute dans un détail aussi long qu'ennuyant, au bout duquel on ne seroit pas plus avancé dans la véritable connoissance des causes qui produisent tous ces effets, je suivrai une route tout à fait opposée, et je commencerai à expliquer à V.A. le véritable principe de la nature, sur lequel tous ces phénomenes, quelques variés qu'ils paroissent, sont fondés, et duquel il est très aisé de les déduire tous, sans le moindre embarras.

Pour cet effet, il suffira de remarquer en général, qu'on excite l'électricité en frottant bien un tuyau de verre. C'est par ce moyen, que le tuyau devient électrique: alors il attirera et repoussera alternativement les corps légers qu'on lui présente, et quand on lui approche d'autres corps on voit sortir entr'eux des étincelles, lesquelles rendues plus fortes, allument de l'esprit de vin et d'autres matieres combustibles. Lorsqu'on touche avec le doigt ce tuyau, outre l'étincelle qui en sort, on sent une piqûre qui peut sous de certaines circonstances devenir si grande qu'on en ressent une concussion par tout le corps.

Au lieu d'un tuyau de verre, on se sert aussi d'un globe de verre, qu'on fait tourner autour d'un axe, comme au tour[1]). Pendant ce mouvement on le frotte de la main, ou par le moyen d'un coussin qu'on y applique, et de cette façon le globe devient également électrique et produit les mêmes phénomenes que le tuyau.

Outre le verre, les corps résineux, comme la cire d'espagne et le souffre, ont aussi la même propriété de devenir électriques par le frottement. Mais ce ne sont aussi que certaines especes de corps, que le frottement est capable de rendre électriques; parmi lesquels le verre, la cire d'espagne, et le souffre sont les principaux.

Pour les autres corps, on a beau les frotter tant qu'on veut, on n'y remarquera jamais le moindre signe d'électricité. Mais quand on les approche des premiers après les avoir rendus électriques, ils en acquierent d'abord la même propriété. Ces corps deviennent donc électriques par communication, puisque le seul attouchement, et souvent le voisinage seulement des corps électriques, les rend tels.

De là tous les corps se partagent en deux classes; la premiere comprend les corps, qui par le frottement deviennent électriques, et l'autre ceux qui le deviennent par communication, et où le frottement ne produit aucun effet. Ici il est fort remarquable, que les corps de la premiere classe ne reçoivent aucune électricité par communication: quand on présente à un tuyau ou à un globe de verre fortement électrisé, d'autres verres ou d'autres corps, que le frottement est capable de rendre électriques, cet attouchement ne leur communique aucune électricité. D'où la distinction de ces deux classes de corps devient d'autant plus digne d'attention: les uns étant propres à devenir électriques par le frottement et point du tout par communication; les autres au contraire ne devenant électriques que par la communication et point du tout par le frottement.

Tous les métaux appartiennent à cette derniere classe, et la communication va si loin, que quand on présente un bout d'un fil d'archal à un corps électrique, l'autre bout devient électrique, quelque long que soit ce fil, et appliquant encore un autre fil au dernier bout du premier, l'électricité se répandra aussi par toute la longueur de cet autre fil, de sorte que par ce moyen on est en état de transmettre l'électricité aux plus grandes distances.

L'eau est pareillement une matiere qui reçoit aisément l'électricité par communication. On a électrisé des étangs tout entiers, de sorte que quand

1) Il s'agit ici (voir p. 29) d'un tour de potier ou de tourneur (Drehscheibe). A.S.

on y approcha le doigt, on en a vu sortir des étincelles, et on a senti une douleur.

Il est maintenant aussi hors de doute que les éclairs et le tonnerre ne sont que l'effet de l'électricité des nuages, qui sont devenus électriques par quelque cause que ce soit. Un orage nous présente en grand les mêmes phénomenes de l'électricité que les Physiciens nous montrent en petit par leurs expériences.

le 20 Juin 1761

LETTRE CXXXIX

Le précis que je viens de donner des principaux phénomenes de l'électricité aura sans doute excité la curiosité de V.A. sur les forces cachées de la nature, qui sont capables de produire des effets si surprenans.

La plupart des Physiciens avouent là dessus leur ignorance. Ils paroissent si éblouis de la variété infinie qu'ils découvrent tous les jours, et par les circonstances tout-à-fait merveilleuses qui accompagnent ces phénomenes, qu'ils perdent tout le courage d'en oser approfondir la véritable cause. Ils y reconnoissent bien une matiere subtile, qui en est le premier agent, et qu'ils nomment la matiere électrique, mais ils sont si embarrassés d'en déterminer la nature et les propriétés, que cette grande partie de la Physique en devient plutôt embrouillée qu'éclaircie.

Il n'y a aucun doute, qu'il ne faille chercher la source de tous les phénomenes de l'électricité dans une certaine matiere fluide et subtile, mais nous n'avons pas besoin d'en feindre une dans notre imagination. Cette même matiere subtile qu'on nomme l'*Ether*, et dont j'ai déjà eu l'honneur de prouver la réalité à V.A.[1]) est suffisante pour expliquer très naturellement tous les effets étranges, que nous observons dans l'électricité. J'espere mettre V.A. si bien au fait de cette matiere, qu'il ne restera plus aucun phénomene électrique, quelque bizarre qu'il puisse paroître, sur l'explication duquel Elle puisse être embarrassée.

Il ne s'agit que de bien connoître la nature de l'éther. L'air que nous respirons, ne s'étend qu'à une certaine hauteur au dessus de la terre; et plus on monte en haut, plus il devient subtil, et enfin il se perd entierement. Au delà de l'air on ne sauroit dire qu'il y ait un vuide parfait, qui occupe tout cet espace immense qui se trouve entre les corps célestes. Les rayons de lumiere,

1) Voyez lettre XIX.

qui se répandent de tous les corps célestes en tout sens, nous prouvent suffisamment que tous ces espaces sont remplis d'une matiere subtile.

Si les rayons de lumiere sont des émanations actuelles lancées des corps luisans, comme quelques Philosophes l'ont soutenu, il faut bien que tous les espaces des cieux soient remplis de ces rayons, qui même les traverseroient avec la plus grande rapidité. V.A. n'a qu'à se souvenir de la terrible vîtesse dont les rayons du soleil viennent jusqu'à nous. Dans cette hypothese non seulement il n'y auroit point de vuide, mais tous les espaces seroient remplis d'une matiere subtile qui se trouveroit dans la plus terrible agitation.

Mais je crois avoir suffisamment prouvé, que les rayons de lumiere ne sont pas des émanations actuelles lancées des corps lumineux, aussi peu que le son est une émanation des corps sonores. Il est plutôt certain, que les rayons de lumiere ne sont autre chose qu'un ébranlement ou agitation dans une matiere subtile, de même que le son qui consiste dans une semblable agitation excitée dans l'air. Et de la même maniere que le son est excité et transmis par l'air, la lumiere est excitée et transmise par une matiere beaucoup plus subtile, qu'on nomme l'éther, et qui remplit par conséquent tous les espaces entre les corps célestes.

L'éther est donc un milieu propre à exciter des rayons de lumiere, et c'est cette même qualité qui nous met en état d'en connoître mieux la nature et les propriétés. Nous n'avons qu'à réfléchir sur les propriétés de l'air, qui le rend propre à exciter et transmettre le son: La principale cause est dans son élasticité ou dans son ressort. V.A. sait que l'air a une force de se répandre en tout sens, et qu'il se répand actuellement, dès que les obstacles sont ôtés. L'air ne se trouve en repos, qu'autant que son élasticité est partout la même; dès qu'elle seroit plus grande dans un endroit qu'en d'autres, l'air s'y répandroit actuellement. L'expérience nous fait voir aussi, que plus on comprime l'air, plus son élasticité en est augmentée: c'est de là que vient la force des fusils à vent, où l'air étant comprimé avec beaucoup de force, est capable de pousser la balle par le canon avec une grande vîtesse. Un effet contraire arrive, lorsqu'on raréfie l'air: son élasticité devient d'autant plus petite qu'il est plus raréfié ou répandu dans un plus grand espace.

Maintenant c'est de l'élasticité de l'air relative à sa densité, que dépend la vîtesse du son qui parcourt un espace d'environ mille pieds dans une seconde. Si l'élasticité de l'air étoit plus grande, la densité démeurant la même, la vîtesse du son seroit plus grande et la même chose arriveroit, si l'air étoit plus rare, ou moins dense qu'il n'est, et que son élasticité fût la même. En général plus un tel milieu semblable à l'air, est élastique et moins dense en même tems, plus aussi rapidement seront transmises les agitations, qui y seront excitées. Donc puisque la lumiere est transmise tant de mille fois plus vîte que le son, il faut bien que l'éther, c'est-à-dire ce milieu, dont les ébranlemens constituent la lumiere, soit plusieurs mille fois plus élastique que l'air, et en même tems aussi plusieurs mille fois plus rare ou plus subtil, l'un et l'autre contribuant également à accélérer la propagation de la lumiere.

De là V. A. comprend la raison, pourquoi on suppose l'éther plusieurs mille fois plus élastique et en même tems plusieurs mille fois plus subtil que l'air; sa nature étant d'ailleurs semblable à celle de l'air, entant qu'il est aussi une matiere fluide et susceptible tant de compression que de raréfaction. C'est cette qualité qui nous conduira à l'explication de tous les phénomenes de l'électricité.

le 23 Juin 1761

LETTRE CXL

L'éther étant une matiere subtile et semblable à l'air, mais plusieurs mille fois plus rare et plus élastique, il ne sauroit être en repos, à moins que son élasticité c'est-à-dire sa force de se répandre, ne soit partout la même.

Dès que l'éther sera dans un endroit plus élastique, ce qui arrive, lorsqu'il y est plus comprimé qu'aux environs, il s'y répandra actuellement en comprimant celui des environs jusqu'à ce qu'il soit parvenu partout au même degré d'élasticité. C'est alors qu'on dit qu'il est en équilibre; l'équilibre n'étant autre chose que l'état de repos, lorsque les forces qui tendent à le troubler se contrebalancent les unes les autres.

Donc, quand l'éther n'est pas en équilibre, il y doit arriver la même chose que dans l'air, lorsque son équilibre est troublé; c'est-à-dire qu'il doit se répandre de l'endroit où son élasticité est plus grande vers celui où elle est plus petite: mais à cause de sa plus grande élasticité et subtilité ce mouvement doit être beaucoup plus rapide que dans l'air. Le défaut d'équilibre dans l'air cause un vent, par lequel l'air se transporte d'un endroit à l'autre; ce sera donc aussi une espece de vent, quand l'équilibre de l'éther sera troublé, mais un vent incomparablement plus subtil, par lequel l'éther passe des endroits où il étoit plus comprimé et plus élastique, à ceux où l'élasticité sera plus petite.

Cela posé, j'ose avancer, que tous les phénomenes de l'électricité sont une suite naturelle du défaut de l'équilibre dans l'éther, de sorte que partout, où l'équilibre de l'éther est troublé, les phénomenes de l'électricité en doivent résulter; ou bien je dis que l'électricité n'est autre chose qu'un dérangement dans l'équilibre de l'éther.

Pour développer tous les effets de l'électricité, il faut avoir égard à la maniere dont l'éther est mêlé et enveloppé avec tous les corps, qui nous environnent. Ici bas l'éther ne se trouve que dans les petits interstices que les particules de l'air et tous les autres corps laissent entr'eux. Rien n'est plus naturel que l'éther, à cause de son extrême subtilité et de son élasticité, s'insinue dans les plus petits pores de tous les corps, où l'air ne sauroit entrer, et même dans les pores de l'air. V.A. se souviendra, que tous les corps, quelque solides qu'ils paroissent, sont remplis de tels pores; et plusieurs expériences prouvent incontestablement, que dans tous les corps les pores occupent beaucoup plus d'espace que les parties solides; enfin moins un corps est pesant, plus il doit être rempli de ces pores qui ne contiennent que de l'éther. D'où il est clair, que quoique l'éther soit tellement parsemé dans les plus petits pores des corps, il doit pourtant se trouver en très grande abondance aux environs de la terre.

V.A. comprendra fort aisément de là qu'il doit y avoir une très grande différence parmi ces pores, tant par rapport à leur grandeur, qu'à leur figure, selon la différente nature des corps, puisque la diversité des corps dépend probablement de la diversité de leurs pores. Donc il y aura sans doute des pores plus fermés et qui ont moins de communication avec d'autres pores, de sorte que l'éther qui y est enfermé, y est aussi plus engagé, et ne s'en dégage que très difficilement, quoique son élasticité soit beaucoup plus grande que celle de l'éther, qui se trouve dans les pores voisins. Il y aura aussi au contraire des pores assez ouverts, et d'une libre communication avec les pores voisins; alors il est clair que l'éther qui se trouve dans ces pores ne s'y tient pas si fermement que dans le cas précédent, et s'il est plus ou moins élastique que dans les pores voisins, il se mettra bientôt en équilibre.

Pour distinguer ces deux especes de pores, je nommerai les premiers *fermés* et les autres *ouverts*. La plupart des corps seront donc doués des pores d'une espece moyenne, qu'il suffira de distinguer par les mots de *plus* ou *moins fermés*, et de *plus* ou *moins ouverts*.

Cela posé, je remarque d'abord que si tous les corps avoient des pores parfaitement fermés, il ne seroit pas possible de changer l'élasticité de l'éther qui y est contenu; et quand même l'éther de quelques uns de ces pores auroit acquis par quelque cause que ce soit un plus haut degré d'élasticité que dans les autres, puisque toute communication lui est défendue, il demeureroit toujours dans cet état, et ne se remettroit jamais en équilibre. Dans ce cas donc, aucun changement n'arriveroit dans les corps; tout resteroit dans le même état que si l'éther étoit en équilibre, et aucun phénomene de l'électricité ne pourroit avoir lieu.

La même chose arriveroit si tous les pores de tous les corps étoient parfaitement ouverts; car alors, quand même dans quelques pores l'éther se trouveroit plus ou moins élastique que dans les autres, à cause de la communication entierement libre, l'équilibre se rétabliroit dans un instant, et aussi vîte que nous ne serions pas en état d'y remarquer le moindre changement. Par la même raison, il seroit même impossible de troubler l'équilibre de l'éther contenu dans de tels pores; à chaque instant que l'équilibre seroit troublé, il seroit aussitôt rétabli, et on n'y sauroit découvrir aucun signe d'électricité.

Mais comme les pores de tous les corps ne sont ni parfaitement fermés, ni parfaitement ouverts, il sera toujours possible de troubler l'équilibre de l'éther contenu dans leurs pores; et quand ceci arrive, par quelque cause que cela soit, l'équilibre ne manquera non plus de se rétablir. Or il faudra pour ce rétablissement quelque tems, pendant lequel certains phénomenes doivent être produits, et V.A. verra bientôt avec une grande satisfaction, que ces phénomenes sont précisément les mêmes, que ceux que les expériences électriques nous découvrent. Elle conviendra pour lors que les principes, sur lesquels je vais établir la Théorie de l'électricité, sont très simples et parfaitement constatés.

le 27 Juin 1761

LETTRE CXLI

J'espere à présent avoir surmonté les plus grandes difficultés, qu'on rencontre dans la Théorie de l'électricité. V.A. n'a qu'à s'en tenir à l'idée de l'éther, que je viens d'établir, et qui est cette matiere extrêmement subtile et élastique répandue non seulement par tous les espaces vuides du monde, mais aussi dans les moindres pores de tous les corps, dans lesquels il est tantôt plus, tantôt moins engagé, selon que ces pores sont plus ou moins fermés. Cette considération nous conduit à deux especes principales de corps, dont les uns ont les pores plus fermés et les autres plus ouverts.

Cela posé, s'il arrive que l'éther renfermé dans les pores des corps n'a pas partout le même degré d'élasticité, de sorte que dans quelques uns il soit plus ou moins comprimé, que dans les autres, il fera des efforts pour se remettre en équilibre; et c'est précisément de là que naissent les phénomenes de l'électricité, qui par conséquent seront d'autant plus variés, que les pores des corps, où l'éther est engagé, seront plus différens, et qu'ils lui accorderont une plus ou moins libre communication avec les autres.

Cette différence à l'égard des pores des corps répond parfaitement bien à celle que les premiers phénomenes de l'électricité nous ont fait remarquer parmi les corps, par laquelle les uns deviennent aisément électriques par la seule communication ou dans le voisinage d'un corps électrique, pendant que d'autres n'en souffrent presque aucun changement. De là V.A. jugera d'abord que les corps, qui reçoîvent si aisément l'électricité par la seule communication, sont ceux qui ont leurs pores ouverts; et que les autres qui sont presque insensibles à l'électricité, doivent avoir leurs pores fermés, ou entierement, ou pour la plus grande partie.

C'est donc des phénomenes mêmes de l'électricité que nous pourrons conclure, quels sont les corps qui ont leurs pores fermés ou ouverts? sur quoi je puis fournir à V.A. les éclaircissemens suivans.

Premierement l'air commun que nous respirons a ses pores presque entierement fermés; de sorte que l'éther qui y est enfermé, ne sauroit en sortir que fort difficilement, et qu'il trouve autant de difficulté pour y pénétrer. Ainsi quoique l'éther répandu par l'air ne soit pas en équilibre avec celui qui se trouve en d'autres corps, y étant plus ou moins comprimé, le rétablissement en équilibre n'arrive que très difficilement. Or cela doit s'entendre de l'air sec, l'humidité étant d'une nature toute différente, comme je le remarquerai bientôt.

Ensuite dans cette même classe des corps à pores fermés, il faut ranger, *le verre, la poix, les corps résineux, la cire d'espagne, le souffre,* et en particulier *la soye.* Toutes ces matieres ont leurs pores si bouchés que l'éther ne sauroit y entrer ni en sortir que fort difficilement.

L'autre classe principale des corps dont les pores sont ouverts, contient premierement l'eau et les autres liqueurs, dont la nature est tout-à-fait contraire à celle de l'air; ce qui est la raison pour laquelle l'air, lorsqu'il devient humide, change tout à fait de nature à l'égard de l'électricité, puisqu'alors l'éther peut y entrer et en sortir presque sans aucune difficulté. A cette même classe des corps à pores ouverts, il faut aussi rapporter tous les métaux et les corps des animaux.

Pour les autres corps, comme le bois, plusieurs pierres et terres, ils tiennent une nature moyenne entre les deux especes principales que je viens de rapporter, et le passage de l'éther tant pour y entrer que pour en sortir, est plus ou moins facile selon la propre nature de chaque espece.

Après ces éclaircissemens sur la diverse nature des corps à l'égard de l'éther qui y est engagé, V.A. verra avec bien de la satisfaction, comment tous les phénomenes de l'électricité, qu'on regarde comme des prodiges, en découlent très naturellement.

Tout dépend de l'état de l'éther répandu ou dispersé dans les pores de tous les corps, entant qu'il n'a pas partout le même degré d'élasticité, ou qu'il est plus ou moins comprimé en quelques corps qu'en d'autres: car alors l'éther n'étant pas en équilibre, fera des efforts pour s'y remettre. Des endroits où il est trop comprimé, il tâchera de se dégager autant que l'ouverture des pores le permet, pour se répandre et entrer dans les pores, où la compression est moindre, et cela durera jusqu'à ce qu'il soit remis partout au même degré de compression et d'élasticité, pour y demeurer en équilibre.

Ici je remarque d'abord, que lorsque l'éther passe d'un corps où il étoit trop comprimé, dans un autre où la compression étoit moindre, il rencontrera dans l'air entre les deux corps de grands obstacles, à cause des pores de l'air presque tout-à-fait fermés. Cependant il percera par l'air, comme par une matiere liquide et très deliée, pourvu que sa force ne soit pas trop petite ou l'intervalle entre les corps trop grand. Or ce passage de l'éther étant fort gêné et presque empêché par les pores de l'air, il lui arrivera la même chose qu'à l'air, lorsqu'on le force de passer bien vîte par de petits trous: on entend alors un sifflement qui est une marque que l'air y est mis dans un mouvement d'agitation qui cause ce son.

Il est donc très naturel que l'éther, lorsqu'il est forcé de pénétrer à travers les pores de l'air, y doit aussi recevoir une espece d'agitation. Or V.A. se souviendra que comme une agitation dans l'air produit un son, ainsi une semblable agitation dans l'éther est la cause de la lumiere; donc, toutes les fois que l'éther échappe d'un corps pour passer dans un autre, son passage par l'air doit être accompagné d'une lumiere qui paroit tantôt sous la forme d'une étincelle, tantôt sous celle d'un éclair, lorsque la quantité est assez grande.

Voilà donc la plus remarquable circonstance qui accompagne la plupart des phénomenes électriques, qui s'explique avec évidence par nos principes. Mais il sera bon d'entrer dans un plus grand détail, ce qui me fournira une matiere très agréable pour quelques unes des lettres suivantes.

le 30 Juin 1761

LETTRE CXLII

De ce que je viens d'exposer, V.A. comprendra facilement, qu'un corps doit devenir électrique, lorsque l'éther qui est contenu dans ses pores, devient ou plus ou moins élastique, que celui qui se trouve dans les corps environnans, ce qui arrive lorsqu'une plus grande partie d'éther a été introduite dans les pores de ce corps, ou lorsqu'une partie de l'éther, qui y est contenue, en est chassée. Dans le premier cas l'éther y devient plus comprimé et par conséquent plus élastique; dans l'autre cas il y devient plus rare et perd aussi de son élasticité. Dans l'un et l'autre cas, il n'est plus en équilibre avec l'éther de dehors; et de ce qu'il fait des efforts pour se remettre en équilibre, c'est ce qui produit tous les phénomenes de l'électricité.

De là V.A. voit qu'un corps peut devenir électrique en deux manieres différentes, selon que l'éther contenu dans ses pores devient plus ou moins élastique que celui de dehors; d'où une double électricité peut avoir lieu. L'une, où l'éther se trouve plus élastique ou plus comprimé, est nommée *l'électricité en plus* ou bien *électricité positive:* l'autre, où l'éther est moins élastique ou plus rarefié est nommée *l'électricité en moins* ou *électricité négative.* Les phénomenes de l'une et de l'autre sont à peu près les mêmes; on n'y remarque qu'une légere différence dont je parlerai dans la suite.

Naturellement les corps ne sont pas électriques, puisque l'élasticité de l'éther tend à l'entretenir en équilibre: ce sont toujours des opérations violentes qui troublent l'équilibre de l'éther et rendent les corps électriques; et il faut que ces opérations agissent sur des corps à pores fermés, afin que l'équilibre étant une fois dérangé, il ne se rétablisse pas au même instant. Aussi voyons nous qu'on se sert du verre, de l'ambre, de la cire d'espagne, ou du souffre pour y exciter l'électricité.

L'opération la plus facile et la plus connue déjà depuis longtems, est de frotter un baton de cire d'espagne avec un morceau de drap de laine; après quoi on voit que cette cire d'espagne attire de petits morceaux de papier et d'autres corps légers. L'ambre (Bœrnstein) étant frotté, produit les mêmes phénomenes, et puisque les anciens avoient donné à cette matiere le nom *d'Electrum,* c'est de là que cette force excitée par le frottement est encore nommée *Electricité:* Les plus anciens Physiciens ayant déjà observé que cette matiere étant frottée, acquiert une force d'attirer à soi les corps légers.

Cet effet provient sans doute de ce que l'équilibre de l'éther est troublé par le frottement. Il est donc juste, que je commence par expliquer cette expérience si commune. L'ambre ou la cire d'espagne a ses pores assez fermés; or ceux de la laine dont on frotte, sont assez ouverts; pendant le frottement, les pores de l'un et de l'autre sont comprimés, et par là l'éther qui y est contenu, réduit à un plus haut degré d'élasticité. Selon que les pores de la laine sont susceptibles d'une plus ou moins grande compression que ceux de l'ambre, ou de la cire d'espagne, il arrivera, ou qu'une portion d'éther passe de la laine dans l'ambre, ou réciproquement de l'ambre dans la laine. Dans le premier cas l'ambre devient électrique *en plus*, et dans l'autre *en moins:* et puisque ses pores sont fermés, cet état se conservera pendant quelque tems; au lieu que la laine, quoiqu'il y soit arrivé un semblable changement, se remet d'abord en son état naturel.

Par les expériences qu'une telle cire d'espagne électrique fournit, on conclut que son électricité est *en moins*, de sorte qu'une partie de son éther ait passé pendant le frottement, dans la laine. De là V. A. comprend, comment un bâton de cire d'espagne est dépouillé d'une partie de son éther par le frottement dans la laine, et qu'il doit devenir électrique par ce moyen. Voyons maintenant quels effets doivent en résulter, et s'ils conviennent avec ceux, qu'on observe actuellement.

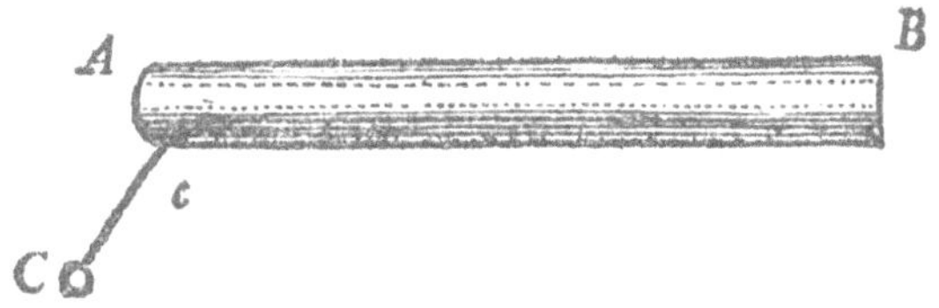

Soit *A B* un bâton de cire d'espagne, auquel on a enlevé par le frottement, une partie de l'éther contenu dans ses pores. L'éther qui reste étant moins comprimé, aura donc moins de force pour se répandre, ou bien il aura une moindre élasticité que l'éther qui se trouve dans les autres corps et dans l'air qui l'environne: mais puisque les pores de l'air sont encore plus fermés que ceux de la cire d'espagne, cela empêche que l'éther contenu dans l'air ne passe point dans la cire d'espagne pour établir l'équilibre; du moins cela n'arrivera qu'après un tems assez considérable.

Qu'on présente maintenant à ce bâton un petit corps très léger *C* qui ait ses pores ouverts, l'éther qui y est contenu, trouvant une issue libre, puisqu'il a plus de force à se répandre que ne lui oppose l'éther enfermé dans le bâton en *c*, s'échappera actuellement et se frayera un chemin au travers de l'air, pourvu que la distance ne soit pas trop grande, et entrera dans le bâton. Ce passage ne se fera pas pourtant sans beaucoup de difficulté, puisque les pores de la cire d'espagne n'ont qu'une très petite ouverture; et par conséquent il ne sera pas accompagné d'une véhémence capable de mettre l'éther dans un mouvement d'agitation pour exciter une lumiere sensible. On ne verra qu'une foible lueur dans l'obscurité, si l'électricité est assez forte.

Mais on remarquera un autre phénomene, qui n'est pas moins surprenant, c'est que le petit corps C sautera vers ce bâton, comme s'il y étoit attiré. Pour en expliquer la cause V.A. n'a qu'à considérer que le petit corps C, dans son [état] naturel est de tout côté également pressé par l'air qui l'environne; mais puisque dans l'état où il se trouve à présent, l'éther en échappe et perce par l'air selon la direction Cc, il est évident que l'air de ce côté, pressera moins sur le petit corps qu'ailleurs, et que la pression dont il est poussé vers Cc, l'emportera sur les autres pressions, et le poussera actuellement vers le bâton, de la même maniere que s'il en étoit attiré.

C'est ainsi qu'on explique d'une maniere intelligible les attractions qu'on observe dans les phénomenes de l'électricité. Dans cette expérience l'électricité est trop foible pour produire des effets plus surprenans. J'aurai l'honneur de détailler ceux-ci plus amplement dans la suite.

le 4 Juillet 1761

LETTRE CXLIII

Après ces foibles commencemens dans les phénomenes électriques, ce n'est que depuis peu de tems qu'on les a poussés plus loin. D'abord on s'est servi d'un tuyau de verre semblable à ceux dont on fait les barometres, mais d'un plus grand diametre, qu'on a frotté ou avec la main nue ou avec un morceau de drap de laine, et on s'est apperçu de phénomenes électriques plus éclatans.

Or en frottant de cette sorte un tuyau de verre, V.A. comprend aisément, que par la compression des pores du verre et du corps frottant, une partie de l'éther doit passer ou de la main dans le verre, ou réciproquement, du verre dans la main, selon que les pores de l'un ou de l'autre sont plus susceptibles de compression dans le frottement. Après cette opération, l'éther dans la main se remet aisément en équilibre, puisque ses pores sont ouverts, mais parceque les pores du verre sont assez fermés, l'éther s'y conserve dans son état, soit que le verre en soit surchargé ou dépouillé, et par conséquent il sera électrique et produira des phénomenes semblables à ceux de la cire d'espagne, mais beaucoup plus forts sans doute, puisque son électricité est portée à un plus haut degré, soit à cause du plus grand diametre du tuyau, soit à cause de la nature même du verre.

Les expériences nous laissent conclure, que par ce moyen le tuyau de verre devient surchargé d'éther, pendant que la cire d'espagne en est dépouillée; cependant les phénomenes en sont à peu près les mêmes.

D'abord il faut observer, que le tuyau de verre conserve son électricité, tant qu'il n'est entouré que de l'air, à cause que les pores tant du verre que de l'air sont trop fermés pour donner à l'éther une communication assez libre, et dépouiller le verre de son éther superflu qui en augmente l'élasticité. Mais pour cet effet, il faut que l'air soit bien sec, puisque ce n'est que dans cet état que ses pores sont bien fermés: dès que l'air est humide ou chargé de vapeurs, les expériences ne réussissent pas, quelque peine qu'on se donne à frotter le verre: la cause en est très évidente: car puisque l'eau qui rend l'air humide a ses pores très ouverts, ils reçoivent à chaque instant ce qu'il y a de trop d'éther dans le verre, de sorte que le verre reste dans son état naturel. Ce n'est donc que dans un air bien sec que ces expériences réussissent: voyons maintenant quels phénomenes doit alors produire un tel tuyau de verre, après avoir été bien frotté.

D'abord il est clair qu'en lui présentant un petit corps léger C à pores ouverts, comme des feuilles d'or, l'éther trop élastique du tuyau aux endroits les plus proches DE ne fera pas des efforts inutiles pour se décharger et passer dans les pores du corps C. Il se frayera un chemin au travers de l'air, pourvu-que la distance ne soit pas trop grande; et dans l'obscurité on verra même une lumiere entre le tuyau et le corps, dont la cause est l'agitation excitée dans l'éther qui passe avec peine du tuyau dans le corps.

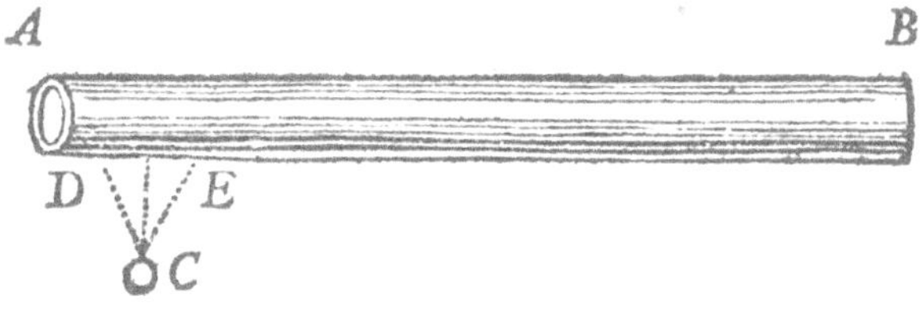

Quand au lieu du corps C on y tient le doigt, on y sent même une picqueure que cause l'entrée rapide de l'éther, et quand on y tient le visage à quelque distance, on sent une certaine agitation dans l'air qui est causée par le passage de l'éther. Quelque fois on entend aussi un craquement léger, qui est sans doute causé par une agitation de l'air que l'éther traverse si rapidement.

V.A. n'a qu'à se souvenir qu'une agitation dans l'air cause toujours un son, et un semblable mouvement dans l'éther une lumiere: et la raison de ces phénomenes deviendra assez claire.

Mais remettons le petit corps léger C dans le voisinage de notre tuyau électrique; et tant que l'éther s'échappe du tuyau pour entrer dans les pores du corps C, l'air en sera chassé en partie, et ne pressera pas par conséquent de ce côté aussi fort sur le corps que tout autour; de là arrivera comme dans le cas précédent, que le corps C sera poussé vers le tuyau, et puisqu'il est léger, il s'y approchera en effet. D'où l'on voit que cette attraction apparente a également lieu, soit que l'éther du tuyau soit trop élastique ou trop peu; ou bien soit que l'électricité du tuyau soit positive ou négative. Dans l'un et dans l'autre cas le passage de l'éther arrête l'air, et l'empêche d'agir par sa pression.

Mais pendant que ce petit corps C approche du tuyau, le passage de l'éther devient plus fort, et le corps C sera bientôt aussi surchargé d'éther que le tuyau même. C'est alors que l'action de l'éther, qui ne provenoit que de son élasticité, cesse entierement, et que le corps C soutiendra de toute part une égale pression. L'attraction cessera, et le corps C s'éloignera du tuyau, puisqu'il n'y a plus rien qui l'y arrête et que sa propre gravité le met en mouvement. Or dès qu'il s'éloigne, puisque ses pores sont ouverts, son éther superflu échappe bientôt en l'air, et il retourne dans son état naturel. Alors le tuyau agira de nouveau comme au commencement, et on le verra de nouveau s'approcher du tuyau, de sorte qu'il paroitra alternativement être attiré et repoussé du tuyau; ce jeu durera, jusqu'à ce que le tuyau ait perdu son électricité. Car puisqu'à chaque attraction il se décharge de quelque portion de son éther superflu, outre qu'il s'en échappe insensiblement dans l'air quelque chose, le tuyau sera bientôt rétabli dans son état naturel et dans son équilibre; et cela d'autant plus promptement que le tuyau est petit et le corps C léger: ce sera alors que tous les phénomenes de l'électricité finiront.

le 7 Juillet 1761

LETTRE CXLIV

J'aurois presque oublié de parler d'une circonstance très essentielle qui accompagne tous les corps électriques tant *en plus qu'en moins*, et qui nous fournit de très grands éclaircissemens dans l'explication des phénomenes de l'électricité.

Quoiqu'il soit bien vrai que les pores de l'air sont très fermés, et qu'ils ne permettent presque aucune communication à l'éther qui est enfermé avec celui des environs, il souffre pourtant quelque changement dans le voisinage d'un corps électrique.

Considérons d'abord un corps électrique *en moins* comme un bâton de cire d'espagne AB, qui par le frottement ait été dépouillé d'une partie de l'éther qui étoit contenu dans ses pores, de sorte que l'éther qui y est enfermé, ait une moindre élasticité que celui des autres corps, et par conséquent aussi de l'air qui environne la cire. Il arrivera nécessairement de là que l'éther contenu dans les particules de l'air qui touchent immédiatement la cire comme en *m*, ayant une plus grande élasticité, se déchargera tant soit peu dans les pores de la cire, et perdra tant soit peu de son élasticité. De la même maniere les particules d'air plus éloignées, comme en *n* laisseront aussi échapper quelque portion de leur éther dans les plus proches de *m*, et ainsi de suite jusqu'à une certaine distance, où l'air ne souffrira plus aucun changement. De cette maniere l'air autour du bâton de cire d'espagne, jusqu'à une certaine distance, sera dépouillé d'une partie de son éther et deviendra électrique lui même.

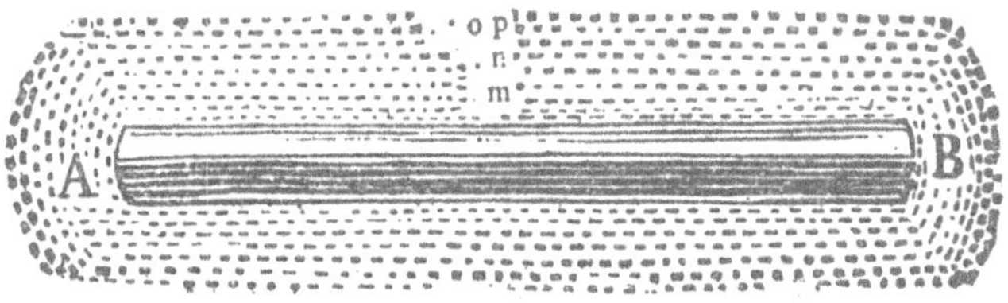

Cette portion de l'air qui participe de cette sorte à l'électricité du bâton de cire est nommée *l'athmosphere électrique;* et V.A. comprendra de ce que je viens de rapporter, que tout corps électrique doit être entouré d'une athmosphere. Car si le corps est électrique *en plus*, ou qu'il ait une électricité positive, de maniere que l'éther s'y trouve en trop grande abondance, il y sera plus comprimé et par conséquent plus élastique, comme cela arrive dans un tuyau de verre lorsqu'il est frotté; alors cet éther plus élastique se décharge tant soit peu dans les particules de l'air qui le touchent immédiatement, et ensuite de là dans les particules plus éloignées jusqu'à une certaine distance; ce qui formera encore une athmosphere électrique autour du tuyau, où l'éther sera plus comprimé et par conséquent plus élastique qu'à l'ordinaire.

Il est évident que cette athmosphere qui environne les corps électriques, en doit diminuer peu à peu l'électricité, puisque dans le premier cas il se crible presque continuellement quelque peu d'éther, qui entre de l'air environnant dans le corps électrique, et qui dans l'autre cas, sort de celui-ci pour entrer dans l'air. C'est aussi la raison pourquoi les corps électriques perdent enfin leur électricité; et cela arrivera d'autant plus vîte, que les pores de l'air sont plus ouverts. Dans un air humide, où les pores sont très ouverts, toute électricité s'éteint presque dans un instant; mais dans un air fort sec, elle se conserve assez longtems.

Cette athmosphere électrique s'apperçoît aussi sensiblement, lorsqu'on approche son visage d'un corps électrisé; on sent comme une toile d'araignée causée par le sentiment du passage léger de l'éther, qui passe ou du visage dans le corps électrique, ou réciproquement de celui-ci dans le visage, selon que l'électricité est *en moins* ou *en plus;* ou selon qu'elle est négative ou positive, comme on a coutume de s'exprimer.

L'athmosphere électrique sert aussi à expliquer plus clairement cette alternative attraction et répulsion des corps légers, qui se trouvent autour du corps électrique, dont j'ai eu l'honneur de parler dans ma lettre précédente, où V.A. aura remarqué, que l'explication que j'y ai donnée de la répulsion, cloche; mais l'athmosphere électrique suppléera parfaitement à ce défaut.

Que AB représente un tuyau de verre électrique et surchargé d'éther, et que C soit un petit corps léger à pores assez ouverts dans son état naturel. Que l'athmosphere s'étende jusqu'à la distance DE. Maintenant puisque les environs de C contiennent déjà un éther plus élastique, celui-ci se déchargera dans les pores du corps C, et sur le champ il sortira du tuyau un nouvel éther, qui passera de D en C, et c'est principalement l'athmosphere qui aide à ce passage. Car si l'éther contenu dans l'air n'avoit aucune communication avec celui du tuyau, le corpuscule C ne se ressentiroit point du voisinage du tuyau; mais pendant que l'éther passe de D en C, la pression de l'air entre C et D sera diminuée, et le corpuscule C ne sera plus pressé tout autour également: il sera donc poussé vers D comme s'il y étoit attiré. Or à mesure qu'il y approche, il sera aussi de plus en plus surchargé d'éther, et deviendra électrique comme le tuyau même, et par conséquent l'électricité du tuyau n'agira plus sur lui.

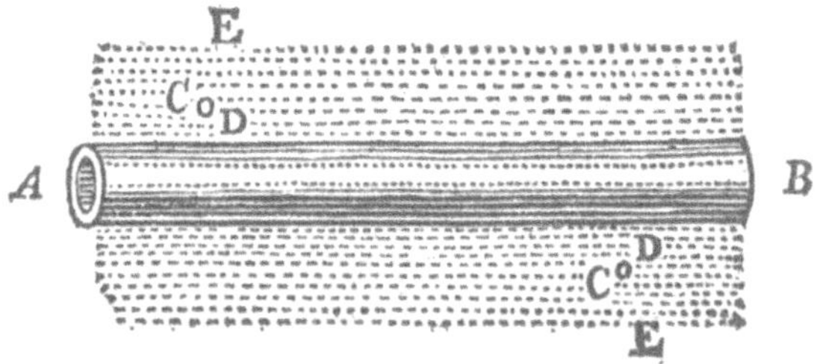

Mais puisqu'à présent le corpuscule étant parvenu en D contient trop d'éther, et plus que l'air en E, il s'efforcera d'en échapper pour se rendre en E. L'athmosphere, ou la compression de l'éther, qui va en diminuant de D jusqu'à E facilitera ce passage, et l'éther superflu coulera effectivement du corpuscule vers E. Par ce passage la pression de l'air sur le corpuscule sera de ce côté là plus petite que partout ailleurs, et par conséquent le corpuscule sera poussé vers D, comme si le tuyau le poussoit. Mais dès qu'il parvient en E il sera déchargé de son éther superflû, et rétabli dans son état naturel, d'où il sera de nouveau attiré vers le tuyau comme au commencement, et ayant atteint le tuyau, il en sera repoussé par la même raison que je viens d'expliquer.

C'est donc principalement l'athmosphere électrique qui produit ces phénomenes singuliers, quand nous voyons que les corps électrisés attirent et repoussent alternativement les petits corps légers, comme des petits morceaux de papier, ou des parcelles de métal, avec lesquelles cette expérience réussit le mieux, puisque ces matieres ont leurs pores très ouverts.

Au reste V.A. verra aisément que ce que je viens de dire sur l'électricité *en plus* doit également avoir lieu dans l'électricité *en moins:* on n'a qu'à renverser le passage de l'éther, par lequel la pression naturelle de l'air doit toujours être diminuée.

le 11 Juillet 1761

LETTRE CXLV

Après les expériences faites avec des tuyaux de verre, on est parvenu à porter l'électricité à un plus haut degré de force. Au lieu d'un tuyau, on s'est servi d'un globe ou d'une boule de verre, qu'on fait tourner bien vîte autour d'un essieu et en y appliquant la main, ou un coussin fait d'une matiere qui a des pores ouverts, on produit un frottement, qui rend la boule tout entiere électrique.

La figure ci-jointe représente cette boule, qu'on peut faire tourner autour des essieux A et B par un méchanisme semblable à celui dont se servent les tourneurs. C est le coussin appliqué assez fortement contre la boule, auquel elle se frotte en tournant. Dans ce frottement les pores du coussin étant comprimés plus que ceux du verre, l'éther qui y est contenu en est chassé, et forcé de s'insinuer dans les pores du verre, où il s'accumule de plus en plus, puisque les pores ouverts du coussin en fournissent toujours de nouveau, y étant continuellement suppléé par l'éther des corps environnans; de sorte que par ce moyen la boule peut être surchargée d'éther à un plus haut degré que les tuyaux de verre. Aussi les effets de l'électricité y sont plus considérables, mais de la même nature que ceux que je viens de rapporter, en attirant et repoussant alternativement des corps légers; et les étincelles qu'on y voit, en y touchant, sont beaucoup plus vives.

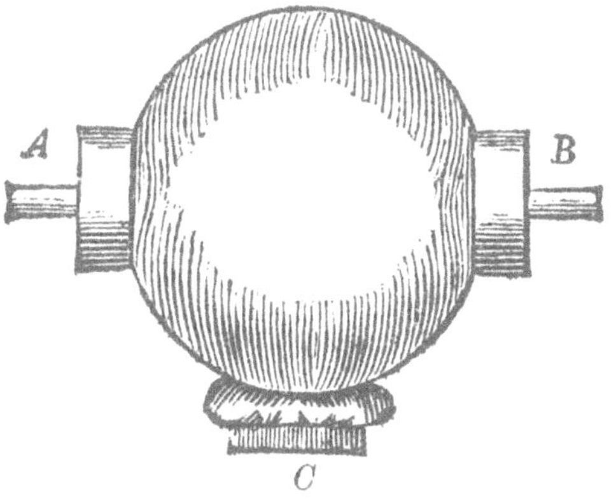

Mais on ne s'est pas contenté de cette espece d'expériences, que je viens de transcrire à V.A., on a employé cette boule électrisée à nous découvrir des phénomenes beaucoup plus surprenans.

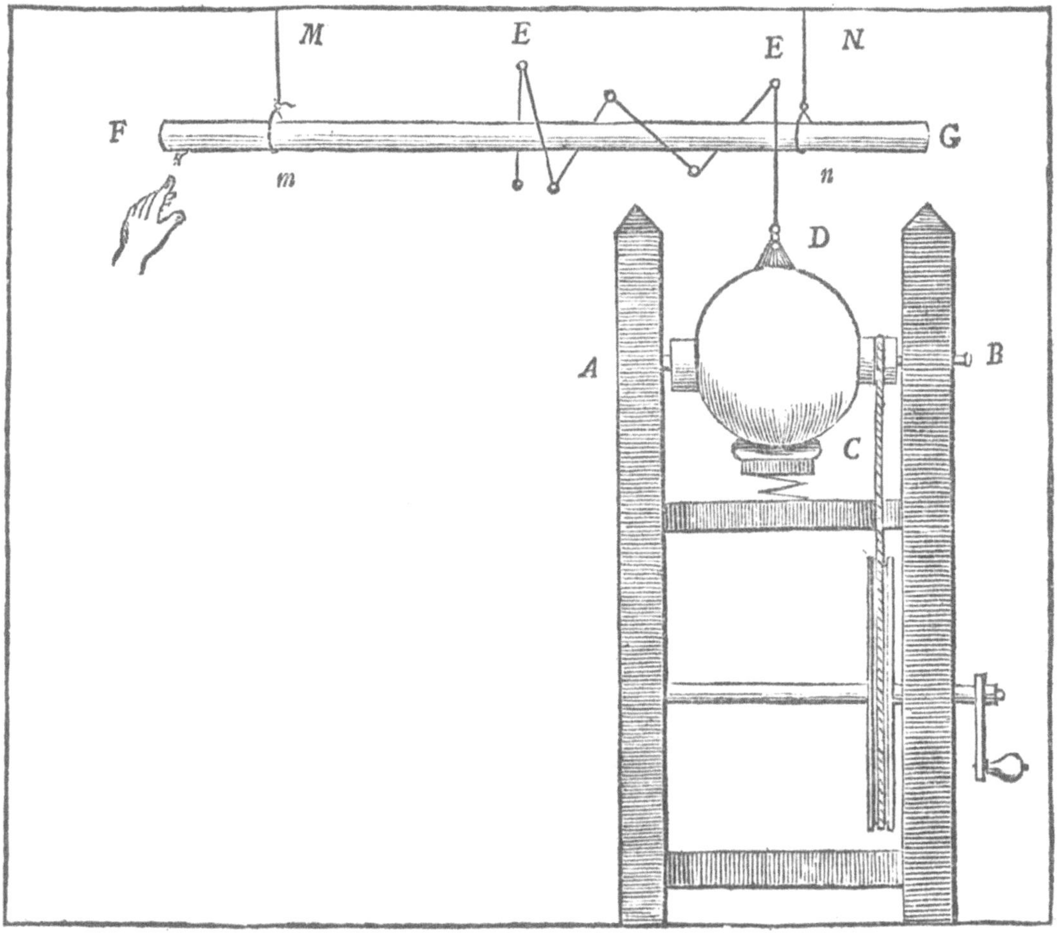

Après avoir construit la machine pour faire tourner la boule autour de ses essieux A et B, on suspend une barre de fer FG au dessus ou à côté de la boule, et on dirige vers cette boule une chaine de fer ou d'autre métal ED terminée en D à des fils métalliques qui touchent la boule. Il suffit que cette chaine soit attachée à la barre de fer d'une maniere quelconque, ou qu'elle la touche seulement. Alors quand on fait tourner la boule qui frotte contre le coussin en C, afin que l'éther, dans le verre, devienne surchargé et plus élastique, il en passera aisément dans les fils D lesquels étant d'une matiere métallique, ont leurs pores très ouverts; et de là il se déchargera par la chaine DE dans la barre de fer FG. Ainsi par le moyen de la boule, l'éther exprimé du coussin C s'accumulera successivement dans la barre de fer FG qui devient par conséquent aussi électrique, et son électricité s'accroit à mesure qu'on continue à tourner la boule.

Si cette barre communiquoit encore avec d'autres corps à pores ouverts, elle y déchargeroit bientôt le superflu de son éther, et perdroit par là son électricité; l'éther puisé du coussin seroit dispersé par tous les corps en liaison entr'eux, et sa plus grande compression ne seroit plus sensible. Pour prévenir cet accident qui feroit échouer tous les phénomenes de l'électricité, il faut nécessairement appuyer ou suspendre la barre par des soutiens d'une matiere qui ait ses pores bien fermés; de cette nature sont le verre, la poix, le souffre, la cire d'espagne et la soye. Il sera donc bon d'appuyer la barre sur des soutiens de verre ou de poix; ou bien de la suspendre par des cordes faites de soye. C'est donc par ce moyen que la barre est mise à l'abri de perdre son éther accumulé, puisque de tout côté elle n'est environnée que par des corps à pores bouchés, qui n'accordent presque aucune entrée à l'éther de la barre. Dans cet état on dit que la barre est *isolée* ou dégagée de tout contact qui lui pourroit dérober son électricité. Cependant V.A. jugera aisément qu'il n'est pas possible d'empêcher toute perte; c'est pourquoi l'électricité d'une telle barre diminue successivement, à moins qu'on ne continue à l'entretenir par le mouvement de la boule.

De cette maniere on communique l'électricité à une barre de fer, qu'on ne sauroit jamais rendre électrique, quelque peine qu'on se donnât à la frotter, et cela à cause de ses pores ouverts. Et c'est aussi par cette même raison, qu'une telle barre étant devenue électrique par communication, produit des phénomenes beaucoup plus surprenans. Quand on présente à la barre un doigt ou une autre partie du corps, on voit sortir de la barre une étincelle très brillante en forme d'une aigrette, laquelle entrant dans le corps y cause une picqueure sensible et quelque fois douloureuse. Je me souviens y avoir présenté une fois la tête couverte d'une perruque et d'un chapeau, mais le coup perça si vivement à travers, que j'en ai senti la douleur encore le lendemain.

Ces étincelles qui échappent partout de la barre, en approchant d'elle un corps à pores ouverts, allument d'abord l'esprit de vin et tuent des petits oiseaux dont on présente la tête. Quand on plonge l'autre bout de la chaine DE, dans un bassin rempli d'eau soutenu par des corps à pores fermés, comme du verre, de la poix et de la soye, toute la quantité d'eau devient électrique; et quelques auteurs assurent avoir électrisé de cette façon des lacs tout entiers, de sorte que quand on y approchoit la main, on a vu sortir de l'eau même des étincelles très picquantes. Mais il me semble qu'il faudroit bien longtems tourner la boule pour pousser une si grande partie d'éther dans une masse si énorme d'eau; il faudroit aussi que le lit et tout ce qui environne le lac ait ses pores bien fermés.

De cette maniere, plus les pores d'un corps sont ouverts, et plus est il propre à recevoir un plus haut degré d'électricité, et de produire des effets prodigieux. V.A. conviendra que tout cela est très conforme aux principes que j'ai établis au commencement.

le 14 Juillet 1761

LETTRE CXLVI

Comme on peut transporter l'électricité du verre dans une barre de fer, par le moyen d'une chaine, qui y établit une communication, on peut de la même maniere faire passer l'électricité dans le corps d'un homme, attendu que les corps des animaux ont avec les métaux et l'eau cette commune propriété, que leurs pores sont fort ouverts: mais il faut que cet homme ne touche point à d'autres corps dont les pores sont aussi ouverts.

Pour cet effet on place l'homme sur un grand morceau de poix, ou on le fait asseoir sur une chaise soutenue par des colonnes de verre, ou enfin on suspend cette chaise par des cordes de soye, puisque toutes ces matieres ont leurs pores assez fermés pour ne pas laisser échapper l'éther, dont le corps de l'homme devient surchargé par l'électrisation.

Cette précaution est absolument nécessaire; car si le corps de l'homme étoit posé sur la terre nue, qui a aussi ses pores assez ouverts: dès que l'éther dans le corps de l'homme seroit porté à un plus haut degré de compression, il se déchargeroit aussitôt dans la terre, et il faudroit être en état de surcharger la terre toute entiere d'éther, avant que l'homme devint électrique. Or V.A. comprend aisément, que le coussin, dont la boule de verre est frottée, ne sauroit suffire à fournir une si prodigieuse quantité d'éther, et quand on en voudroit tirer de la terre même, on n'avanceroit rien, puisqu'on lui en ôteroit d'un côté autânt qu'on lui en auroit donné de l'autre.

Ayant donc placé l'homme qu'on veut électriser, comme je viens de l'indiquer, on n'a qu'à lui faire toucher avec la main la boule de verre pendant qu'elle tourne, et l'éther accumulé dans la boule passera aisément par les pores ouverts de la main et se répandra par tout le corps; d'où il ne sauroit plus échapper si aisément, puisque l'air et tous les corps dont il est environné, ont leurs pores fermés. Au lieu de le faire toucher la boule avec la main, il suffira aussi qu'il touche la chaine ou la barre de fer même, dont j'ai parlé dans la lettre précédente; mais dans ce cas, non seulement l'homme lui même doit être surchargé d'éther, mais aussi la chaine avec la barre de fer, et comme cela demande une plus grande quantité d'éther, il faut travailler plus longtems à faire tourner la boule, pour en fournir suffisamment.

De cette maniere l'homme devient tout entier électrique, ou bien tout son corps sera surchargé d'éther, qui y sera porté par conséquent au plus haut degré de compression et d'élasticité, d'où il s'efforcera d'en échapper.

V.A. jugera bien, que cet état violent ne sauroit être indifférent à l'homme. Notre corps dans toutes ses moindres parties est tout-à-fait pénétré d'éther, et les moindres fibrilles, aussi bien que les nerfs en sont si remplis, que cet éther renferme sans doute les principaux ressorts des mouvemens animaux et vitaux. Aussi observe-t-on que le pouls d'un homme électrisé marche plus vîte; la sueur est excitée en lui, et le mouvement des plus subtiles liqueurs, dont notre corps est rempli, devient plus rapide. On sent aussi un certain changement par tout le corps, qu'on ne sauroit décrire, et on n'est que trop assuré, qu'un tel état a une grande influence sur la santé, quoiqu'on n'ait pas encore fait assez d'expériences pour déterminer en quels cas cette influence est salutaire ou non? Quelques fois il peut être bon que le sang et les autres humidités soient mises dans une plus vive circulation, et on peut prévenir certaines obstructions qui pourroient avoir des suites fâcheuses, mais quelques fois, il peut arriver qu'une trop forte agitation soit nuisible à la santé. La chose seroit bien digne, que les Médecins y apportassent plus de soins, pour la mieux examiner. On se vante bien de quelques guérisons très surprenantes opérées par l'électrisation, mais on ne peut pas encore assez bien distinguer les occasions, où l'on peut s'en promettre un bon succès.

Pour retourner à notre homme électrisé, il est très remarquable, que dans l'obscurité on le voit entouré d'une lumiere, comme celle que les peintres représentent autour des têtes des Saints. La raison en est assez évidente: car puisqu'il s'en échappe continuellement quelques parties de l'éther, dont le corps est surchargé, et qu'il rencontre dans les pores fermés de l'air beaucoup de résistance, il est mis dans une certaine agitation, qui est l'origine de toute la lumiere, comme j'ai eu l'honneur de le prouver à V.A.

Mais dans cet état, où l'homme électrisé se trouve, on remarque des phénomenes très surprenans: quand on le touche, on voit non seulement sortir du lieu touché des étincelles très fortes, mais cet homme y souffre encore une douleur très vive. Aussi si c'est un autre homme dans son état naturel, ou non électrisé, qui le touche, tous les deux ressentent cette douleur qui pourroit bien avoir des suites funestes, surtout quand on le touche à la tête, ou dans quelque autre endroit très sensible. De là V.A. comprend combien peu il nous est indifférent, qu'une partie de l'éther contenu dans notre corps s'en échappe, ou qu'il en entre de nouveau, surtout quand cela se fait avec une si prodigieuse rapidité.

Au reste la lumiere dont on voit entouré un homme électrisé dans l'obscurité, confirme admirablement ce que j'ai eu l'honneur de dire sur l'athmosphere électrique, qui environne tous les corps: et V.A. ne trouvera plus aucune difficulté sur la plupart des phénomenes électriques, quelques inexpliquables qu'ils paroissent à d'autres.

le 18 Juillet 1761

LETTRE CXLVII

V.A. se souvient, que non seulement le verre devient électrique par le frottement, mais que d'autres matieres, comme la cire d'espagne et le souffre ont la même propriété, entant que leurs pores sont aussi fermés, de sorte que soit qu'on y fasse passer trop d'éther, ou qu'on les en dépouille d'une partie, elles se conservent pendant quelque tems dans cet état, sans que l'équilibre soit si tôt rétabli.

Ainsi au lieu d'un globe de verre, on se sert aussi de globes de cire d'espagne ou de souffre, qu'on fait tourner autour d'un axe pendant qu'ils frottent contre un coussin, de la même maniere que j'ai eu l'honneur d'exposer à l'égard d'un globe de verre. Par ce moyen on rend ces globes également électriques et en leur appliquant une barre de fer qui ne les touche que par des minces filets, ou franges de métal, incapables d'endommager le globe, l'électricité se communique aussi tôt à cette barre, d'où on peut ensuite la transmettre en d'autres corps à volonté.

Cependant on découvre ici une différence bien remarquable. Un globe de verre étant rendu électrique de cette façon, devient surchargé d'éther, et la barre de fer ou d'autres corps qu'on y met en communication, en acquierent une électricité de même nature; ou bien l'éther s'y trouve dans une trop grande compression, dont l'élasticité est augmentée. Cette électricité est nommée *positive* ou *électricité en plus*. Mais quand on traite de la même maniere un globe de cire d'espagne, ou de souffre, il en nait une électricité directement contraire, qu'on nomme *négative* ou *électricité en moins*, puisqu'on remarque que par le frottement ces globes deviennent dépouillés d'une partie d'éther renfermé dans leurs pores.

V.A. sera surprise de voir comment le même frottement peut produire des effets tout-à-fait opposés; mais cela dépend de la nature des corps frottans et frottés, et de la roideur de leurs moindres particules, qui contiennent les pores. Pour expliquer la possibilité de cette différence, il est d'abord évident que lorsque deux corps sont fortement frottés l'un contre l'autre, les pores de l'un doivent ordinairement souffrir une plus grande compression que ceux de l'autre et alors l'éther contenu dans les pores qui souffrent une plus grande compression, est exprimé et forcé de s'insinuer dans les pores de l'autre corps, qui sont moins comprimés.

Cela posé, il faut dire, dans le frottement du verre par un coussin, les pores du coussin souffrent une plus grande compression que ceux du verre, et que par conséquent l'éther du coussin passe dans le verre, et y produit une électricité positive ou *en plus*, comme j'ai déjà eu l'honneur de l'expliquer à V.A. Mais quand on substitue un globe de cire d'espagne ou de souffre au lieu du verre, ces matieres étant susceptibles d'une plus grande compression dans leurs pores, que la matiere du coussin dont on les frotte, une partie de l'éther contenue dans ces globes en sera exprimée et obligée d'entrer dans le coussin, d'où ces globes de cire d'espagne ou de souffre seront dépouillés d'une partie de leur éther et obtiendront par conséquent une électricité négative ou *en moins*.

De la même nature est l'électricité, que reçoit une barre de fer, ou de métal mise en communication avec un globe de cire d'espagne ou de souffre, et de telle nature sera aussi l'électricité qu'on communique à un homme placé sur une masse de poix ou suspendu par des cordes de soye. Quand on touche un tel homme ou autre corps électrisé de cette maniere, ayant ses pores ouverts, on y observe à peu près les mêmes phénomenes, que dans le cas de l'électricité positive ou *en plus*. L'attouchement y est aussi accompagné d'une étincelle et d'une picqueure de part et d'autre. La raison en est évidente: car l'éther qui s'échappe ici des corps qui se trouvent dans leur état naturel, pour entrer dans les corps électrisés, étant géné, doit être accompagné d'une agitation, qui cause la lumiere. Cependant on remarque une sensible différence dans la figure de l'étincelle, selon que l'électricité est positive ou négative.

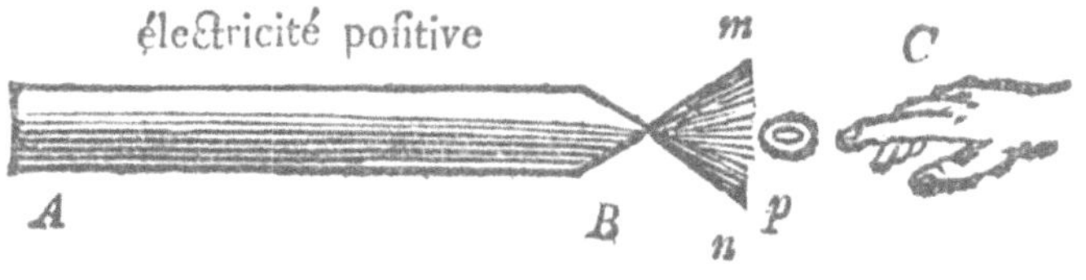

Si la barre AB a une électricité positive et qu'on lui présente le doigt C, la lumiere qui sort de la barre paroit sous la forme d'une aigrette mn et auprès du doigt on voit en p un point lumineux.

Mais si la barre AB a une électricité négative et qu'on lui présente le

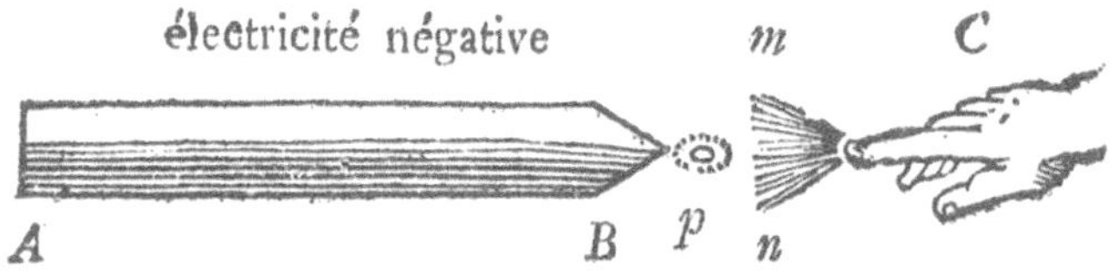

doigt C, c'est du doigt que sort l'aigrette lumineuse mn et on voit le point lumineux p auprès de la barre.

Voilà le principal caractere par lequel on distingue l'électricité positive de la négative. Toujours où l'éther s'échappe, l'étincelle a la figure d'une aigrette, mais où l'éther entre dans un corps, l'étincelle est un point lumineux.

le 21 Juillet 1761

LETTRE CXLVIII

V.A. comprendra mieux la différence entre l'électricité positive et négative, quand j'aurai l'honneur de lui expliquer, comment on peut produire par un seul globe de verre l'une et l'autre espece d'électricité, ce qui servira en même tems à mieux éclaircir ces admirables phénomenes de la nature.

Soit AB le globe de verre tourné autour de son axe C et frotté par le coussin D, vis-à-vis duquel le globe est touché par des franges de métal F attachées à la barre de fer FG, suspendue par des cordes de soye H et I, afin que la barre ne touche nulle part à des corps à pores ouverts. (Qu'on regarde la figure ci-jointe.)

Cela posé, V.A. sait que par le frottement contre le coussin D, l'éther passe du coussin dans le verre, où il devient plus comprimé et par conséquent plus élastique: de là il passera donc par les franges F dans la barre de fer FG; car quoique les pores du verre soient assez fermés, puisque l'éther s'accumule dans le globe de plus en plus par le frottement, il devient bientôt si surchargé, qu'il en échappe par les franges de métal pour se décharger dans la barre, d'où celle-ci devient également électrique.

De là V.A. voit que tout ce superflû d'éther est fourni par le coussin, qui en seroit bientôt dépouillé, s'il n'avoit point une libre communication avec l'échafaudage qui soutient la machine, et par là avec la terre tout entiere, d'où le coussin est à chaque instant de nouveau rempli d'éther, de sorte que tant que le frottement dure, il en a copieusement pour comprimer d'avantage celui qui se trouve dans le globe et la barre. Mais si toute la machine repose sur des piliers de verre comme M et N, ou qu'elle soit suspendue par des cordes de soye, de sorte que le coussin n'ait aucune communication avec des corps à pores ouverts, d'où le défaut d'éther y puisse être suppléé, le coussin sera bientôt

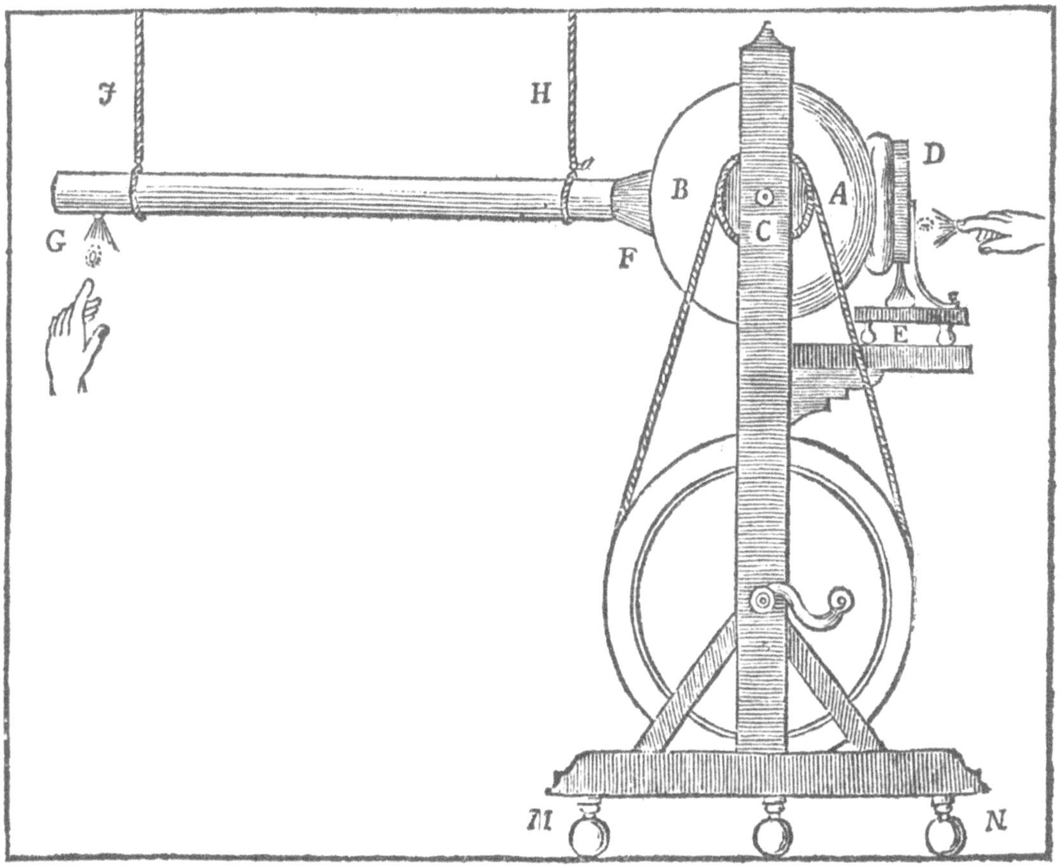

dépouillé de son éther, et l'électricité dans le globe et la barre ne sauroit être portée au delà d'un certain degré, qui sera à peine sensible, à moins que le coussin ne soit d'un volume prodigieux. Pour suppléer à ce défaut on met le coussin D en communication avec une grande masse de métal E, dont l'éther soit suffisant pour en fournir assez au globe et à la barre, et y porter l'éther à un si haut degré de compression.

Par ce moyen, on procurera au globe et à la barre une électricité positive, comme j'ai eu l'honneur de l'expliquer à V.A. Mais à mesure que le globe et la barre deviennent surchargés d'éther, le coussin et la masse métallique E en perdent précisément autant, et acquierent par là une électricité négative; de sorte que nous avons ici à la fois les deux especes d'électricité; la positive dans la barre, et la négative dans la masse métallique. L'une et l'autre produit son effet conformément à sa nature. Quand on présente le doigt à la barre, il sortira de la barre une étincelle en forme d'aigrette, et on verra un point lumineux au doigt, mais si l'on présente le doigt à la masse métallique, l'aigrette sortira du doigt, et on verra le point lumineux à la masse.

Concevons aussi deux hommes placés sur des masses de poix pour les mettre hors de toute communication avec des corps à pores ouverts; que l'un touche à la barre et l'autre à la masse métallique, pendant que la machine est mise en action; il est clair que le premier qui touche à la barre deviendra électrique positivement, ou surchargé d'éther, pendant que l'autre qui touche à la masse métallique acquierera une électricité négative et sera dépouillé de son éther.

Voilà donc deux hommes, l'un et l'autre électriques mais d'une nature tout à fait contraire, quoiqu'ils aient été rendus électriques par la même machine. L'un et l'autre sera entouré d'une athmosphere électrique, qui dans l'obscurité paroîtra sous la forme d'une lueur, à-peu-près comme les peintres représentent les saints; la raison en est, que de l'un, l'éther superflu échappe insensiblement dans l'air environnant, et qu'à l'égard de l'autre, l'éther contenu dans l'air s'insinue insensiblement dans son corps. Ce passage quoique insensible sera accompagné d'une agitation d'éther, d'où résulte la lumiere.

Il est clair que ces deux électricités sont directement opposées, mais pour s'en mieux convaincre, ces deux hommes n'ont qu'à se donner les mains, ou se toucher seulement, et on verra sortir d'eux des étincelles très fortes, et eux mêmes ressentiront des douleurs très vives.

Si ces deux hommes étoient électrisés de la même espece, ce qui arriveroit si tous les deux touchoient ou la barre, ou la masse métallique, ils pouroient se toucher impunément sans la moindre marque d'étincelle et de douleurs: puisque l'éther contenu dans tous les deux se trouveroit dans le même état, tandis que dans l'autre cas, leur état est tout-à-fait contraire.

le 25 Juillet 1761

LETTRE CXLIX

Je vais entretenir maintenant V.A. sur un phénomene tout-à-fait singulier de l'électricité, qui a fait bien du bruit, et qui est connu sous le nom de la fameuse *expérience de Leyde,* puisque Mr. MOUSCHENBROECK[1]), Professeur à Leyde en est l'inventeur. Le singulier de cette expérience consiste dans la force terrible, qui en résulte, et dont plusieurs personnes à la fois peuvent sentir les coups les plus rudes.

1) PETER VAN MUSSCHENBROEK (1692–1761). A.S.

La figure ci-jointe mettra V.A. en état de comprendre la nature de cette expérience curieuse. C est le globe de verre tourné par le moyen de la manivelle E et frotté par le coussin DD pressé contre le globe par le ressort O. En Q sont les franges métalliques qui transmettent l'électricité dans la barre de fer FG, par la chaine métallique Q.

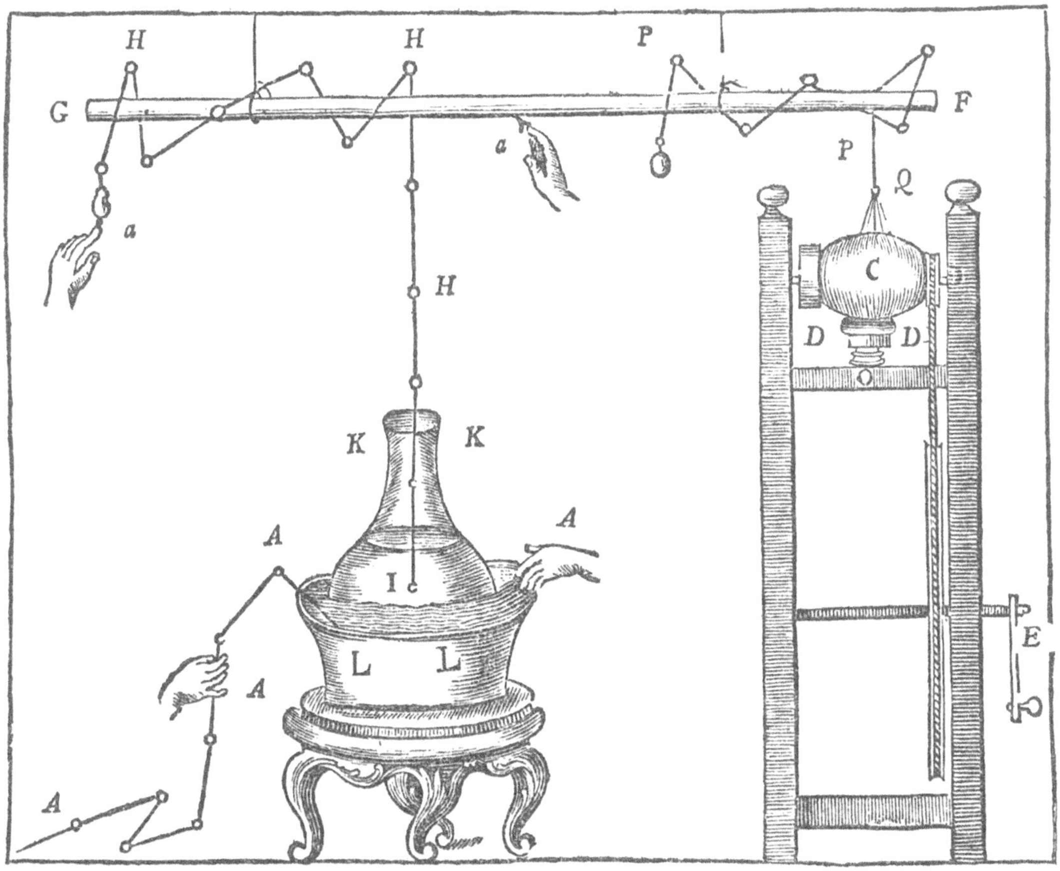

Jusqu'ici rien ne differe de la manœuvre, que j'ai déjà quelque fois eu l'honneur de décrire à V.A. Mais pour exécuter l'expérience dont il s'agit ici, on attache à la barre encore une autre chaine de métal H, dont on fait entrer l'autre bout J dans un matras de verre KK, rempli d'eau, et le matras même est posé dans un bassin LL également rempli d'eau. On enfonce dans l'eau du bassin encore une autre chaine A, quand on veut, dont l'autre bout traine sur le plancher.

Maintenant ayant fait mouvoir la machine pendant quelque tems, pour que la barre devienne suffisamment électrique, V.A. sait que si quelqu'un présentoit son doigt au bout de la barre en *a*, il en ressentiroit le coup ordinaire de l'électricité par l'étincelle qui en sort. Mais si ce même homme mettoit en même tems l'autre main dans l'eau du bassin en *A*, ou qu'il touchât seulement de son corps la chaine plongée dans cette eau, il ressentiroit un coup incomparablement plus rude, qui lui causeroit des secousses par tout le corps.

On peut même faire sentir ces mêmes secousses à plusieurs personnes à la fois: ces personnes n'ont qu'à se donner les mains, ou il suffit même qu'elles se touchent par leurs habits: alors la premiere personne met sa main dans l'eau du bassin, ou touche seulement la chaine, dont un bout y est plongé: Ensuite dès que la derniere personne présente le doigt à la barre, on en voit sortir une étincelle beaucoup plus forte qu'à l'ordinaire, et toutes les personnes sont frappées au même instant de coups très rudes par tout leurs corps.

Voilà la fameuse expérience de Leyde, qui est d'autant plus surprenante, qu'il est difficile de voir de quelle maniere le matras et l'eau du bassin contribue à renforcer si terriblement l'effet de l'électricité. Pour surmonter cette difficulté, j'aurai l'honneur de faire là dessus les réflexions suivantes.

I. Pendant que, par l'action de la machine, l'éther est comprimé dans la barre, il passe par la chaine *H* jusque dans l'eau contenue dans le matras *I*, et puisqu'il y rencontre des pores ouverts, l'eau du matras deviendra aussi bien surchargée d'éther que la barre même.

II. Or le matras étant de verre, il a ses pores fermés, qui ne permettent pas à l'éther comprimé en dedans, de traverser la substance du verre pour se décharger dans l'eau de dehors contenue dans le bassin, et par conséquent l'eau du bassin demeure dans son état naturel et ne deviendra pas électrique, et quand même quelque éther en échapperoit à travers le verre, il se perdroit bientôt dans le bassin et le piédestal, dont les pores sont ouverts.

III. Considérons maintenant un homme, tenant une main dans l'eau du bassin, ou touchant seulement la chaine *A*, dont un bout est plongé dans cette eau: qu'il présente maintenant l'autre main vers la barre en *a*, il en résultera pour premier effet, qu'avec l'étincelle qui sort de la barre, l'éther échappera très rapidement de la barre et traversera le corps de l'homme librement, y trouvant partout des pores ouverts.

IV. Jusqu'ici on ne voit que l'effet ordinaire de l'électricité, mais pendant que l'éther traverse si rapidement le corps de l'homme, il en sort avec une semblable rapidité par l'autre main, ou par la chaine *A*, pour se dégorger dans l'eau du bassin; et puisqu'il y entre avec une si grande impétuosité, il vaincra aisément l'obstacle qu'oppose le verre, et pénétrera jusque dans l'eau contenue dans le matras.

V. Or l'eau dans le matras contenant déjà un éther trop comprimé, il acquerra par ce surcroît de nouvelles forces et se répandra avec impétuosité tant par la chaine IH que par la barre même: par conséquent il en échappera en a avec de nouveaux efforts; et comme cela se fait dans un instant, il entrera avec une augmentation de forces dans le doigt, pour traverser le corps de l'homme.

VI. De là passant de nouveau dans l'eau du bassin et ensuite pénétrant le matras, il augmentera encore l'agitation de l'éther comprimé dans l'eau du matras et de la barre; et cela durera jusqu'à ce que tout soit remis en équilibre, ce qui se fera bien vîte à cause de la grande rapidité dont l'éther agit.

VII. La même chose aura lieu, si on y emploie plusieurs personnes: et maintenant V.A. comprend aisément, à ce que j'espere, d'où vient cette surprenante augmentation de la force de l'électricité dans cette expérience de MOUSCHENBROECK, qui est capable de produire des effets si prodigieux.

VIII. S'il y avoit encore quelque doute sur ce que j'ai dit d'abord, l'éther comprimé dans l'eau du matras ne sauroit pénétrer par le verre, et que dans la suite je lui ai supposé un passage assez libre: tout ce doute s'évanouira par la considération que dans le premier cas tout est tranquille, et que dans le dernier, l'éther se trouve dans une terrible agitation, ce qui doit sans doute beaucoup contribuer à forcer les passages les plus fermés.

le 28 Juillet 1761

LETTRE CL

Après ces éclaircissemens V.A. ne sera plus en peine sur la cause des effets prodigieux qu'on observe dans les phénomenes de l'électricité.

La plupart des auteurs, qui en ont écrit, embrouillent tellement les expériences, qu'à la fin on n'y comprend absolument rien, et surtout quand ils veulent en donner une explication. Tous ont recours à une certaine matiere subtile, qu'ils nomment *le fluide électrique*, auquel ils attribuent des qualités si bizarres, que notre esprit en est tout-à-fait révolté; et au bout du compte ils sont obligés d'avouer, que tous leurs efforts ne sont rien moins que suffisants pour nous procurer une connoissance solide de ces phénomenes importans de la nature.

Mais de ce que j'ai eu l'honneur de développer à V.A. il est clair que les corps ne deviennent électriques, qu'entant que l'élasticité, ou l'état de compression de l'éther, qui se trouve dans les pores des corps n'est pas en équilibre, ou lorsqu'il est dans quelques uns plus ou moins comprimé que dans les autres. Car alors la prodigieuse élasticité dont l'éther est doué, fait des grands efforts pour se remettre en équilibre et pour se rétablir partout au même degré d'élasticité autant que la nature des pores, qui dans les divers corps sont plus ou moins ouverts, le permettent; et c'est toujours la restitution actuelle en équilibre, qui produit les phénomenes de l'électricité.

Quand l'éther s'échappe d'un corps où il est plus comprimé, pour se décharger dans un autre où sa compression est moindre, ce passage se trouve toujours géné par les pores fermés de l'air, et de là vient qu'il est mis dans une certaine agitation ou mouvement violent de vibration, en quoi nous avons vu que consiste la lumiere; et plus ce mouvement est violent, plus la lumiere devient brillante, et même capable d'allumer et bruler les corps.

Ensuite pendant que l'éther pénetre l'air avec une si grande violence, les particules de l'air en sont mises aussi dans un mouvement de vibration qui est la propre cause du son; aussi observe-t-on que les phénomenes de l'électricité sont accompagnés d'un craquement, ou de quelque bruit plus ou moins grand, selon la diversité des circonstances.

Outre cela puisque les corps des hommes et des animaux sont remplis d'éther dans leurs moindres pores, et que surtout l'action des nerfs semble dépendre de l'éther qui y est contenu, les hommes et les animaux ne sauroient être indifférens à l'égard de l'électricité; et quand l'éther y est mis dans une grande agitation, l'effet y doit être très sensible, et selon les circonstances tantôt salutaire, tantôt nuisible. A cette derniere classe, il faut sans doute rapporter les terribles secousses de l'expérience de Leyde, et il n'y a aucun doute qu'on ne la puisse porter à un degré de force, qui fut capable de tuer les hommes. Car c'est par ce moyen qu'on a déjà effectivement tué quantité de petits animaux; comme des souris et des oiseaux.

Quoiqu'on se serve ordinairement du frottement pour produire l'électricité, V.A. comprendra aisément qu'il y a encore d'autres moyens propres à ce dessein. Tout ce qui est capable de porter l'éther contenu dans les pores d'un corps à un plus grand, ou à un plus petit degré de compression qu'à l'ordinaire, rend ce corps en même tems électrique, et si ses pores sont fermés, l'électricité y sera de quelque durée, au lieu que dans les corps, dont les pores sont ouverts, elle ne sauroit subsister à moins qu'ils ne soient tout autour environnés d'air ou d'autres corps dont les pores sont fermés.

C'est ainsi qu'on a observé, que la chaleur supplée souvent au frottement, quand on laisse chauffer ou fondre de la cire d'espagne, ou du souffre, dans une cuillere, après le refroidissement on découvre une électricité très sensible dans ces matieres; la raison ne nous en doit plus être cachée, puisque nous savons que la chaleur élargit les pores de tous les corps. En effet nous voyons que tous les corps étant chauffés, occupent un plus grand volume, que quand ils sont froids.

V.A. sait que le mercure dans un thermometre monte dans la chaleur et descend dans le froid; c'est que le mercure lorsqu'il est chaud, occupe un plus grand volume, ou remplit un plus grand espace dans le verre que quand il est froid. Par la même raison on trouve, qu'une barre de fer bien chauffée est toujours un peu plus longue que lorsqu'elle est froide; cette propriété est commune à tous les corps que nous connoissons.

Donc quand nous fondons sur le feu une masse de cire d'espagne, ou de souffre, les pores en sont élargis et probablement plus ouverts, il faut donc qu'une plus grande quantité d'éther y entre pour remplir ces pores. Ensuite quand on laisse refroidir ces matieres, les pores se rétrécissent et se ferment en même tems, de sorte que l'éther y est réduit dans un moindre espace et par conséquent forcé à un plus haut degré de compression, d'où son ressort est augmenté: Ces masses acquerront donc une électricité positive, et elles en montrent aussi les effets.

On remarque une semblable propriété dans la plupart des pierres précieuses, qui étant chauffées deviennent électriques. Il y a même une pierre de Ceylon nommée *Tourmalin* (Aschentrecker), qui étant frottée ou chauffée acquiert les deux especes d'électricité à la fois. C'est que l'éther d'une partie de la pierre est chassé pour comprimer davantage celui qui est dans l'autre partie; et les pores sont trop fermés pour permettre le rétablissement en équilibre.

le 1 Aout 1761

LETTRE CLI

Jusqu'ici je n'ai considéré l'électricité, qu'entant qu'elle est un objet de notre curiosité, et de la spéculation des Physiciens; mais à présent V.A. ne verra pas sans surprise, que le tonnerre et la foudre avec tous les phénomenes terribles qui les accompagnent tirent leur origine du même principe; et que la nature opere ici en grand, ce que les Physiciens exécutent en petit par leurs expériences.

D'abord on a regardé ces Philosophes comme des visionnaires, qui se sont imaginé de trouver quelque ressemblance entre les phénomenes du tonnerre et ceux de l'électricité; et l'on a cru qu'ils ne faisoient cela que pour couvrir leur ignorance par rapport à la cause du tonnerre, mais V.A. sera bientôt persuadée que jamais conjecture ne fut mieux fondée et que toutes les autres explications de ces grandes opérations de la nature sont destituées de tout fondement.

En effet tout ce qu'on a avancé là-dessus, avant la connoissance de l'électricité étoit enveloppé dans la plus grande absurdité, et n'étoit pas capable de nous éclaircir sur le moindre phénomene du tonnerre.

Les anciens philosophes en attribuerent la cause aux vapeurs sulfureuses et bitumineuses, qui montoient de la terre dans l'air et se mêloient avec les nuages, où elles s'allumoient par quelque cause inconnue.

Des Cartes qui connut bientôt l'insuffisance de cette explication, imagina une autre cause dans les nuages mêmes, et crut que le tonnerre étoit produit lorsque les nuages plus élevés tomboient subitement sur d'autres plus bas, que par cette chute l'air contenu entr'eux étoit comprimé au point de causer un si grand bruit, et de produire même les éclairs et la foudre, quoiqu'il lui fût impossible d'en montrer la possibilité.

Mais sans arrêter V.A. à des fausses explications qui n'aboutissent à rien, je me hâte de Lui apprendre, qu'on a découvert des preuves incontestables, pour nous convaincre que les phénomenes du tonnerre sont toujours accompagnés des marques les plus évidentes de l'électricité.

On place une barre de fer ou d'autre métal sur un pilier de verre ou de quelque autre matiere qui a ses pores fermés, afin que quand la barre devient électrique, l'électricité n'en puisse échapper ou se communiquer avec le corps qui soutient la barre. Alors dès qu'un orage s'éleve, et que les nuages prêts à tonner avancent jusqu'au dessus de la barre, on y découvre une très forte électricité, qui surpasse ordinairement beaucoup celle qu'on est capable de produire par l'art, de sorte que si l'on approche la main ou quelque autre corps à pores ouverts, on y voit éclater, non une étincelle, mais même un éclair très vif, avec un bruit semblable au tonnerre dont l'homme qui y prête sa main, reçoit un coup si violent, qu'il ne sauroit le soutenir. Cela passe la curiosité, et on a bien raison d'être sur ses gardes et de ne pas s'approcher de la barre dans le tems d'un orage.

Un Professeur à Petersbourg nommé RICHMANN[1]) nous en a fourni un triste exemple. Dès qu'on s'est apperçu d'une liaison si étroite entre les phénomenes du tonnerre et ceux de l'électricité, ce malheureux Physicien pour s'en mieux assurer par les expériences, a élevé une barre de fer sur le toit de sa maison, enchassée en bas dans un tuyau de verre et soutenue encore par une masse de poix. Il attacha à la barre un fil d'archal, qu'il conduisit jusque dans sa chambre, afin que dès que la barre deviendroit électrique, l'électricité se communiquât librement avec le fil d'archal, et qu'il en pût éprouver les effets dans sa chambre. V.A. comprend bien que ce fil d'archal a été conduit par des trous de façon, qu'il n'a touché nulle part que des matieres à pores fermés, comme du verre, de la poix, ou de la soye, afin que l'électricité n'en pût échapper.

Dans cette disposition il attendit un orage qui arriva bientôt pour son malheur. On entendit tonner de loin: Mr. RICHMANN fut fort attentif sur son fil d'archal pour voir, s'il n'y découvroit point quelque marque d'électricité. Comme l'orage s'approchoit d'avantage, il jugea bien, qu'il falloit prendre quelque précaution, et ne pas s'approcher témérairement du fil; mais par mégarde il y approcha un peu son front, et en reçut un coup si terrible avec un grand éclat, qu'il en tomba roide mort.

Vers le même tems, feu Mr. le Docteur LIEBERKUHN[2]) et Mr. le Docteur LUDOLF[3]) voulurent faire ici de semblables expériences, et avoient fixé aussi dans cette vue des barres de fer sur leurs maisons; mais dès qu'ils furent avertis du désastre de Mr. RICHMANN, ils se sont hâtés d'ôter les barres de leurs maisons, et je crois qu'ils ont agi fort sagement.

V.A. jugera par là très aisément, que l'air ou l'athmosphere doit devenir très électrique dans le tems d'un orage, ou que l'éther y doit être porté à un très haut degré de compression. Cet éther dont l'air est surchargé passera dans la barre à cause de ses pores ouverts, et la rendra électrique, tout comme si elle étoit électrisée par la méthode ordinaire, mais dans un degré beaucoup plus haut.

le 4 Aout 1761

1) GEORG WILHELM RICHMANN (1711–1753) était membre de l'académie de St-Petersbourg depuis 1747. A.S.
2) JOHANN NATHANAEL LIEBERKÜHN (1711–1756), médecin et astronome. A.S.
3) CHRISTIAN FRIEDRICH LUDOLFF (1707–1763), médecin et membre de l'académie de Berlin. A.S.

LETTRE CLII

Les expériences, dont je viens de parler, prouvent donc incontestablement que les nuages orageux sont extrêmement électriques, et par conséquent leurs pores ou surchargés ou dépouillés d'éther, puisque l'un et l'autre état convient également à l'électricité. Mais j'ai des raisons bien fortes qui me persuadent, que cette électricité est positive, et que l'éther y est comprimé à un plus haut degré et conséquemment d'autant plus élastique qu'ailleurs.

Ordinairement de tels orages n'arrivent qu'après des grandes chaleurs: alors les pores de l'air et des vapeurs qui y voltigent, sont extrêmement élargis et remplis d'une prodigieuse quantité d'éther, qui à ce que V.A. sait, occupe aisément tous les espaces vuides d'autres matieres. Mais quand les vapeurs s'assemblent dans les régions supérieures de notre athmosphere pour y former des nuages, elles y rencontrent un très grand froid. C'est de quoi on ne sauroit douter, à cause de la grêle qui se forme souvent dans ces régions et ce qui prouve suffisamment une congellation; outre cela il est très certain, que quelque chaud qu'il fasse ici bas, il regne en haut toujours un très grand froid. Ce froid est aussi la raison, que les hautes montagnes sont toujours couvertes de neige; et même au Pérou qui est le pays le plus chaud de la terre, les sommets des hautes montagnes connues sous le nom des Cordelieres ne contiennent que de la neige et de la glace.

Rien n'est donc plus certain et mieux établi que le grand froid qui regne partout en haut de notre athmosphere où les nuages se forment. Or il est également certain, que le froid rétrécit les pores des corps en les réduisant à un plus petit volume; donc puisque les pores des vapeurs ont été extrêmement élargis par la chaleur, aussitôt qu'elles forment en haut des nuages, les pores y seront rétrécis, et entant que l'éther qui les remplissoit n'en peut pas échapper, parceque les pores de l'air sont presque tout-à-fait bouchés, il faut bien que l'éther y reste et qu'il y soit comprimé à un beaucoup plus haut degré de densité, d'où son ressort sera d'autant plus augmenté.

Voilà donc le véritable état des nuages orageux, c'est que l'éther contenu dans leurs pores est beaucoup plus élastique qu'à l'ordinaire, ou bien que les nuages ont une électricité positive ou *en plus*. Comme les nuages ne sont qu'un amas des vapeurs humides, leurs pores sont bien ouverts, mais puisqu'ils sont entourés de l'air dont les pores sont bien fermés, cet éther comprimé dans les nuages n'en sauroit échapper qu'assez insensiblement. Mais si quelque personne ou quelque autre corps à pores ouverts, approchoit d'un tel nuage, on y remarqueroit les mêmes phénomenes que l'électricité nous fait voir: une étincelle en sortiroit, mais ce seroit une étincelle bien forte, ou plutôt un éclair réel. Outre cela le corps en éprouveroit un coup très rude, à cause de l'impétuosité, avec la quelle l'éther du nuage entreroit dans les pores du corps. Cette violence pourroit bien détruire la structure du corps: et enfin la terrible agitation de l'éther qui échappe du nuage, étant non seulement une lumiere, mais aussi un vrai feu, elle seroit capable d'allumer et brûler les corps combustibles.

V.A. reconnoîtra ici le vrai phénomene de la foudre; et pour le bruit du tonnerre la cause en est très manifeste, puisque l'éther ne sauroit être mis dans une si terrible agitation, sans que l'air lui même n'en reçoive les plus vives secousses, qui le mettant dans un grand ébranlement, doivent nécessairement produire un grand bruit. Le tonnerre éclate donc toutes les fois que la force de l'éther contenu dans les nuages peut pénétrer jusqu'à un corps, où l'éther se trouve dans son état naturel et dont les pores sont ouverts; il n'est pas même nécessaire que ce corps touche le nuage immédiatement.

Ce que j'ai dit sur les athmospheres des corps électrisés, a principalement lieu dans les nuages électriques; et quelquefois dans le tems d'un orage nous sentons cette athmosphere électrique, par un air étouffant, auquel certaines personnes sont très sensibles. Ensuite dès qu'un tel nuage commence à se résoudre en pluye, l'air en devenant humide est chargé d'une semblable électricité, par laquelle le coup électrique peut être porté à des corps fort éloignés.

On observe que la foudre frappe très aisément les corps fort élevés, comme les sommets des clochers, quand ils sont faits d'une matiere à pores ouverts, comme de métal; et une forme pointue n'y contribue pas peu. La foudre frappe aussi aisément dans l'eau dont les pores sont aussi très ouverts: mais les corps à pores fermés comme le verre, la poix, le souffre et la soye ne sont guere sujets au tonnerre, à moins qu'ils ne soient fort mouillés. Aussi observe-t-on que quand la foudre passe par une fenêtre, elle ne pénétre pas le verre, mais toujours par le plomb dont les carreaux sont joints ensemble. On pourroit presque assurer qu'une maison de verre liée avec de la poix et d'autres matieres à pores fermés, nous mettroit à l'abri des effets de la foudre.

le 8 Aout 1761

LETTRE CLIII

Le tonnerre et la foudre ne sont donc autre chose que l'effet de l'électricité dont les nuages sont doués; et comme un corps électrisé, lorsqu'il approche d'un autre corps qui se trouve dans son état naturel, y lance une étincelle avec quelque bruit, et y décharge le superflu de son éther avec une grande impétuosité, la même chose arrive dans un nuage électrique ou surchargé d'éther, mais avec une force incomparablement plus grande, à cause de la terrible masse électrisée, et où selon toute apparence l'éther est réduit à un beaucoup plus haut degré de compression que nous ne sommes en état de le porter par nos machines électriques.

Donc lorsqu'un tel nuage approche des corps, propres pour s'y décharger de son éther, cette décharge doit se faire avec une terrible violence: au lieu d'une simple étincelle, l'air sera pénétré d'un grand éclair, lequel ébranlant l'éther contenu dans toute la région voisine de l'athmosphere, y produit une lumiere très vive; et c'est en quoi consiste l'éclair.

Or, en même tems, l'air lui même est mis dans une très forte agitation, accompagnée d'un mouvement de vibration, d'où résulte le bruit du tonnerre; ce bruit arrive bien en même tems que l'éclair, mais V.A. sait, que le son demande toujours un certain tems pour être transmis à un certaine distance, et que le son ne parcourt chaque seconde qu'un espace d'environ mille pieds, pendant que la lumiere se communique avec une vîtesse incomparablement plus grande; et c'est pourquoi nous entendons le tonnerre toujours plus tard que nous ne voyons l'éclair: et par le nombre de secondes qui s'écoulent depuis l'éclair jusqu'à ce que nous entendions le tonnerre, nous pouvons juger de la distance où le tonnerre est engendré, en comptant mille pieds pour chaque seconde.

Le corps même dans lequel l'électricité du nuage se décharge, en reçoit le coup le plus rude dont il est mis bientôt en pieces, tantôt allumé et brûlé s'il est combustible, tantôt fondu si c'est un métal: et de ce corps on dit qu'il est frappé de la foudre, dont les effets, quelque surprenans et bizarres qu'ils paroissent, se trouvent parfaitement bien d'accord avec les phénomenes connus de l'électricité.

Quelquefois on a vu une épée fondue dans le fourreau par la foudre, sans que le fourreau fut endommagé, la raison en est évidemment dans les pores ouverts du métal, où l'éther pénetre fort aisément et y excerce ses efforts, pendant que la matiere du fourreau tient plus à la nature des corps à pores fermés, qui ne permettent pas une entrée si libre à l'éther.

Quelquefois on a vu que de plusieurs hommes sur lesquels la foudre est tombée, il n'y en eut que quelques uns qui en furent frappés, pendant que d'autres qui se trouvoient au milieu de ceux-là n'en ont rien souffert. La cause de ce phénomene est aussi manifeste. Parmi ces hommes, ceux là sont dans le plus grand danger, aux environs desquels l'air est le plus surchargé d'éther; donc dès que cet éther se décharge dans un homme, tout l'air voisin en est réduit dans son état naturel, et par conséquent les hommes qui sont les plus proches de ce malheureux n'éprouvent aucun effet, tandis que d'autres qui en sont plus éloignés, où l'air est encore suffisamment surchargé d'éther, sont frappés du même coup de foudre.

Enfin toutes les circonstances bizarres, qu'on nous raconte souvent des effets de la foudre, ne contiennent rien qu'on ne puisse aisément accorder avec la nature de l'électricité.

Il y a eu des Philosophes qui ont soutenu que la foudre ne venoit point des nues, mais de la terre ou des corps terrestres; quelque bizarre que paroisse ce sentiment, il n'est pas si absurde, puisque dans les phénomenes de l'électricité il est difficile de distinguer si l'étincelle vient du corps électrisé ou de celui qui ne l'est pas, attendu qu'elle remplit également l'espace entre les deux corps, et si l'électricité est négative, l'éther et l'étincelle est effectivement lancée du corps naturel ou non-électrisé. Mais parce que nous sommes assez assurés que dans le tonnerre, les nuages ont une électricité positive, nous sommes aussi certains que l'éclair est lancé des nuages.

Au reste V.A. aura raison de demander, si à chaque coup de tonnerre, quelque corps terrestre est frappé par la foudre? Nous voyons en effet que la foudre ne frappe que très rarement des bâtimens ou des hommes, mais nous savons aussi, que souvent des arbres en sont touchés, et que plusieurs coups de foudre entrent dans la terre et les eaux. Cependant je crois qu'on peut bien soutenir que quantité de coups de foudre ne pénétrent pas jusqu'ici bas, et que l'électricité des nuages se décharge souvent dans l'air ou l'athmosphere. La fermeté des pores de l'air n'y met plus d'obstacle, dès que par les vapeurs, ou par la pluie l'air est devenu assez humide, car alors nous savons que ses pores s'ouvrent.

Dans ce cas il peut très bien arriver, que l'éther superflu des nuages se décharge simplement dans l'air, et que plusieurs coups de foudre se font dans l'air, qui ne seront pas si forts, ni accompagnés d'un si grand bruit de tonnerre, que lorsque la foudre se lance jusque sur la terre, où une beaucoup plus grande étendue de l'athmosphere est mise en agitation.

Je crois que ces remarques ne contribueront pas peu à éclaircir mieux la nature du tonnerre, et en faire voir l'étroite liaison avec l'électricité.

le 11 Aout 1761

LETTRE CLIV

On demande s'il ne seroit pas possible de prévenir ou de détourner les funestes effets de la foudre? V.A. connoit l'importance de cette question, et combien d'obligations ne m'auroient pas tant d'honnêtes gens, si je pouvois leur indiquer un moyen sûr pour se mettre à l'abri de la foudre.

La connoissance de la nature et des effets de l'électricité ne me laissent pas douter que la chose ne soit possible; j'étois autre fois en correspondance avec un Eclésiastique de Moravie nommé Procopius Divisch[1]) qui m'a assuré avoir détourné pendant un été tout entier tous les orages de l'endroit où il demeuroit et des environs: et cela par le moyen d'une certaine machine construite sur les principes de l'électricité. Quelques personnes qui sont venues depuis de cette contrée m'ont assuré que la chose étoit bien vraie et constatée.

Quand même la chose réussiroit, il y a cependant bien des personnes, qui douteroient qu'il fut permis de se servir d'un tel remede. En effet les anciens payens auroient regardé comme un impie celui qui auroit entrepris d'arrêter Jupiter dans le maniement de ses foudres. Les chrétiens qui sont assurés, que la foudre est un ouvrage de Dieu, et que la divine Providence s'en sert souvent pour punir la méchanceté des hommes, pourroient également dire, que c'est une impiété de vouloir s'opposer à la justice souveraine?

Mais sans m'engager dans cette question épineuse, je remarque que les incendies, les inondations et les autres calamités sont également des moyens que la Providence met en usage pour punir les péchés des hommes; cependant personne ne s'avisera de nous imposer la loi, de n'opposer aucune résistance aux incendies et aux inondations. De là je tire la conséquence, qu'il sera toujours très permis de nous garantir contre les effets de la foudre, pourvu que nous y puissions réussir.

Le triste accident, qui est arrivé à Mr. Richmann à Petersbourg, nous fait voir que le coup de foudre que cet homme s'est attiré, auroit sans doute frappé quelque autre endroit, qui par cet accident en fut délivré, et par conséquent

1) Procopius Divisch (1696–1765) avait construit 1754 un paratonnerre qui fut détruit l'année suivante par les paysans. A.S.

on ne sauroit plus douter de la possibilité de déterminer la foudre à frapper plutôt un endroit que d'autres, ce qui semble pouvoir nous conduire à notre but.

Il vaudroit sans doute encore mieux pouvoir dépouiller les nuages de leur force électrique sans être obligé de sacrifier quelques endroits à la fureur de la foudre; par ce moyen on préviendroit même les coups de tonnerre, qui causent tant de frayeurs à bien du monde.

Cela ne paroit pas impossible, et il y a apparence que le Prêtre mentionné de Moravie s'est servi d'un tel moyen, puisqu'on m'a assuré, que sa machine paroissoit attirer les nuages et les forcer à descendre tranquillement par une pluie sans qu'on entendît un seul coup de tonnerre, à moins que ce ne fût de très loin.

L'expérience d'une barre de fer fort élevée, qui devient électrique à l'approche d'un orage, dont j'ai parlé ci-dessus, nous peut conduire à la construction d'une telle machine, puisqu'il est certain, qu'à mesure qu'une telle barre se décharge de son électricité, les nuages en doivent perdre précisément autant; mais il faut faire ensorte que ces barres puissent sur le champ se décharger de l'électricité, qu'elles ont une fois attirée.

Pour cet effet il faudroit ménager à ces barres une libre communication avec un étang, ou bien avec les entrailles de la terre qui, à cause de leurs pores ouverts, peuvent aisément recevoir une beaucoup plus grande quantité d'éther, et la distribuer par toute l'étendue immense de la terre, afin que la compression de l'éther ne devienne nulle part sensible. Cette communication se fera très commodément par des chaines de fer ou de métal, qui conduiront très promptement l'éther, dont les barres se surchargent.

Je voudrois donc conseiller de fixer en des endroits fort élevés des barres de fer très fortes, et même plusieurs, qu'il sera bon de faire pointues en haut, puisque cette figure est très propre à attirer l'électricité. Ensuite j'attacherois à ces barres de longues chaines de fer, que je conduirois sous la terre jusques dans un étang, lac, ou riviere, pour y décharger l'électricité, et je ne doute pas, que dès qu'on aura fait quelques éssais, on ne manquera pas de découvrir des moyens propres à rendre ces machines plus commodes et plus sures.

Il est très certain qu'à l'approche d'un orage, l'éther dont les nuages sont surchargés, passeroit très copieusement dans ces barres qui en deviendroient très électriques, si les chaines ne fournissoient à l'éther un libre passage pour se dissiper dans l'eau ou dans les entrailles de la terre.

Donc l'éther des nuages continueroit d'entrer tranquillement dans les barres, et à cette entrée il formeroit une lumiere par son agitation, qu'on verroit sur la pointe de ces barres.

Aussi observe-t-on souvent pendant un orage de telles lumieres au haut des clochers; c'est qui est une marque bien sure, que l'éther du nuage s'y décharge paisiblement, et tout le monde regarde cela comme un très bon signe, qui absorbe plusieurs coups de foudre.

En mer on observe également souvent sur le sommet des mâts des lumieres, qui sont connues parmi les marins sous le nom de CASTOR et POLLUX; et quand on voit ces signes, on se croit à l'abri des coups de tonnerre.

La plupart des Philosophes ont rapporté ces phénomenes parmi les superstitions du peuple, mais nous reconnoissons maintenant, que ces sentimens du peuple ne sont pas destitués de fondement: Ils sont au contraire infiniment mieux fondés que la plupart de rêveries des Philosophes.

le 15 Aout 1761

FIN DU SECOND VOLUME

LETTRES
A UNE PRINCESSE D'ALLEMAGNE
SUR DIVERS SUJETS de PHYSIQUE & de PHILOSOPHIE

TOME TROISIEME

A SAINT PETERSBOURG
de l'Imprimerie de l'Academie Impériale des Sciences
M DCC LXX II.

TABLE DES MATIERES CONTENUES
dans les lettres du troisieme Tome

LETTRES ECRITES A UNE PRINCESSE D'ALLEMAGNE SUR DIVERS SUJETS DE PHYSIQUE ET DE PHILOSOPHIE

LETTRE CLV

Madame,

Votre Altesse jugera, sans doute, qu'il est enfin tems de quitter l'électricité, aussi n'ai-je plus rien à ajouter sur ce sujet; mais je ne suis pas peu embarrassé pour trouver une matiere, qui soit digne de l'attention de V.A.

Je crois que pour décider dans ce choix, je dois avoir égard aux matieres, qui intéressent davantage nos connoissances et dont les écrivains font souvent mention; ce sont des matieres, sur lesquelles on peut prétendre, que des personnes de qualité soient suffisamment instruites.

V.A. ayant sans doute entendu parler souvent du fameux probleme des longitudes, sur la solution duquel les Anglois ont promis de grands prix, je crois que mes instructions ne seront pas mal placées, quand je les emploierai à mettre V.A. au fait de cette question importante. Elle est étroitement liée avec la connoîssance du globe de notre terre, pour qu'il ne soit pas permis de l'ignorer; c'est ce qui me fournira une occasion d'expliquer quantité d'articles intéressans, sur lesquelles V.A. sera bien aise d'être éclaircie.

Je commencerai donc par donner une description générale de la terre, qu'on peut regarder comme un globe, quoiqu'on ait trouvé dans ces derniers tems, que sa véritable figure est une sphéroide tant soit peu applatie; mais la différence est si petite, que nous la pouvons bien négliger à présent.

Nous devons remarquer premierement sur le globe de la terre les deux points placés sur sa surface que l'on nomme les deux poles de la terre. C'est autour de ces deux points, que le globe de la terre tourne chaque jour, comme on fait tourner un globe qu'on tient fixe entre les deux pointes d'un tour; ce mouvement est nommé le mouvement journalier ou diurne de la terre, dont chaque tour s'acheve en 24 heures environ. Ou bien si nous voulions parler selon les apparences V.A. sait, que le ciel tout entier, que nous regardons comme une boule creuse au milieu de laquelle la terre se trouve, paroit tourner autour de la terre dans le même tems de 24 heures; ce mouvement se fait aussi autour de deux points fixes dans le ciel, qu'on nomme les poles du ciel; maintenant si nous concevons une ligne droite tirée d'un de ces poles du ciel jusqu'à l'autre, cette ligne passera par le milieu de la terre.

Or V.A. comprend aisément que les apparences doivent être les mêmes, soit que la terre tourne autour de ces poles, le ciel restant en repos: soit que le ciel tourne autour de ses poles, la terre demeurant en repos. L'une et l'autre considération nous conduit également à la connoîssance des poles de la terre, sur laquelle est fondée non seulement l'Astronomie mais aussi la Géographie.

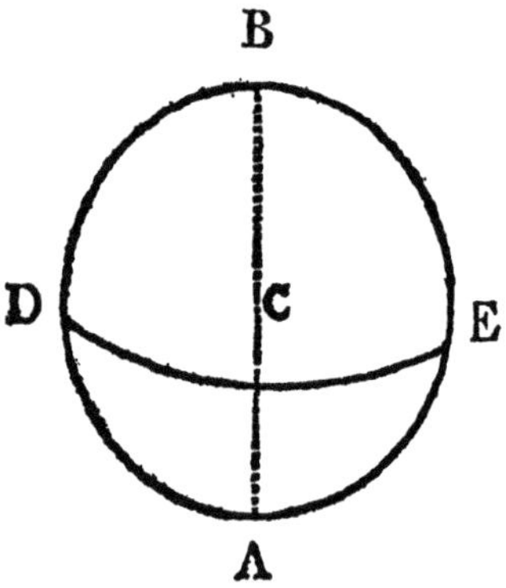

Que la figure ci-jointe représente le globe de la terre, dont les poles soient les points A et B; l'un de ces poles A est nommé le *pole austral*, ou *méridional*, ou aussi le *pole antarctique*. L'autre *pole* B est nommé *boréal*, ou *septentrional* ou bien le *pole arctique;* c'est ce dernier qui est le plus proche des endroits que nous habitons.

Je remarque que ces deux poles sont directement opposés l'un à l'autre; ou bien si l'on tiroit une ligne droite de l'un à l'autre AB, au dedans de la terre, elle passeroit précisément par le milieu C, c'est-à-dire par le centre de la terre. Cette ligne droite AB porte aussi son nom, et est nommée *l'axe de la terre*, qui étant prolongé de part et d'autre jusqu'au ciel, y marquera les points qu'on nomme les poles du ciel, et auxquels on donne les mêmes noms qu'à ceux de la terre.

Ces deux poles de la terre ne sont pas une pure fiction ni une spéculation des Astronomes et des Géographes, ils sont plutôt des points très essentiels, marqués sur la surface de notre terre; car nous savons que plus on s'approche de ces deux points, plus les contrées deviennent rudes et froides, de sorte que les pays autour de ces points ne sont absolument pas habitables, à cause du froid excessif qui y regne pendant l'hyver; aussi ne trouve-t-on pas des exemples qu'aucun voyageur ou aucun vaisseau ait pu parvenir jusqu'à l'un ou l'autre des poles; on peut donc dire que ces deux endroits de la terre sont absolument inaccessibles.

Ayant ainsi déterminé les deux poles de la terre A et B on conçoit toute la terre partagée en deux hémispheres comme DBE et DAE, dont chacune porte, dans son sommet, l'un des poles. Pour cet effet il faut couper la terre par son centre C, de sorte que la section soit perpendiculaire à l'axe de la terre, cette section marquera, sur la surface de la terre, un cercle qui passe tout autour de la terre, et qui est partout également éloigné des deux poles. Ce cercle qui entoure la terre par son milieu porte le nom *d'équateur;* les pays qui en sont près sont les plus chauds, et à cause de cela presque inhabitables à ce que les anciens ont cru, mais aujourd'huy, on les trouve assez habités, quoique la chaleur y soit presque insupportable.

Or en s'éloignant de l'équateur de part et d'autre vers les poles, les contrées deviennent de plus en plus tempérées, jusqu'à ce que le froid devienne enfin insoutenable, lorsqu'on s'approche trop des poles.

Comme l'équateur partage la terre en deux hémispheres, chacun porte le nom du pole qui s'y trouve; ainsi la moitié DBE, qui contient le pole boréal est nommée *l'hémisphere boréal* et c'est dans cet hémisphere qu'est située toute l'Europe, presque toute l'Asie, une partie de l'Afrique et la moitié de l'Amérique. L'autre hémisphere DAE est nommé *l'hémisphere méridional* ou *austral*, et il contient la plus grande partie de l'Afrique, l'autre moitié de l'Amérique et plusieurs Isles, qu'on rapporte à l'Asie, comme V. A. se souviendra l'avoir vu sur la mappe-monde.

à Berlin ce 18 Aout 1761

LETTRE CLVI

Après avoir bien fixé l'idée des poles et de l'équateur de la terre, que V. A. peut mieux s'imaginer sur un globe, que je ne suis capable de le représenter par une figure, les autres idées dont nous avons besoin s'en suivront aisément.

J'y dois cependant ajouter encore un plus grand éclaircissement; l'axe de la terre passant d'un pole à l'autre par le centre, est un diametre du globe de la terre et par conséquent, est deux fois plus grand que le rayon; on estime le rayon de la terre, ou la distance de chaque point de la surface au centre de 860 milles d'allemagne; donc l'axe de la terre contiendra 1720 milles d'allemagne. Ensuite l'équateur étant un cercle dont le centre est au centre de la terre, le rayon étant le même que celui de la terre, savoir, de 860 milles, le diametre de l'équateur sera aussi de 1720 milles; toute la circonférence de l'équateur contiendra donc 5400 milles; ou bien si l'on vouloit faire le tour de la terre en suivant l'équateur, il faudroit faire un chemin de 5400 milles; d'où il est aisé de juger de la grandeur de la terre.

L'équateur étant un cercle, on le divise en 360 parties égales, qu'on nomme *degrés;* ainsi un degré de l'équateur contient précisément 15 milles d'allemagne, puisque 15 fois 360 font 5400.

Chaque degré est subdivisé outre cela en 60 parties égales, qu'on nomme *minutes,* de sorte que chaque minute contient la quatrieme partie d'un mille d'allemagne, ou bien environ 6000 pieds; et une *seconde,* étant la soixantieme partie d'une minute, contiendra 100 pieds.

Dans l'impossibilité de représenter sur le papier un globe autrement que par un cercle, V.A. y suppléera par l'imagination. Ainsi B, A, étant les deux poles de la terre, B le boréal et A l'austral, $DMNE$ représentera l'équateur, ou plutôt cette moitié qui est tournée vers nous, l'autre moitié de l'équateur nous étant cachée de l'autre coté.

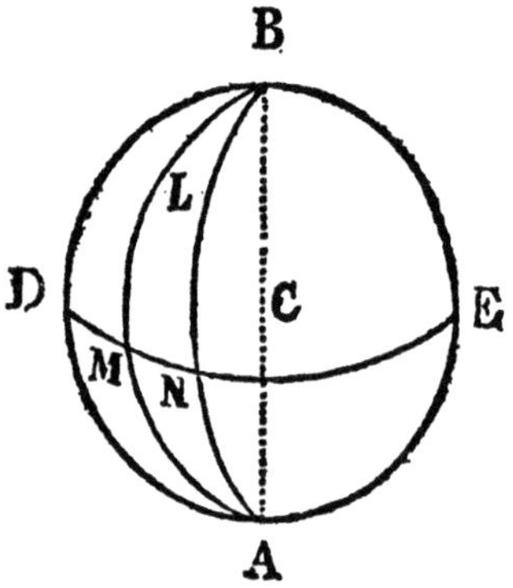

La ligne $DMNE$ nous représente donc un demicercle aussi bien que BDA et BEA, tous ces demicercles ayant leurs centres au centre du globe C. On se peut encore imaginer une infinité d'autres demicercles, tous tirés par les deux poles A et B de la terre et passant par d'autant de points différens de l'équateur qu'il y a de demicercles différens, comme BMA, BNA; ceux-ci seront tous semblables aux premiers demicercles BDA et BEA; quoique dans la figure, leurs traits soient très différens, l'imagination y doit suppléer, car sur un globe actuel la chose est très évidente.

Tous ces demicercles tirés d'un pole à l'autre, par quelque point de l'équateur qu'ils passent, sont nommés *méridiens;* ou bien un *méridien* n'est autre chose qu'un demicercle, qui sur la surface de la terre est tiré d'un pole à l'autre; d'où V.A. comprend, que prenant un lieu quelconque sur la surface de la terre, comme le point L, on peut toujours concevoir un méridien $BLMA$ qui en passant par les deux poles, traverse ce lieu L. C'est alors qu'on nomme ce méridien, *le méridien du lieu* L. Si par exemple L étoit Berlin, le demicercle $BLMA$ seroit le méridien de Berlin; et ainsi de même par rapport à tous les autres lieux de la terre.

V.A. n'a qu'à se représenter un globe, sur la surface duquel sont dessinés tous les pays de la terre, le continent aussi bien que la mer avec ses iles. Un tel globe artificiel, qui ne sauroit être inconnu à V.A. est nommé *un globe terrestre.* Quant à tous les méridiens, qu'on y peut concevoir, et dont un grand nombre est effectivement tiré sur le globe, je remarque, que chacun étant un demicercle, il est partagé par l'équateur en deux parties égales, dont chacune se trouve être un quart de cercle, c'est-à-dire un arc de 90 degrés. Ainsi BD, BM, BN, BE sont des quarts de cercles, aussi bien que AD, AM, AN et AE; chacun contient donc 90 degrés: on y peut encore ajouter, que chacun est perpendiculaire à l'équateur, faisant avec celui-ci des angles droits.

Je remarque de plus, que si l'on vouloit voyager du point de l'équateur M jusqu'au pole B, le plus court chemin seroit de suivre la route du méridien MLB, qui étant un arc de 90 degrés, et un degré contenant 15 milles d'allemagne, le chemin le plus court seroit de 1350 milles, qu'il faudroit parcourir pour aller de l'équateur jusqu'à l'un des poles.

V.A. se souviendra que le plus court chemin d'un lieu à l'autre, est la ligne droite tirée par ces deux lieux; ici la ligne droite tirée du point M de l'équateur jusqu'au pole B tomberoit au dedans de la terre, route qu'il seroit impossible de suivre, parce que nous sommes tellement attachés à la surface de la terre, que nous ne saurions nous en écarter. C'est par cette raison que la question devient bien différente, quand il s'agit du plus court chemin sur la surface d'un globe, qui conduit d'un endroit à l'autre. Ce plus court chemin sur un globe n'est plus une ligne droite, mais un arc de cercle tiré d'un endroit à l'autre sur sa surface, et dont le centre tombe précisément dans le centre du globe même. Cela est aussi parfaitement d'accord avec le cas dont il s'agit ici; car pour voyager du point M de l'équateur jusqu'au pole B, l'arc du méridien MLB, que j'ai dit être le chemin le plus court, est effectivement un arc de cercle dont le centre se trouve au centre de la terre.

De même, si nous considérons le lieu L situé dans le méridien $BLMA$, le plus court chemin pour aller de ce lieu jusqu'au pole B, sera l'arc LB; et sachant le nombre de degrés que cet arc contient, en comptant 15 milles pour chaque degré, on aura la longueur du chemin. Mais si l'on vouloit aller de ce même lieu à l'équateur, en prenant le plus court chemin, il faudroit suivre la route de l'arc du méridien LM, dont le nombre de degrés, en comptant 15 milles par degré, donneroit la longueur du chemin.

Au reste on se contente d'exprimer ces chemins par degrés, puisqu'il est si aisé de les réduire en milles d'allemagne, et que d'autres nations se servent d'autres milles plus grands ou plus petits. Ainsi prenant la ville de Berlin pour le lieu L, on trouve que l'arc LM qui conduit à l'équateur, contient 52 degrés et demi; par consequent pour aller de Berlin à l'équateur, le plus court chemin est de 787 milles et demi. Mais si l'on vouloit aller de Berlin au pole boréal ou septentrional B, il faudroit suivre la route de l'arc BL, qui contenant 37 degrés et demi, fera 562 milles et demi. Ces deux chemins ensembles donnent 1350 milles pour la longueur de l'arc BLM, qui est un quart de cercle de 90 degrés, dont la valeur est, comme nous avons vu, de 1350 milles d'allemagne.

le 22 Aout 1761

LETTRE CLVII

Je commence encore par la même figure, qui sera déjà assez familiere à V.A. Le cercle entier représente le globe de la terre; les points A et B, ses deux poles; B le pole boréal, septentrional ou arctique; A le pole austral, méridional ou antarctique; de sorte que la droite BA tirée au dedans de la terre et passant par son centre C soit l'axe de la terre. Ensuite DME est l'équateur qui divise la terre en deux hémispheres, l'un DBE boréal et l'autre DAE méridional.

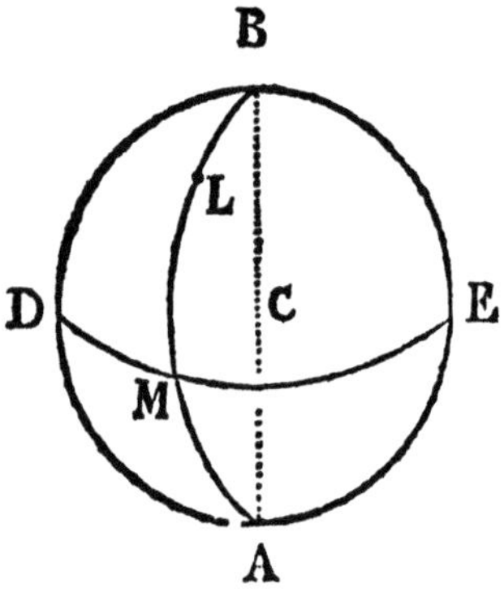

Considérons maintenant un lieu quelconque L et tirons son méridien $BLMA$, qui étant un demicercle, passe par ce lieu L et par les deux poles B et A. C'est donc le méridien du lieu L, qui est partagé par l'équateur en M en deux parties égales, étant deux quarts de cercle, dont chacun contient 90 degrés. Ensuite je remarque que l'arc LM de ce méridien nous donne la distance du lieu L à l'équateur, et que l'arc LB exprime la distance du même lieu L au pole B.

Cela posé, il est bon de remarquer que l'arc LM, ou la distance de L à l'équateur est nommée la *latitude du lieu* L; de sorte que la latitude d'un lieu sur la terre n'est autre chose que l'arc du méridien de ce lieu, qui est intercepté entre l'équateur et le lieu proposé; ou bien la latitude d'un lieu est la distance de ce lieu à l'équateur, en exprimant cette distance par degrés, dont nous connoîssons la valeur sachant que chaque degré contient 15 milles d'allemagne.

V.A. comprend aisément, qu'il faut distinguer cette distance, selon que le lieu se trouve ou dans l'hémisphere boréal, ou dans l'hémisphere austral; dans le premier cas, si le lieu proposé est dans l'hémisphere boréal ou *septentrional,* on dit qu'il a une *latitude boréale;* mais s'il est dans l'autre hémisphere austral ou méridional, on dit que sa *latitude* est *méridionale.*

Ainsi quand il est question de Berlin, on dit que sa latitude boréale est 52 degrés et 31 minutes; de même la latitude de Magdebourg est aussi *boréale* de 52 degrés et 19 minutes. Mais la latitude de Batavia aux Indes orientales est *méridionale* de 6 degrés 15 minutes; et celle du Cap de bonne espérance en Afrique est aussi *méridionale* de 34 degrés 15 minutes.

Je remarque ici en passant, que pour abréger, on met au lieu du mot *degré*, un petit zéro (°) au dessus du nombre, et au lieu du mot *minute* une petite barre ($'$), et s'il y a des *secondes*, on en met deux ($''$); c'est ainsi que la latitude de Paris à l'Observatoire est $48^\circ\ 50'\ 10''\ B$, ce qui veut dire 48 degrés, 50 minutes et 10 secondes boréale. Au Pérou il y a un endroit nommé Vlo, dont on a trouvé la latitude $17^\circ\ 36'\ 15''\ M$ ou bien 17 degrés 36 minutes et 15 secondes méridionale. D'où V.A. comprend, que si l'on parloit d'un lieu, dont la latitude fût $0^\circ\ 0'\ 0''$, ce lieu seroit précisément sous l'équateur, puisque sa distance de l'équateur est zéro ou nulle; et ici il n'est pas nécessaire d'y ajouter la lettre B, ou M. Mais si l'on parvenoit à un lieu, dont la latitude seroit $90^\circ\ B$, ce lieu seroit précisement le pole boréal même de la terre, qui est éloigné de l'équateur d'un quart de cercle ou de 90 degrés. Delà V.A. entend parfaitement, ce que c'est que la latitude d'un lieu, et pourquoi on l'exprime par degrés, minutes et secondes.

Il est très important de connoître la latitude de chaque lieu, non seulement pour la Géographie, afin d'assigner à chacun sa juste place sur les cartes géographiques, mais c'est encore de la latitude que dépendent les saisons de l'année, l'inégalité des jours et des nuits, et par conséquent la temperature du lieu. Pour les endroits situés sous l'équateur même, il n'y a presque point de variation dans les saisons, et pendant toute l'année les jours et les nuits sont de même durée, savoir de 12 heures; c'est pour cette raison que l'équateur est aussi nommé la ligne équinoctiale; mais plus on s'éloigne de l'équateur, plus aussi la différence entre les saisons de l'année devient marquée, et plus aussi les jours surpassent les nuits en été, tandis que réciproquement en hyver, les jours sont d'autant plus courts que les nuits.

V.A. sait que les plus longs jours sont au commencement de l'été vers le 21 de Juin: conséquemment on a dans le même tems les nuits les plus courtes; et qu'au contraire au commencement de l'hyver vers le 23 de Décembre les jours sont les plus courts et les nuits les plus longues: de maniere que partout le plus long jour est égal à la plus longue nuit. Or en chaque lieu, la durée du plus long jour dépend de la latitude du lieu. Ici à Berlin, le plus long jour est de 16 heures 38 minutes et par conséquent le plus court jour en hyver de 7 heures 22 minutes. Aux endroits plus proches de l'équateur, ou dont la latitude est moindre que celle de Berlin, qui est $52^\circ\ 31'$, le plus long jour en été a moins de 16 heures 38 minutes, et en hyver le jour le plus court plus de 7 heures 22 minutes. Le contraire arrive aux endroits plus éloignés de l'équateur; à Pétersbourg par exemple, dont la latitude est 60 degrés, le plus long jour est de 18 heures 30 minutes et par conséquent la nuit n'est alors que de 5 heures 30 minutes; en hyver au contraire la nuit la plus longue y est de 18 heures 30 minutes et le jour n'est alors que de 5 heures 30 minutes. Si l'on s'éloigne encore d'avantage de l'équateur et qu'on parvienne à un lieu dont la latitude est de 66° 30′, le plus long jour y est précisément de 24 heures, ou bien le soleil ne s'y couche pas alors; tandis qu'en hyver le contraire arrive, le soleil ne s'y levant point du tout le 23 Décembre, ou bien la nuit durant alors 24 heures. Or dans les lieux encore plus éloignés de l'équateur et conséquemment plus proches du pole, comme par exemple Warthuys dans la Laponie suedoise, ce plus long jour de 24 heures y dure plusieurs jours de suite, pendant lesquels le soleil ne se couche absolument pas; et la plus longue nuit, où le soleil ne se lève point du tout, est de la même durée.

Si nous pouvions arriver au pole même, nous y aurions du jour pendant six mois de suite, et pendant les six autres mois une nuit continuelle. De là V.A. comprend, combien il est important de bien connoître la latitude de tous les lieux de la terre.

le 25 Aout 1761[1])

LETTRE CLVIII

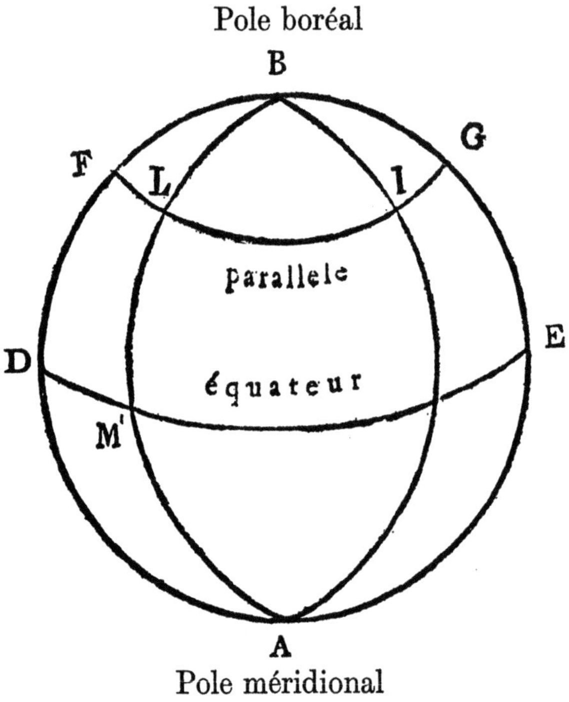

Ayant eu l'honneur de dire à V.A. que pour trouver le méridien d'un lieu proposé L, il faut tirer sur la surface de la terre un demicercle $BLMA$, que passe par les deux poles B et A, et par le lieu proposé L; je remarque qu'il y a une infinité d'autres endroits par lesquels ce même méridien passe, et qui par conséquent sont dits être tous situés sous le même méridien, soit dans l'hémisphere boréal entre B et M soit dans l'hémisphere méridional ou austral entre M et A.

Or tous les lieux situés sous un même méridien différent par rapport à leur latitude, les uns étant plus proches ou plus éloignés de l'équateur que les autres. C'est

1) Edition originale: le 22 Aout 1761. Corrigé par A.S.

ainsi que le méridien de Berlin passe par la ville de Meisse et à peu près par le port de Trieste et par quantité d'autres lieux moins remarquables.

Ensuite V.A. voit aussi qu'une infinité de lieux peuvent avoir la même latitude ou être également éloignés de l'équateur, mais que tous ces lieux sont situés sous des méridiens différens. En effet si L est la ville de Berlin, dont la latitude ou l'arc LM contient 52° 31′, on peut assigner sous tout autre méridien BNA, un lieu I, dont la latitude ou l'arc IN est aussi 52° 31′; tels lieux sont aussi les points F et G pris dans les méridiens BDA et BEA. Comme donc on peut tirer par chaque point de l'équateur un méridien, dans lequel il y aura un endroit dont la latitude sera la même que celle de Berlin ou du lieu L, on aura une infinité de lieux, qui tous auront une même latitude. Tous ces lieux seront situés dans un cercle $FLIG$, qui ayant tous ses points également éloignés de l'équateur est nommé un *cercle parallele* à l'équateur, ou simplement un *parallele*. Un parallele sur la terre n'est donc autre chose qu'un cercle qui est parallele à l'équateur, ou dont tous les points sont également éloignés de l'équateur; d'où il est clair que tous les points d'un parallele sont aussi également éloignés des poles de la terre.

Comme on peut tirer par chaque lieu de la terre un tel parallele, on peut concevoir une infinité de paralleles, qui tous different entr'eux par rapport à la latitude, chacun ayant une latitude, soit boréale, soit australe, qui lui est propre.

V.A. comprend aussi que plus la latitude est grande, ou plus on approche de l'un des poles, plus les paralleles deviennent petits, jusqu'à ce qu'enfin aux poles mêmes, où la latitude est de 90°, ces paralleles se réunissent dans un seul point. Mais au contraire, plus on approche de l'équateur ou plus la latitude est petite, plus aussi les paralleles sont grands, et ils se confondent enfin avec l'équateur même, lorsque la latitude est zéro ou nulle. C'est aussi par la latitude qu'on distingue ces paralleles; ainsi le parallele de 30 degrés est celui qui passe par tous les lieux dont la latitude est de 30 degrés, où l'on doit pourtant s'expliquer, si l'on parle d'une latitude boréale, ou d'une latitude méridionale.

En consultant les cartes géographiques V.A. verra qu'Hannover est situé sous le même parallele que Berlin, la latitude de l'un et de l'autre étant 50° 31′, et que de même les villes de Brunswig et d'Amsterdam tombent presque sous le même parallele; mais que les méridiens qui passent par ces endroits sont différens. Or connoissant tant le méridien que le parallele, sous lequel un lieu est situé, on en connoît la véritable place sur la terre. Si l'on nous disoit par exemple qu'un certain endroit est situé sous le méridien BNA et sous le parallele FLG, on n'auroit qu'à voir où le méridien BNA est coupé par le parallele FLG, et l'intersection I donnera la véritable place de l'endroit proposé.

C'est aussi de ce moyen dont se servent les Géographes pour déterminer la véritable position de tous les endroits de la terre. Il ne s'agit que d'en connoître le parallele, ou sa latitude, et le méridien qui lui répond. Pour le parallele, il est aisé de le marquer et de le distinguer de tous les autres paralleles; on n'a qu'à indiquer la latitude ou la distance de l'équateur qui sera ou boréale ou méridionale: Mais comment pourra-t-on décrire un méridien et le distinguer de tous les autres? tous les méridiens se ressemblent parfaitement, ils sont tous égaux entr'eux, et aucun ne porte une marque essentielle préférablement aux autres. Il dépend donc uniquement de notre bon plaisir de choisir un certain méridien et de le fixer pour en compter tous les autres. Si par exemple dans la figure mise au commencement de cette lettre on choisissoit le méridien BDA, il seroit aisé de nous donner une description de tout autre méridien comme BMA, on n'auroit qu'à nous indiquer dans l'équateur l'arc DM compris entre le méridien fixe BDA et celui dont il est question BMA, pourvu qu'on ajoute, en quel sens on doit partir du méridien fixe, pour passer à l'autre, si c'est vers l'orient ou vers l'occident.

On nomme ce méridien fixe, duquel on compte tous les autres, *le premier méridien*, et puisque le choix de ce premier méridien dépend de notre bon plaisir, V.A. ne sera point surprise, que les diverses nations ne sont pas d'accord là dessus. Les François ont choisi pour cet effet l'Isle de Fer qui est une des Isles Canaries, et c'est par cette isle qu'ils tirent leur premier méridien. Les Allemands et les Hollandois font passer leur méridien par une autre Isle des Canaries, qui est nommée Ténériffe. Mais soit qu'on suive les françois ou les allemands, il faut toujours bien marquer sur l'équateur le point par lequel le premier méridien passe, et de ce point on compte ensuite par degrés, les points par lesquels passent tous les autres méridiens, et tant les françois que les allemands sont d'accord de compter de l'occident vers l'orient.

Ainsi, si dans notre figure le demi cercle BDA étoit le premier méridien, et que les points de l'équateur M et N fussent situés vers l'orient; pour marquer tout autre méridien BMA, on n'a qu'à indiquer la grandeur de l'arc DM, et cet arc est ce qu'on nomme la *longitude* de tous les lieux situés sous le méridien BMA. S'il étoit question des lieux situés sous le méridien BNA, leur longitude seroit l'arc de l'équateur DN exprimé en degrés, minutes et secondes.

le 29 Aout 1761

LETTRE CLIX

V.A. sera maintenant parfaitement instruite sur ce qu'on nomme la latitude et la longitude d'un lieu sur la terre. La latitude se compte sur le méridien, du lieu proposé jusqu'à l'équateur, ou bien elle est la distance du parallele qui passe par le lieu proposé à l'équateur, où pour ôter toute ambiguité, il faut ajouter si cette distance ou latitude est boréale ou méridionale.

Pour la longitude, il faut voir combien le méridien du lieu proposé est éloigné du premier méridien, et on compte cet éloignement sur l'équateur, depuis le premier méridien jusqu'au méridien proposé en allant toujours de l'occident à l'orient; ou bien la longitude est la distance du méridien du lieu proposé depuis le premier, en comptant les degrés sur l'équateur, comme je viens de le dire.

On compte donc toujours du premier méridien vers l'orient, d'où V.A. comprend que quand on aura compté jusqu'à 360 degrés, on retournera précisement au premier méridien, puisque 360 degrés achevent toute la circonférence de l'équateur: Donc, quand on parle d'un endroit dont la longitude seroit 359 degrés, le méridien de cet endroit ne sera éloigné du premier méridien que d'un degré, mais vers l'ouest ou l'occident; de même 350° de longitude conviennent avec une distance de 10° vers l'ouest ou l'occident. C'est donc pour éviter toute ambiguité que dans la détermination des longitudes, on continue de compter jusqu'à 360° vers l'orient.

V.A. sera sans doute curieuse de savoir pourquoi les Géographes se sont accordés d'établir le premier méridien par quelqu'une des Isles Canaries? à quoi j'ai l'honneur de répondre, qu'on a voulu se régler sur les limites de l'Europe vers l'Occident, et puisqu'on regarde les Isles Canaries (situées dans la mer atlantique au delà de l'Espagne vers l'Amérique), comme faisant encore partie de l'Europe, on a jugé à propos de faire passer le premier méridien par la plus reculée des Isles Canaries, afin qu'on puisse compter les autres méridiens sans interruption, non seulement par toute l'Europe, mais aussi par toute l'Asie: d'où en continuant de compter vers l'Orient, on parvient en Amérique, et de là on retourne enfin au premier méridien.

Mais à quelle de ces Isles Canaries donner la préférence? quelques Géographes françois ont choisi l'Isle de Fer, et les allemands celle de Ténériffe, parce qu'on n'étoit pas alors assez bien informé sur la véritable situation de ces isles, et qu'on ne savoit peut-être pas laquelle étoit la plus reculée; d'ailleurs les allemands ont cru que la haute montagne nommée Pic de Ténériffe étoit pour ainsi dire marquée par la nature pour y faire passer le premier méridien.

Quoiqu'il en soit, il est presque ridicule de faire passer le premier méridien par un endroit, dont la situation n'est pas bien connue; car ce n'est que depuis peu de tems, qu'on a mieux déterminé la position des Isles Canaries. Pour cette raison les Astronomes qui emploient plus d'exactitude dans leurs récherches, placent le premier méridien, de façon que le méridien de Paris à l'observatoire en soit précisement éloigné de 20 degrés, sans se soucier par quel endroit passe alors le premier méridien; c'est sans doute le plus sûr parti qu'on puisse prendre; et pour bien déterminer tout autre méridien, le meilleur moyen est d'en chercher l'éloignement de celui de Paris; alors si cet autre méridien est plus vers l'Orient, on n'a qu'à y ajouter 20 degrés pour avoir la longitude des lieux qui y sont situés; mais si ce méridien est plus vers l'Occident que celui de Paris, on soustrait leur distance de 20 degrés; enfin si cette distance vers l'occident est plus grande que 20 degrés, on la soustrait de 380 degrés, où de 20 degrés au delà des 360, pour avoir la longitude du méridien.

Ainsi le méridien de Berlin étant plus vers l'orient que celui de Paris de $11° 7' 15''$, la longitude de Berlin sera $31° 7' 15''$; et c'est aussi la longitude de tous les autres lieux qui sont situés sous le même méridien que Berlin.

De même le méridien de Pétersbourg étant plus vers l'orient de 28 degrés que celui de Paris, la longitude de Pétersbourg sera 48°.

Le méridien de Londres à St. James est plus vers l'Occident que celui de Paris de $2° 25' 15''$; donc en ôtant cette quantité de 20°, le reste $17° 34' 45''$ donne la longitude de Londres à St. James.

Considérons aussi la ville de Lima au Pérou, dont le méridien est éloigné de celui de Paris de $79° 9' 30''$ vers l'occident, qu'il faut par conséquent soustraire de 380°; et l'on trouvera la longitude de Lima $300° 50' 30''$.

Or quand on connoît tant la latitude que la longitude d'un endroit, on est en état de marquer son vrai lieu sur un globe terrestre, ou sur une carte géographique; car comme la latitude marque le parallele, sous lequel l'endroit est situé, et que la longitude donne le méridien du même lieu, l'endroit où le parallele coupe le méridien, sera exactement le lieu proposé.

V.A. n'a qu'à jetter aussi les yeux sur une carte géographique; par exemple sur celle de l'Europe: Elle verra aux deux côtés les degrés des paralleles marqués, ou leurs distances de l'équateur, et en haut et en bas les degrés de longitude ou les éloignemens des méridiens du premier méridien.

Ordinairement on trace sur les cartes tant les paralleles que les méridiens, ou de degré en degré, ou seulement de 5 degrés en 5 degrés. Dans la plupart des cartes, les méridiens sont tirés de haut en bas, et les paralleles de gauche à droite; où le haut est dirigé vers le Nord; le bas vers le Sud, ou le Midi; le côté droit vers l'Orient ou l'Est; et le côté gauche vers l'Occident ou l'Ouest.

Ensuite il faut aussi remarquer, que puisque tous les méridiens concourent dans les deux poles, plus deux méridiens approchent d'un pole, plus leur distance sera petite; c'est toujours sous l'équateur, où la distance entre deux méridiens est la plus grande. Aussi sur toutes les bonnes cartes, où les méridiens sont tracés, V.A. verra qu'ils s'approchent toujours vers le haut, ou vers le Nord, et que leurs distances deviennent plus grandes en bas, c'est-à-dire en s'approchant de l'équateur: Ce qui sert à une meilleure intelligence des cartes géographiques, par lesquelles on tâche de nous représenter la surface ou une partie de la surface du Globe de la terre.

Mais mon but principal est de faire voir, comment la véritable position de chaque lieu de la terre est déterminée par sa latitude et sa longitude.

le 1 Septembre 1761

LETTRE CLX

Puisqu'il est si important de connoître tant la latitude que la longitude de chaque lieu, pour savoir à quel point on se trouve sur la surface de la terre, V.A. jugera aisément qu'il est aussi important de découvrir les moyens propres à nous conduire à cette connoîssance.

En effet si un homme après un long voyage arrive à un endroit, soit sur terre, soit sur mer, rien ne sauroit être plus intéressant pour lui, que d'apprendre en quel lieu de la terre il se trouve alors; s'il est proche de quelque pays connu, ou non? et quel chemin il faut prendre pour y arriver? Le seul moyen de tirer cet homme de son embarras sera sans doute de lui découvrir la latitude et la longitude du lieu où il se trouve: mais de quel moyen doit-il se servir pour parvenir à cette découverte? supposé qu'il est ou sur mer, ou sur terre dans quelque vaste desert, où il n'y a nulle habitant qu'il puisse consulter. Or s'étant assuré de la latitude et de la longitude de son lieu, moyennant un globe terrestre ou des cartes géographiques, il y marquera aisément le point de sa demeure, d'où il sera en état de tirer tous les éclaircissemens dont il a besoin.

Je ferai voir à V.A. que c'est principalement l'Astronomie, qui nous fournit les moyens de connoître tant la latitude que la longitude du lieu où nous nous trouvons; mais pour ne pas ennuyer V.A. par un long détail de toutes les méthodes que les Astronomes ont découvertes pour cet important dessein, je me contenterai de Lui en présenter une idée générale, et j'ose me flatter que de la maniere que je m'y prendrai, cette idée sera suffisante pour faire comprendre à V.A. les principes sur lesquels toutes les méthodes sont fondées.

Je commencerai par la recherche de la latitude qui n'est presque assujettie à aucune difficulté, pendant que celle de la longitude semble encore surpasser la portée de l'esprit humain, surtout lorsqu'on se trouve en mer et qu'on y exige la derniere précision: c'est aussi pour cette raison qu'on a mis, sur la recherche de la longitude, des prix des plus considérables, pour mieux encourager les savans à réunir leur capacité et leurs travaux afin qu'une découverte aussi importante que celle-ci devienne doublement intéressante et par l'honneur et par le gain qu'elle procurera à l'inventeur.

Je reviens à la latitude et aux moyens de la découvrir, remettant à un autre tems de parler plus amplement de la longitude et des différentes méthodes de la découvrir surtout en voyageant par mer.

Que dans la figure ci-jointe les points B et A soient les poles de la terre; BA son axe et C son centre; que le demi cercle BDA représente un méridien, coupé par l'équateur au point D, et BD, AD seront des quarts de cercle ou des arcs de 90 degrés. La ligne droite CD sera donc un rayon de l'équateur et DE son diametre.

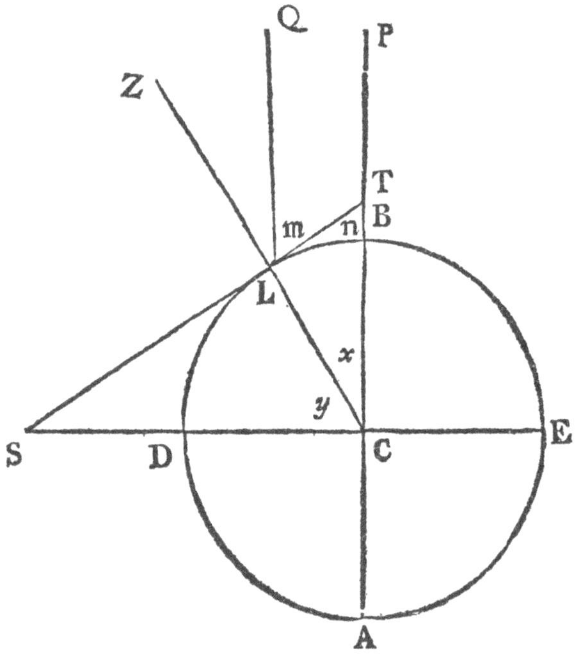

Soit maintenant dans ce méridien BDA, le point L, le lieu proposé dont il faille chercher la latitude, ou bien le nombre de degrés que contient l'arc LD, qui mesure la distance du point L à l'équateur; ou encore tirant le rayon CL, puisque l'arc LD est la mesure de l'angle DCL que je nommerai y, cet angle y exprimera la latitude du lieu L qu'il s'agit de trouver.

Or comme il ne nous est pas permis d'entrer au centre de la terre pour y mesurer cet angle, il faut recourir au ciel. C'est là où la prolongation de l'axe de la terre AB mene au pole boréal du ciel P, qu'on doit regarder comme infiniment éloigné de la terre. Qu'on prolonge aussi le rayon LC, qui aboutira dans le ciel au point Z qu'on nomme le Zénith du lieu; ensuite tirant par L la ligne droite ST perpendiculaire au rayon CL, V.A. se souviendra que cette ligne ST est une tangente du cercle et qu'elle sera par conséquent horizontale au lieu L: notre horizon touchant toujours la surface de la terre au lieu où nous nous trouvons.

Qu'on regarde maintenant en L vers le pole du ciel P, lequel étant infiniment éloigné, la droite LQ qui y est dirigée, sera parallele à la ligne ABP, ou à l'axe de la terre; ce pole du ciel paroitra donc entre le Zénith et l'horizon LT et l'angle TLQ indiqué par la lettre m montrera combien la droite LQ dirigée au pole, est élevée au dessus de l'horizon; d'où cet angle m est nommé *l'élévation du pole.*

V.A. a déjà sans doute assez souvent entendu parler de l'élévation du pole, qu'on nomme aussi la *hauteur du pole,* et qui n'est autre chose que l'angle que la ligne droite LQ, dirigée vers le pole du ciel, fait avec l'horizon du lieu, où nous sommes. V.A. comprend aussi aisément la possibilité d'observer cet angle m par le moyen d'un certain instrument astronomique propre à ce dessein, sans que j'aie besoin d'entrer dans un plus grand détail là dessus.

Cela posé j'ai l'honneur d'assurer V.A. que quand on aura mesuré cet angle m, ou la hauteur du pole, ce même angle nous donnera précisement la latitude du lieu L, ou bien l'angle y. Pour cet effet il ne s'agit que de faire voir que ces deux angles m et y sont égaux entr'eux.

D'abord la ligne LQ étant parallele à CP, les angles m et n sont alternes, et conséquemment égaux entr'eux. Ensuite la ligne LT étant perpendiculaire au rayon CL, l'angle L du triangle CLT sera droit, et les deux autres angles n et x de ce même triangle, feront ensemble aussi un angle droit. Mais puisque l'arc BD est un quart de cercle, l'angle BCD sera aussi droit, les deux angles x et y font donc autant, étant ajoutés ensemble, que les deux angles n et x. Otons de part et d'autre l'angle x, alors l'angle y sera égal à l'angle n, et par conséquent aussi égal à l'angle m.

Mais j'ai déjà fait remarquer, que l'angle y exprime la latitude du lieu L, et l'angle m, l'élévation ou la hauteur du pole au même endroit L; donc la latitude d'un endroit est toujours égale à la hauteur du pole à ce même endroit. Donc les moyens que l'Astronomie nous fournit, pour observer la hauteur du pole, nous donnent la latitude que nous cherchons.

C'est ainsi que les observations astronomiques faites à Berlin, nous ont appris, que la hauteur du pole y est $52° 31'$, et de là nous avons tiré la conséquence que la latitude de Berlin est aussi $52° 31'$.

C'est un exemple bien remarquable, comment le ciel nous peut éclaircir sur des choses qui ne se rapportent qu'à la terre.

le 5 Septembre 1761

LETTRE CLXI

Je passe maintenant à la considération de la longitude, et je remarque, qu'en partant d'un lieu connu tant par mer que par terre, on pourra aisément trouver la longitude du lieu où l'on sera parvenu, pourvu qu'on connoîsse exactement la longueur du chemin et la route qu'on a tenue; la longitude dans ce cas peut même se trouver sans le secours de l'Astronomie, et cela mérite bien que je l'explique plus distinctement à V. A.

Pour la longueur du chemin, on la mesure par pieds; on sait ensuite combien de pieds font un mille, et combien de milles il faut pour un arc qui contient un degré sur la terre: c'est ainsi qu'on pourra exprimer par degrés le chemin qu'on aura fait.

Pour la route ou la direction du chemin, il faut bien connoître la position du méridien à chaque lieu où l'on se trouve. Comme le méridien va d'un côté au pole boréal, ou vers le nord, et de l'autre côté au pole méridional, ou vers le sud, on n'a qu'à tirer sur l'horizon où l'on se trouve, une ligne droite du nord vers le sud, qu'on nomme la *ligne méridienne* de ce lieu. Il faut se donner toutes les peines possibles pour tracer bien exactement cette ligne méridienne et c'est en quoi le ciel nous doit encore servir de guide.

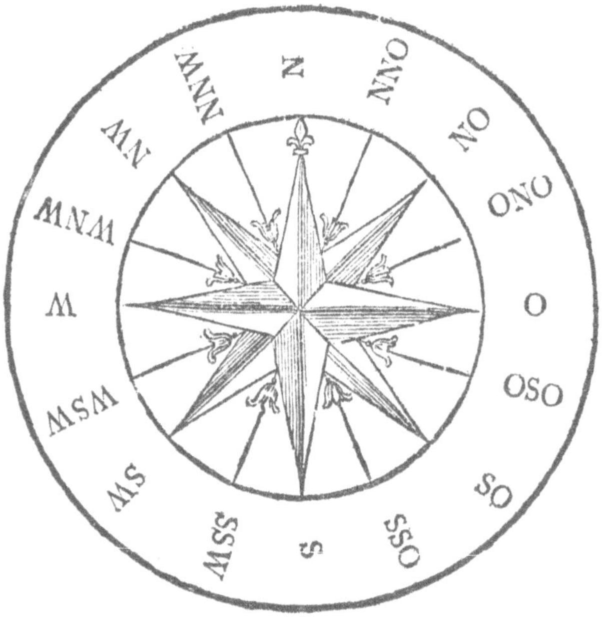

V. A. sait qu'il est midi, quand le Soleil se trouve le plus élevé au dessus de l'horizon; or c'est alors que le Soleil se trouve précisément vers le sud, et l'ombre d'un bâton fixé perpendiculairement sur un plan horizontal, tombera alors précisément vers le nord; d'où il est aisé de comprendre, comment les observations du Soleil nous fournissent les moyens de bien tracer la ligne méridienne, en quelque lieu que nous nous trouvions.

Or ayant tracé la ligne méridienne, toutes les autres directions ou routes sont aisément déterminées.

Soit dans la figure ci-jointe, la ligne droite NS la méridienne, l'extrêmité N étant dirigée vers le Nord et le bout S vers le Sud. A cette méridienne NS, qu'on tire perpendiculairement la droite OW, dont l'extrêmité O sera dirigée vers l'orient, qu'on nomme *Ost* en allemand, et l'autre extrêmité W vers l'occident, qu'on nomme *West*. Maintenant après avoir divisé le cercle en seize parties égales, on aura autant de directions nommées par les lettres y-jointes, et en cas qu'on suive une route qui ne convienne pas exactement avec une de ces seize, on marque l'angle, qu'elle fait avec la méridienne NS, ou avec la ligne OW qui lui est perpendiculaire.

C'est par ce moyen qu'on pourra exactement connoître la route, qu'on tient en voyageant; et toutes les fois qu'on est bien assuré tant de la longueur du chemin, que de la route qu'on aura suivie, il est fort aisé de déterminer le vrai lieu, où l'on sera parvenu et d'en assigner même tant la latitude que la longitude. Pour cet effet on se servira d'une bonne carte géographique, dont l'étendue doit être si grande qu'elle contienne, tant le lieu d'où l'on est parti, que celui où l'on est arrivé; et sur cette carte, on pourra tirer le chemin qu'on aura parcourrû, moyennant l'échelle qui marque la grandeur d'une mille dans cette carte.

La figure ci-jointe représente une telle carte, où sont marqués de degré en degré, tant les paralleles de gauche à droite que les méridiens de haut en bas, et où l'on verra aussi, que les méridiens sont plus proches les uns des autres en haut vers le nord, qu'en bas vers le Sud; comme cela arrive actuellement sur la terre.

Cette carte renferme une partie de la surface de la terre depuis 53 degrés de latitude boréale, jusqu'au 59me degré; et depuis 13 degrés de longitude jusqu'au 26me degré.

Supposons maintenant qu'on soit parti du lieu L, dont la longitude est 16° et la latitude 57° 20′ et qu'on ait tenu la route OSO sur laquelle on ait parcourru un chemin de 75 milles d'allemagne. Pour trouver la longitude et la latitude du lieu où l'on sera parvenu, soit tiré du lieu L la droite LM qui fasse avec le méridien 16–16 le même angle, que fait dans la figure précedente la direction OSO avec N. Ensuite sur cette ligne qu'on prenne selon l'échelle marquée dans la carte LM de 75 milles d'allemagne, et le point M sera le lieu où l'on sera parvenu.

Nord

West

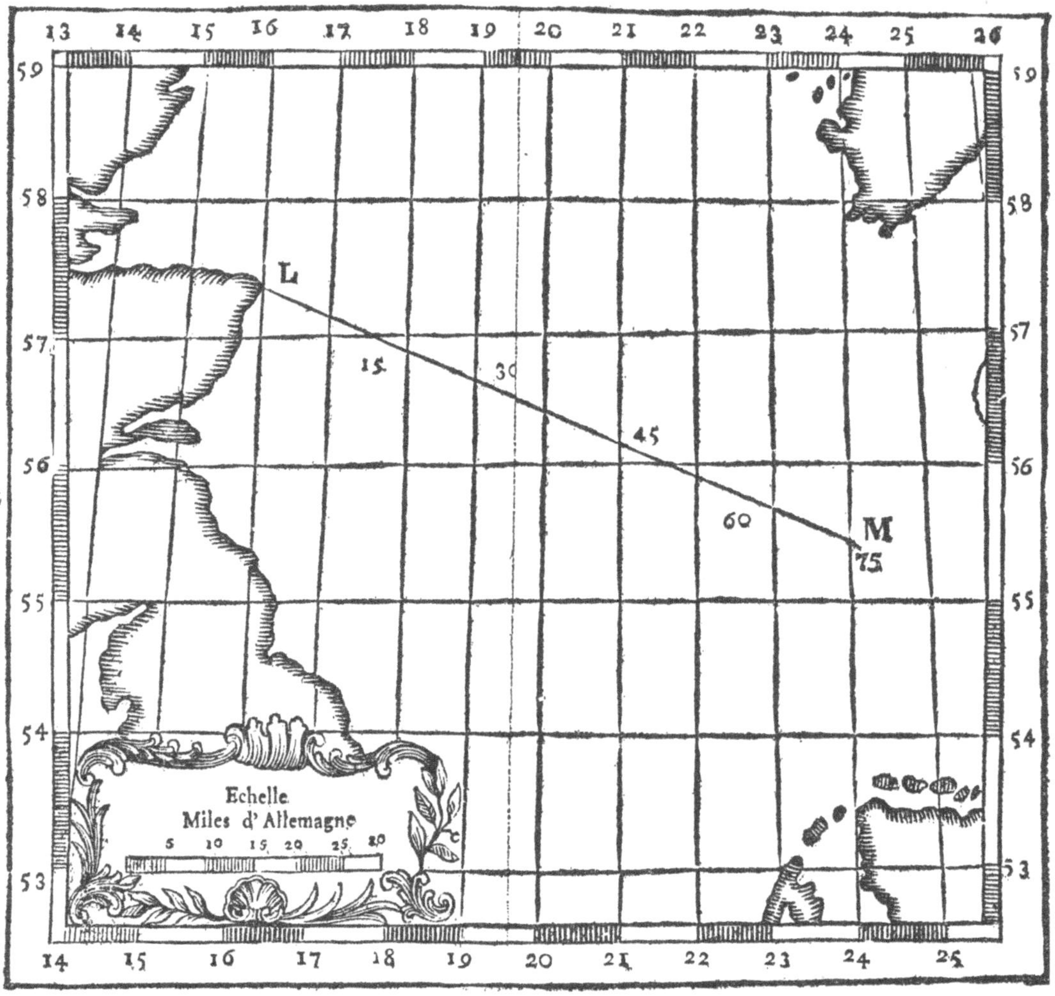

Ost

Sud

A présent on n'a qu'à comparer ce lieu avec les méridiens et les paralleles tracés sur la carte, et on verra que sa longitude tombe très près du 24e degré, et en mesurant plus exactement la partie du degré à ajouter au 24e degré, on trouvera la longitude du point M de 24° 4′. Pour la latitude, on voit qu'elle se trouve entre le 55e et 56e degré, et on l'estimera aisement de 55° 25′; de sorte que du lieu M, où l'on est parvenu, la latitude est 55° 25′ et la longitude 24° 4′.

Ici j'ai supposé qu'on a suivi pendant tout le voyage la même route, marquée OSO; mais si l'on changeoit de route de tems en tems on n'auroit qu'à faire pour chaque changement la même opération, pour trouver le lieu où l'on a été alors et ensuite de ce lieu on tracera la route suivante, jusqu'à ce qu'on l'ait changée de nouveau, et ainsi de suite, jusqu'à ce qu'on arrive au dernier endroit. Par ce moyen on sera toujours en état dans les voyages de connoître les lieux où l'on arrive, pourvu qu'on sache toujours exactement la route qu'on tient, et qu'on mesure aussi exactement le chemin qu'on parcourt.

Dans ce cas on pourroît même se passer des secours tirés de l'Astronomie, à moins qu'on n'en ait besoin pour connoître au juste la route, ou l'angle qu'elle fait avec la méridienne; mais l'aiguille aimantée ou la boussole peut souvent suppléer à ce besoin.

V.A. comprendra cependant aisément, qu'on peut se tromper bien considérablement dans l'estime de la route et de la longueur du chemin, surtout dans des voyages fort longs. Quand je vais seulement à Magdebourg, combien de fois ne change-je point de route? et comment mesurerai-je exactement la longueur du chemin? Mais quand le voyage se fait par terre, on n'est pas réduit à cet expédient; on est alors en état de mesurer par des opérations géometriques, les distances des lieux et les angles que ces distances font avec la méridienne de chaque endroit; et c'est par ce moyen qu'on détermine assez exactement la véritable situation de tous les lieux.

le 8 Septembre 1761

LETTRE CLXII

Dans les voyages par mer la méthode indiquée d'observer tant la route qu'on tient, que la longueur du chemin parcourru, semble être d'un très grand secours, parcequ'on n'y est pas obligé de changer de route à tout moment, comme il arrive lorsqu'on voyage par terre; car tant qu'on a le même vent, on peut poursuivre la même route.

Aussi les pilotes qui dirigent les vaisseaux, sont très attentifs à observer exactement la route que le vaisseau tient, et à mesurer le chemin qu'il parcourt: ils tiennent un journal exact de toutes ces observations, et à la fin de chaque jour, ou encore plus souvent, ils tracent sur leurs cartes marines, qui représentent l'étendue de la mer, le chemin qu'ils ont parcourru, et sont par ce moyen en état de marquer sur les cartes pour chaque tems, le point où ils se trouvent, et dont ils connoîssent par conséquent tant la latitude que la longitude. Aussi tant que le cours se fait régulierement, et que le vaisseau n'est pas trop agité par quelque tempête, les pilotes ne s'y trompent guere beaucoup: mais quand ils ont raison de se méfier, ils ont recours aux observations astronomiques, d'où ils concluent la hauteur du pole, laquelle étant toujours égale à la latitude du lieu où ils se trouvent, ils la comparent avec celle qu'ils ont marquée sur la carte, conformément à l'estime du chemin. S'ils la trouvent d'accord, c'est une preuve que leur estime est juste; s'ils découvrent quelque différence, ils en concluent avec sureté qu'ils se sont trompés dans l'estime du chemin et de la route; ils examinent alors l'un et l'autre plus soigneusement, et ils tâchent d'y rapporter les justes corrections, pour accorder l'estime avec l'observation de la hauteur du pole, ou de la latitude qui lui est égale.

Dans des petits voyages cette précaution peut être suffisante, parceque les erreurs qu'on y commet n'y sont presque d'aucune conséquence, mais dans des longs voyages, ces petites erreurs peuvent s'accumuler au point, qu'à la fin on se trompe très grossierement, de maniere que le lieu où l'on se trouve effectivement differe considérablement de celui, où l'on s'imagine se trouver sur la carte.

Jusqu'ici j'ai supposé que le voyage se fait assez paisiblement: qu'on s'imagine maintenant qu'il survient une grosse tempête, pendant laquelle le vaisseau est assujetti aux plus fortes secousses tant du vent que des flots; alors il est bien clair que toute l'estime de la longueur et de la route du chemin est entierement dérangée, et qu'il n'est absolument plus possible de tracer sur la carte le chemin qu'on aura parcourru.

On pourroit bien après un tel dérangement déterminer par des observations astronomiques la latitude du lieu où l'on se trouve, mais cela ne découvriroit que le parallele de ce lieu, et on resteroit encore toujours très incertain sur le point de ce parallele qui répond au lieu du vaisseau.

Tout revient donc à reconnoître aussi la longitude de ce lieu, qui nous montre le méridien sous lequel il est situé: et alors l'intersection de ce méridien avec le parallele trouvé, donnera le véritable endroit du vaisseau. V.A. comprend par là, combien il est important de mettre les pilotes en état de découvrir aussi la longitude du lieu où ils se trouvent.

Or ce ne sont pas non seulement les tempêtes qui nous mettent dans cette nécessité; même lorsque le voyage se fait paisiblement, on peut se tromper très grossierement dans l'estime tant de la route que de la longueur du chemin. Si l'on pouvoit supposer que la mer fût en repos, alors on auroit bien des moyens de s'assurer assez exactement de la route et de la longueur du chemin, quoiqu'en des voyages de long cours, cela pourroit causer des aberrations très considérables. Mais il n'est que trop certain que la mer a en plusieurs endroits des rapides courrans, de sorte qu'elle ressemble à une riviere qui court suivant une certaine direction. C'est ainsi qu'on a observé que la mer Atlantique coule continuellement par le détroit de Gibraltar dans la méditerranée; et le grand Océan Atlantique entre l'Afrique et l'Amérique a un courant très considérable de l'orient vers l'occident, de sorte qu'on va beaucoup plus promptement de l'Europe en Amérique qu'on n'en revient.

Si ces courrans étoient constans et connus, ce seroit un grand secours pour y régler notre estime; mais on a observé qu'ils sont tantôt plus, tantôt moins rapides, et qu'ils changent souvent de direction; ce qui dérange tellement l'estime des plus habiles pilotes, qu'on ne sauroit plus s'y fier sans s'exposer au plus grand danger. On n'a que trop d'exemples, que des vaisseaux ont cru être encore fort éloignés des endroits remplis d'écueils cachés sous la mer, lorsqu'ils y sont échoués et péris. Ensuite on s'est apperçu que les courans de la mer avoient causé ces malheurs, entant que l'estime des pilotes en a été dérangée.

En effet lorsque la mer elle même, a un mouvement dont elle coule comme une riviere suivant une certaine direction, les vaisseaux qui s'y trouvent en sont emportés, sans qu'il soit possible de s'en appercevoir. Quand on est emporté par une riviere on s'en apperçoit aisément en regardant le rivage, ou bien le fond de la riviere; mais en mer on ne voit aucune terre, et la profondeur en est aussi trop grande pour en pouvoir voir le fond. Il n'y a donc pas moyen de s'appercevoir sur mer si l'on en est emporté, et c'est par cette raison, qu'on se trompe très grossierement, tant dans la route, que dans la longueur du chemin. Soit donc qu'on ait égard aux tempêtes ou non, on est toujours obligé de chercher d'autres moyens, pour déterminer la longitude des lieux où l'on parvient; et c'est sur les divers moyens qu'on a proposé jusqu'ici, pour parvenir à cette connoîssance de la longitude, que j'aurai l'honneur d'entretenir V.A.

le 12 Septembre 1761

LETTRE CLXIII

Un moyen très sûr de trouver la longitude seroit une horloge, ou montre, ou pendule si parfaite, c'est-à-dire qui marcheroit toujours si également et exactement, qu'aucune secousse, qu'elle éprouveroit en voyageant, ne seroit capable d'en alterer le mouvement.

Supposons qu'on soit parvenu à exécuter une telle horloge, et faisons voir, comment par son moyen on seroit en état de résoudre le problème des longitudes. Pour cet effet je dois retourner à la considération des méridiens, qu'on conçoit être tirés par tous les lieux de la terre.

V.A. sait, que le Soleil fait tous les jours un tour autour de la terre, et qu'il passe par conséquent successivement au dessus de tous les méridiens dans le tems de vingt-quatre heures.

Or on dit que le Soleil passe *au dessus* ou *par* un certain méridien, si la ligne droite tirée du Soleil au centre de la terre C passe précisément par ce méridien. Ainsi si, à présent, la ligne tirée du Soleil au centre de la terre passoit par le méridien $BLMA$, on diroit que le Soleil passe par ce méridien, et alors il seroit midi en tous les lieux situés sous ce méridien: mais sous tout autre méridien, il ne seroit pas midi dans ce même moment; il seroit donc ou avant, ou après midi.

Pole boréal

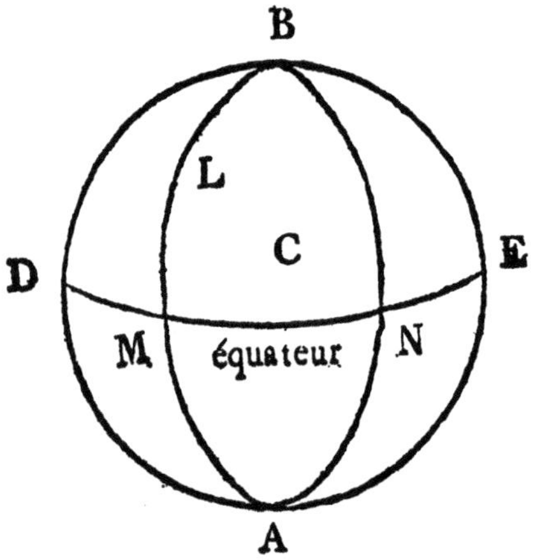

Pole méridional

Si le méridien BNA est situé plus vers l'orient que le méridien BMA: le Soleil en faisant son tour de l'orient à l'occident passera par le méridien BNA avant que de parvenir au méridien BMA, il sera donc plutôt midi sous le méridien BNA que sous le méridien BMA; par conséquent lorsqu'il sera midi sous ce dernier méridien, le midi sera déjà passé sous tout autre méridien situé vers l'orient, où il sera déjà après midi. Au contraire il sera encore avant midi sous tout méridien BDA situé plus vers l'occident, parceque le Soleil n'y parvient qu'après avoir déjà passé par le méridien BMA.

Ensuite comme le mouvement du Soleil se fait uniformement, et qu'il acheve le tour entier de la terre, c'est-à-dire 360 degrés, en vingt-quatre heures, il parcourrera chaque heure un arc de 15 degrés. Donc lorsqu'il est midi ici à Berlin, et à tout autre lieu situé sous ce même méridien, le midi sera déjà passé sous les méridiens situés plus vers l'orient; et en particulier sous le méridien éloigné vers l'orient de 15 degrés de celui de Berlin, il sera déjà une heure; sous le méridien éloigné de 30 degrés, deux heures; sous le méridien éloigné de 45 degrés, trois heures après midi etc. et ainsi de suite. Le contraire arrivera aux lieux situés sous des méridiens plus occidentaux que celui de Berlin: et s'il est midi ici, il ne sera que 11 heures avant midi sous le méridien éloigné de 15 degrés; 10 heures avant midi sous le méridien éloigné de 30 degrés; 9 heures avant midi sous le méridien éloigné de 45 degrés vers l'occident, et ainsi de suite; une différence de 15 degrés entre les méridiens, produisant toujours une heure de différence dans le tems.

Pour éclaircir encore mieux, ce que nous venons de dire, considérons les deux villes de Berlin et de Paris: et puisque le méridien de Berlin est de 11 degrés 7 min. 15 sec. plus vers l'orient que celui de Paris, en comptant une heure pour 15 degrés, cette différence de 11 degrés 7 min. 15 sec. donnera 44 minutes et 29 secondes de tems ou à peu près trois quarts d'heures. Donc lorsqu'il est midi à Paris, il y aura à Berlin déjà 44 min. 29 sec. après midi, et réciproquement, lorsqu'il est midi ici à Berlin, il sera encore avant midi à Paris, où l'horloge ne montrera que 11 heures 15 min. 31 sec.; de sorte que le midi n'y arrivera qu'après 44 min. 29 sec. de tems. D'où l'on voit qu'à chaque moment les horloges à Berlin doivent montrer plus qu'elles ne font à Paris, et que cette différence doit faire 44′ 29″ de tems.

La différence entre les méridiens de Berlin et de Magdebourg est d'1 degré 14 min. dont Berlin est plus oriental que Magdebourg: cette différence réduite en tems, donne 6 minutes 40 secondes, que les horloges de Berlin doivent marquer plus que celles de Magdebourg. Par conséquent s'il est midi à Magdebourg, ou si les horloges, que je suppose être bien réglées, y marquent XII heures, les horloges de Berlin doivent marquer au même instant 12 heures 6 min. 40 sec. de sorte qu'il y fasse déjà après midi.

V.A. voit de là qu'à mesure que les lieux different en longitude, ou qu'ils sont situés sous des méridiens différens, les horloges bien réglées y doivent aussi marquer des heures différentes au même instant, et que cette différence doit être d'une heure entiere, lorsque la différence en longitude est de 15 degrés: chaques 15 degrés en longitude produisant une heure de tems pour la différence que des horloges bien réglées doivent marquer dans ces différens endroits au même moment.

Si l'on vouloit donc se servir d'une horloge pour trouver la longitude des endroits par lesquels on passe, il faut d'abord la bien régler en quelque endroit qu'on se trouve: ce Réglement se fait sur l'observation du midi, qui est le moment, où le Soleil passe par le méridien de ce lieu, et alors l'horloge doit montrer précisement XII heures. Ensuite l'horloge doit être tellement ajustée, que toujours après vingt-quatre heures, lorsque le Soleil retourne au même méridien[1]), l'indice après avoir fait deux tours entiers revienne exactement

1) Selon le moyen mouvement: *voyez* la note pag. 84.

sur XII heures: si cela est bien observé, de telles horloges bien réglées ne seront d'accord en différens endroits, que lorsqu'ils sont situés sous un même méridien; mais lors qu'ils sont situés sous des méridiens différens ou qu'il y a une différence entre leurs longitudes, les tems que les horloges marqueront au même moment seront aussi différens; en sorte qu'à chaque différence de 15 degrés en longitude, il réponde une heure entiere de différence dans les tems marqués par les horloges.

Donc réciproquement, en connoîssant cette différence entre les tems que des horloges bien réglées marquent en différens endroits, au même instant, on en conclura aisément la différence qui se trouve entre leurs longitudes, en comptant toujours 15 degrés pour une heure et un quart de degré pour une minute.

le 15 Septembre 1761

LETTRE CLXIV

V.A. sera d'autant moins surprise de la différence du tems, que les horloges bien réglées doîvent indiquer sous différens méridiens, quand Elle voudra bien réflechir, que lorsqu'il est midi chez nous, il y a des pays vers l'orient, auxquels le Soleil se couche déjà et, que vers l'occident il y en a où le Soleil ne fait que de se lever: il faut donc bien, qu'auprès de ceux-là il soit déjà soir, tandis qu'auprès de ceux-ci il est encore matin, et que ce-ci soit au même instant qu'il est midi chez nous. Ensuite V.A. sait aussi que chez nos Antipodes, qui se trouvent sous le méridien opposé au nôtre, il fait nuit pendant qu'il fait jour chez nous; de sorte que lorsqu'il est midi chez nous, il sera minuit chez eux.

Après ces éclaircissemens, il me sera aisé de faire voir, comment une bonne horloge peut servir à nous faire connoître la différence des méridiens, ou bien la différence en longitude de divers endroits.

Supposons pour cet effet que j'aie une telle excellente horloge, qui étant une fois bien réglée, montre tous les jours exactement le tems[1]) juste qu'il fait ici à Berlin, de sorte que toutes les fois, qu'il est midi à Berlin, elle indique précisement XII heures: supposons encore qu'elle marche si régulierement, que je n'aye plus besoin d'y toucher, après l'avoir réglée une fois, enfin que sa marche ne soit point dérangée soit que je la mette dans une voîture, soit

1) Ici il faut entendre le tems moyen, dont le rapport au tems vray est connu par les tables astronomiques. L'auteur a cru se dispenser de faire ici cette distinction qui l'auroit mené dans des détails trop longs.

qu'elle soit à bord d'un vaisseau en pleine mer, exposée à des secousses et à toutes sortes d'agitations.

Maintenant que je fasse avec cette horloge un voyage soit par terre soit par mer, et étant parfaitement assuré que cette horloge conserve toujours le même mouvement, tout comme si j'étois resté à Berlin, elle me marquera chaque jour XII heures au même moment qu'il fait midi à Berlin, et cela en quelque lieu que je puisse me trouver. Dans ce voyage j'arrive d'abord à Magdebourg: J'y observe le Soleil lorsqu'il passe par le méridien, ce qui arrive lorsqu'il se trouve exactement vers le Sud; et puisque dans ce moment il fait midi à Magdebourg, je regarde mon horloge et je m'apperçois qu'elle montre alors, 12 heures 6 min. 40 sec. d'où je conclus, que quand il est midi à Magdebourg, il est déjà après midi à Berlin et que la différence est $6' \, 40''$ de tems, qui répondent à $1° \, 40'$, dont le méridien de Magdebourg est plus vers l'occident que celui de Berlin. Donc puisque la longitude de Berlin est $31° \, 7' \, 15''$, la longitude de Magdebourg sera de $1° \, 40'$, plus petite ou bien elle sera $29° \, 27' \, 15''$.

Delà je vais à Hambourg, avec mon horloge, à laquelle je ne touche point, et y observant le midi (car je ne me fierois pas aux horloges publiques, qui y marquent les heures) je vois que mon horloge marque déjà 12 heures $13' \, 33''$, de sorte qu'à Berlin il est déjà $13' \, 33''$ après midi, lorsqu'il est midi à Hambourg; et delà je conclus que le méridien de Hambourg est de $3° \, 23' \, 15''$, plus vers l'occident que celui de Berlin: en comptant 15° pour une heure, et par conséquent un degré pour 4 minutes de tems, d'où l'on trouve que $13' \, 33''$ de tems donnent $3° \, 23' \, 15''$, pour la différence des méridiens. La longitude de Hambourg sera donc $27° \, 44'$.

A Hambourg je m'embarque sur un vaisseau avec mon horloge, et ayant fait un long voyage, j'arrive à un lieu, où attendant le midi (dont je détermine le moment par mes observations du soleil), je vois que mon horloge ne montre que $10^h \, 58' \, 15''$; de sorte qu'à Berlin il est encore avant midi dans ce moment, la différence étant $1^h \, 1' \, 45''$; d'où je conclus, que le lieu où je suis arrivé, est plus vers l'orient que Berlin et puisque 1 heure donne 15 degrés, une minute de tems $15'$, et $45''$ de tems $11' \, 15''$, la différence des méridiens sera $15° \, 26' \, 15''$. Je me trouve donc dans un lieu situé plus vers l'orient que Berlin, dont la longitude est de $15° \, 26' \, 15''$, plus grande que celle de Berlin; laquelle étant $31°. \, 7'. \, 15''$, la longitude du lieu où je me trouve sera $46° \, 33' \, 30''$. Ainsi je sais sous quel méridien je me trouve, mais je suis encore incertain du point de ce méridien. Pour cet effet j'ai recours aux observations astronomiques, et je cherche la hauteur du pole que je trouve précisement de 41°. Sachant de plus que je suis encore dans l'hémisphere boréal de la terre, n'ayant point passé l'équateur, j'apprens que je me trouve actuellement dans un lieu dont la latitude est de 41° boréale, et la longitude 46° 33′ 30″; je prends donc des Cartes Géographiques, j'y trace le méridien dont la longitude est 46° 33′ 30″; je cherche le lieu dont la latitude est 41°, et je trouve que ce lieu est la ville de Constantinople, sans que j'aie eu besoin de m'informer du nom de la ville à qui que ce soit.

De la même maniere en quelqu'endroit de la terre, que je parvienne avec mon excellente horloge, j'en déterminerai la longitude, et ensuite l'observation de la hauteur du pole m'en montrera aussi la latitude. Alors je n'ai qu'à prendre un globe terrestre, ou de bonnes Cartes Géographiques, et il me sera aisé de marquer le point, qui répond au lieu où je me trouve, quelqu'inconnu que me soit d'ailleurs le pays.

Cependant on est bien à plaindre que les plus habiles horlogers n'aient pas encore pu réussir à faire d'aussi excellentes horloges, que cette méthode exige. On trouve bien de très bonnes pendules, mais elles ne marchent régulierement, que tant qu'elles sont fixées dans un appartement tout à fait tranquille; les moindres secousses et même les plus légers ébranlemens étant capables de les déranger: ces pendules sont donc absolument inutiles pour les voyages. Aussi comprend-on aisément, que le mouvement du pendule qui en regle la marche, ne sauroit souffrir les agitations auxquelles il seroit exposé dans le voyage. Cependant il y a environ dix ans, qu'un ouvrier en Angleterre s'est vanté d'avoir construit une telle horloge, qui n'étoit pas sensible aux secousses du voyage, et on a même prétendu, qu'après l'avoir fait longtems courir dans un carosse, on n'y avoit pas remarqué le moindre dérangement; surquoi on a effectivement payé à l'inventeur une partie du prix destiné à la découverte de la longitude, et le reste lui devoit être payé après qu'on auroit fait l'épreuve dans un long voyage par mer; mais depuis ce tems les gazettes n'en ont plus parlé; d'où il est à présumer, que cette entreprise a aussi bien échoué que quantité d'autres, qu'on à faites pour ce dessein.

le 19 Septembre 1761

LETTRE CLXV

Au défaut d'une si excellente horloge, dont j'ai eu l'honneur de présenter une idée à V. A., on a regardé jusqu'ici les éclipses de Lune comme le plus sûr moyen pour découvrir les longitudes; mais il est dommage que ces phénomenes arrivent si rarement, et qu'on ne puisse pas s'en servir toutes les fois qu'on en a besoin.

V.A. sait, que la Lune s'éclipse, lorsqu'elle passe par l'ombre de la terre: quand cela arrive, on peut remarquer le moment où la Lune commence à s'enfoncer dans l'ombre de la terre, de même que le moment où elle en sort; le premier moment est nommé le commencement de l'éclipse, et l'autre la fin; et quand on observe, tous ces deux momens, le tems moyen entr'eux est nommé le milieu de l'éclipse. Quelque fois la Lune s'enfonce toute entiere dans l'ombre de la terre, et demeure pendant quelque tems tout à fait invisible; une telle éclipse est appellée totale, et alors on peut remarquer encore deux momens, celui où la Lune disparoit entierement, et celui où elle recommence à sortir de l'ombre; celui là est nommé le commencement de l'obscuration entiere, et celui-ci la fin de l'obscuration entiere. Mais quand ce n'est qu'une partie de la Lune qui est obscurcie, une telle éclipse est nommée partiale et on n'y remarque que les momens du commencement et de la fin. D'ailleurs V.A. sait que les éclipses de Lune n'arrivent qu'aux tems des pleines lunes et cela assez rarement.

Cela posé, quand on observe une éclipse de Lune en deux lieux différens et situés sous différens méridiens, on y verra bien le commencement de l'éclipse au même moment, mais les horloges de ces lieux ne marqueront pas la même heure ou le même tems: je parle des horloges bien réglées, dont chacune montre précisement XII heures, lorsqu'il est midi au lieu, où elle se trouve. Si les deux lieux sont situés sous le même méridien, les horloges montreront bien le même tems, tant au commencement qu'à la fin de l'éclipse: mais si les deux méridiens sont éloignés l'un de l'autre de 15 degrés, ou que la différence de leurs longitudes soit de 15°, les horloges doivent différer d'une heure entiere, tant au commencement qu'à la fin de l'éclipse; l'horloge du lieu situé plus vers l'orient montrera une heure de plus, ou plus tard que l'autre; de même une différence de 30° en longitude causera une différence de deux heures dans le tems marqué par les horloges; une différence de 45° en longitude, causera une différence de trois heures dans le tems, et ainsi de suite selon la table ci-jointe.

Différence en longitude	Différence en longitude
en degrés	en heures
15	1
30	2
45	3
60	4
75	5
90	6
105	7
120	8
135	9
150	10
165	11
180	12

L'on voit par là que si la différence en longitude étoit de 150°, les horloges différeroient de 10 heures tant au commencement qu'à la fin de l'éclipse.

Ainsi réciproquement quand on observe la même éclipse en deux lieux différens et qu'on marque exactement le tems de l'horloge au moment du commencement de l'éclipse, on pourra conclure de la différence entre ces tems marqués, combien ces lieux different en longitude. Or, celui où le tems est plus avancé, sera situé plus vers l'orient, et par conséquent sa longitude plus grande, puisqu'on compte les longitudes de l'occident à l'orient.

C'est aussi par ce moyen qu'on a déterminé la longitude des principaux lieux de la terre, et qu'on a dressé conformément à ces déterminations les Cartes Géographiques. Mais il falloit toujours comparer les observations faites dans un lieu dont la longitude n'étoit pas encore connue, avec celles qui ont été faites dans un lieu connu, et par cette raison, il falloit attendre jusqu'à ce qu'on ait pu faire cette comparaison. Donc si j'étois parvenu, après un long voyage, à un lieu inconnu et qu'il s'y présentât l'occasion d'observer une éclipse de Lune, cela ne me serviroit encore de rien pour connoître ma longitude au moment; je devrois attendre que je fusse de retour, pour pouvoir comparer mon observation avec une autre faite dans un lieu connu et ainsi j'apprendrois trop tard où j'avois été alors. Or je souhaiterois de me pouvoir éclaircir là dessus sur le champ, pour y régler mes mesures.

Mais aussi à cet égard on peut être satisfait, depuis qu'on connoit si exactement le mouvement de la Lune, qu'on est en état non seulement de prédire toutes les éclipses, mais de marquer aussi le moment tant du commencement que de la fin, selon l'horloge d'un lieu connu. V.A. sait, que nos Almanacs de Berlin marquent toujours pour chaque éclipse le commencement et la fin, selon l'horloge de Berlin. Donc qui veut faire un long voyage, peut acheter un Almanac de Berlin, et quand il trouve occasion, dans un lieu inconnu, d'observer une éclipse de Lune et d'en marquer exactement le tems selon une montre qu'il aura bien réglée dans cet endroit par le midi, il n'a qu'à comparer les momens du commencement et de la fin de l'éclipse avec ceux de l'Almanac, pour s'assurer de la différence entre le méridien de Berlin et celui qui passe par ce lieu, où il se trouve actuellement.

Cependant dans cette méthode, outre l'inconvénient, que les éclipses de Lune arrivent très rarement, il s'en trouve encore un autre, qui est, qu'on ne peut pas assez exactement distinguer le moment quand l'éclipse commence ou finit, puisque cela arrive presque insensiblement, et qu'on pourroit bien se tromper de plusieurs secondes de tems. Mais puisque l'erreur sera à peu près la même pour la fin et le commencement, on cherche le milieu entre les deux momens observés, qui sera le milieu de l'éclipse, et on compare ensuite ce milieu avec celui que l'Almanac marque pour Berlin, ou pour un autre lieu connu.

Au reste, dans le cas où les Almanacs pour l'année prochaine ne seroient pas encore imprimés, quand quelqu'un veut voyager, ou que son voyage pourroit durer quelques années de suite, on trouve d'autres livres où les éclipses sont déjà calculées pour plusieurs années de suite.

le 22 Sept. 1761

LETTRE CLXVI

Les éclipses de soleil peuvent aussi servir à déterminer les longitudes, mais d'une autre maniere, qui demande des recherches plus profondes. La raison est que le soleil lui même ne souffre alors aucun obscurcissement; ce n'est que la Lune qui se met devant le soleil, et empêche les rayons de parvenir jusqu'à nous: il en est à peu près de même, si je mettois mon chapeau devant le soleil pour me garantir de sa lumiere, ce qui n'empeche pas que d'autres n'en voient tout l'éclat. Aussi la Lune ne couvre le soleil qu'à une partie des habitans de la terre, et nous pouvons voir ici à Berlin une éclipse du soleil, pendant qu'à Paris la lumiere du soleil ne souffre aucun affoiblissement.

Mais la Lune est réellement éclipsée par l'ombre de la terre, et sa propre lumiere en est diminuée ou éteinte, de là il arrive que les éclipses de Lune sont vues de la même maniere et partout où la Lune se trouve sur l'horizon au tems de l'éclipse.

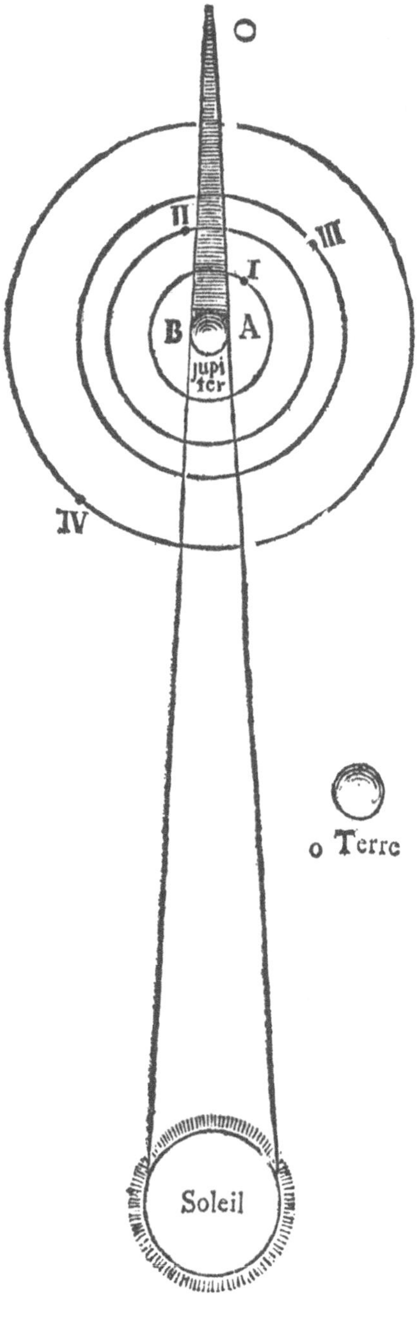

V. A. comprend par là que s'il y avoit encore d'autres corps au ciel qui souffrissent de tems en tems quelque obscurcissement réel, ils pourroient être employés avec le même succès que les éclipses de Lune, pour déterminer les longitudes. Or de tels corps, sont les Satellites de Jupiter qui passent même si souvent dans l'ombre de leur Planete, qu'il ne se passe presque point de nuit, qu'il n'y en ait un d'éclipsé; de sorte que les éclipses des Satellites de Jupiter nous fournissent un moyen très propre à déterminer les longitudes; aussi les Astronomes s'en servent ils avec un bon succès.

V. A. sait, que Jupiter a quatre Satellites qui font leurs révolutions autour de lui, chacun dans son orbite, comme je l'ai représenté ici par les cercles décrits autour de Jupiter: j'y ai aussi représenté le soleil pour marquer l'ombre *AOB* derriere le corps de Jupiter. D'où l'on voit que dans notre figure le premier Satellite marqué I est prêt d'entrer dans l'ombre, le second marqué II vient d'en sortir, le troisieme III est encore fort éloigné d'entrer dans l'ombre, et le quatrieme IV en est sorti, il y a longtems.

Dès qu'un des Satellites entre dans l'ombre, il devient invisible et cela arrive assez promtement; de sorte qu'en quelqu'endroit que se trouve la terre, on voit subitement évanouir le Satellite, qu'on avoit vu jusques là assez distinctement. Une telle entrée d'un Satellite dans l'ombre de Jupiter est nommée Immersion et sa sortie de l'ombre une Emersion; c'est alors qu'on voit reparoitre subitement le Satellite qui a été invisible pendant quelque tems.

Tant les Immersions que les Emersions sont également propres à déterminer les longitudes, puisqu'elles arrivent dans un moment de tems marqué; de sorte que quand on observe un tel phénomene en plusieurs lieux différens de la terre, on doit trouver dans les tems marqués selon les horloges de chaque lieu, autant de différence, que la différence entre les méridiens exige: il en est de même, que si l'on observoit le commencement ou la fin de quelque éclipse de Lune; et la chose alors n'a plus aucune difficulté; on est déjà depuis quelque tems parvenu à prédire ces éclipses des Satellites de Jupiter, c'est-à-dire leurs Immersions et leurs Emersions, et on n'a qu'à comparer le tems observé avec le tems calculé pour un lieu connu, comme pour Berlin, pour en conclure d'abord l'éloignement de son méridien de celui de Berlin.

Aussi se sert-on de cette méthode partout dans les voyages par terre; mais tant qu'on est dans un vaisseau, où les besoins sont les plus pressans, on n'a pas encore trouvé moyen de profiter de cette méthode, pour être bien assuré du lieu où l'on est. Si l'on pouvoit voir avec les yeux les Satellites de Jupiter aussi bien que la Lune, la pratique de cette méthode n'auroit aucune difficulté par mer; mais puisqu'on ne sauroit voir les Satellites de Jupiter qu'au travers d'une Lunette de 4 ou 5 pieds au moins, cette circonstance cause un obstacle invincible.

V.A. sait, que quand on se sert par terre d'une Lunette un peu longue, combien il faut d'adresse pour la diriger vers l'objet qu'on veut contempler, et pour la tenir fixe, afin qu'on ne perde pas l'objet; elle en conclura aisément, que sur mer, où le vaisseau se trouve dans une agitation continuelle, il doit être presque impossible de découvrir seulement Jupiter; et quand même on l'auroit trouvé, on le perdra de vue au même instant. Mais pour bien observer une Immersion ou Emersion de quelque Satellite de Jupiter, il faut absolument qu'on le puisse regarder paisiblement pendant quelque tems; ce qui n'étant pas possible par mer, il semble qu'on doive renoncer à cette méthode de déterminer les longitudes.

Cependant il y a deux moyens de remédier à cet inconvénient; le premier de trouver des Lunettes fort courtes; par exemple de six pouces ou encore moins, qui nous découvriroient assez distinctement les Satellites de Jupiter:

car il n'y a aucun doute qu'il ne soit beaucoup plus aisé de manier de si petites Lunettes que d'autres de quatre à cinq pieds de long. On travaille actuellement avec le plus grand succès à cette perfection des Lunettes, et il y a grande apparence qu'on y réussira; mais c'est à savoir si de telles Lunettes perfectionnées ne demanderont pas autant d'adresse pour les diriger, que les ordinaires, qui sont plus longues.

L'autre moyen seroit de se ménager un tel siege fixe et immobile sur le vaisseau, qui n'en ressentit point les agitations; il semble qu'un adroit balancement pourroit conduire à ce but. En effet, il n'y a pas longtems que nous avons lu dans les gazettes, qu'un Anglois prétendoit avoir inventé un tel siege ou chaise, et qu'il prétendoit par là aussi au prix proposé sur la découverte des longitudes. Il avoit raison, puisque par ce moyen on pourroit observer en mer les Immersions et Emersions des Satellites de Jupiter, qui sont sans doute très propres pour déterminer les longitudes: mais depuis ce tems, on n'en a plus rien entendu. V.A. jugera aisément d'après cela, à combien de difficultés est assujettie la découverte des longitudes.

le 26 Sept. 1761

LETTRE CLXVII

Le ciel nous fournit encore une ressource pour parvenir à la découverte des longitudes, sans que nous ayons besoin de Lunettes, et il semble que les Astronomes y mettent la plus grande confiance. C'est la Lune qui doit servir à ce dessein, et cela non seulement quand elle est éclipsée, mais même toujours, pourvu qu'elle soit visible; ce qui est sans doute le plus grand avantage, puisque les éclipses arrivent trop rarement, et que les Immersions et Emersions des Satellites de Jupiter n'arrivent pas non plus à notre gré: puisqu'il s'écoule tous les ans un tems assez considérable, pendant lequel la planete de Jupiter n'est pas visible, au lieu que la Lune s'offre presque toujours à notre vue.

V.A. aura sans doute déjà remarqué, que la Lune se leve tous les jours plus tard presque de trois quarts d'heure. La raison en est, que la Lune n'est pas attachée à un lieu fixe parmi les étoiles, mais que d'un jour à l'autre elle change très considérablement de place, par rapport aux étoiles fixes qui conservent toujours la même situation entr'elles, quoiqu'elles paroîssent emportées par le ciel, pour achever chaque jour une révolution autour de la terre. Je parle ici selon les apparences; car en effet, c'est la terre qui tourne tous les jours autour de son axe, et le ciel et les étoiles fixes demeurent en repos; tandis que le soleil et les planetes changent continuellement de place à l'égard des étoiles fixes. Or la Lune est assujettie aux plus grands changemens, et c'est précisément ce qui la rend propre à déterminer les longitudes.

Si aujourd'huy on voit la Lune près d'une certaine étoile fixe, demain à la même heure, elle en paroîtra très considérablement éloignée vers l'orient, et quelques fois la distance surpasse même 15 degrés. La vîtesse de son mouvement n'est pas toujours la même, cependant on est parvenu à la déterminer très exactement pour tous les jours; ce qui nous met en état de connoître d'avance sa vraie place dans le ciel pour toutes les heures de chaque jour, en rapportant les heures aux horloges qui sont sous un certain méridien connu, tel par exemple qu'est celui de Berlin, ou de Paris.

Cela établi, supposons, qu'après un long voyage, je me trouve en mer dans un lieu tout-à-fait inconnu et voyons comment je pourrai me servir de la Lune pour connoître la longitude de mon lieu; car pour la latitude la chose n'a aucune difficulté, ni même sur la mer, où l'on connoit des moyens assez sûrs pour observer la hauteur du pole, à laquelle la latitude est toujours égale. Je dirigerois donc toute mon attention sur la Lune, je la comparerois avec les étoiles fixes, qui lui sont les plus proches, et delà je concluerois son vrai lieu au ciel, par rapport aux étoiles fixes. V.A. sait qu'on a des Globes célestes, sur lesquels toutes les étoiles fixes sont marquées, et qu'on fait aussi des Cartes célestes semblables aux Cartes Géographiques, sur lesquelles on représente les étoiles fixes, qui se trouvent dans une certaine partie du ciel. En prenant donc une telle Carte céleste, où les étoiles fixes, dont la Lune est voisine, sont exprimées, il me sera aisé d'y marquer le vrai lieu où la Lune se trouve alors; et ma montre, que j'aurai bien reglée à ce lieu, après y avoir observé le midi, me marquera le tems de cette observation. Ensuite par la connoissance du mouvement de la Lune, je calcule pour Berlin à quelle heure la Lune a dû paroitre au même lieu du ciel, où je l'ai vue. Si le tems observé convient parfaitement avec le tems de Berlin, ce sera une marque que mon lieu est exactement sous le méridien de Berlin, et que par conséquent la longitude est la même. Mais si le tems de mon observation est différent de celui de Berlin, cette différence m'indiquera celle qui est entre les méridiens; et comptant 15 degrés pour chaque heure de tems, je concluerai de combien la longitude de mon lieu est ou plus grande ou plus petite que celle de Berlin: toujours la longitude du lieu qui a le tems le plus avancé, étant aussi la plus grande.

Voilà le précis de cette méthode de déterminer les longitudes par les simples observations de la Lune. Or pour mieux réussir dans cette opération, je remarque que les plus heureux momens pour bien déterminer le lieu de la Lune sont, lorsqu'une étoile fixe se cache derriere la Lune; on nomme cela une occultation, et il y a deux momens à observer, celui où la Lune par son mouvement couvre l'étoile et l'autre où l'étoile reparoit. Les Astronomes sont très attentifs à bien saisir ces momens des occultations pour en conclure le vray lieu de la Lune.

Au reste je m'attens à une Objection que V.A. me fera à l'égard de la montre ou de l'horloge, dont je suppose muni notre observateur par mer; après avoir soutenu l'impossibilité des horloges parfaites qui marchent toujours également nonobstant les secousses du vaisseau. Mais cette impossibilité ne regarde que de telles horloges, qui demeurent justes pendant un très long intervalle de tems, sans qu'on ait besoin de les régler: or pour les observations dont il s'agit ici, une montre ordinaire peut être suffisante, pourvu qu'elle marche uniformement pendant quelques heures, après l'avoir bien réglée sur le midi du lieu où l'on se trouve; quand on doute que l'on y puisse encore compter le soir ou la nuit, lorsqu'on observera la Lune, les étoiles nous fourniront aussi des moyens très sûrs pour la régler de nouveau. Car puisque la situation du Soleil par rapport aux étoiles fixes nous est parfaitement connue pour tout tems, une seule observation de quelque étoile suffit pour déterminer le lieu où le Soleil se doit trouver alors, d'où nous pouvons conclure l'heure que l'horloge, quand elle est bien réglée, devroit montrer. Ainsi au même instant où nous aurons fait l'observation de la Lune nous sommes en état de régler aussi notre montre par les étoiles, et pendant un si petit intervalle de tems toute montre est censée marcher régulierement.

le 29 Sept. 1761

LETTRE CLXVIII

Parmi ces différentes méthodes de trouver les longitudes, la derniere fondée sur les observations de la Lune semble mériter la préférence, puisque les autres, ou sont assujetties à trop de difficultés, ou bien l'occasion de s'en servir se présente trop rarement. Or V.A. comprendra aisément que le succès de cette méthode dépend uniquement du degré de précision qu'on atteint dans ces opérations, et que les erreurs qu'on y commet, doivent conduire à des conclusions, sur lesquelles on ne sauroit compter. Il sera donc fort important d'expliquer à V.A. à quel degré de précision, on peut espérer d'atteindre en mettant en usage cette méthode; laquelle étant fondée sur le changement considérable que la Lune éprouve dans son lieu d'un jour à l'autre, nous en pouvons conclure, que si le mouvement de la Lune étoit encore plus rapide, il seroit encore plus propre à nous découvrir les longitudes, et il nous procureroit un plus haut degré de précision. Mais si au contraire ce mouvement étoit beaucoup plus lent, et que nous ne puissons presque pas distinguer son changement d'un jour à l'autre, on voit bien que nous n'en saurions aussi tirer aucun secours, pour la connoissance des longitudes.

Supposons donc que la Lune change de place parmi les étoiles fixes par un espace de 12 degrés pendant 24 heures, puisqu'en effet son changement est pour la plupart plus considérable; elle changera donc d'un degré pendant 2 heures; et d'un demi-degré ou de 30 minutes pendant une heure. Par conséquent, si nous nous trompions dans l'observation d'un lieu de la Lune de 30 minutes, il seroit de même, que si nous observions la Lune une heure ou plutôt ou plutard, et nous commettrions une erreur d'une heure dans la conclusion, sur la différence des méridiens. Or une heure de différence dans les méridiens répond à 15 degrés dans la longitude des méridiens, et par conséquent nous nous tromperions de 15 degrés dans la longitude même du lieu que nous cherchons; ce qui seroit sans doute une erreur si énorme, qu'il vaudroit presque autant ne savoir rien du tout; et la seule estime du voyage, c'est-à-dire du chemin et de la route, quelque incertaine qu'elle soit, ne nous jetteroit jamais dans une erreur si grossiere. Aussi faudroit-il être bien maladroit pour se tromper de 30 minutes dans le lieu de la Lune, et les instrumens dont on se sert, devroient être extrêmement rudes, ce qui n'est pas à présumer.

Cependant quelques excellents que soient les instrumens et quelques soins qu'on y apporte, il est impossible d'éviter toute erreur, et il faut être bien habile pour ne pas se tromper d'une minute dans la détermination du lieu de la Lune. Or puisque le lieu de la Lune change de 30 minutes dans une heure ou 60 minutes de tems, il changera d'une minute en deux minutes de tems. Donc quand on ne se trompe que d'une minute dans le lieu de la Lune, il en naîtra dans la différence des méridiens une erreur de deux minutes de tems. Or une heure ou 60 minutes répondant à 15 degrés dans la longitude; il en résultera une erreur d'un demi degré dans la longitude, et ce degré de précision pourroit bien être suffisant, pourvu que nous y puissions atteindre.

Jusqu'ici j'ai supposé notre connoissance du mouvement de la Lune si parfaite, que pour un méridien connu, nous pouvons déterminer le vrai lieu de la Lune pour chaque moment sans aucune erreur; mais nous sommes encore fort éloignés de ce point de perfection. Il n'y a pas encore 20 ans qu'on s'est trompé de 6 minutes et d'avantage dans ce calcul et ce n'est que depuis ce tems que l'habile Professeur MAYER[1]) à Göttingen, poursuivant la route que j'avois proposée, est parvenu à diminuer cette erreur au dessous d'une minute pour la plupart. Il pourroit donc bien arriver que du côté du calcul nous commettions aussi une erreur d'une minute, laquelle étant jointe à l'erreur d'une minute commise dans l'observation du lieu de la Lune, doublera l'erreur qui en rejaillira sur la longitude du lieu où nous nous trouvons, et par conséquent cette erreur pourroit bien monter à un degré entier: il est bon de remarquer encore, que si la Lune parcouroit un plus grand espace en 24 heures, que ne font 12 degrés, l'erreur dans la longitude sera encore moins considérable.

Peut-être trouvera-t-on moyen de diminuer encore d'avantage les erreurs auxquelles nous sommes assujettis, tant dans l'observation que dans le calcul, et alors cette méthode nous découvriroit la longitude à moins d'un degré près. Mais aussi sans cette perfection, on peut espérer d'arriver à un plus haut degré de précision. On n'a qu'à faire plusieurs pareilles observations, ce qui sera possible, si l'on reste plusieurs jours en un endroit: alors il n'est pas à craindre que toutes les conclusions soient également défectueuses, quelques unes marqueront la longitude cherchée trop grande, d'autres trop petite, et par conséquent quand on prend un milieu entre toutes les conclusions, on pourra être assuré que cette longitude ainsi conclue différera beaucoup moins de la vérité que d'un degré.

Or les Anglois qui par leur générosité ont voulu encourager cette découverte, y ont mis un triple prix, l'un de 10000, le second de 15000 et le troisieme de 20000 livres sterlings. Le premier est destiné à celui, qui pourra trouver les longitudes à un degré près; de sorte qu'on puisse être assuré que l'erreur ne surpasse point un degré. Le second prix est destiné à celui qui satisfera à la question encore plus exactement, de sorte que l'erreur qu'on auroit à craindre, ne surpasse jamais deux tiers d'un degré ou 40 minutes. Enfin le troisieme sera donné à celui qui sera capable de déterminer les longitudes si exactement, que l'erreur ne monte jamais au delà d'un demi degré ou de trente minutes: l'on ne prétend point à un plus haut degré de précision. Tous ces prix se trouvent encore dans leur entier, outre la portion qui à été délivrée à cet horloger qui a prétendu avoir fait des montres parfaites. Mr. MAYER prétend actuellement au plus haut, et à mon avis, avec raison.

le 3 d'Octobre 1761

---

1) Voir la note de la lettre LI. A.S.

LETTRE CLXIX

V.A. sera maintenant suffisament instruite sur ce qui regarde la découverte des longitudes: j'ai eu l'honneur de Lui exposer plusieurs voies, qui peuvent conduire à leur détermination.

La premiere et la plus naturelle est d'observer soigneusement le chemin et la direction du voyage; or tant les tempêtes, auxquelles on est souvent exposé par mer, que les courans, rendent cette méthode impraticable.

La seconde demande la construction d'une si parfaite horloge qui marche toujours uniformement, non obstant les secousses qu'elle éprouve dans le voyage; or les artistes n'ont pas encore trouvé moyen d'exécuter un tel ouvrage.

La troisieme est fondée sur l'observation des éclipses de Lune et on ne sauroit rien désirer de mieux: le seul défaut est, que cette occasion se présente trop rarement, et qu'on ne peut pas s'en servir, lorsqu'on en a le plus de besoin.

La quatrieme regarde les éclipses des Satellites de Jupiter, qui seroient sans doute très propres à ce dessein, pourvu qu'on trouvât moyen de se servir par mer des Lunettes, sans lesquelles on ne sauroit voir ces Satellites.

Enfin les observations de la Lune même nous ont fourni la cinquieme, qui paroit la plus praticable, pourvu qu'on soit en état d'observer si exactement le lieu de la Lune dans le ciel, que les erreurs qu'on n'y sauroit éviter, ne surpassent jamais une minute, afin qu'on soit assuré qu'on ne se trompe pas de plus d'un degré dans la détermination de la longitude.

C'est sur ces cinq méthodes, que ceux qui ont travaillé jusqu'ici sur cette question, ont principalement dirigé leurs spéculations, mais il y a encore une sixieme, qui semble aussi propre à nous conduire à la résolution de ce probleme, pourvu qu'elle soit mieux cultivée; et peut être même un jour nous fournira-t-elle encore le plus sûr moyen de trouver les longitudes; quoiqu'à l'heure qu'il est, nous en soyons encore fort éloignés.

Cette méthode n'est pas tirée du ciel, elle est uniquement attachée à la terre, étant fondée sur la nature de l'aimant et de la boussole. L'explication de cette méthode m'ouvre donc une nouvelle carriere d'entretenir V.A. sur l'important article de la Physique, qui regarde la force magnétique; et j'espere qu'Elle sera bien aise d'honorer de son attention les éclaircissemens, que j'aurai l'honneur de proposer là-dessus.

D'abord je bornerai mes réflexions au sujet dont il s'agit ici, c'est-à-dire à la découverte des longitudes et pour cet effet il me suffit de remarquer en général, que l'aimant est une pierre, qui a la qualité d'attirer le fer et de se disposer selon une certaine direction, et qu'elle communique la même qualité au fer et à l'acier, quand on le frotte ou touche seulement d'un aimant; or je me propose dans la suite de mieux approfondir cette qualité, et d'en expliquer la nature.

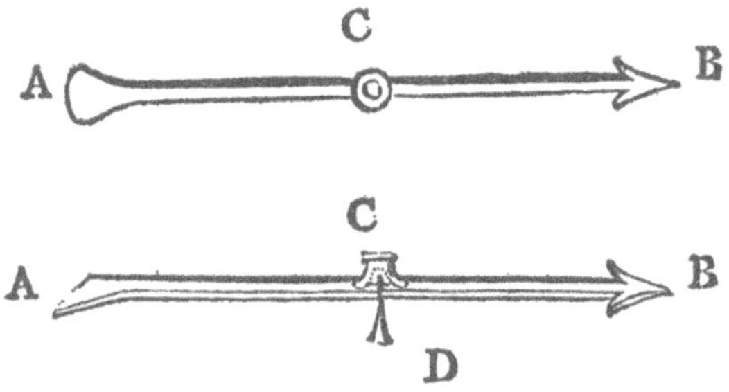

Je commencerai donc par donner la description d'une aiguille aimantée, laquelle étant montée d'une certaine maniere pour l'usage de la navigation, porte le nom de *Boussole.*

Pour cet effet on fait fabriquer avec du bon acier une aiguille à peu près de la figure cy-jointe, dont un bout B est pointu pour le mieux distinguer de l'autre A; elle est munie au milieu C d'un petit chaperon creusé par en bas pour mettre l'aiguille sur un pivot ou pointe D comme on peut le voir par la seconde figure.

Supposons que les deux parties soient tellement ajustées qu'elles se contrebalancent parfaitement, et que l'aiguille puisse tourner librement sur le pivot, de sorte qu'en quelque situation qu'on la mette, elle y puisse demeurer en repos, ou en équilibre. Avant que d'aimanter cette aiguille, il est bon de la tremper pour la rendre aussi dure qu'il est possible. Ensuite qu'on la frotte ou touche d'un aimant excellent et d'abord elle sera magnétique. Les deux bouts ne se balanceront plus, mais l'un comme B descendra en bas, tout comme s'il étoit devenu plus pesant. De sorte que pour la rétablir en équilibre il faudroit ou ôter quelque chose du bout B ou ajouter un petit poids au bout A; or les ouvriers prévoyant ce changement causé par le magnétisme, font dès le commencement le bout B plus léger que l'autre A, afin que l'aiguille après avoir été aimantée prenne d'elle même la situation horizontale.

Cette aiguille acquiert alors encore une autre propriété bien plus remarquable; elle n'est plus indifférente à toutes les situations, comme auparavant; mais elle en affecte une préférablement à toutes les autres, et se dispose d'elle même en sorte que le bout B est dirigé à peu près vers le nord, et l'autre bout A vers le sud: ou bien la direction de l'aiguille aimantée convient à peu près avec la ligne méridienne.

V.A. se souvient que pour tracer la ligne méridienne qui nous montre le nord et le sud, il faut recourir aux observations astronomiques, puisque le mouvement du soleil et des étoiles détermine cette direction; de sorte que quand on n'est pas pourvu des instrumens nécessaires, et surtout quand le ciel est couvert, on ne sauroit tirer aucun secours du ciel pour tracer la ligne méridienne; d'où cette propriété de l'aiguille aimantée est d'autant plus admirable, qu'elle nous montre en tout tems et en tout lieu la direction vers le nord, de laquelle dépendent les autres vers l'est, sud et ouest; par cette raison l'usage de l'aiguille aimantée ou de la boussole est devenu universel, puisque dans plusieurs occasions il est absolument nécessaire qu'on connoisse ces principales directions du monde.

Mais surtout dans la navigation, la Boussole procure les plus grands avantages; puisque le cours du vaisseau doit toujours être dirigé vers un certain côté du monde, pour marcher vers un lieu proposé, conformement aux Cartes Géographiques ou marines, qui nous marquent la direction du cours, qu'il faut tenir. Aussi avant la découverte de la Boussole on n'a pas été en état d'entreprendre de longs voyages par mer; à peine ôsoit-on s'éloigner des côtes, et dès qu'on les perdoit de vue, on risquoit de s'égarer sur mer, à moins que le ciel ne fut clair et que les étoiles ne monstrassent les côtés du monde.

Un vaisseau en pleine mer sans la connoissance des côtés du monde se trouve précisément dans le même état qu'un homme auquel on auroit bandé les yeux, qui devroit marcher vers l'église du Dome à Magdebourg; un tel homme lorsqu'il s'imagine aller vers un certain côté, marcheroit vers un tout autre. C'est donc la boussole qui est le principal guide dans la navigation; et ce n'est qu'après cette importante découverte qu'on a hazardé de traverser le grand Océan, et qu'on a découvert le nouveau monde: et en effet que feroit un Pilot dépourvu d'une boussole, pendant ou après une tempête, quand il ne peut tirer aucun secours du ciel, quelque cours qu'il tienne, il ne sauroit pas s'il marche vers le nord, ou vers le sud, ou quelque autre côté du monde; il s'égareroit bientôt au point de ne pouvoir plus se sauver. Mais la Boussole le tire d'abord de ce grand embarras, en lui indiquant les côtés du monde, et l'empêche de s'égarer; d'où V.A. jugera aisément combien la découverte de l'aiguille aimantée ou de la boussole est importante.

le 6 d'Octobre 1761

LETTRE CLXX

Quoiqu'une aiguille aimantée affecte une certaine situation, dirigée du sud vers le nord, il y a des causes accidentelles, capables de déranger cette direction, qu'il faut par conséquent tâcher d'éviter très soigneusement. C'est le voisinage de quelque aimant, ou fer ou acier, qui trouble cette direction. V.A. n'a qu'à présenter un couteau à un aiguille aimantée, elle quittera d'abord sa direction naturelle, pour se diriger vers le couteau, et en faisant tourner le couteau autour de l'aiguille, on lui peut faire prendre toutes les directions possibles. Par cette raison, pour être assuré que l'aiguille est disposée dans la direction naturelle, il faut en éloigner tout fer ou acier aussi bien que les aimans; et il est d'autant plus facile de satisfaire à cette condition, que ces matieres n'en troublent la situation, que lorsqu'elles sont fort proches; dès qu'elles en sont éloignées tant soit peu, leur effet devient insensible, pourvu que ce ne soit point un aimant très fort, qui pourroit bien agir sur l'aiguille à la distance de plusieurs pieds.

Mais un tel effet n'est pas à craindre du seul fer, et c'est la raison pour laquelle on peut se servir de la boussole même dans les mines de fer. Car V.A. comprend aisément, que dans les mines sous la terre, on se trouve dans le même cas, que sur mer, lorsque le ciel est couvert, et qu'on y est également obligé de se régler sur les côtés du monde, en poussant les mines suivant une certaine direction. On dresse aussi des plans qui représentent la route de tous les tours et de toutes les allées qu'on a creusées sous la terre, et dans cet ouvrage on se regle uniquement sur la boussole; c'est l'objet de la science, qu'on nomme la Géometrie souterraine et en Allemand die Markscheidkunst.

Pour revenir à notre boussole ou aiguille aimantée, j'ai d'abord remarqué qu'elle ne se dirige vers le nord qu'à peu près; en effet ce n'est que par abus, quand on dit communément, que l'aimant a la propriété de se diriger vers le nord. Après avoir fait plusieurs aiguilles aimantées, j'ai toujours trouvé qu'ici à Berlin leur direction s'écartoit de la véritable ligne méridienne, d'environ quinze degrés; or une aberration de 15° est déjà fort considérable.

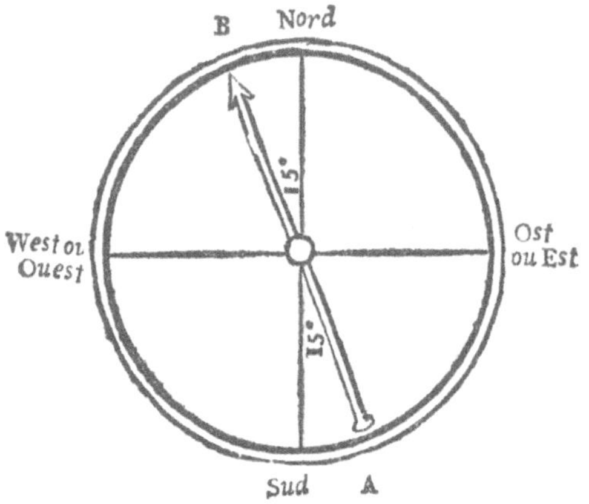

La figure ci-jointe représente d'abord la vraie ligne méridienne tirée du Nord au Sud, et ensuite celle qui lui est perpendiculaire, marquant à droite Ost ou Est, et à gauche West ou Ouest. Or l'aiguille aimantée AB, n'est pas dirigée sur la méridienne, mais elle s'en écarte de l'angle BO *Nord* qui est de 15°; on nomme cet angle la *déclinaison* et quelques fois aussi la *variation* de la boussole ou de l'aiguille aimantée; et puisque le bout le plus proche du Nord B, qu'on nomme toujours le bout boréal, s'en écarte vers l'ouest ou vers l'occident, on dit que la déclinaison est occidentale de 15°.

Ayant donc une fois déterminé la déclinaison de l'aiguille aimantée, on s'en peut servir aussi bien, que si elle montroit précisément le nord. On entoure ordinairement l'aiguille d'un cercle, et alors on n'a qu'à marquer le nord à la juste distance du bout boréal B de l'aiguille, afin qu'elle en décline de 15° vers l'occident, et la ligne Nord-Sud nous marquera la vraie ligne méridienne avec les quatre principaux côtés du monde, Nord, Est, Sud, Ouest.

Pour déguiser mieux le secret, on cache l'aiguille aimantée dans un cercle de carton, comme la figure le fait voir, excepté que l'aiguille n'est plus visible; de sorte que le carton fait avec elle un seul corps qu'on met au centre sur un pivot, afin que le cercle avec l'aiguille puisse se tourner librement; et alors le cercle prendra toujours cette situation que le point marqué Nord soit dirigé précisément vers le nord, pendant que le bout boréal de l'aiguille qu'on ne voit point, s'en écarte en effet d'un angle de 15°, vers l'occident. Cette construction ne sert qu'à déguiser la déclinaison, que le vulgaire regarde comme un défaut, quoiqu'il soit plutôt un digne objet de notre admiration, comme nous le verrons bientôt; et le carton ne faisant qu'augmenter le poids de l'aiguille, empêche qu'elle ne puisse plus tourner si librement, que si elle étoit plus légere.

Pour prévenir cet accident, et se servir mieux de la boussole, on pose l'aiguille dans une boëte ronde, dont la circonférence est divisée en 360°, et porte outre cela les noms des principaux côtés du monde. Au centre se trouve le pivot ou la pointe qui porte l'aiguille; laquelle affectant une certaine direction, on tourne la boëte jusqu'à ce que le bout boréal de l'aiguille B réponde au juste point dans la circonference, c'est-à-dire au quinzieme degré, en comptant depuis le Nord vers l'Occident; et alors les noms marqués sur la circonférence conviendront avec les vrais côtés du monde.

Mais par mer on se sert pourtant des aiguilles enchassées dans des cercles de carton, dont la circonférence même, est divisée en 360 degrés pour n'être pas obligé de tourner la boëte; alors le cercle de carton, qu'on nomme boussole, marquant les vrais côtés du monde, on n'a qu'à y rapporter la route que tient le vaisseau pour savoir vers quel côté le vaisseau court, si c'est au Nord, au Sud, à l'Est, à l'Ouest, ou à quelque direction moyenne. C'est aussi sur la boussole, qu'on juge les vents, ou la contrée d'où ils soufflent; puisque c'est delà qu'on leur impose des noms. Cependant il faut être bien assuré de la déclinaison ou variation de la boussole; nous l'avons bien trouvée ici de 15° vers l'ouest, mais en d'autres lieux sur la terre, elle pourroit être différente, comme j'aurai l'honneur de le faire voir dans la suite.

le 10 Octobre 1761

LETTRE CLXXI

Quand j'ai dit, que la déclinaison de la boussole est de 15° vers l'occident, cela ne se doit entendre que de Berlin et pour le tems présent; car on a remarqué que non seulement dans les différens endroits de la terre cette déclinaison est différente, mais qu'elle change aussi avec le tems dans le même lieu.

Ainsi à Berlin la déclinaison magnétique est à présent beaucoup plus grande qu'autrefois; je me souviens encore très bien qu'elle n'a été que 10°; et au siecle passé il y eut un tems, où elle fut nulle, de sorte que la situation de l'aiguille aimantée convint alors exactement avec la ligne méridienne. Cela est arrivé environ l'an 1670, et depuis ce tems la déclinaison est successivement devenue de plus en plus grande vers l'ouest, jusqu'à 15°, comme elle est aujourd'hui; or il y a apparence, que de ce tems-ci elle ira de nouveau en diminuant, jusqu'à ce qu'elle revienne nulle une seconde fois. Ce n'est cependant qu'une conjecture et nous sommes encore bien éloignés de pouvoir prédire quelque chose de certain là dessus.

D'ailleurs nous savons certainement qu'avant l'époque de 1670 la déclinaison a été contraire ou dirigée vers l'orient; et plus nous remontons au delà de ce terme, plus nous trouvons que la déclinaison est grande vers l'orient. Or nous ne saurions remonter plus haut qu'au tems, où l'aiguille aimantée fut découverte, et qui tombe dans le quatorzieme siecle et encore ici à Berlin, c'est bien longtems après que cette découverte a été connue, qu'on a commencé à en observer la déclinaison; parceque d'abord on ne s'étoit pas encore apperçu, que l'aiguille aimantée s'écartât de la ligne méridienne.

Mais à Londres où l'on a été plus attentif sur cet article, on a observé la déclinaison magnétique l'an 1580 de 11° 15′, Est. A. 1622 de 6° 0′, Est. A. 1634 de 4° 5′, Est. A. 1657 il n'y eut point de déclinaison; mais 1672 elle fut de 2° 30′, Ouest. A. 1692 de 6° 0′, Ouest; et à présent elle pourroit bien être de 18 degrés Ouest ou d'avantage. D'où V.A. voit qu'au commencement du siecle passé elle a été environ 8° vers l'Est; que depuis elle a successivement diminué jusqu'à ce qu'elle est devenue insensible A. 1657 et qu'après ce tems elle est devenue occidentale ou vers l'Ouest, en augmentant jusqu'à présent.

A Paris elle a presque tenu le même ordre, mais elle fut nulle l'an 1666, ou 9 ans plus tard qu'à Londres; d'où V.A. apprendra la plus grande bizarerie dans la diversité des déclinaisons, tant par rapport aux divers lieux de la terre pour le même tems, que par rapport au même lieu pour des tems différens.

A présent non seulement par toute l'Europe, mais aussi par toute l'Afrique et dans la plus grande partie de l'Asie, la déclinaison est Occidentale, mais en quelques lieux plus grande en d'autres plus petite que chez nous. Il y a des contrées en Europe où elle est plus grande que chez nous, savoir en Ecosse et en Norvege, où la déclination sera bien au delà de 20°, en Espagne, en Italie et en Grece au contraire elle est plus petite et environ de 12°; sur les côtes occidentales de l'Afrique elle est environ 10°, et sur les orientales 12°. Mais avançant dans l'Asie vers l'Est, elle diminue successivement, et s'évanouit même au milieu de la Sibérie à Jeniseisk; elle disparoit encore à la Chine à Pékin, et aussi au Japon, mais au delà de ces endroits plus vers l'Est, la déclinaison devient Orientale; et va en augmentant en ce sens par la partie boréale de la mer Pacifique jusqu'aux côtes Occidentales de l'Amérique, d'où elle va de nouveau en diminuant, jusqu'à ce qu'elle s'évanouisse derechef en Canada, à la Floride, aux Iles Antilles et delà vers les côtes du Brésil. Au delà de ces contrées plus vers l'Orient, c'est-à-dire vers l'Europe et l'Afrique elle redevient Occidentale tout comme je l'ai déjà remarqué.

Or pour avoir une parfaite connoîssance de l'Etat présent de la déclinaison magnétique, il faudroit être en état de marquer pour tous les lieux tant sur terre que sur mer, de quelle grandeur est à présent la déclinaison magnétique, et si elle tend vers l'Occident ou vers l'Orient. Une telle connoîssance seroit sans doute très estimable, mais elle n'est point du tout à espérer; il faudroit qu'il y eut à présent par tout des hommes habiles, qui observant chacun dans son lieu, la déclinaison magnétique, nous communiquassent leurs observations avec exactitude: cependant nous devrions certainement attendre encore quelques années, jusqu'à ce que les plus éloignées nous soient parvenues; par conséquent nous n'arriverions à cette connoîssance qu'au bout de quelques années. Or quoique dans deux ou trois ans la déclinaison de l'aiguille aimantée ne change pas considérablement, ce changement, quelque petit qu'il soit, empêcheroit toutefois que la connoîssance de toutes ces observations faites dans les différentes contrées de la terre, nous éclaircissent parfaitement sur l'état présent des différentes déclinaisons de l'aiguille aimantée.

Il en est de même des tems passés et à chaque année répond un certain état de déclinaison magnétique qui lui est propre, et qui le distingue de tous les autres tems, tant passés que futurs. Cependant il seroit bien à souhaiter que nous eussions un tel état bien détaillé pour une seule année, et nous ne manquerions pas d'en tirer des éclaircissemens très importants.

Feu Mr. HALLEY[1]) très célebre Astronome d'Angleterre a tâché de nous

1) EDMOND HALLEY (1656–1742), Astronome. A.S.

donner un tel état de la déclinaison magnétique pour l'année 1700, fondé sur un grand nombre d'observations qui ont été faites en plusieurs lieux, tant sur terre que sur mer; mais outre que des contrées très considérables où de telles observations n'ont pas été faites, y ont été omises, la plupart de celles qu'il a employées, ont été faites plusieurs années avant cette époque de 1700; de sorte que jusques là la déclinaison a pu souffrir des changemens assez considérables. D'où il s'en suit que cet état qu'on trouve représenté sur une carte générale de la terre, ne sauroit être regardé que comme très défectueux; d'ailleurs à quoi nous serviroit-il à présent de savoir l'état de la déclinaison magnétique pour l'année 1700, qui depuis ce tems est très considérablement changé?

D'autres Géographes Anglois ont bien donné depuis une semblable Carte où toutes les déclinaisons devroient être représentées telles qu'elles ont été l'an 1744. Mais outre que cette Carte a les mêmes défauts que celle de HALLEY et que les observations leur manquoient encore pour plusieurs contrées, ils n'ont pas balancé à remplir ces espaces vuides, en consultant la Carte de HALLEY, qui n'avoit plus certainement lieu l'an 1744. D'où V.A. jugera, que notre connoîssance sur cet important article de la Physique, est encore extrêmement imparfaite.

le 13 Octobre 1761

LETTRE CLXXII

Il sera bon d'expliquer aussi de quelle maniere HALLEY s'y est pris pour représenter les déclinaisons magnétiques dans la carte qu'il a dressée pour l'année 1700, afin que si V.A. voit une telle carte, Elle en comprenne la construction.

D'abord il a marqué à chaque endroit la déclinaison de l'aiguille aimantée, telle qu'elle y a été observée: parmi tous ces lieux il a distingué ceux, où il n'y eut point du tout de déclinaison, et il a vu que tous ces lieux tombent dans une certaine ligne, qu'il nomme la ligne de nulle déclinaison, puisque partout sous cette ligne la déclinaison étoit alors nulle. Cette ligne n'étoit ni un méridien ni un parallele, mais elle traversoit par des tours très obliques l'Amérique septentrionale et en sortoit près les côtes de la Caroline; de là elle se courboit pour traverser la mer atlantique entre l'Afrique et l'Amérique. Outre cette ligne il en découvrit encore une autre, où la déclinaison s'évanouissoit pareillement; celle-ci descendoit par le milieu de la Chine, et passoit de là par les isles Philipines et la nouvelle Hollande. L'on peut bien juger par le trait de ces deux lignes qu'elles ont une communication près de l'un et l'autre pole de la terre.

Après avoir fixé ces deux lignes de nulle déclinaison Mr. HALLEY a remarqué que partout entre la premiere et la derniere, en passant de l'Occident vers l'Orient, c'est-à-dire vers toute l'Europe, l'Afrique et presque toute l'Asie, la déclinaison étoit Occidentale; or de l'autre côté au delà de ces deux lignes, c'est-à-dire dans toute l'Amérique méridionale et par toute la mer pacifique, la déclinaison étoit Orientale. Ensuite, ayant fixé ces deux lignes comme les principales, il alloit considérer tous les lieux, où la déclinaison étoit de 5 degrés Occidentale; d'où il voyoit que par tous ces lieux, il pouvoit encore commodément tirer une ligne, qu'il nomme la ligne de cinq degrés Occidentale: il trouvoit aussi deux lignes de cette nature, dont l'une accompagnoit, pour ainsi dire, la premiere sans déclinaison, et l'autre la derniere. Il en fit de même des lieux où la déclinaison étoit de 10° ensuite de 15°, de 20°, etc. et il vit que les lignes de ces grandes déclinaisons, étoient bornées vers les poles, pendant que celles des petites déclinaisons traversoient toute la terre et passoient par l'équateur.

En effet sous l'équateur la déclinaison ne sauroit à peine surpasser 15°, tant vers l'Ouest que vers l'Est; mais en approchant des poles, on peut arriver à des lieux, où la déclinaison surpasse 50° et 60°; il y en aura aussi sans doute, où elle est encore plus grande, surpassant même 90° et plus, où le bout boréal de l'aiguille se tournera par conséquent vers le sud.

Enfin après avoir aussi tiré de semblables lignes par les lieux, où la déclinaison étoit Orientale de 5°, 10°, 15°, et ainsi de suite, Mr. HALLEY a rempli de cette maniere toute la carte qui représente la surface entiere de la terre de telles lignes, sous chacune desquelles la déclinaison est partout la même, pourvu que les observations ne manquent pas. Aussi Mr. HALLEY a-t-il été assez scrupuleux pour ne pas continuer ces lignes au delà des lieux dont il avoit des observations: ce qui est la raison, que la plus grande partie de sa Carte est vuide de ces lignes.

Mais en cas qu'on eut une telle carte juste et complette, on y verroit d'un coup d'œil, quelle déclinaison auroit regné à chaque endroit dans le tems pour lequel la Carte auroit été dressée; car quand même le lieu proposé ne se trouveroit pas précisément sous une des lignes marquées, en le comparant avec les deux lignes entre lesquelles il seroit situé, on estimeroit aisément la déclinaison moyenne qui lui conviendroit. Ainsi si je me trouvois entre les lignes de 10°, et de 15° de déclinaison Occidentale, je serois certain, que la déclinaison y seroit plus grande que 10°, et moindre que 15°, et selon que je serois plus proche de l'un ou de l'autre, je trouverois aisément le juste milieu, qui m'indiqueroit la véritable déclinaison.

V.A. reconnoîtra sans difficulté par là que si l'on avoit une telle carte exacte, elle nous serviroit à découvrir les longitudes, au moins pour le tems, auquel elle conviendroit. Supposons, pour expliquer cette méthode, que nous ayons une telle carte dressée pour cette année, où nous verrions d'abord les deux lignes tracées par les endroits, où la déclinaison est nulle, ensuite aussi deux lignes, où la déclinaison seroit de cinq degrés, de 10°, de 15°, de 20°, tant Occidentale qu'Orientale: supposons même que pour une plus grande exactitude, ces lignes soient tirées de degré en degré, et que je me trouve quelque part, en mer ou dans un pays inconnu, je tirerois donc d'abord une ligne méridienne, pour voir combien ma boussole s'en écarte et je trouverois par exemple que la déclinaison est précisément de 10° vers l'Est; alors je prendrois ma Carte, j'y chercherois les deux lignes sous lesquelles la déclinaison est de 10°, vers l'Est, et je serois sûr, que je me trouve sous l'une ou l'autre de ces deux lignes, ce qui m'éclairciroit déjà beaucoup dans mon incertitude. Enfin j'observerois la hauteur du pole, qui étant égale à la latitude du lieu où je me trouverois, il ne me resteroit plus qu'à marquer sur les deux lignes mentionnées les points dont la latitude seroit la même que celle que je viens d'observer; et alors toute mon incertitude seroit réduite à deux points très éloignés l'un de l'autre; or les circonstances de mon voyage décideront aisément lequel de ces deux lieux est celui où je me trouve actuellement.

V.A. conviendra, que cette méthode seroit presque la plus commode de toutes celles que j'ai eu l'honneur d'expliquer; pourvu que nous eussions de telles cartes, comme je viens de supposer. Mais c'est précisément ce qui nous manque; et comme nous sommes encore fort éloignés de pouvoir dresser pour un tems passé une telle carte qui ne nous serviroit à rien pour le tems présent, faute d'une suffisante quantité d'observations, nous sommes encore moins instruits de tous les changements de la déclinaison que chaque endroit éprouve par la suite du tems. Les observations faites jusqu'ici nous font voir, que quelques endroits sont assujettis à des changemens très considérables, pendant que d'autres n'en souffrent presque point dans le même intervalle de tems, ce qui nous ôte toute espérance de pouvoir jamais profiter de cette méthode, quelque excellente qu'elle soit en elle même.

le 17 Octobre 1761

LETTRE CLXXIII

V.A. sera sans doute curieuse d'apprendre la raison, pourquoi les aiguilles aimantées affectent en chaque lieu de la terre une certaine direction? pourquoi cette direction est différente en différens lieux? et pourquoi au même lieu elle change avec le tems? sur ces questions importantes, j'aurai l'honneur de dire tout ce que j'en sais, quoiqu'il s'en faille peut être beaucoup, que cela satisfasse la curiosité de V.A.

D'abord je remarque que les aiguilles aimantées ont cette propriété commune avec tous les aimans et que ce n'est que leur figure propre à balancer sur un pivot et y tourner librement qui rend cette propriété plus marquée. Tout aimant étant suspendu par un fil, se tourne toujours vers un certain côté, ou lorsqu'on le met dans un petit vaisseau, pour le faire nager sur l'eau, le vaisseau avec l'aimant affectera toujours une certaine direction. De même que dans les aiguilles qui ont deux bouts dont l'un se dirige à peu près vers le Nord et l'autre vers le Sud, on remarque la même chose dans chaque aimant, qui pareillement est pourvu de deux pareils points semblables; dont l'un affecte le Nord et l'autre le Sud à peu près avec les mêmes variations que dans les aiguilles.

Ces points sont aussi très sensibles dans chaque aimant, puisque c'est là où il attire le fer avec la plus grande force. On les nomme les *Poles* d'un aimant, en empruntant cette dénomination de celle des poles de la terre ou du ciel, parceque l'un tâche de se diriger vers le pole boréal, et l'autre vers le pole austral ou méridional de la terre; ce qui ne doit s'entendre qu'à peu près; car lorsqu'on introduisit ces noms, la déclinaison n'étoit pas encore connue. L'un des deux poles de l'aimant qui se dirige vers le Nord, est nommé le pole boréal, et l'autre qui se dirige vers le Sud le pole méridional ou austral de l'aimant.

J'ai déjà remarqué, qu'une aiguille aimantée, aussi bien que l'aimant même, ne prend cette situation qui lui paroît naturelle, que lorsqu'elle se trouve hors du voisinage de quelque autre aimant ou du fer. Si une aiguille aimantée se trouve proche d'un aimant, elle se regle dans sa situation sur les poles de cet aimant; en sorte que le pole boréal de l'aimant attire le bout méridional de l'aiguille, et réciproquement le méridional de l'aimant le bout boréal de l'aiguille; c'est pourquoi en rapportant deux aimans ensemble, on nomme poles amis ceux qui portent différens noms, et poles ennemis ceux du même nom; cette propriété est très remarquable lorsqu'on approche deux aimants l'un de l'autre: car alors on verra non seulement que les poles de différens noms, s'attirent mutuellement, c'est-à-dire le boréal de l'un et le méridional de l'autre: mais aussi que les poles du même nom se fuyent et se repoussent l'un l'autre. On le voit encore plus distinctement, lorsqu'on approche deux aiguilles aimantées l'une de l'autre.

Pour notre dessein il sera fort important de bien considérer la situation qu'une aiguille aimantée prend dans le voisinage d'un aimant.

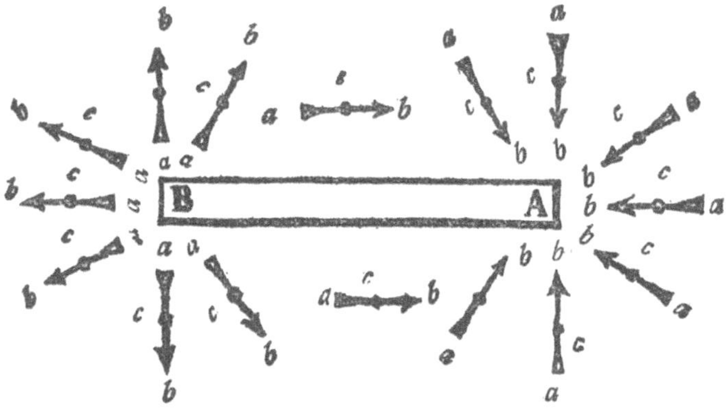

Dans la figure ci-jointe la barre AB représente un aimant, dont le pole boréal est en B et le pole méridional en A; V.A. voit plusieurs positions de l'aiguille aimantée, que je représente par la figure d'une fleche, dont le bout marqué b, est le pole boréal, et a, le pole méridional. Dans toutes ces positions le bout b de l'aiguille s'approche du pole A de l'aimant, et le bout a du pole B. Le point c marque le pivot, sur lequel l'aiguille tourne, et V.A. n'a qu'à bien considérer la figure pour juger quelle situation prendra l'aiguille en quelque lieu autour de l'aimant, qu'on fixe le pivot c.

Donc s'il y avoit quelque part un très grand aimant AB, les aiguilles aimantées posées autour de lui, prendroient en chaque endroit une certaine situation, comme nous voyons, que cela arrive actuellement autour de la terre: ou bien si la terre elle même étoit cet aimant, on comprendroit pourquoi les aiguilles aimantées se disposent partout selon une certaine direction. Aussi les Physiciens, pour expliquer ce phénomene, soutiennent que toute la terre a la propriété d'un aimant, ou que nous la devons regarder comme un très grand aimant. Quelques uns d'entr'eux prétendent qu'ils se trouve vers le centre de la terre un très grand aimant qui exerce sa force sur toutes les aiguilles aimantées, et même sur tous les aimants qui se trouvent sur la surface de la terre et que c'est cette force qui les dirige en chaque lieu selon les mêmes directions, que nous y observons.

Mais nous n'avons pas besoin de recourir à un tel aimant caché dans les entrailles de la terre: sa surface même est tellement remplie par tout de mines de fer et d'aimants, que leur force réunie peut bien suppléer au défaut de ce prétendu grand aimant. En effet on tire tous les aimans des mines, ce qui est une marque bien certaine que ces minéraux se trouvent très abondamment dans les entrailles de la terre et que toutes leurs forces réunies fournissent la force générale, qui produit tous les phénomenes magnétiques. Par là nous sommes aussi en état d'expliquer, pourquoi au même lieu la déclinaison magnétique change avec le tems. Car on sait que les mines de tous les métaux sont assujetties à des changemens continuels et en particulier celles de fer, où il faut aussi rapporter les aimans: Tantôt dans un endroit il s'engendre du fer, tantôt il s'y détruit; de sorte qu'il y a aujourd'huy des mines de fer, où il n'y en eut point autre fois; et là où l'on a trouvé autre fois de telles mines en abondance, on n'y trouve presque plus rien aujourd'huy. Cela prouve suffisamment que la masse totale de tous les aimans renfermés dans la terre, souffre des changemens très considérables, d'où sans doute les poles, sur lesquels se regle la déclinaison magnétique, changeront aussi avec le tems.

C'est ici donc qu'il faut chercher la cause pourquoi les déclinaisons magnétiques sont sujettes à des changemens si considérables aux mêmes lieux de la terre. Mais cette même raison fondée sur l'inconstance de ce qui se passe dans les entrailles de la terre, ne nous laisse aucune espérance de parvenir jamais à prédire d'avance la déclinaison magnétique: à moins qu'on ne trouve moyen de ramener les changemens de la terre à quelque loi fixe. Une longue suite d'observations continuée pendant plusieurs siecles pourroit peut être nous fournir des éclaircissemens là dessus.

le 20 d'Octobre 1761

LETTRE CLXXIV

Ceux qui prétendent que la terre renferme dans son sein un grand aimant, comme un noyau, sont obligés de dire, pour expliquer la déclinaison magnétique, que ce noyau change de situation successivement. Il faudroit alors que ce noyau fut détaché de la terre dans toutes ses parties et comme, sans doute, son mouvement suivroit une certaine loi, nous pourrions espérer de découvrir un jour cette loi, suivant laquelle la déclinaison change avec le tems. Mais soit qu'il y ait un tel noyau magnétique dans la terre, soit que les aimans dispersés dans son sein réunissent leurs forces, pour produire les phénomenes magnétiques, on peut toujours regarder la terre même comme un aimant, selon lequel se dirigent tous les aimans particuliers et toutes les aiguilles aimantées.

Quelques Physiciens ont renfermé dans un globe, un aimant d'une très grande force, et ayant placé sur la surface du dit globe une aiguille aimantée, ils y ont observé des phénomenes semblables à ceux qui ont lieu sur la terre après avoir placé l'aimant dans le globe de plusieurs façons différentes. Or en considérant la terre comme un aimant, elle aura ses poles magnétiques, qu'il faut bien distinguer de ses poles naturels, autour desquels elle tourne: ces différens poles n'ont rien de commun entr'eux, que le seul nom, mais c'est de la position des poles magnétiques à l'égard des naturels, que proviennent les irrégularités apparentes dans la déclinaison magnétique et en particulier des lignes tracées sur la terre, dont j'ai eu l'honneur de rendre compte à V.A.

Pour mieux éclaircir cette matiere, je remarque que si les poles magnétiques tomboient précisément dans les poles naturels, il n'y auroit point de déclinaison sur la terre; partout les aiguilles aimantées seroient précisément dirigées du nord vers le sud et leur position seroit précisément la même que celle de la ligne méridienne. Ce seroit sans doute un très grand avantage pour la navigation, puisqu'on connoitroit alors exactement la route du vaisseau et la direction du vent: au lieu qu'à présent on doit toujours chercher la déclinaison de la boussole, avant que de pouvoir déterminer les vrais côtés du monde. Mais alors la boussole n'apporteroit aussi aucun secours pour la détermination des longitudes, but auquel la déclinaison pourroit bien conduire un jour.

Delà on peut conclure que si les poles magnétiques de la terre différoient de beaucoup des poles naturels, et qu'ils fussent directement opposés l'un à l'autre, ce qui arriveroit si l'axe magnétique de la terre (c'est la ligne droite tirée par les deux poles magnétiques) passoit par le centre de la terre, alors les aiguilles aimantées se dirigeroient partout vers ces poles magnétiques, et il seroit bien aisé d'assigner pour tous les lieux la direction magnétique. On n'auroit qu'à tirer par chaque lieu un cercle, qui passât en même tems par les deux poles magnétiques, et l'angle que feroit ce cercle avec le méridien du même lieu, donneroit la déclinaison magnétique.

Dans ce cas les deux lignes sous lesquelles la déclinaison est nulle, seroient des méridiens tirés par les poles magnétiques. Donc, puisque nous avons vu qu'actuellement ces deux lignes où il n'y a point de déclinaison, ne sont point des méridiens, mais qu'elles ont un tour bien bizarre, on voit bien que ce cas n'a point lieu sur la terre. HALLEY a bien reconnu cette conséquence, et s'est cru obligé par là de supposer un double aimant dans les entrailles de la terre, dont l'un seroit fixe et l'autre mobile; en conséquence il a établi quatre poles sur la terre, dont deux se trouvent près du pole boréal et les deux autres près du pole méridional, à inégales distances. Mais cette conclusion me paroit un peu hazardée: de ce que les lignes sans déclinaison ne sont point des méridiens, il ne s'en suit pas qu'il y ait quatre poles magnétiques sur la terre: mais plutôt qu'il n'y en ait que deux et que ces deux poles ne soient pas directement opposés l'un à l'autre, ou ce qui revient au même, que l'axe magnétique ne passe point par le centre de la terre.

Il reste donc encore à considérer les cas où ces deux poles magnétiques ne sont pas directement opposés, et où l'axe magnétique ne traverse pas la terre par son centre; car en effet en embrassant l'hypothese du noyau magnétique dans la terre, quelle nécessité y a-t-il, que l'un des poles magnétiques soit précisément à l'opposite de l'autre? il se pourroit bien que ce noyau ne se trouvât point au milieu de la terre, mais qu'il fut à quelque distance du centre. Or dès que les poles magnétiques ne sont plus opposés diametralement l'un à l'autre, les lignes, sous lesquelles la déclinaison est nulle, prennent effectivement un tour semblable à celui qu'on a conclu par les observations; il est même possible d'assigner aux deux poles magnétiques de telles places sur la terre, que non seulement ces lignes seroient d'accord avec les observations, mais aussi pour tous les degrés de déclinaison, tant occidentale, qu'orientale, on trouve précisément des lignes semblables à celles qui nous ont d'abord paru si bizarres.

Donc, pour connoitre l'état de la déclinaison magnétique, il ne s'agit que de fixer les deux poles magnétiques et alors c'est un probleme de Géometrie de déterminer la route de toutes ces lignes dont j'ai parlé dans ma lettre précédente, qui sont tirées par tous les lieux où la déclinaison est la même. C'est par ce moyen encore qu'on seroit en état de rectifier ces lignes et de remplir des contrées, où les observations nous manquent; et si l'on pouvoit pour tous les tems à venir, assigner les lieux des deux poles magnétiques sur la terre, ce seroit sans doute la plus belle solution du probleme des longitudes.

On n'a donc point besoin d'un double aimant dans la terre ou bien des quatre poles magnétiques pour expliquer les phénomenes de la déclinaison magnétique, comme le grand HALLEY l'a cru, mais un simple aimant ou deux poles magnétiques sont parfaitement suffisants, pourvu qu'on assigne à chacun sa juste place. Il me semble que par cette réflexion nous sommes beaucoup plus avancés dans notre connoissance sur le magnétisme.

le 24 Octobre 1761

LETTRE CLXXV

Qu'il plaise à V. A. de se souvenir que lorsque nous frottâmes ou touchâmes une aiguille sur un aimant, elle en acquit non seulement la propriété de se diriger vers un certain point de l'horizon, mais que son bout boréal descendit aussi comme s'il fut devenu plus pesant, ce qui nous obligea d'en ôter quelque chose ou d'ajouter au bout opposé, pour remettre l'aiguille en équilibre. Or ne faisant pas usage de ce moyen, j'ai fait plusieurs expériences pour m'assurer, jusqu'où la force magnétique fait descendre le bout boréal de l'aiguille aimantée, et j'ai trouvé qu'il baissoit jusqu'à faire un angle de 72 degrés avec l'horizon, et que dans cette situation, l'aiguille restoit en repos; il est bon de remarquer que j'ai fait ces expériences ici à Berlin, il y a environ six ans; car je ferai voir dans la suite que cette situation sous l'horizon est aussi variable que la déclinaison magnétique.

Nous voyons par là que la force magnétique, exerce un double effet sur les aiguilles; l'un est celui dont j'ai déjà fort amplement parlé, par lequel elle dirige l'aiguille vers un certain côté de l'horizon dont l'éloignement de la ligne méridienne est ce qu'on nomme la déclinaison magnétique. Mais l'autre effet imprime à l'aiguille une inclinaison vers l'horizon, en faisant baisser l'un ou l'autre bout au dessous de l'horizon, jusqu'à un certain angle.

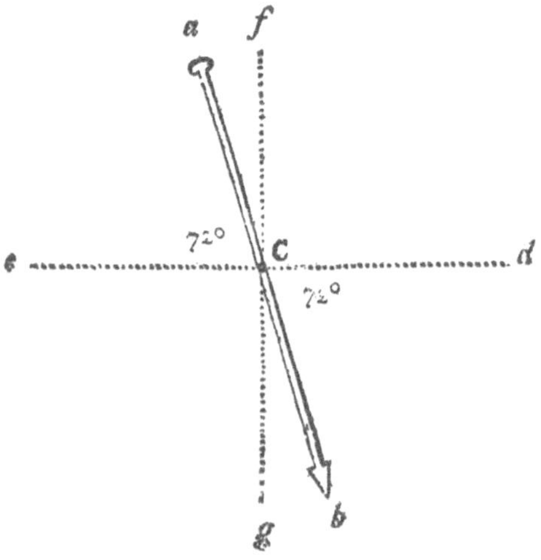

Soit *de* la ligne horizontale tirée selon la déclinaison magnétique et l'aiguille prendra ici à Berlin la situation *ba* qui fait avec l'horizon *de* l'angle *dcb* ou *eca*, qui est 72°, et par conséquent avec la verticale *fg*, un angle *bcg*, ou *acf* de 18 degrés. Ce second effet de la force magnétique, par lequel les aiguilles aimantées affectent une certaine inclination avec l'horizon, est aussi remarquable que le premier; et comme le premier est nommé la déclinaison magnétique, le second est connu sous le nom de l'inclinaison magnétique, qui mériteroit aussi bien que la déclinaison d'être observée partout avec tous les soins possibles, puisqu'on y trouve une aussi grande variété.

Comme l'inclination a été trouvée à Berlin de 72°, à Bâle on ne l'a observée que de 70°, le bout boréal de l'aiguille étant baissé et l'autre par conséquent élevé de cet angle. Cela arrive dans nos contrées qui sont plus proches du pole magnétique boréal de la terre; et plus nous approchons de ce pole, plus l'inclination de l'aiguille devient grande, ou s'approche d'avantage de la ligne verticale; de sorte que si nous pouvions arriver à ce pole même, l'aiguille y prendroit effectivement la situation verticale, son bout boréal étant tourné en bas et le méridional en haut. Au contraire plus on s'éloigne du pole boréal magnétique de la terre, et qu'on s'approche du méridional, plus l'inclinaison devient petite, elle disparoitra enfin et l'aiguille prendra une situation horizontale, quand on se trouvera à des distances égales des deux poles. Or ensuite, s'approchant d'avantage du pole méridional de la terre, ce sera alors le bout méridional de l'aiguille qui s'enfoncera de plus en plus sous l'horizon, le bout boréal s'élevant au dessus, jusqu'à ce que dans ce pole même, l'aiguille deviendra derechef verticale, tournant son bout méridional en bas et le boréal en haut.

Il seroit bien à souhaiter, qu'on fit partout des expériences aussi soigneuses pour déterminer l'inclinaison magnétique, que celles qu'on fait pour la déclinaison; mais jusqu'ici on a trop négligé cet important article de la Physique expérimentale qui n'est pas certainement moins curieux, ni moins intéressant, que celui de la déclinaison. Mais il n'en faut pas être surpris, cette espece d'expérience est sujette à trop de difficultés, et presque toutes les manieres qu'on a imaginées jusqu'ici pour observer l'inclinaison magnétique ont manqué des succés: Il n'y eut qu'un Artiste de Bâle nommé DITERICH[1]), qui y a réussi, ayant construit une machine propre à ce dessein suivant les vues du célebre Mr. DANIEL BERNOULLI. Il m'avoit envoyé deux de ces machines par le moyen desquelles j'ai observé ici cette inclination de 72 degrés, et quelque curieux que soient d'ailleurs les Anglois et les François sur ces sortes de découvertes, ils ne firent pas grand cas de la machine de Mr. DITERICH, quoiqu'elle soit la seule propre à ce dessein. C'est un grand exemple qui nous fait voir, combien les préjugés sont capables d'arreter les progrès des sciences. Par cette raison on peut soutenir, que Bâle et Berlin sont encore les seuls endroits sur la terre, où l'on connoit l'inclinaison magnétique.

Les aiguilles faites pour les boussoles ne sont pas absolument propres à nous montrer la quantité de l'inclination magnétique, quoiqu'elles en indiquent grossierement l'effet, parceque le bout boréal devient dans nos contrées plus pesant; pour faire usage de ces aiguilles destinées à nous découvrir la déclinaison, nous sommes plutôt obligés de détruire l'effet de l'inclinaison, en rendant ou plus léger le bout boréal ou plus pesant le bout méridional. Pour ramener l'aiguille dans la situation horizontale, on se sert ordinairement du dernier remede, et on attache un peu de cire au bout méridional de l'aiguille. Mais V.A. comprend aisément que ce remede n'a lieu qu'ici, où la force inclinatoire est d'une certaine grandeur et que si nous voyageons avec une telle aiguille

1) JOHANNES DIETERICH, mort 1758, célèbre mécanicien et orfèvre. Voir R. WOLF, Biographien etc. Tome 3, p. 189. A.S.

vers le pole boréal magnétique de la terre, la force inclinatoire deviendra aussi plus grande, de sorte que pour en empêcher l'effet il faudra ajouter encore de la cire sur le bout méridional. Mais si nous voyageons vers le midi et que nous approchions de l'autre pole de la terre, où la force inclinatoire sur le bout boréal de l'aiguille devient plus petite, il faut alors diminuer la cire attachée à l'autre bout ensuite l'ôter tout-à-fait, parceque elle est inutile, si l'on parvient à des endroits où l'inclinaison magnétique s'évanouit. Or passant ce terme et approchant d'avantage du pole méridional, le bout méridional de l'aiguille est poussé en bas, de maniere que pour prévenir cet effet, il faut attacher de la cire au bout boréal de l'aiguille. C'est aussi effectivement de ce moyen qu'on se sert dans les grands voyages pour maintenir la boussole dans une situation horizontale.

Or pour observer l'inclinaison magnétique, il faudroit avoir des instrumens faits exprès, et même semblables à celui que l'Artiste de Bâle a inventé; on nomme un tel instrument un Inclinatoire, mais il n'y a pas apparence, qu'on en fasse si tôt usage*). Encore moins pouvons-nous espérer, qu'on fasse bientôt des cartes sur l'inclinaison magnétique semblables à celles où l'on nous à représenté la déclinaison: on y pourroit bien suivre la même méthode, et tirer des lignes par tous les lieux où l'inclinaison magnétique sera la même, de sorte qu'on y auroit des lignes sans inclinaison, ensuite d'autres lignes où l'inclinaison est de 5°, 10°, 15°, 20°, etc. tant vers le nord que vers le sud.

le 27 d'Octobre 1761

LETTRE CLXXVI

Pour se former une juste idée de l'effet de la force magnétique de la terre, il faut avoir égard tant à la déclinaison qu'à l'inclinaison des aiguilles aimantées dans chaque lieu de la terre; nous savons qu'à Berlin la déclinaison est de 15°, vers l'Occident; et que l'inclinaison au bout boréal est de 72°. En considérant ce double effet, la déclinaison et l'inclinaison, on aura la véritable direction magnétique; ainsi pour savoir la véritable direction magnétique pour Berlin, on tirera d'abord sur un plan horizontal une ligne qui fasse avec la méridienne

---

*) Depuis, à l'occasion du dernier passage de Venus au devant du disque du Soleil, Mrs. MALLET et PICTET[1]) de Genève, appellés à observer ce passage en Laponie, ont fait usage d'un tel Inclinatoire, et ont trouvé au mois de May de l'année 1769, l'inclinaison magnétique d'abord à St. Petersbourg de 73° 40'; et ensuite en Laponie à Kola de 77° 45', à Oumba de 75° 10' et à Ponoi de 76° 30'.

1) JACQUES ANDRÉ MALLET (1740–1790) et JEAN LOUIS PICTET (1739–1781) étaient à St. Pétersbourg entre Mai 1768 et Février 1770. Le passage de Vénus eut lieu le 3/4 Juin 1770. Voir l'ouvrage cité de WOLF, Tome II, p. 249ss. A.S.

un angle de 15°, vers l'Occident, et de là en descendant vers la ligne verticale on tracera une nouvelle ligne qui fasse un angle de 72° avec celle-là; et celle-cy nous montrera la direction magnétique pour Berlin, d'où V.A. comprend, comment on devroit assigner pour tout autre endroit la direction magnétique, pourvu qu'on y connut tant l'inclinaison que la déclinaison.

Or chaque aimant nous découvre des phénomenes tout-à-fait semblables; on n'a qu'à le mettre sur une table couverte de limaille de fer, et l'on verra que la limaille se disposera autour de l'aimant *BA*, à peu près comme la figure cy-après le représente, où chaque parcelle de limaille peut être regardée comme une petite aiguille aimantée qui nous fait voir en chaque point autour de l'aimant, la direction magnétique. Cette expérience nous conduit à chercher la cause de tous ces phénomenes magnétiques.

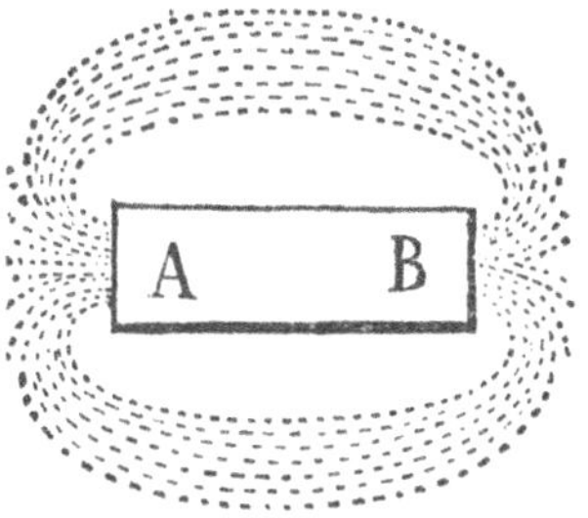

L'arrangement que nous observons dans la limaille de fer ne nous laisse pas douter que ce ne soit une matiere subtile et invisible qui enfile les parcelles de la limaille, et les dispose dans la direction que nous voyons. Outre cela il est également clair que cette matiere subtile traverse l'aimant même, en y entrant par l'un de ses poles, et sortant par l'autre: de sorte qu'elle forme par son mouvement continuel autour de l'aimant, un tourbillon qui reconduit la matiere subtile d'un pole à l'autre et il n'y a aucun doute que ce mouvement ne soit extrêmement rapide.

C'est donc dans un tourbillon continuel, que consiste la nature des aimans, ce qui les distingue de tous les autres corps; et la terre elle même, en qualité d'aimant, sera entourée d'un tel tourbillon, qui agit partout sur les aiguilles aimantées, et fait des efforts pour les disposer suivant sa propre direction qui est la même que j'ai nommée auparavant la direction magnétique; cette matiere subtile sort donc continuellement par l'un des poles magnétiques de la terre, et après en avoir fait le tour jusqu'à l'autre pole, elle y rentre et la traverse dans toute son épaisseur, jusqu'à ce qu'elle s'échappe de nouveau par le premier pole.

Or on ne sauroit encore décider par lequel des deux poles magnétiques de la terre, elle entre ou sort, les phénomenes qui en dépendent, se ressemblent si parfaitement, qu'on ne les sauroit distinguer. C'est aussi sans doute ce tourbillon général de la terre qui fournit la matiere subtile à tous les aimans partiaux et au fer ou acier aimanté et qui entretient les tourbillons particuliers qui les environnent.

Pour approfondir la nature de cette matiere subtile et son mouvement, il faut d'abord remarquer qu'elle n'agit que sur les aimans, le fer et l'acier; tous les autres corps lui sont absolument indifférens; il faut donc qu'elle se trouve dans une toute autre relation à l'égard des aimans et du fer que de tous les autres corps. Plusieurs expériences nous obligent de soutenir, que cette matiere subtile traverse librement tous les autres corps et même en tout sens: car, quand un aimant agit sur une aiguille, l'action est parfaitement la même, soit qu'on mette quelques corps entr'eux, ou qu'on n'y en mette pas, pourvu que ce ne soit point du fer, et c'est aussi de la même maniere qu'un aimant exerce son action sur la limaille de fer. Il faut donc bien que cette matiere subtile traverse tous les corps, hormis le fer, aussi librement que l'air, et même le pur éther, puisque ces expériences réussissent également dans un espace vuidé d'air par la machine pneumatique. Cette matiere subtile est par conséquent aussi différente de l'éther, et même beaucoup plus subtile. Ensuite à cause du tourbillon général de la terre, on peut dire qu'elle environne toute la terre et qu'elle en traverse librement toute la masse, tout comme les autres corps à l'exception du fer et des aimans: et c'est pour cette raison qu'on pourroit nommer le fer et l'acier des corps magnétiques, pour les distinguer de tous les autres corps.

Mais si la matiere magnétique passe librement à travers de tout corps non magnétique, quel rapport aura-t-elle avec les corps magnétiques? Nous venons de voir que le tourbillon magnétique entre par l'un des poles de chaque aimant, et sort par l'autre, d'où l'on pourroit conclure qu'il traverse aussi librement les aimans; ce qui ne le distingueroit pas des autres. Mais quand la matiere magnétique ne traverse les aimans que d'un pole à l'autre, c'est une circonstance bien différente de celle qui a lieu dans les autres. Voilà donc le caractere distinctif. Pour les corps non magnétiques, ils sont traversés librement par la matiere magnétique et en tout sens: Pour les aimans, ils n'en sont traversés que dans un seul sens, l'un des poles étant destiné à l'entrée et l'autre à la sortie. Pour le fer et l'acier, quand ces corps sont aimantés, il sont aussi traversés par la matiere magnétique, seulement dans un seul sens, selon la nature des poles magnétiques, mais quand ces corps ne sont pas encore aimantés, on peut dire, qu'ils n'accordent point un passage libre à la matiere magnétique dans aucun sens.

Cela paroitra étrange, puisque le fer a des pores ouverts, qui transmettent l'éther même qui n'est pas pourtant si subtil que la matiere magnétique. Mais il faut bien distinguer un simple passage, d'un autre où la matiere magnétique puisse traverser le corps avec toute sa rapidité sans rencontrer aucun obstacle.

le 31 d'Octobre 1761

LETTRE CLXXVII

Il s'en faut beaucoup, que je prétende parfaitement expliquer les phénomenes du magnétisme; j'y trouve des difficultés que je n'ai pas rencontrées dans les phénomenes de l'électricité. La cause en est sans doute, que l'électricité consiste dans un trop grand ou trop petit degré de compression d'un fluide subtil qui occupe les pores des corps sans que ce fluide subtil qui est l'éther, se trouve dans un mouvement actuel, mais le magnétisme ne sauroit être expliqué, à moins qu'on ne suppose un tourbillon rapidement agité, qui pénetre les corps magnétiques.

La matiere qui constitue ces tourbillons est aussi beaucoup plus subtile que l'éther, et traverse librement les pores des aimans qui sont impénétrables à l'éther même. Or cette matiere magnétique est répandue et mêlée dans l'éther tout de même que l'éther est mêlé avec l'air grossier, ou comme l'éther occupe et remplit les pores de l'air, on peut dire, que la matiere magnétique est renfermée dans les pores mêmes de l'éther.

Maintenant, je conçois que l'aimant et le fer ont des pores si petits, que l'éther tout entier ne sauroit entrer, et qu'il n'y a que la matiere magnétique qui les puisse pénétrer; et qui en y entrant, se sépare de l'éther, de sorte qu'il s'y fait pour ainsi dire, une filtration. Ce n'est donc que dans les pores de l'aimant, que la matiere magnétique se trouve toute pure; partout ailleurs elle est mêlée, et dispersée par l'éther, tout comme l'éther lui même est dispersé par la masse de l'air.

V.A. imaginera aisément plusieurs semblables fluides, dont l'un est toujours plus subtil que l'autre, et qui sont parfaitement mêlés ensemble. La nature nous en offre des exemples nullement équivoques. Nous savons que l'eau renferme dans ses pores, des particules d'air que nous y voyons souvent monter en formes de petites bulles, ensuite il n'y a plus de doute que l'air ne renferme dans ses pores un fluide incomparablement plus subtil, qui est l'éther, et qui s'en sépare même en plusieurs occasions comme nous avons vu dans l'électricité. A présent nous voyons que cette progression va plus loin, et que l'éther contient encore une matiere beaucoup plus subtile, qui est la matiere magnétique; peut être celle-ci en referme-t-elle encore d'autres plus subtiles, du moins cela ne seroit pas impossible.

Après avoir établi cette matiere magnétique, voyons de quelle maniere elle produit les phénomenes magnétiques. Pour cet effet je considere d'abord un aimant, et je dis premierement, qu'outre une très grande quantité de pores remplis d'éther, comme tous les autres corps, l'aimant contient encore des pores beaucoup plus étroits, où la seule matiere magnétique peut entrer. En second lieu, que ces pores sont disposés de maniere à avoir une communication entr'eux, et constituent des tuyaux ou canaux par lesquels la matiere magnétique passe d'un bout à l'autre. En troisieme lieu, que la matiere magnétique ne sauroit passer par ces tuyaux que dans un sens, sans pouvoir retourner dans le sens contraire: cette circonstance qui est très essentielle, demande un plus grand éclaircissement.

Je remarque donc d'abord, que les veines et les vaisseaux lymphatiques dans les corps des animaux sont des tuyaux d'une construction semblable. Il y a dans les veines de certaines soupapes, représentées dans la figure cy-jointe par les traits mn, dont la fonction est, que tant que le sang coule de A vers B ces soupapes se levent et lui accordent un libre passage, mais elles empêchent en même tems le sang de refluer de B vers A.

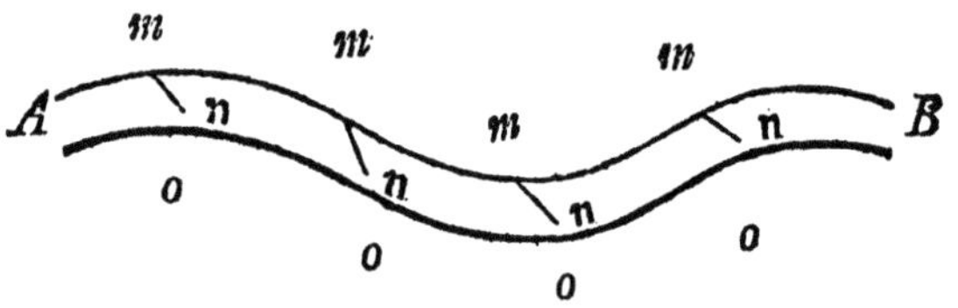

Car si le sang vouloit couler de B vers A, il pousseroit le bout libre de la soupape n vers le côté o de la veine et la soupape fermeroit le passage entierement. On se sert de semblables soupapes dans les conduits d'eau, pour empêcher que l'eau ne puisse retourner. Par cette raison je crois ne supposer rien qui soit contraire à la nature, quand je dis que les canaux, dans les aimans qui n'admettent que la matiere magnétique, sont d'une semblable construction.

La figure cy-jointe représente un tel canal magnétique, comme je me l'imagine. Je le conçois velû en dedans, de sorte que les poils sont dirigés de A vers B, et qu'ils n'opposent aucun obstacle à la matiere magnétique, quand elle passe de A vers B, puisqu'alors ces poils s'ouvrent d'eux-mêmes en n pour laisser passer la matiere en o; mais ces mêmes poils ferment d'abord le passage, si la matiere magnétique vouloit rétrograder de B vers A. Voilà donc en quoi consiste la nature des canaux magnétiques: c'est qu'ils ne permettent l'entrée à la matiere magnétique qu'au bout A, pour y couler vers B, sans aucun empêchement; mais il seroit impossible, qu'elle les traversât en sens contraire de B vers A.

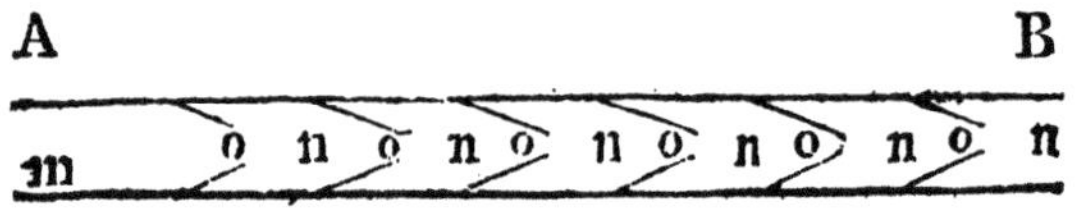

Cette construction nous met en état d'expliquer, comment la matiere magnétique entre dans ces tuyaux, et comment elle les traverse avec la plus grande rapidité, lors même que l'éther tout entier est dans un repos parfait, ce qui est d'autant plus surprenant. Car par où un tel mouvement si rapide peut-il être produit? La chose deviendra très claire, si V. A. veut bien se souvenir, que l'éther est une matiere extrêmement élastique; donc la matiere magnétique qui est dispersée, en sera de toutes parts pressée. Cela posé, soit le canal magnétique AB encore tout-à-fait vuide et qu'à l'entrée A il se trouve une molécule de la matiere magnétique m laquelle étant pressée de toute part, excepté là où elle touche le canal (puisque l'éther ne sauroit entrer dans le canal), elle sera poussée avec la plus grande force vers le canal; et ainsi elle y entrera actuellement avec la plus grande rapidité; bientôt une autre molécule de la matiere magnétique, dont l'éther est copieusement chargé, se présentera à l'entrée du canal et y sera poussée avec la même force; et ainsi des molécules suivantes, de sorte qu'il en résultera un flux continuel de matiere magnétique par un tel canal; et puisque ce flux ne rencontre aucun obstacle dans le tuyau, la matiere magnétique sortira en B avec la même rapidité, dont elle est entrée en A.

Je conçois donc que tout aimant contient une grande multitude de tels canaux que je nomme magnétiques, et de là il s'ensuit très naturellement, que la matiere magnétique dispersée par l'éther, y doit entrer par un bout et sortir par l'autre, avec une grande impétuosité; ou bien nous aurons un courant perpétuel de matiere magnétique, par les canaux de l'aimant: par là j'espere avoir surmonté les plus grands obstacles, qu'on rencontre dans la Théorie du magnétisme.

le 3 Novembre 1761

LETTRE CLXXVIII

V. A. vient de voir, en quoi consiste le caractere distinctif des aimans, savoir, qu'un aimant est pourvu de plusieurs canaux, tels que je viens d'en donner la description.

La figure cy-jointe représente un aimant AB avec trois canaux magnétiques ab, par lesquels la matiere magnétique coulera avec la plus grande rapidité, en y entrant par les bouts a, et sortant par les bouts b: elle en sortira bien avec la même rapidité, mais rencontrant d'abord de l'éther mêlé dans l'air grossier, elle y trouvera de très grands obstacles qui s'opposent à la continuation de son mouvement selon sa direction et en conséquence son mouvement sera non seulement rallenti, mais sa direction sera aussi détournée vers les côtés cc. La même chose arrivera à l'entrée, vers les bouts aaa, où à cause de la rapidité dont les molécules de la matiere magnétique entrent dans ces bouts, le tour viendra bientôt à celles qui sont encore plus vers les côtés

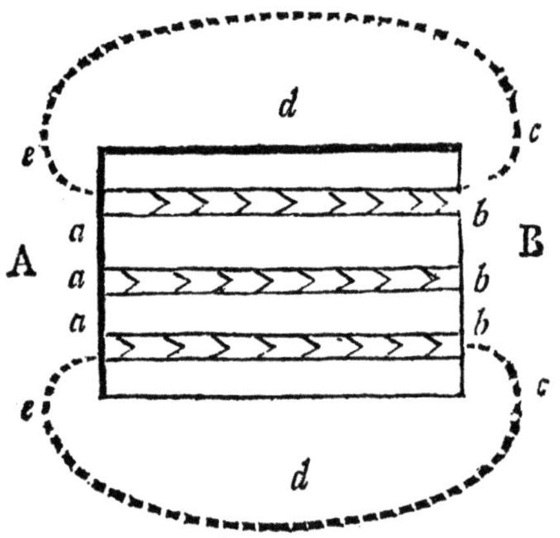

ee, et qui seront à leur tour remplacées par celles qui, étant sorties des bouts *bbb*, ont déjà été détournées vers *cc*, en sorte que bientôt, la même matiere magnétique qui est sortie par les bouts *bbb* retourne vers les bouts *aaa* en faisant le tour *bcdea*; et ce mouvement, qui se fera tout autour de l'aimant, est ce que nous nommons *tourbillon magnétique.*

Cependant il ne faut pas s'imaginer, que c'est toujours la même matiere magnétique, qui forme ces tourbillons; une bonne partie s'en échappera sans doute, tant vers *B*, que vers les côtés, en faisant le tour; mais, en recompense, il entrera par les bouts *aaa* de la nouvelle matiere magnétique, de sorte que la matiere qui constitue le tourbillon, est compensée et bien variable; cependant il se conservera toujours un tourbillon magnétique, dont l'aimant sera entouré, et qui produit les phénomenes observés cy-dessus dans la limaille de fer, qu'on jette autour de l'aimant.

Que V.A. fasse attention à cette circonstance que le mouvement de la matiere magnétique dans le tourbillon hors de l'aimant, est incomparablement plus lent, que dans les tuyaux magnétiques, où elle est séparée de l'éther, y ayant été poussée par toute la force élastique de l'éther. Et que dès qu'elle sort, elle se mêle de nouveau avec l'éther, et y doit perdre la plus grande partie de son mouvement, de sorte que la vîtesse dont elle fait le tour de l'aimant pour rentrer par les bouts *aaa* est incomparablement plus petite que dans les canaux magnétiques *ab*, quoiqu'elle soit encore très grande à notre égard. Maintenant V.A. comprendra aisément, que les bouts des canaux magnétiques, par lesquels la matiere entre dans l'aimant, et par lesquels elle en sort, sont ce que nous nommons les poles d'un aimant; d'où je dois remarquer que les poles magnétiques d'un aimant, ne sont rien moins que des points mathématiques, toute la place où les uns et les autres bouts des canaux magnétiques aboutissent, étant un pole magnétique, comme dans l'aimant représenté au commencement, où toute la face *A* et la face *B* en sont les deux poles.

Or comme ces poles sont distingués en boréal et en méridional, on ne sauroit dire, si c'est par le pole boréal ou méridional, que la matiere magnétique entre dans les aimans. V.A. verra dans la suite, que tout phénomene qui est produit, tant par l'entrée, que par la sortie, se ressemble si parfaitement, qu'il paroit absolument impossible de décider cette question par les expériences.

Par cette raison il sera indifférent de supposer, que la matiere magnétique entre par le pole boréal, et sort par le méridional, ou bien qu'elle entre par le méridional et sort par le boréal, peu importe.

Mais quoiqu'il en soit, je remarquerai par la lettre A, le pole où la matiere magnétique entre, et B, l'autre pole où elle sort, sans me soucier lequel est boréal ou méridional. Maintenant nous n'avons qu'à réfléchir sur ces tourbillons, pour juger comment deux aimans agissent l'un sur l'autre.

Supposons que deux aimans AB et ab se regardent par les poles du même nom A, a, et leurs tourbillons seront tout-à-fait contraires entr'eux. La matiere magnétique en C entrera en partie par A en partie par a et ces deux tourbillons tâchant de se détruire l'un l'autre, la matiere qui avance par E pour rentrer en A rencontre en D celle de l'autre aimant, qui revient par e pour rentrer en a; delà il doit naître un choc entre ces deux tourbillons par lequel l'un repousse l'autre et cet effet rejaillit sur les aimans mêmes, qui dans cette situation se repoussent l'un l'autre. La même chose arriveroit si les deux aimans se regardoient par les autres poles B et b; c'est pourquoi on nomme les poles du même nom *ennemis*, puisqu'ils se repoussent mutuellement.

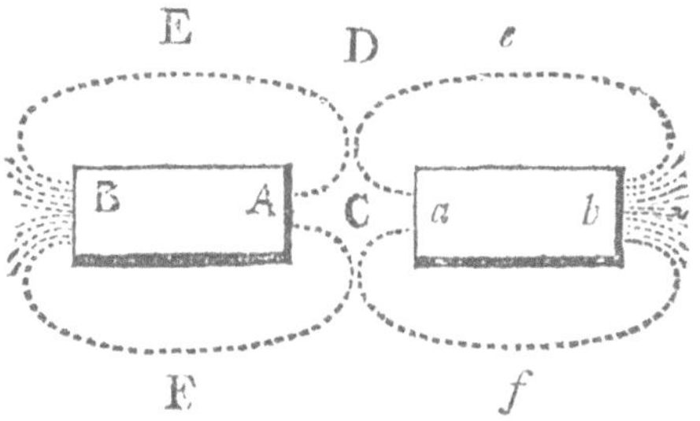

Mais si les aimans se regardent par les poles de différent nom, il s'en suivra un effet contraire et V. A. verra aisément, qu'ils se doivent attirer l'un l'autre.

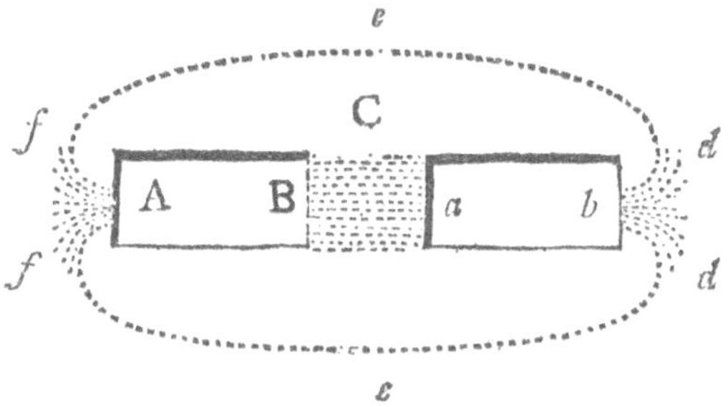

Dans la figure cy-jointe, où les deux aimans se regardent par les poles B et a, la matiere magnétique qui sort par le pole B, trouvant d'abord la commodité d'entrer dans l'autre aimant par son pole a, ne se détournera point vers les côtés, pour rentrer en A, mais elle passera directement par C dans l'autre aimant, d'où elle sortira en b, de là elle fera le tour par les côtés dd pour retourner non pas au pole a, mais au pole A de l'autre aimant, en faisant le tour par e et f. Ainsi les tourbillons de ces deux aimans se réuniront dans un seul, comme s'il n'y avoit qu'un seul aimant. Or ce seul tourbillon étant de toute part comprimé par l'éther, poussera les deux aimans l'un vers l'autre, et il semblera que les deux aimans s'attirent mutuellement.

Voilà donc la raison pourquoi les poles de différens noms sont nommés *amis*, et les poles du même nom *ennemis*, et V.A. comprend le phénomene principal des aimans, qui est, que les poles de différens noms s'attirent et que ceux du même nom se repoussent.

le 7 Novembre 1761

LETTRE CLXXIX

Ayant établi la nature de l'aimant dans ces canaux que la matiere magnétique peut traverser dans un sens seulement, les soupapes, dont ces canaux sont parsemés, empêchant le retour en sens contraire, V.A. comprendra aisément, que ces canaux ne sont qu'une continuation de certains pores de cette figure 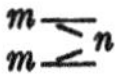 velus en dedans, dont les poils *mn* sont dirigés en même sens, de sorte que plusieurs semblables particules étant jointes ensemble et dirigées en même sens constituent un canal magnétique. Donc il ne suffit pas que la matiere de l'aimant renferme plusieurs particules semblables, il faut outre cela qu'elles soient disposées ensorte qu'il en résulte des canaux continués d'un bout à l'autre, afin que la matiere magnétique les puisse traverser.

Or je conçois à présent que tant le fer que l'acier contiennent de semblables particules en grande abondance, mais qui ne sont pas disposées de la façon que je viens de décrire, elles sont plutôt dispersées par toute la masse, et il n'y manque que cette disposition pour que ces corps soient aussi de vrais aimans. Ils conservent bien alors toutes leurs autres qualités, et ne se distinguent des autres morceaux de fer et d'acier, que parce qu'ils sont en outre doués des propriétés de l'aimant; une aiguille et un couteau rendent les mêmes services, soit qu'ils aient acquis la vertu magnétique, ou non. Le changement qui se fait dans l'intérieur en rangeant les particules dans l'ordre que le magnétisme exige, ne sauroit être remarqué par dehors, or un tel fer ou acier qui a acquis la force magnétique, est nommé un aimant artificiel, pour le distinguer de l'aimant naturel, qui ressemble à une pierre, quoique les propriétés magnétiques soient les mêmes dans les uns et les autres. V.A. sera sans doute curieuse d'apprendre de quelle maniere le fer et l'acier peuvent être portés à recevoir la force magnétique, ou devenir des aimans artificiels? La chose est fort aisée, et le seul voisinage d'un aimant est capable de rendre le fer un peu magnétique; c'est le tourbillon magnétique qui produit cet effet, sans que le fer touche l'aimant.

Quelque dur que nous paroîsse le fer, les moindres particules, qui renferment les pores magnétiques représentés cy-dessus, sont très mobiles dans la substance du fer et la moindre force suffit pour changer leur situation. Donc la matiere magnétique du tourbillon, en entrant dans le fer, disposera aisément les premiers pores magnétiques qu'elle y rencontre, suivant sa direction, au moins ceux dont la situation n'est pas fort différente; et ayant passé ces pores, elle agira de la même maniere sur les pores suivants: jusqu'à ce qu'elle se sera pratiquée un passage au travers du fer, et formé par là quelques canaux magnétiques. Or la figure du fer contribue aussi beaucoup à faciliter ce changement; une figure allongée et placée selon la direction du tourbillon, y est la plus propre, puisque la matiere magnétique en passant par toute la longueur, y dispose beaucoup de particules dans leur juste situation, pour former des canaux magnétiques plus longs, et il n'y a aucun doute, que plus il y aura pour former des canaux, et que plus ces canaux seront longs sans aucune interruption, plus sera fort le mouvement de la matiere magnétique, d'où par conséquent aussi la force magnétique deviendra plus grande.

On a aussi remarqué, que lorsqu'on secoue fortement, ou frappe le fer posé dans un tourbillon magnétique, il en acquiert un plus haut degré de magnétisme, par ce que les moindres particules sont ébranlées par ces secousses et par la déliées pour se prêter plus facilement à l'action de la matiere magnétique qui les pénetre.

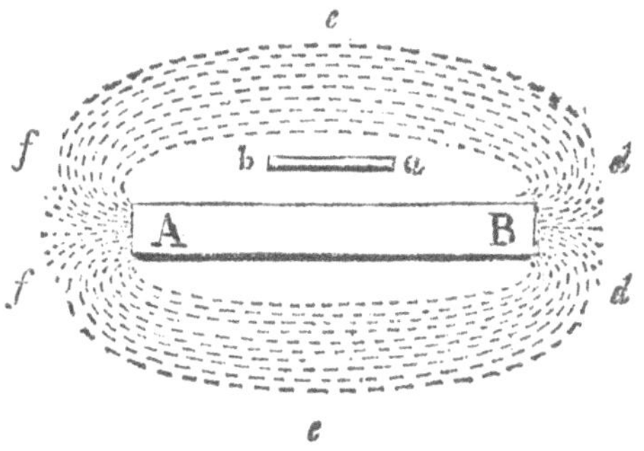

Ainsi posant une petite barre de fer *ab* dans le tourbillon de l'aimant *A B*, ensorte que sa direction *ab* convienne à peu près avec celle du courant *def* de la matiere magnétique, elle traversera aisément la barre et y formera des canaux magnétiques, surtout quand on secoue ou frappe cette barre en même tems, pour faciliter le passage. On voit aussi que la matiere magnétique qui entre par le pole *A* et sort par le pole *B* de l'aimant, entrera dans la barre par le bout *a* et sortira par le bout *b*, de sorte que le bout *a* deviendra le pole du même nom *A*, et *b* de celui *B*. Ensuite ôtant cette barre *ab* du tourbillon magnétique, elle sera un aimant artificiel, quoique bien foible, qui formera son propre tourbillon et conservera sa force tant que les canaux magnétiques n'y seront point interrompus. Or cela arrivera d'autant plus aisément que les pores dans le fer sont mobiles; d'où l'on voit que la même circonstance qui aide à produire le magnétisme, sert aussi à le détruire. Un aimant naturel n'est pas tant assujetti à un tel affoiblissement, puisque ses pores tiennent beaucoup plus fermes, et il faut des efforts plus considérables pour les déranger. J'en parlerai plus en détail dans la suite.

Ici je me propose d'expliquer la maniere la plus naturelle pour rendre le fer magnétique, quoique la force qu'il en acquiert soit très petite; cela nous servira à comprendre un phénomene très remarquable et assez universel. On a observé que les pinceaux de cheminée et d'autres outils de fer qu'on tient ordinairement dans une situation verticale, de même que les barres de fer qu'on met sur les clochers acquierent avec le tems une force magnétique assez sensible; aussi s'est on apperçu qu'une barre de fer étant battue dans une situation verticale, ou après l'avoir fait rougir au feu étant trempée dans l'eau froide dans la même situation devient un peu magnétique, sans l'approche d'aucun aimant.

Pour comprendre la raison de ce phénomene V.A. n'a qu'à se souvenir que la terre elle même est un aimant, et conséquemment entourée d'un tourbillon magnétique, dont la déclinaison et l'inclinaison de l'aiguille aimantée montrent en chaque lieu de la terre la véritable direction; donc si une barre de fer se trouve longtems dans cette situation, nous n'avons pas lieu d'être surpris quand elle devient magnétique. Or nous avons vu aussi, qu'ici à Berlin l'inclinaison de l'aiguille aimantée est de 72 degrés et comme presque partout en Europe, elle est environ de la même grandeur, cette inclinaison ne differe que de 18° de la situation verticale; et ainsi la situation verticale ne differe pas beaucoup de la direction du tourbillon magnétique. Donc une barre de fer, qu'on a tenue longtems dans la situation verticale, sera enfin pénétrée par le tourbillon magnétique, et doit acquérir par conséquent une force magnétique.

En d'autres contrées, où l'inclination est insensible, ce qui arrive à peu près sous l'équateur, ce n'est plus la direction verticale, qui rend les barres de fer magnétiques, il les faut plutôt poser horizontalement, ensorte que leur direction convienne avec la déclinaison magnétique, si l'on veut qu'elles acquierent une force magnétique. Je ne parle ici que du fer, l'acier est trop dur pour ce dessein, il faut employer des moyens plus efficaces pour le rendre magnétique.

le 10 Novembre 1761

LETTRE CLXXX

Quoique la terre toute entiere puisse être considérée comme un grand aimant, et qu'elle soit environnée d'un tourbillon magnétique, qui dirige partout les aiguilles aimantées, sa force magnétique est pourtant très foible et beaucoup plus petite que celle d'un aimant très médiocre, ce qui paroît très étrange à cause de l'énorme grandeur de la terre.

Mais la raison en est sans doute, que nous sommes très éloignés des véritables poles magnétiques de la terre, qui selon toute apparence sont ensevelis à une très grande profondeur: or quelque fort que soit un aimant, ce n'est que fort près de lui, que sa force est considérable et plus on s'en éloigne, plus elle devient petite et s'évanouit bientôt. Par cette raison la force magnétique que des masses de fer posées convenablement dans le tourbillon de la terre, acquierent avec le tems, n'est que très petite, et à peine sensible, à moins que le fer ne soit très mou et qu'il n'ait une figure propre à produire un tourbillon, comme j'ai eu l'honneur de le faire remarquer à V. A.

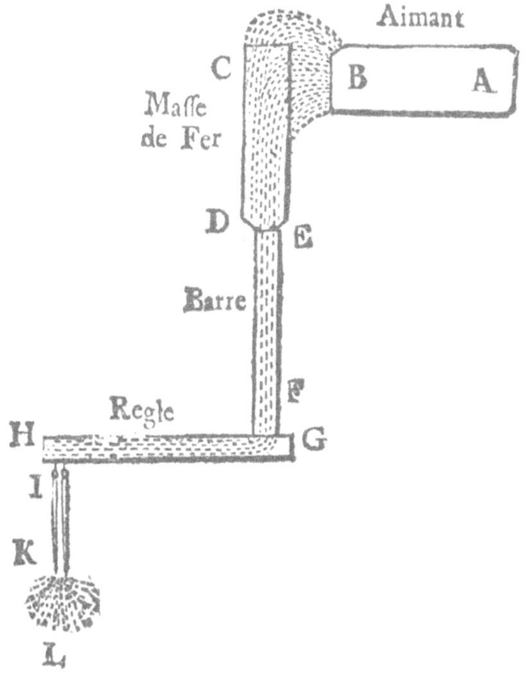

Dans le voisinage d'un aimant médiocre cet effet est beaucoup plus considérable, et des petites masses de fer y acquierent bientôt une force magnétique très sensible, aussi sont elles attirées vers l'aimant, tandis que dans le tourbillon de la terre cet effet est imperceptible et ne consiste qu'à diriger les aiguilles aimantées, sans les attirer, ou augmenter leur poids.

Une masse de fer plongée dans le tourbillon d'un aimant, nous offre aussi des phénomenes très curieux, qui méritent bien une explication particuliere; d'abord une telle masse est non seulement attirée vers l'aimant, mais elle attire aussi elle même d'autres morceaux de fer. Soit AB un aimant naturel, dans le voisinage duquel près du pole B, on place la masse de fer CD, et on verra qu'elle est capable de soutenir une barre de fer EF. Qu'on applique à cette barre en F encore une regle de fer GH, dans une situation quelconque, par exemple horizontale, en la soutenant en H, et l'on s'appercevra qu'elle n'est pas seulement attirée par la barre en F mais qu'elle est aussi capable de supporter en H encore des aiguilles comme IK, et que ces aiguilles agissent de plus sur de la limaille de fer L, en l'attirant.

De telle maniere on peut propager la force magnétique à des distances très considérables et même la faire changer de direction par la diverse position de ces pieces de fer, quoiqu'elle devienne de plus en plus petite. V.A. comprendra aussi aisément, que cet effet doit être d'autant plus grand, plus l'aimant AB est fort par lui même et que la premiere masse CD en est plus proche. Feu Mr. DE MAUPERTUIS avoit un gros aimant si excellent, qu'à une distance de plusieurs pieds la masse de fer CD exerçoit encore une force très considérable.

Pour expliquer ces phénomenes, V.A. n'a qu'à considérer que la matiere magnétique qui sort rapidement par le pole B de l'aimant, entre dans la masse de fer et y dispose les pores de façon à former des canaux magnétiques qu'elle traverse ensuite librement. De la même maniere en entrant dans la barre, elle se formera des canaux magnétiques et ainsi de suite. Or dès que la matiere magnétique en sortant d'un corps entre dans un autre, ces deux corps doivent s'attirer mutuellement par la même raison que j'ai prouvé que deux aimans qui se regardent par leur poles amis doivent s'attirer; et toutes les fois que nous voyons que deux fers s'attirent, nous pouvons conclure surement que la matiere magnétique qui sort de l'un, entre dans l'autre, par le mouvement continuel dont elle enfile ces corps. C'est ainsi que dans la disposition représentée des pieces de fer, la matiere magnétique enfile par son mouvement toutes ces pieces; et c'est la véritable raison, de ce qu'elles s'attirent mutuellement.

Ces mêmes phénomenes arrivent également sans aucune différence, lorsqu'on tourne l'autre pole A de l'aimant, où la matiere magnétique entre, vers la masse de fer: alors tout le mouvement devient rétrograde, et conserve la même route. Car alors la matiere magnétique contenue dans la masse de fer, s'en échappera pour se précipiter dans l'aimant et en s'échappant, elle fera les mêmes efforts pour y ranger les pores convenablement, de même que si elle entroit dans le fer avec la même rapidité. Pour cet effet il faut bien que le fer soit assez mou, et ses pores aisément flexibles, pour obéir aux efforts de la matiere magnétique. La seule difficulté que V.A. rencontrera ici, sera sans doute pourquoi la matiere magnétique en entrant dans une autre piece de fer, change de direction et se regle selon la longueur de ces pieces, comme j'ai représenté son cours dans la figure? C'est un article fort important dans la théorie du magnétisme, et qui nous fait voir combien la figure des pieces de fer contribue à la production des phénomenes magnétiques.

Pour éclaircir cette circonstance, il faut se souvenir, que notre matiere subtile se meut très aisément par les pores magnétiques, où elle est séparée de l'éther, et qu'elle rencontre des obstacles très considérables, lorsqu'elle s'échappe des pores magnétiques avec sa prodigieuse vîtesse pour rentrer dans l'éther et l'air.

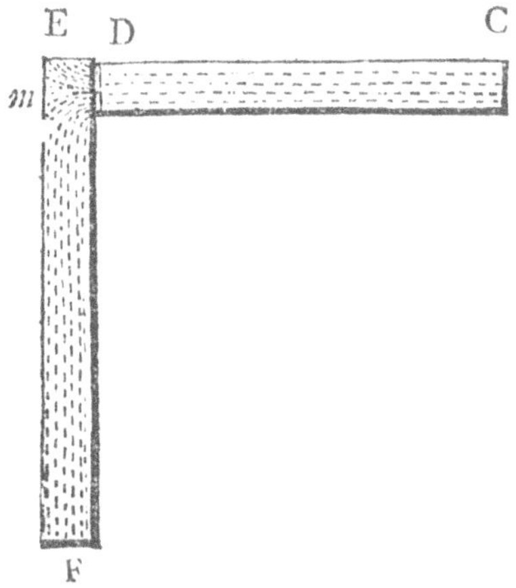

Supposons que la matiere magnétique, après avoir traversé la barre de fer *CD* entre dans la regle de fer *EF* posée perpendiculairement. En entrant elle conservera bien la même direction et sortiroit en *m*, si elle ne trouvoit une route plus aisée pour continuer son mouvement. Or, puisqu'elle rencontre en *m* les plus grands obstacles, elle change d'abord tant soit peu de direction vers *F*, où trouvant des pores à la continuation de son mouvement, elle se détournera de plus en plus de sa premiere direction, pour traverser la regle *EF* dans toute sa longueur. Il en est de même comme si la matiere magnétique avoit peur de sortir du fer: elle tâche de continuer son mouvement au dedans du fer, tant qu'il est possible, et la longueur de la regle lui procure ici cette commodité; si elle étoit très courte, la matiere magnétique échapperoit sans doute en *m*, mais à present elle suit par son mouvement la direction *EF*, que la longueur de la regle lui offre, jusqu'à ce qu'elle est obligée de s'échapper en *F*, puisque tous les canaux magnétiques formés selon la même direction ne permettent point que la matiere subtile près de *F*, puisse encore changer de direction, et retourner le long de la regle; ces canaux étant non seulement remplis de la matiere qui suit, mais aussi par leur nature, incapables de recevoir un mouvement en sens contraire.

le 14 Novembre 1761

LETTRE CLXXXI

V.A. vient de voir comment le fer est capable de recevoir non seulement le courant magnétique d'un aimant et de le conduire à des distances assez considérables, mais aussi d'en changer la direction. Delà, en joignant à un aimant des pieces de fer, il en est à peu près de même que si l'aimant étoit devenu plus grand, puisque le fer acquiert la même nature à l'égard de la matiere magnétique; et comme par ce moyen on peut encore changer la direction du courant magnétique, puisque les poles sont les endroits où la matiere magnétique entre dans l'aimant et en sort, on est le maître de transporter les poles où l'on veut.

C'est sur ce principe qu'est fondée l'armature des aimans, qui mérite bien, que j'en donne une idée à V. A., puisque par là les aimans sont portés à un plus haut degré de force.

Ordinairement on donne aux aimans, comme on les tire des mines, la figure d'un parallelepipede ou d'un parallelogramme rectangle avec une épaisseur comme $AABB$, où la face AA soit le pole, où la matiere magnétique entre, et BB celui où elle sort. Il est donc rempli selon la longueur AB des canaux magnétiques ab, que la matiere magnétique sans le mélange d'aucun éther traverse librement avec la plus grande rapidité, y étant poussée par la force élastique de l'éther. Voyons maintenant de quelle maniere on est accoutumé d'armer un tel aimant.

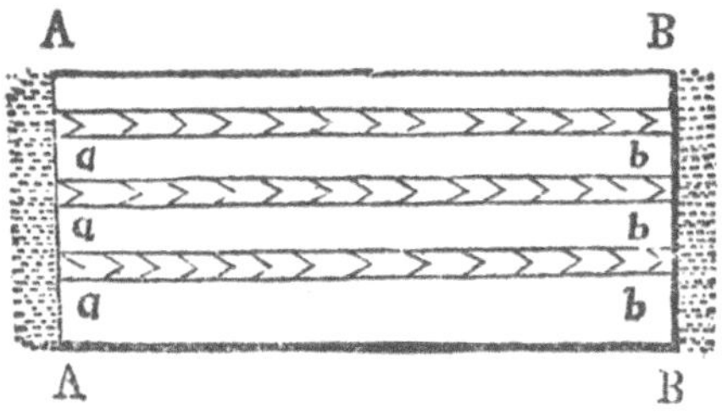

A chaque face AA et BB où se trouvent les deux poles de l'aimant, on applique des plaques de fer aa et bb terminées en bas en des boutons 𝔄 et 𝔅, qu'on nomme les pieds; c'est ce qu'on nomme l'armature de l'aimant, et alors on dit qu'il est armé. Dans cet état la matiere magnétique, qui seroit échappée par la face BB entre dans la plaque de fer bb, où la difficulté de s'échapper suivant sa direction dans l'air, l'oblige de changer de direction et de couler le long de la plaque bb dans le pied 𝔅, où elle est bien obligée de sortir, n'y trouvant plus de fer pour y continuer son mouvement. De l'autre côté il en est de même; toute la matiere subtile y sera conduite par le pied 𝔄, d'où elle passera par la plaque aa en changeant de direction pour entrer dans l'aimant et y parcourir les canaux magnétiques. Car d'abord la matiere subtile contenue dans la plaque entre dans l'aimant, et à celle-cy succede celle qui se trouve dans le pied 𝔄, qui est remplacée par celle de dehors, la quelle y étant poussée par l'élasticité de l'éther, pénetre le pied 𝔄 et la plaque aa avec la plus grande rapidité, dont la force est capable d'y arranger les poles, et former des canaux magnétiques.

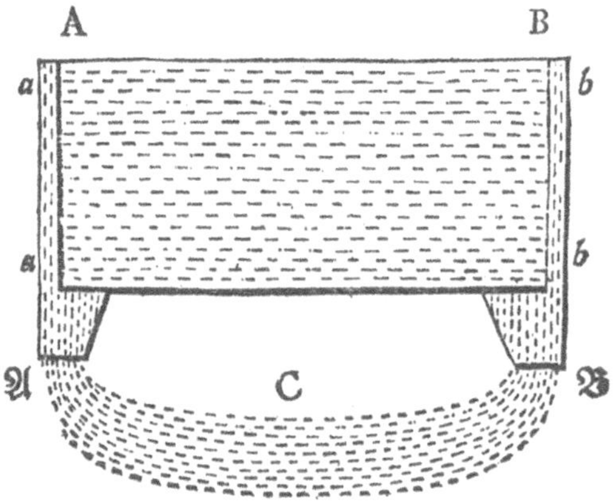

L'on voit par là que des deux côtés le mouvement doit être le même avec cette seule différence que la matiere magnétique entrera par le pied 𝔄 et sortira par l'autre pied 𝔅, de sorte que c'est à présent dans ces pieds que se trouvent les poles de l'aimant armé; et comme les poles, qui étoient auparavant répandus par les faces AA et BB, sont à présent réunis dans les bases des pieds 𝔄 et 𝔅, il est très naturel que la force magnétique dans ces nouveaux poles doit être considérablement plus grande.

Aussi dans cet état le tourbillon magnétique se formera plus aisément, la matiere magnétique qui sort par le pied 𝔅 retournera aisément, en passant par C dans le pied 𝔄, et le reste du corps de l'aimant ne sera plus entouré d'aucun tourbillon, si ce n'est, que quelque peu de matiere magnétique n'échappe par la plaque bb, ne pouvant pas changer de direction si subitement: et qu'il en entre aussi quelque peu par la plaque aa, d'où naîtroit aussi un foible tourbillon qui conduiroit la matiere subtile immédiatement par la plaque bb en aa; cependant si l'armature est bien faite, ce second tourbillon est presque insensible, et par conséquent le courant entre les pieds d'autant plus fort.

La regle principale de bien armer les aimans est de bien polir tant les deux faces AA et BB de l'aimant que les plaques de fer, de sorte qu'en les y appliquant, elles touchent partout parfaitement l'aimant. La raison en est bien évidente, puisque la matiere subtile passe aisément de l'aimant dans le fer, quand il n'y a point d'autre matiere entre eux; mais dès qu'il y auroit un vuide ou de l'air entre l'aimant et les plaques, la matiere magnétique y perdroit presque tout son mouvement, son cours seroit interrompu, et ne suffiroit plus pour se frayer le chemin par le fer, en y formant des canaux magnétiques.

Outre cela le fer le plus mou ou le plus doux est le plus propre pour ces armatures, puisque ses pores sont très pliables et se rangent fort aisément selon le courant de la matiere magnétique; aussi un tel fer paroit-il très propre à faire changer subitement la direction du courant; et il semble que la matiere magnétique affecte d'y poursuivre sa route aussi longtems qu'il est possible, et qu'elle n'en sort, que lorsqu'il ne lui est plus possible d'y continuer son mouvement: elle aime mieux faire les plus grands tours que de le quitter. Cela n'arrive pas dans l'aimant même, puisque les canaux magnétiques y sont déjà formés, ni dans l'acier dont les pores n'obéissent pas si aisément aux efforts d'un courant magnétique. Mais quand une fois dans l'acier de tels canaux sont formés, ils se maintiennent aussi plus longtems, et conservent par là leur force magnétique, pendant que le fer doux, quelque force qu'il ait exercé dans le voisinage d'un aimant, la perd presque tout-à-fait, dès qu'on l'en ôte.

Pour les autres circonstances de l'armature, il faut consulter l'expérience; comme par rapport à l'épaisseur des plaques, on trouve, qu'une trop grande est aussi bien nuisible qu'une trop mince; mais pour la plupart, les plaques les plus convenables sont très minces, ce qui pourroit paroitre fort étrange, si nous ne savions pas que la matiere magnétique est encore beaucoup plus subtile que l'éther, et que par conséquent, la plus mince plaque est suffisante pour en recevoir une très grande quantité.

le 17 Novembre 1761

LETTRE CLXXXII

C'est donc aux pieds de l'armature, qu'un aimant armé exerce sa plus grande force, puisque ses poles y sont réunis, et chaque pied est capable de supporter un poids de fer, d'autant plus grand, que l'aimant est bon et excellent.

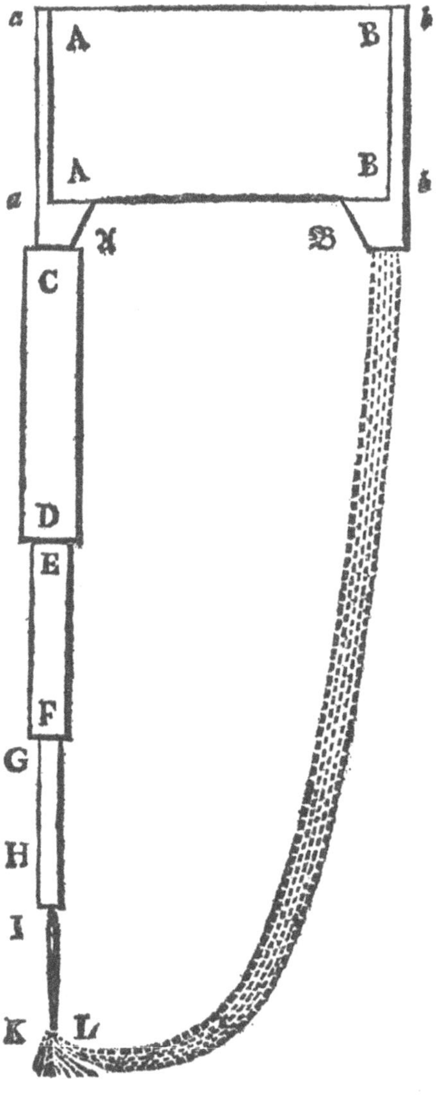

Ainsi un aimant *AABB* armé de plaques de fer *aa* et *bb* terminées par les pieds 𝔄 et 𝔅, portera non seulement par le pied 𝔄 la regle de fer *CD*, mais celle-cy portera encore une plus petite *EF*, celle-cy encore une autre plus petite *GH*, qui portera à son tour encore une aiguille *IK*, qui enfin attirera de la limaille de fer *L*. La raison en est, que la matiere magnétique enfile toutes ces pieces pour entrer dans le pole 𝔄; ou si c'étoit l'autre pole, par lequel la matiere magnétique sort de l'aimant, elle enfileroit de la même maniere les pieces *CD*, *EF*, *GH*, *IK*; or toutes les fois que la matiere, en sortant d'une piece de fer, entre dans une autre, on observe une attraction entre ces deux pieces, ou plutôt elles sont poussées l'une à l'autre par l'éther environnant, parce que le courant de la matiere magnétique entr'elles, diminue la pression de l'éther.

Quand on charge de cette maniere l'un des poles de l'aimant, son tourbillon souffre un changement de direction très essentiel; car comme sans cette charge, la matiere magnétique qui sort du pole 𝔅 en détournant son cours coule vers l'autre pole 𝔄, maintenant l'entrée dans ce pole étant suffisamment fournie par les pieces soutenues, il faut bien que la matiere qui sort du pole 𝔅, prenne un tout autre chemin qui la conduise enfin à la derniere piece *IK*. Une portion en sera aussi sans doute portée vers la penultieme *GH* et aussi vers les précédentes, puisque les suivantes comme plus petites ne fournissent pas suffisamment aux précédentes, mais toujours le tourbillon s'étendra jusqu'à la derniere. Par ce moyen en proportionant bien toutes ces pieces entr'elles en longueur et en épaisseur, l'aimant est capable d'en porter beaucoup plus, que si on le chargeoit d'une seule piece où la figure entre aussi principalement en considération. Mais pour lui faire porter la plus grande charge qu'il soit possible, il faut faire en sorte que les deux poles réunissent leurs forces.

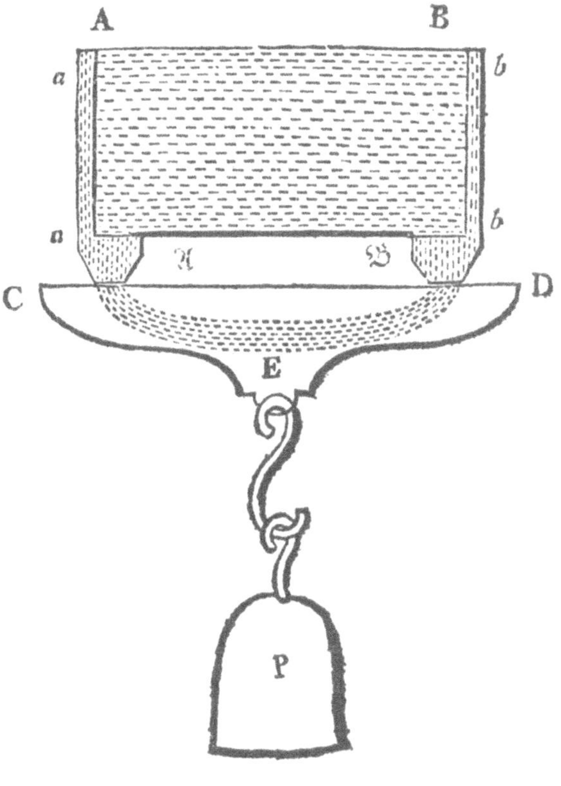

Pour cet effet on applique aux deux poles 𝔄 et 𝔅 un morceau de fer doux *CD*, qui touche parfaitement les bases des pieds, et dont la figure soit telle, que la matiere magnétique qui sort par 𝔅, y trouve le plus commode passage pour rentrer par l'autre bout 𝔄; un tel morceau de fer est nommé le support de l'aimant, et puisqu'en 𝔅, la matiere magnétique en sortant de l'aimant y entre, et qu'en 𝔄 en sortant du support, elle entre dans l'aimant, le support sera attiré aux deux poles à la fois, et y tiendra par conséquent avec une force très grande. Pour connoître cette force réunie, que l'aimant exerce, on attache au support par le milieu *E* un poids *P*, qu'on augmente jusqu'à ce que l'aimant ne soit plus capable de le soutenir, et alors on dit que ce poids contrebalance la force magnétique de l'aimant: ainsi V.A. entendra quand on dit, que tel aimant porte dix livres, un autre trente livres, etc. On prétend aussi que le cercueil de Mahomet est porté par la force d'un aimant, ce qui ne seroit pas impossible, puisqu'on à déjà fait des aimans artificiels qui portent au delà de 100 livres.

Un aimant garni de son support, ne laisse rien échapper de la matiere magnétique qui acheve son tourbillon tout entier au dedans de l'aimant et du fer, de sorte que rien n'en échappe dans l'air. Donc puisque le magnétisme n'exerce sa force qu'entant que la matiere magnétique s'échappe d'un corps pour rentrer dans l'autre, un tel aimant dont le tourbillon est fermé, ne devroit nulle part exercer aucune force magnétique: cependant quand on le touche sur la plaque en *a* avec la pointe d'une aiguille, on y sentira une forte attraction: la raison en est parce que la matiere magnétique étant obligée de changer subitement de direction pour entrer dans les canaux de l'aimant, elle trouve à présent une route plus commode en traversant l'aiguille, et par conséquent elle sera attirée à la plaque *aa*. Mais par là même, le tourbillon en dedans sera dérangé, il ne coulera plus si copieusement dans les pieds; et si l'on touche la plaque par plusieurs aiguilles, ou qu'on y applique des regles de fer plus fortes, on détruira tout-à-fait le courant par les pieds et la force qui attire le support s'évanouira entierement, de sorte que le support en sera aisément arraché. L'on reconnoit par là, que les pieds perdent autant de leur force magnétique que l'aimant en exerce en d'autres endroits et par là on est en état d'expliquer plusieurs phénomenes très surprenants qui sans la Théorie, seroient absolument irrésolubles.

C'est ici qu'il faut aussi rapporter l'expérience qui nous apprend, qu'après avoir appliqué à un aimant armé son support, on peut de jour en jour augmenter le poids qu'il est capable de porter et qu'il portera enfin un poids qui surpasse souvent le double de celui qu'il aura porté d'abord. Il s'agit donc de faire voir comment avec le tems la force magnétique dans les pieds de l'armature peut devenir plus grande. Or le cas rapporté cy-dessus sur le dérangement du tourbillon, nous apprend qu'aussitôt qu'on a appliqué le support, le courant de la matiere magnétique sera encore assez irrégulier, qu'une bonne partie s'en échappera encore par la plaque *bb*, et que ce ne sera qu'avec le tems qu'elle se frayera par le fer des canaux magnétiques; aussi est-il probable que lorsque le courant est devenu plus libre, il s'en formera de nouveaux dans l'aimant même, entant qu'il contient, outre ses canaux fixes, encore des poles mobiles comme le fer. Mais dès qu'on arrache le support, le courant étant troublé par là, et ces nouveaux canaux en grande partie détruits la force redevient subitement aussi petite, qu'elle a été au commencement, et il faut attendre de nouveau quelque tems, jusqu'à ce que ces canaux avec le tourbillon soient remis dans leur état précédent. J'avois autrefois fait un tel aimant artificiel, qui d'abord ne portoit que dix livres, et après quelque tems je fus très surpris de voir qu'il en portoit plus de trente. Au reste on remarque cela principalement dans les aimans artificiels, que le seul tems les renforce très considérablement, mais aussi que cet accroissement de force ne dure, que jusqu'à ce qu'on en arrache le support.

le 21 Novembre 1761

LETTRE CLXXXIII

Après avoir expliqué à V.A. la nature des aimans en général, il me reste un article aussi curieux qu'intéressant, qui regarde la maniere, dont on communique au fer et principalement à l'acier la force magnétique, et même la plus grande qu'il est possible.

V.A. a bien vu, que plaçant du fer dans le tourbillon magnétique d'un aimant, il acquiert une force magnétique, mais qui s'évanouit presque tout-à-fait dès qu'on l'éloigne de l'aimant, et que le seul tourbillon de la Terre est capable d'imprimer au fer avec le tems une légere force magnétique; or l'acier étant plus dur que le fer, est presque tout-à-fait insensible à cette action d'un tourbillon magnétique, il faut des opérations plus fortes pour le rendre magnétique, mais aussi conserve-t-il alors cette force magnétique plus longtems.

Pour cet effet il faut recourir à l'attouchement et même au frottement: je commencerai donc par expliquer de quelle maniere on s'est servi autre fois, pour rendre magnétiques les aiguilles dont on se sert dans les boussoles; toute cette opération ne consistoit qu'à les frotter à un pole d'un aimant excellent soit nud, soit armé.

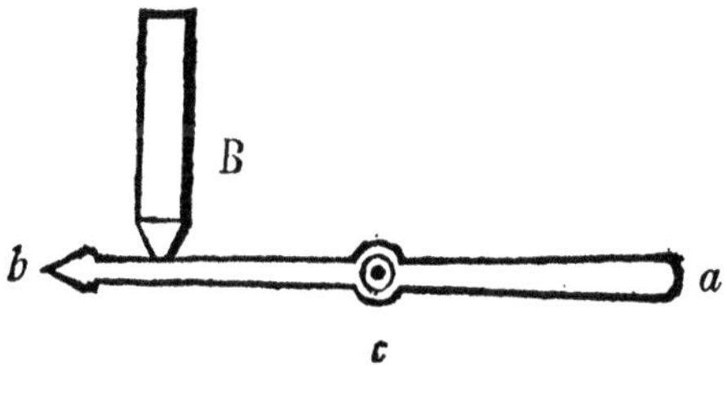

On posoit l'aiguille *abc* sur une table, et on passoit le pole *B* de l'aimant par dessus de *b* vers *a*, et étant parvenu au bout *a* on levoit l'aimant bien haut et on le ramenoit par l'air en *b*, on répétoit cette opération plusieurs fois de suite, et on prenoit toujours bien garde que l'autre pole de l'aimant n'approchât point de l'aiguille, puisqu'il y gâteroit tout. Après avoir passé quelque fois le pole *B* de l'aimant sur l'aiguille de *b* en *a*, on verra que l'aiguille est devenue magnétique, et que le bout *b* sera le pole du même nom que celui de l'aimant, dont on a frotté. Donc si l'on veut que le bout *b* devienne le pole boréal, en frottant avec le pole boréal de l'aimant, il faut passer de *b* vers *a*; mais si l'on vouloit frotter avec le pole méridional de l'aimant, il faudroit l'appliquer au bout *a*, et le passer au bout *b*.

Cette maniere de frotter ou toucher, est nommée à *la simple touche*, puisqu'on ne touche que d'un seul pole; mais elle est fort défectueuse, et ne communique à l'aiguille, que peu de force, l'aimant fut-il même très excellent; aussi ne réussit-elle pas, lorsque l'acier est porté au plus haut degré de dureté, ce qui seroit pourtant l'état le plus propre pour la conservation du magnétisme. V. A. jugera elle même fort aisément des défauts de cette maniere à *la simple touche.*

Supposons que B soit le pole de l'aimant, par où sort la matiere magnétique, puisque les effets des deux poles sont si semblables qu'il est impossible d'y remarquer la moindre différence: ayant posé le pole sur le bout b de l'aiguille la matiere magnétique y entre avec toute la rapidité dont elle se meut dans l'aimant, et qui est incomparablement plus grande que celle du tourbillon qui est hors de l'aimant dans l'air; mais que deviendra cette matiere dans l'aiguille? elle ne sauroit sortir par le bout b, elle s'efforcera donc de percer par l'aiguille vers a, et le pole B marchant du même côté favorisera ces efforts; mais dès que le pole B parviendra vers a, la difficulté de sortir par le bout a causera des efforts contraires dont la matiere magnétique sera poussée de a vers b; et avant que le premier effet soit entierement détruit, celui-ci ne sauroit avoir lieu. Ensuite quand on porte de nouveau le pole B sur le bout b, on détruit encore ce dernier effet, mais pourtant sans produire un courant en sens contraire de b vers a, et par conséquent, lorsque le pole B parviendra au delà de c vers a, il produira plus aisément un courant de a vers b, sur tout quand on appuyera plus fort sur la moitié ca: d'où il est clair, que l'aiguille ne sauroit acquérir que peu de force magnétique.

Quelques uns aussi ne frottent que la moitié ca en passant de c vers a, et d'autres ne font que toucher le bout a de l'aiguille par le pole B de l'aimant, et cela à peu près avec le même succès. Mais il est évident, que la matiere magnétique qui entre par le seul bout a, ne sauroit agir assez vigoureusement sur les pores de l'aiguille, pour les arranger conformément à la nature magnétique, et que la force, qui lui sera imprimée par cette méthode, doit être très petite, et même nulle, si l'acier est bien trempé.

Or, il me semble qu'on pourroit remédier à ces défauts de *la simple touche,* de la maniere suivante; du succès de laquelle je ne doute point, quoique je ne l'aie pas encore essayée, puisque d'autres expériences semblables m'en assurent.

Je voudrois enchasser le bout b de l'aiguille dans une regle de fer doux EF; et je crois qu'il seroit bon de faire cette regle très mince et aussi étroite qu'il est possible, mais le bout y doit être parfaitement appliqué et même enchassé dans un creux bien ajusté. Quand on pose le pole B de l'aimant sur le bout b de l'aiguille, la matiere magnétique qui y entre, ne trouvant presqu'aucune difficulté à traverser la regle de fer, prendra d'abord son cours dans la direction bd; et à mesure que le pole avance vers a, la matiere magnétique pour continuer ce cours n'a qu'à arranger les pores, sur lesquels elle agit immédiatement; et quand on sera parvenu jusqu'en a, tous les pores, ou au moins la plupart, seront déjà disposés suivant cette direction. Ensuite quand on recommence à frotter le bout b, on ne détruit rien, mais on continue de perfectionner le courant de la matiere magnétique, suivant la même direction bd en arrangeant aussi les pores qui ont résisté à la premiere opération, et ainsi les canaux magnétiques dans l'aiguille, deviendront de plus en plus parfaits. Or, quelques traits du pole B seront suffisans pour cet effet, pourvu que l'aimant ne soit pas très foible: et je ne doute pas que l'acier le mieux trempé, ou rendu aussi dur qu'il est possible, n'obéisse à cette méthode; ce qui est un grand avantage pour la construction des boussoles, puisqu'on a remarqué que les aiguilles ordinaires perdent souvent par un léger accident, toute leur force magnétique; ce qui exposeroit les vaisseaux aux plus grands dangers, si l'on n'en avoit pas d'autres en réserve. Mais quand on fait les aiguilles d'un acier bien trempé, ces accidens ne sont point à craindre, et comme il faut plus de force pour les rendre magnétiques, elles conservent aussi cette qualité avec plus de vigueur.

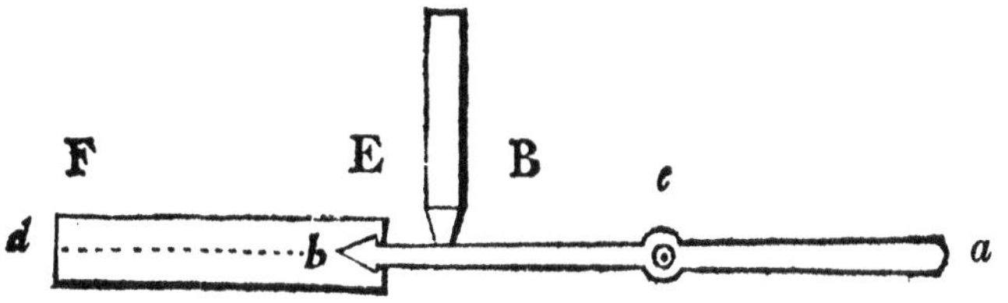

le 24 Nov. 1761

LETTRE CLXXXIV

Au lieu de cette méthode d'aimanter le fer ou l'acier par la simple touche, en le frottant d'un seul des poles d'un aimant, on se sert aujourd'huy de *la double touche*, où l'on frotte avec les deux poles à la fois; ce qui se fait aisément par un aimant armé.

Soit EF une barre de fer ou d'acier, qu'on veut rendre magnétique, après l'avoir bien fixé sur une table, on y pose les deux pieds A et B d'un aimant. Dans cet état, V. A. verra aisément que la matiere magnétique qui sort de l'aimant par le pied B pénetrera dans la barre et s'y repandroit en tout sens, si le pied A n'attiroit de son coté la matiere magnétique contenue dans les

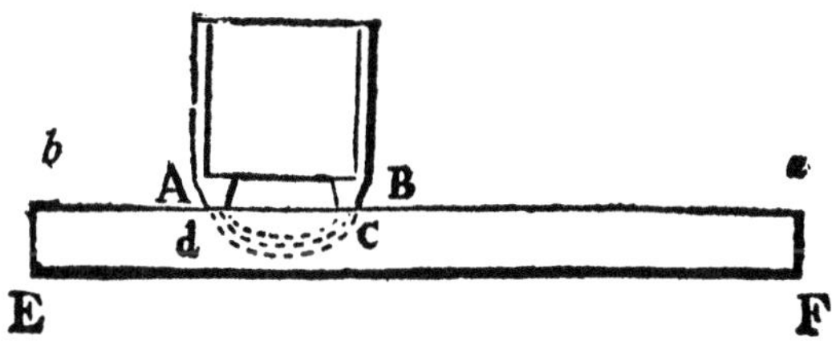

pores de la barre. Cet épuisement en *d* déterminera donc la matiere, qui entrera par le pole *B*, à prendre son cours de *c* vers *d* pourvu que les deux poles *A* et *B* ne soient pas trop éloignés l'un de l'autre. Alors le courant magnétique se frayera un chemin dans la barre pour passer du pole *B* dans le pole *A*, en y disposant les pores à former des canaux magnétiques; il est fort aisé de s'assurer si cet effet arrive; on n'a qu'à voir, si l'aimant est fortement attiré à la barre, ce qui ne manque jamais, si la barre est de fer doux, puisque la matiere magnétique le pénetre aisément. Mais si la barre est d'acier, l'attraction est souvent fort petite, ce qui est alors une marque, que la matiere magnétique n'est pas capable de s'ouvrir le passage de *c* vers *d*, d'où l'on conclut, ou que l'aimant est trop foible ou que l'espace entre ses deux poles est trop grand: il faudra donc dans ce cas employer un autre aimant, ou plus fort, ou dont les pieds soient plus proches, ou enfin changer l'armature de l'aimant de cette maniere.

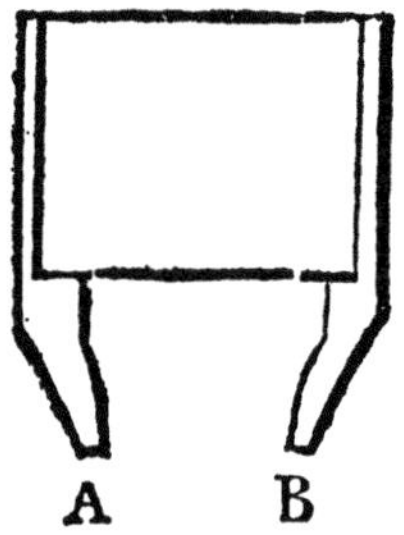

Mais j'aurai bientôt l'honneur de proposer d'autres moyens pour remédier à cet inconvénient.

Ayant donc disposé dans les petits intervalles *cd*, les pores convenablement au magnétisme, on n'a qu'à passer et repasser plusieurs fois l'aimant sur la barre d'un bout à l'autre, sans l'en ôter jusqu'à ce qu'on s'apperçoive que l'attraction n'augmente plus: car c'est un principe bien sûr, que l'attraction croît à mesure que la force magnétique augmente. Par cette opération la barre *EF* deviendra magnétique, en sorte que le bout *E* vers lequel le pole *A* étoit tourné, sera le pole ami de *A*, et par conséquent du même nom que l'autre pole *B*. Ensuite en ôtant l'aimant, puisque des canaux magnétiques sont formés par toute la longueur de la barre, la matiere magnétique répandue dans l'air traversera ces canaux et fera de la barre un véritable aimant. Elle entrera par le bout *a* et sortira par le bout *b*, d'où une partie, au moins, retournera en *a* et formera un tourbillon selon que la figure de la barre le permet.

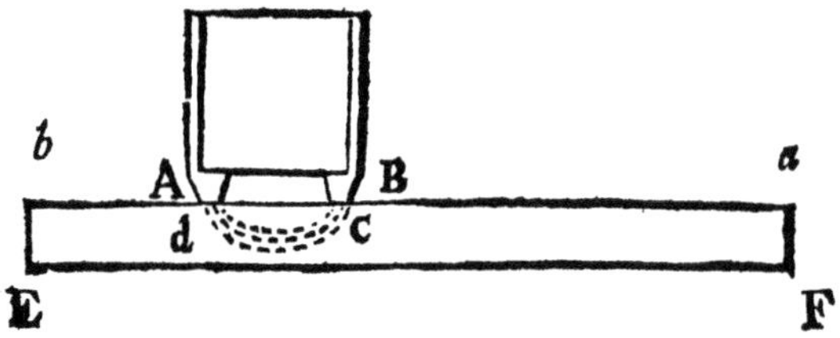

A cette occasion, je remarque que la formation d'un tourbillon est absolument nécessaire à augmenter le magnétisme; car si toute la matiere magnétique qui sort par le bout *b* échappoit et se dispersoit entierement, sans retourner en *a*, l'air ne suffiroit pas à en fournir assez à l'autre bout *a*, ce qui diminueroit la force magnétique. Mais si une bonne partie de celle qui échappe par le bout

b, retourne en a, l'air est bien suffisant pour fournir le reste et peut-être encore d'avantage, si les canaux magnétiques de la barre sont capables de la recevoir; dans ce cas donc la barre acquerra une beaucoup plus grande force magnétique.

Cette considération me conduit à exposer à V.A. de quelle maniere on peut conserver la matiere magnétique dans les barres aimantées. Comme il s'agit d'empêcher que la matiere magnétique qui les traverse, ne se disperse point dans l'air, on dispose ces barres toujours par *paires* qui sont de la même grandeur. On les met dans une situation parallele sur une table, en sorte que les poles amis ou de différens noms, soient tournés du même côté, comme la figure ci-jointe le fait voir.

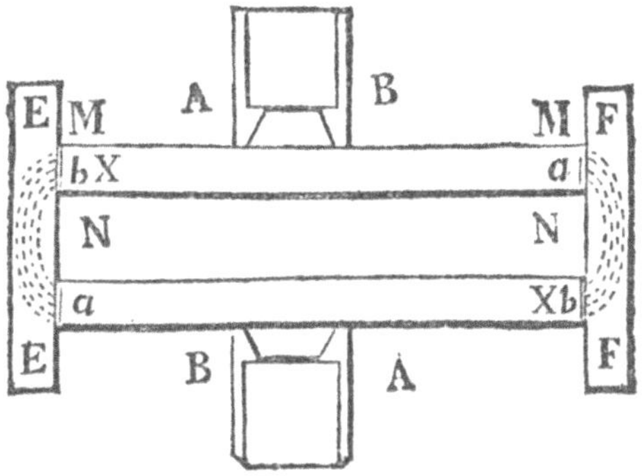

MM et NN représentent les deux barres, dont les poles amis ab, ba sont tournés du même côté. Pour ne pas se tromper, on fait d'abord sur chaque barre une marque comme X, au bout où est le pole boréal, et on leur applique de chaque côté un morceau de fer doux EE et FF, pour recevoir le courant magnétique. De cette maniere, toute la matiere magnétique qui traverse la barre MM et sort par le bout b, passe dans le morceau de fer EE, et s'y ouvre aisément le chemin, pour passer dans le bout a de l'autre barre NN, d'où elle entrera par le bout b dans l'autre morceau de fer FF qui la reconduit dans la premiere barre MM par le bout a. C'est ainsi que la matiere magnétique continuera à circuler, sans qu'il en échappe rien; et en cas même qu'il n'y en eut pas d'abord assez pour remplir le tourbillon, l'air y fournira le reste, et le tourbillon par les deux barres demeurera dans toute sa force.

On peut aussi d'abord employer cette disposition des deux barres pour les aimanter l'une et l'autre à la fois. On n'a qu'à passer les deux poles d'un aimant sur les deux barres, en passant de l'une à l'autre par les morceaux de fer, et de cette maniere faire plusieurs tours, en faisant bien observer que les deux poles de l'aimant A et B soient tournés comme la figure cy-dessus l'indique.

Cette maniere d'aimanter deux barres à la fois, sera sans doute plus efficace que la précédente, puisque dès le premier tour qu'on aura fait avec l'aimant, la matiere magnétique commencera à couler par les deux barres, moyennant les deux morceaux de fer. Ensuite en continuant à passer l'aimant sur les deux barres, on y rangera une plus grande quantité de pores conformement au magnétisme, et on y ouvrira plusieurs canaux magnétiques, dont le tourbillon magnétique sera de plus en plus fortifié, sans qu'il souffre aucun affoiblissement. Si les barres sont épaisses, il sera bon de les tourner et de les frotter aussi sur les autres faces, de la même maniere, afin que l'action magnétique les pénetre tout-à-fait.

Ayant déjà acquis de telles barres magnétiques MM, NN on peut s'en servir au lieu d'un aimant naturel, pour en aimanter d'autres. On les joint en haut ensemble, de sorte que les deux poles amis ab se touchent, et en bas on éloigne les deux autres poles amis b et a, autant qu'on le juge à propos. Ensuite par les deux bouts d'en bas qui tiennent lieu des deux poles d'un aimant, on frotte deux autres barres EF de la maniere que j'ai expliqué cy-dessus.

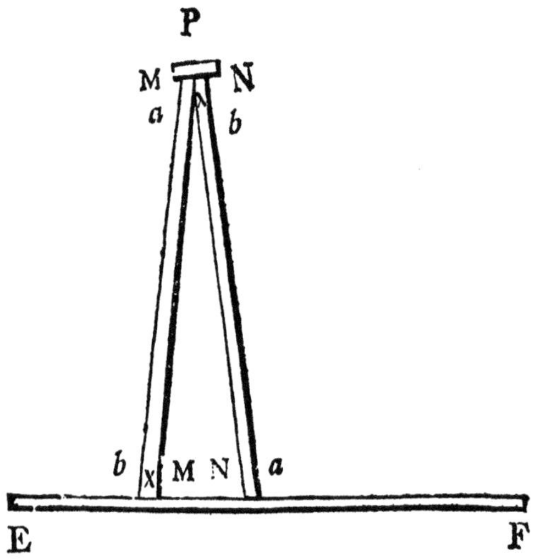

Comme ces deux barres sont jointes en forme de compas, on a la comodité de les ouvrir aussi peu qu'on veut, à quoi un aimant n'est pas propre; or en haut, où les barres se touchent, le courant magnétique passera aisément de l'une dans l'autre; on y pourroit encore mettre un petit morceau de fer doux P, pour mieux entretenir ce courant; et de cette maniere on aimantera très promptement autant de doubles barres qu'on voudra.

le 28 Nov. 1761

LETTRE CLXXXV

Quoique cette maniere d'aimanter à double touche soit fort préférable à la précédente, on ne sauroit cependant porter la force magnétique au delà d'un certain degré. Soit qu'on se serve d'un aimant naturel, ou de deux barres magnétiques pour frotter d'autres barres, celles-cy n'acquerront jamais tant de force que celles-là; l'effet ne sauroit jamais être plus grand que la cause.

Si les barres, dont on frotte, ont peu de force, les autres qui en sont frottées en auront encore moins; la raison en est évidente: car comme des barres destituées de toute force magnétique n'en sauroient produire en d'autres, une petite force magnétique n'est pas capable de produire une plus grande, au moins par la méthode que je viens de décrire.

Mais on ne doit pas prendre à la rigueur cette regle, comme s'il étoit absolument impossible de produire une plus grande force magnétique, à l'aide d'une plus petite. J'aurai l'honneur d'expliquer à V.A. une méthode, par laquelle on est en état d'augmenter la force magnétique presque aussi loin qu'on voudra et cela en commençant par la plus petite. C'est une découverte de ces derniers tems, qui mérite d'autant plus d'attention, qu'elle nous éclaircit incomparablement mieux sur la nature du magnétisme.

Supposons donc qu'on n'ait d'abord qu'un très foible aimant, ou bien au défaut d'un aimant naturel, des barres de fer rendues tant soit peu magnétiques par le seul tourbillon de la terre, comme j'ai eu l'honneur de l'exposer à V.A. dans mes lettres précédentes. Alors qu'on se procure huit barres d'acier, qui ne soient que fort petites et non trempées, pour recevoir plus aisément la petite force magnétique que le foible aimant, ou les barres mentionnées, que je suppose tant soit peu magnétiques, sont capables de leur communiquer en frottant chaque paire ou couple de la maniere, que j'ai exposée précédemment. Ayant maintenant quatre paires de barres tant soit peu magnétiques, qu'on en prenne deux paires et qu'on les joigne ensemble comme cette figure le fait voir.

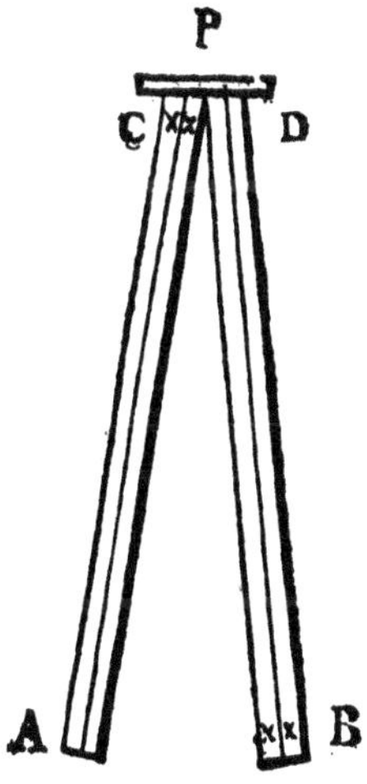

Des deux barres, en les réunissant ensemble par les poles du même nom, on n'en fait qu'une seule d'une épaisseur double, et alors on forme le compas des deux barres doublées AC et BD qui se touchent en haut CD, où pour mieux entretenir le courant magnétique, on peut mettre un morceau de fer doux P. En bas on en ouvre les jambes, autant qu'on le juge à propos, et on en frotte les autres paires, l'une après l'autre, qui par ce moyen acquerront plus de force qu'auparavant; puisque deux paires y réunissent leurs forces. A présent, on n'a qu'à joindre ces deux paires nouvellement frottées ensemble de la même maniere, et en frotter l'une après l'autre les deux autres paires, dont on s'étoit servi la premiere fois et la force de celles-cy sera considérablement augmentée. On joindra ensuite ces deux paires ensemble, et on frottera encore les autres pour y augmenter la force magnétique, et ainsi on continuera de frotter alternativement deux paires par les deux autres jointes ensemble. Par cette opération on les portera bientôt à un degré de force, tel qu'il ne sera plus susceptible d'augmentation ultérieure, quand même on la continueroit plus longtems. Quand on a plus de quatre paires de telles barres, au lieu de deux paires, on en peut aussi joindre trois ensemble, et en frotter ensuite les autres paires: par ce moyen on les portera plus vîte au plus haut degré.

Maintenant les plus grandes obstacles sont surmontés et à présent par le moyen de ces barres, en joignant deux ou même plusieurs paires ensemble, on en frottera d'autres faites d'un acier bien trempé, et qui sont, ou de la même grandeur, ou encore plus grandes que les premieres, et de cette façon on communiquera aussi à celles-ci la plus grande force dont elles sont susceptibles.

En commençant par de petites barres telles que je viens de décrire, on peut pousser ces opérations successivement, jusqu'à des barres d'une énorme grandeur et faites d'un bon acier trempé, où la force magnétique est le moins assujettie à la destruction. Il faut seulement observer que pour frotter des grandes barres, il faut en joindre plusieurs paires ensemble, dont le poids soit au moins deux fois plus grand que celui d'une grande barre. Mais il vaudra toujours mieux aller par degré, et frotter chaque espece des barres par d'autres qui ne sont pas beaucoup plus petites, où il suffiroit d'en joindre deux paires ensemble: car quand on est obligé de joindre plusieurs paires ensemble, les bouts par lesquels on frotte, auront une trop grande étendue, et la matiere magnétique, qui passe par là, s'empêchera elle même de se diriger suivant la barre frottée; et cela d'autant plus, qu'elle entre dans la barre perpendiculairement, tandis qu'il est nécessaire qu'elle y prenne une direction horizontale.

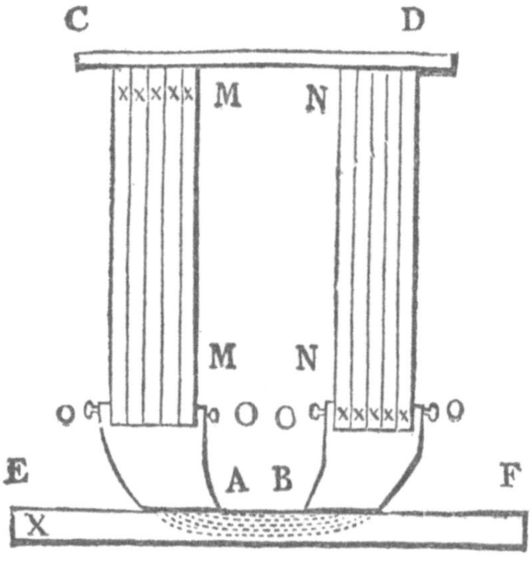

Pour faciliter ce changement de direction, il est bon que la matiere magnétique y soit conduite par un petit espace et qu'elle ait déjà une direction approchante de celle qu'elle doit prendre au dedans de la barre touchée; je crois qu'on réussiroit à cet égard, de la maniere suivante.

La figure cy-jointe représente cinq paires MM, NN jointes ensemble, mais non pas en forme de compas. En haut il y a une barre de fer doux CD pour entretenir le tourbillon; en bas je ne frotte pas immédiatement par les bouts des barres, mais de chaque côté j'enchasse ces bouts dans un pied de fer doux, en les y affermissant par quelques vis O. Chaque pied se courbe en bas AB ensorte que la direction de la matiere magnétique, qui traverse librement ces pieds, s'approche déjà beaucoup de l'horizontale, et que dans la barre frottée EF elle n'a pas besoin de changer beaucoup de direction. Par le moyen de ces pieds je ne doute nullement, que la barre EF ne reçoive une beaucoup plus grande force magnétique, que si on la frottoit immédiatement par les bouts des barres, dont la grosseur et la direction verticale s'opposent naturellement à la formation des canaux magnétiques dans la barre EF: aussi peut-on, en suivant cette méthode approcher ou éloigner les extrêmités des pieds A et B à volonté.

Enfin je ne dois pas omettre de remarquer, que lorsque ces barres perdent avec le tems de leur force magnétique, on les rétablit aisément par les mêmes opérations.

le 1 Décembre 1761

LETTRE CLXXXVI

Quiconque veut faire des expériences sur le magnétisme, doit être pourvu d'un grand nombre de telles barres magnétiques, depuis les plus petites jusqu'aux plus grandes, dont chacune peut être regardée comme un aimant à part, ayant ses deux poles l'un boréal et l'autre méridional.

V.A. trouvera très remarquable que moyennant la plus foible force magnétique, que nous fournit, soit un misérable aimant naturel, soit quelques pincettes de la cheminée, qui par le tems ont contracté un peu de magnétisme, on soit en état d'augmenter cette force de plus en plus, jusqu'à faire les plus grandes barres d'acier douées du plus haut degré de force magnétique, dont elles soient susceptibles. Il seroit superflu d'ajouter, que par cette méthode, on peut faire les meilleures aiguilles aimantées, non seulement beaucoup plus grandes que les ordinaires, mais aussi faites d'un acier trempé au plus fort, ce qui les rend plus durables. Je dirai encore quelque chose sur la fabrique des aimans artificiels, qui ont pour la plupart la figure d'un fer à cheval, comme V.A. se souviendra d'en avoir vu.

Ces aimans artificiels rendent dans toutes les occasions les mêmes services que les naturels, et nous procurent, outre cela, l'avantage d'en avoir de plus forts, en leur donnant une grandeur suffisante. On les fait d'acier bien trempé, et la figure d'un fer à cheval semble la plus propre pour maintenir le tourbillon. Après que l'ouvrier a fait une telle piece, on lui communique la force magnétique et même la plus grande, dont elle soit susceptible, par le moyen des barres magnétiques, dont j'ai expliqué la construction. On comprend aisément, que plus un tel aimant est grand, plus on y doit employer de grandes barres, et c'est la principale raison, pourquoi on doit être pourvu de toutes sortes de barres.

Pour aimanter donc un tel fer à cheval *HIG*, qui doit être fait d'un acier bien trempé, on pose sur la table une paire de barres magnétiques *AC* et *BD* avec leurs supports de fer doux appliqués des deux côtés, dont la figure ne représente que l'un *EF*, l'autre en ayant été ôté à mesure qu'on y a appliqué les pieds du fer à cheval, comme on le voit dans la figure. Dans cet état la matiere magnétique qui traverse les barres, fera des efforts pour passer par le fer à cheval, mais à cause de la dureté de l'acier trempé, elle ne sera pas suffisante pour y ranger les pores, et s'ouvrir un chemin. Il faut donc employer le même moyen, dont on se sert pour aimanter les barres. On prend un compas formé d'une autre paire de barres magnétiques, et on le fait passer de la même maniere sur le fer à cheval, en tournant les jambes du compas convenablement aux poles du fer à cheval; de cette maniere on y ouvrira les canaux magnétiques, et la matiere subtile des barres, en le traversant, formera le tourbillon magnétique. Or dans cette opération, il faut bien prendre garde, que les jambes du compas en les passant sur le fer à cheval ne touchent point les bouts *A* et *B* des barres; cela troubleroit le courant de la matiere magnétique qui passeroit immédiatement des barres dans les jambes du compas, ou bien les tourbillons des barres et du compas se dérangeroient mutuellement.

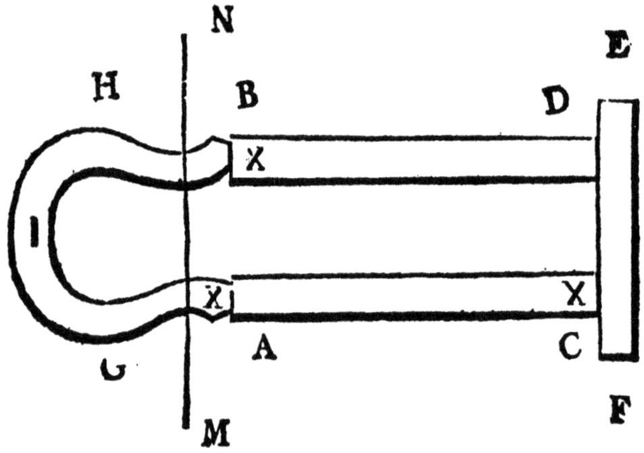

Par cette opération, le fer à cheval acquerrera une grande force magnétique, étant traversé par un courant magnétique très copieux, de sorte qu'il ne s'agit maintenant que de le détacher des barres, sans que le courant y soit dérangé. Si on l'arrachoit brusquement, le tourbillon magnétique seroit détruit et notre aimant artificiel en retiendroit très peu de force; ce que nous découvre aussi la nature du magnétisme.

Car puisque les canaux magnétiques ne se conservent, qu'entant que la matiere magnétique les traverse actuellement, nous en concluons que les moindres particules, qui forment par leur pores ces canaux, se trouvent dans un état forcé, qui ne se maintient que tant que la force du tourbillon y agit, et dès que cette force cesse, ces particules, par leur élasticité, se détourneront tant soit peu de leur situation, et les canaux magnétiques seront subitement interrompus et détruits. Nous voyons cela très clairement dans le fer doux, dont les pores se rangent promptement à l'approche d'un tourbillon magnétique, mais ne conservent presque aucune force magnétique dès qu'on l'en éloigne; ce qui prouve suffisamment que les pores du fer sont aisément mobiles, mais en même tems doués d'un ressort, qui en change d'abord la situation, dès que la force cesse. Ce n'est qu'après un très long tems, que quelques pores se fixent dans la position qui leur a été imprimée par la force magnétique, et cela arrive surtout dans les barres de fer exposées longtems au tourbillon de la terre. L'acier a bien ses pores moins flexibles, et qui se maintiennent mieux dans l'état auquel ils ont été forcés, mais ils sont pourtant assujettis à quelque dérangement, dès que la force cesse d'y agir, mais d'autant moins, que l'acier est plus dur. C'est aussi la raison, pour laquelle les aimans artificiels doivent être faits d'un acier très bien trempé; si on les faisoit de fer, ils acquerreroient bien d'abord une très grande force, étant appliqués aux barres magnétiques, mais aussi au même moment, qu'on les en détacheroit, toute la force s'évanouiroit subitement. C'est pourquoi il faut aussi prendre des précautions en détachant des barres les aimans faits d'un acier bien trempé. Pour cet effet, avant que de les en séparer, on y pose leurs supports faits d'un fer bien mou, selon la ligne MN dans la figure, en prenant garde que le support ne touche point les barres, ce qui gâteroit tout et nous obligeroit de recommencer les opérations. Alors une bonne partie de la matiere magnétique qui circule dans l'aimant GHI, prendra sa route par le support et formera un tourbillon à part qui se conservera aussi après la séparation.

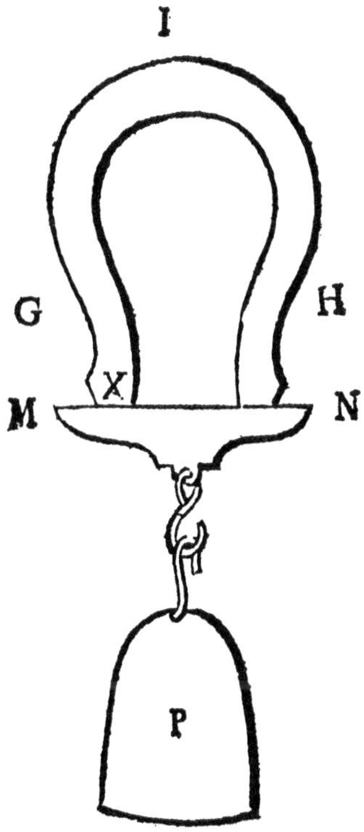

Ensuite on pousse lentement le support sur les jambes de l'aimant jusqu'aux bouts, comme on voit par la figure cy-jointe, et dans cet état on le laisse reposer pendant quelques tems, afin que le tourbillon s'affermisse de plus en plus. On charge aussi le support d'un poids P qu'on peut augmenter tous les jours et on comprend aussi aisément, que le support doit être tellement ajusté, qu'il touche parfaitement les pieds de l'aimant.

le 5 Décembre 1761

LETTRE CLXXXVII

Je crois que les merveilles de la Dioptrique seront un sujet assez digne de l'attention de V.A. La Dioptrique nous fournit deux sortes d'instrumens composés de verres, qui servent à augmenter notre vue, pour découvrir des objets qui échapperoient à la vue simple.

Il y a deux cas, où notre vue a besoin de secours: le premier est lorsque les objets sont trop éloignés de nous, pour que nous puissions les voir distinctement: tels sont les corps célestes, sur lesquels on a fait les plus importantes découvertes, par le moyen de ces instrumens de Dioptrique. V.A. se souviendra, par exemple, très bien, de ce que j'ai eu l'honneur de Lui dire sur les satellites de Jupiter qui nous conduisent à la découverte de la longitude: ils ne sont visibles que par le secours de bonnes Lunettes et les Satellites de Saturne en demandent encore de plus excellentes.

Tels sont encore, sur la surface de la terre, les objets fort éloignés, qu'on ne sauroit voir et examiner exactement que par le secours de lunettes qui nous les représentent de la même maniere que si nous les voyons de près. Ces Lunettes ou Instrumens de Dioptrique, dont on se sert pour regarder les objets fort éloignés, sont aussi nommés *Télescopes* et lunettes d'observation.

L'autre cas, où notre vue a besoin de secours, est lorsque les objets, quoique assez proches de nous, sont trop petits pour que nous en puissions distinguer les parties. Si l'on vouloit, par exemple, découvrir toutes les parties d'une jambe de mouche ou de quelque autre insecte plus petit: s'il s'agissoit d'examiner les moindres particules de notre propre corps, comme les fibres les plus petites de nos muscles, de nos nerfs, on n'y sauroit réussir sans le secours de certains instrumens, qu'on nomme *Microscopes,* qui nous représentent les petits objets de la même maniere, que s'ils étoient cent et même mille fois plus grands.

Voilà donc les deux sortes d'instrumens, les Télescopes et les Microscopes, par lesquels la Dioptrique supplée à la foiblesse de notre vue. Il n'y a que quelques siecles que ces instrumens ont été inventés, et ce n'est que depuis ce tems qu'on a fait les plus importantes découvertes, tant dans l'Astronomie, à l'aide des Télescopes et Lunettes, que dans la Physique à l'aide des Microscopes.

Tous ces effets merveilleux ne sont produits que par une certaine figure, qu'on donne à des morceaux de verre, et par une heureuse combinaison de deux ou plusieurs de ces verres qu'on nomme *Lentilles.* La Dioptrique est la science qui en renferme les principes, et V.A. se souviendra encore qu'elle roule principalement sur la route que tiennent les rayons de lumiere, lorsqu'ils traversent des intermédiaires transparens de différente qualité, lorsqu'ils passent, par exemple, de l'air dans le verre, ou dans l'eau et réciproquement du verre ou de l'eau dans l'air.

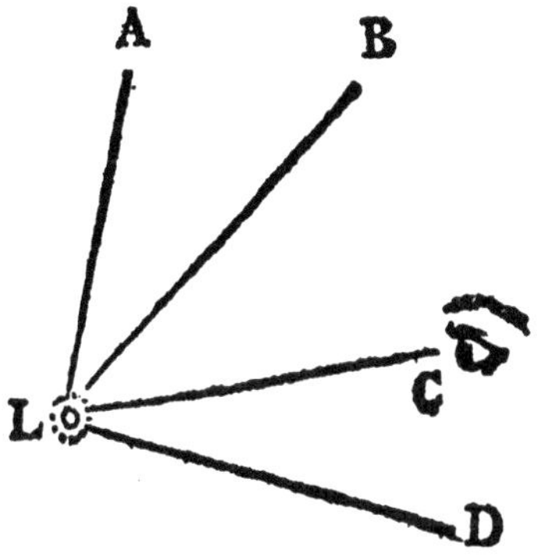

Tant que les rayons sont propagés dans le même milieu, comme dans l'air, ils continuent leur chemin selon des lignes droites LA, LB, LC, LD, tirées du point lumineux L, d'où ces rayons partent: et lorsqu'ils rencontrent quelque part, comme en C, un œil, ils y entrent et y dépeignent une image de l'objet d'où ils sont partis. Dans ce cas la vision est nommée simple, ou naturelle, et elle nous représente les objets tels qu'ils sont en effet. La science qui nous explique les principes de cette vision, est nommée *l'Optique.*

Mais lorsque les rayons, avant que d'entrer dans l'œil, sont réflechis sur une surface bien polie, comme dans un miroir, la vision n'est plus naturelle; puisque dans ce cas-ci, nous voyons les objets autrement et dans un autre lieu qu'ils sont effectivement. La science qui explique les fondemens de cette vision qui se fait par des rayons réflechis, est nommée la *Catoptrique.* Elle nous fournit aussi des instrumens propres à augmenter la portée de notre vue, et V.A. connoît les sortes d'instrumens qui, par le moyen d'un ou de deux miroirs, nous rendent le même service que les lunettes composées de verres. Ce sont ces instrumens munis de miroirs qu'on nomme *Télescopes:* mais pour les distinguer des lunettes ordinaires qui ne sont composées que de verres, il vaudroit mieux les appeller Télescopes catoptriques, réflechissans ou de réflexion. Ce seroit au moins plus exactement parler; car le nom de Télescopes a été en usage encore avant la découverte des instrumens à miroirs, et marquoit alors la même chose que Lunette.

Je me propose à présent d'entretenir V.A. uniquement des instrumens dioptriques, dont nous avons deux especes, comme j'ai déjà eu l'honneur de le remarquer, savoir les Télescopes ou Lunettes, et les Microscopes. On se sert, pour les uns et les autres, de verres formés de plusieurs différentes manieres, dont je vais expliquer les diverses especes, parmi lesquelles il y en a d'abord trois principales, selon la figure qu'on donne à la surface du verre.

La premiere figure est la *plane,* lorsque la surface d'un verre est plane, comme celle d'un miroir ordinaire. Si l'on prend, par exemple un morceau de miroir, et qu'on en ôte le vif argent attaché à la surface de derriere, on aura un verre dont les deux surfaces seront *planes* et qui aura partout la même épaisseur.

La seconde figure qu'on peut donner à la surface d'un verre, est la *convexe;* alors le verre est plus élevé dans le milieu que vers les bords.

La troisieme figure enfin, est la *concave:* le verre est alors plus enfoncé dans le milieu que vers les bords.

De ces trois différentes figures qu'on peut donner à la surface d'un verre, naissent les six especes de verres suivans.

I 

Le verre *plano-plane* est celui dont les deux surfaces sont planes.

II 

Le verre *plano-convexe* a une surface plane et l'autre convexe.

III. 

Le verre *plano-concave* a une surface plane et l'autre concave.

IV. 

Le verre *convexo-convexe* est celui dont les deux surfaces sont convexes.

V. 

Le verre *convexo-concave* a une surface convexe et l'autre concave.

VI. 

Le verre *concavo-concave* enfin, a les deux surfaces concaves.

Il est à propos de remarquer que les figures qui y sont jointes représentent les coupes de ces verres ou lentilles.

le 8 Décembre 1761

LETTRE CLXXXVIII

De ce que je viens de dire sur les faces convexes et concaves des lentilles, V.A. comprend aisément, qu'il y en peut avoir d'une infinité de façons, puisque tant la convexité que la concavité peut être plus ou moins grande. Pour les surfaces planes, il n'y en a que d'une seule espece, par ce qu'une surface ne peut être plane que d'une seule maniere: mais une surface convexe peut être regardée comme faisant partie d'une sphere et selon que le rayon ou diametre de cette sphere est plus ou moins grand, la convexité en sera différente. Ou bien comme nous représentons les verres sur le papier par des arcs de cercles, selon que ces cercles sont plus ou moins grands, il en résulte une infinité de verres, tant par rapport à la convexité qu'à l'égard de la concavité de leurs surfaces.

Pour ce qui est de la maniere dont on forme et polit les verres, on se donne tous les soins possibles pour rendre leur figure exactement circulaires ou sphériques: on se sert pour cet effet de bassins de métal, qui sont formés au tour, sur une surface sphérique tant en dedans qu'en dehors:

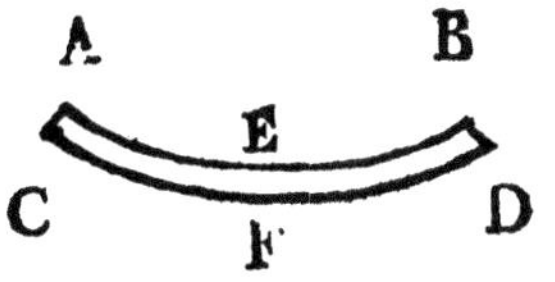

Soit *AEBDFC* la coupe d'un semblable bassin, qui aura deux faces *AEB* et *CFD* dont chacune peut avoir son rayon à part; quand on frotte un morceau de verre sur la partie concave *AEB* de ce bassin, le verre en deviendra convexe; mais si on le frotte sur la partie convexe *CFD*, il en deviendra concave. On se sert en premier lieu de sable pour frotter le verre contre le bassin, jusqu'à ce qu'il en ait pris la figure, et ensuite on se sert d'une terre fine pour le dernier poli.

Pour connoître la véritable figure des faces d'une lentille, on n'a qu'à mesurer le rayon de la face du bassin, sur laquelle cette lentille a été formée, car [la] véritable mesure tant de la convexité que de la concavité des surfaces, [est] le rayon du cercle ou de la sphere, qui leur convient et dont elles font partie.

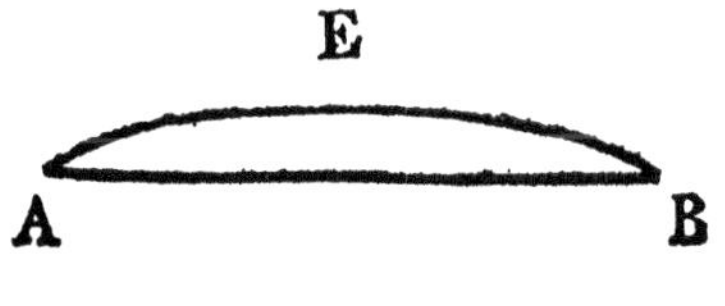

Ainsi quand je dis que le rayon de la face convexe AEB est de trois pouces, il faut entendre que AEB est un arc de cercle décrit avec un rayon de 3 pouces, l'autre face AB étant plane.

Pour mettre encore mieux devant les yeux de V.A. la différence entre les convexités, lorsque leurs rayons sont plus ou moins grands, je mettrai ici plusieurs figures de différente convexité

deux pouces

un pouce

un demi-pouce

un tiers de pouce

un cinquieme de pouce

un sixieme de pouce

un huitieme de pouce

L'on voit par là, que plus le rayon est petit, plus la surface est courbée, ou différente de la plane; plus au contraire le rayon est grand, plus aussi la surface approche-t-elle de la plane, ou l'arc de cercle d'une ligne droite. Si je faisois le rayon encore plus grand, on n'y appercevroit enfin presque plus la courbure. A peine la remarque-t-on dans l'arc MN dont le rayon est de 6 pouces ou d'un demi pied

et si le rayon étoit encore dix ou cent fois plus grand, la courbure deviendroit tout-à-fait insensible à la vue.

Cependant il n'en est pas ainsi à l'égard de la Dioptrique, et j'aurai l'honneur de faire remarquer à V. A. dans la suite, que quand le rayon seroit de cent ou de mille pieds, et que nous ne pourrions pas en remarquer la courbure, son effet cependant ne laisseroit pas d'être encore très sensible. Effectivement il faudroit que le rayon fût infiniment grand, pourque la face devienne parfaitement plane: d'où V.A. peut conclure qu'une face plane peut être regardée comme une face convexe dont le rayon est infiniment grand, ou bien aussi comme une face concave d'un rayon infiniment grand. C'est dans ce cas où la convexité et la concavité se confondent ensemble, de sorte que la face plane est le milieu qui sépare la convexité de la concavité.

Mais plus les rayons sont petits, plus les convexités et les concavités deviennent sensibles ou grandes, et de là on dit réciproquement, qu'une convexité ou concavité est d'autant plus grande, que son rayon, qui en est la mesure, est petit.

Quelque grande que soit d'ailleurs la variété, qui peut se rencontrer dans les lentilles ou verres, selon leurs deux surfaces qui sont ou planes, ou convexes, ou concaves, et ceci encore d'une infinité de manieres différentes par rapport à l'effet qui en résulte dans la dioptrique, on les peut néanmoins ranger en trois classes principales, que voici:

La premiere classe comprend les verres qui sont partout également épais; soit que leurs deux faces soient planes et paralleles entr'elles,

soit que l'une soit convexe et l'autre concave, mais concentriques ou décrites du même centre, de sorte que l'épaisseur reste partout la même.

De ces verres il est à remarquer, qu'ils ne changent rien dans l'apparition des objets que nous voyons par leur moyen. C'est comme s'il n'y avoit rien entre nos yeux et les objets, et aussi par cette raison, ces verres ne sont-ils d'aucun usage dans la Dioptrique. Ce n'est pas que les rayons qui entrent dans de tels verres ne souffrent aucune réfraction, mais c'est parce que la réfraction à l'entrée est parfaitement redressée à la sortie, de sorte que les rayons après avoir traversé le verre, reprennent la même route qu'ils avoient tenue avant que d'y entrer. Ce sont donc les verres des deux autres classes qui, à cause de leur effet, font l'objet principal de la Dioptrique.

La seconde classe de verres renferment ceux qui sont plus épais vers le milieu que vers les bords

plano-convexe convexo-convexe convexo-concave ou ménisque

L'effet en est le même, tant que l'excès de l'épaisseur du milieu sur celle des bords tient le même rapport à la grandeur du verre. On nomme pour l'ordinaire tous les verres de cette classe *Convexes,* puisque la convexité y domine, quoique d'ailleurs une de leurs faces peut être plane et même concave.

La troisieme classe contient les verres qui sont plus épais par les bords que vers le milieu

plano-concave concavo-concave concavo-convexe ou ménisque

qui tous produisent un semblable effet, lequel dépend de l'excès d'épaisseur vers les bords sur celle du milieu. Comme la concavité prévaut dans tous ces verres de la troisieme Classe, on les nomme simplement *Concaves.* Il faut bien les distinguer de ceux de la seconde Classe qui sont les convexes.

C'est des verres de ces deux dernieres classes que je me propose d'entrenir V.A. dans mes lettres suivantes, en y exposant leurs effets dans la Dioptrique.

le 12 Décembre 1761

LETTRE CLXXXIX

Pour expliquer à V.A. l'effet que produisent les verres tant convexes que concaves dans l'apparition des objets, il faut distinguer deux cas, l'un où l'objet est très éloigné du verre et l'autre où il se trouve plus rapproché.

Mais avant que d'entreprendre cette explication, je dois dire un mot sur ce qu'on nomme l'axe d'un tel verre. Comme les deux surfaces sont représentées par des arcs de cercles, on n'a qu'à tirer une ligne droite par les centres de ces deux cercles; cette ligne est nommée l'axe du verre. Dans la figure cijointe du verre AB, le centre de l'arc AEB étant en C et celui de l'arc AFB en D, la ligne droite CD est nommée l'axe de ce verre; et il est aisé de voir que cet axe passe par le milieu du verre. Il en est de même, si les faces

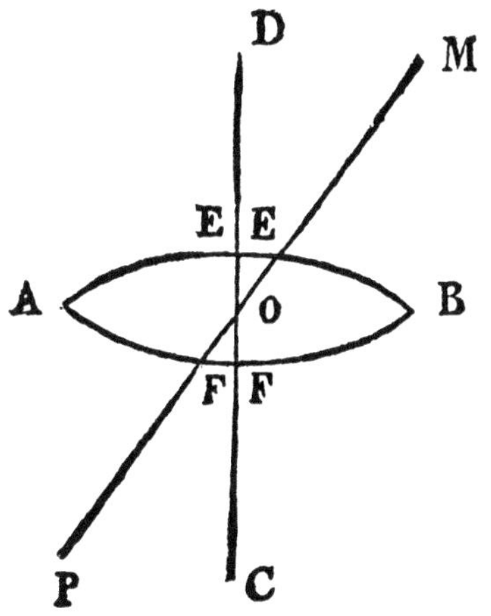

des verres sont concaves. Or si l'une est plane, l'axe y sera perpendiculaire, en passant par le centre de l'autre face.

On peut voir par là que l'axe traverse perpendiculairement les deux faces, et ainsi un rayon de lumiere qui vient dans la direction de l'axe, n'y souffre aucune réfraction, puisque les rayons qui passent d'un milieu dans un autre, ne sont rompus ou réfractés, qu'entant qu'ils n'y entrent pas perpendiculairement.

On peut aussi prouver que tous les autres rayons qui passent par le milieu O du verre, ne souffrent aucune réfraction, ou plutôt qu'ils redeviennent paralleles à eux mêmes.

Pour en comprendre la raison, on n'a qu'à considérer qu'aux points E et F, les deux faces du verre sont paralleles entr'elles, car l'angle MEB que fait le rayon ME avec l'arc de cercle EB, ou sa tangente en E, est ouvertement égal à l'angle PFA, que ce même rayon prolongé FP fait avec l'arc de cercle AF ou sa tangente en F: V. A. se souvient que deux tels angles sont nommés alternes, et qu'il est démontré, que lorsque les angles alternes sont égaux, les lignes droites sont paralleles entr'elles.: par conséquent les deux tangentes en E et en F seront paralleles, et il sera de même que si le rayon $MEFP$ passoit par un verre, dont les deux faces seroient paralleles entr'elles. Or nous avons vu cy-dessus, que les rayons en passant par un tel verre ne changent point de route.

Après ces remarques, considérons un verre convexe AB, dont l'axe soit la ligne droite $OEFP$, et supposons qu'à une très grande distance du verre sur son axe il se trouve un objet, ou un point lumineux O, qui répand des rayons en tout sens: il y en aura qui passeront par notre verre AB, tels que OM, OE et ON, dont celui du milieu OE ne souffrira aucune réfraction, mais continuera sa route à travers du verre, suivant la direction FJP. Les deux autres rayons OM et

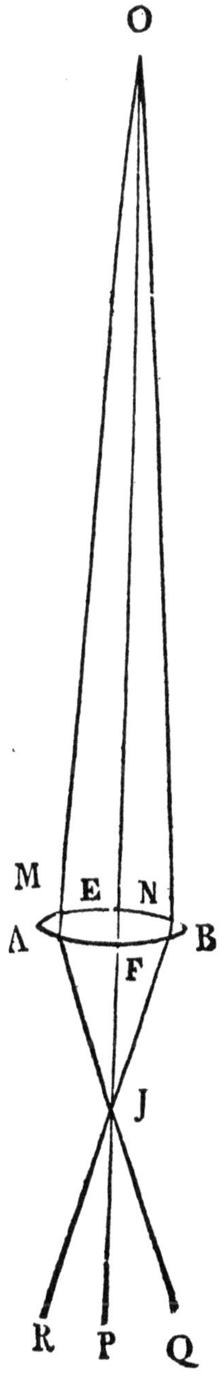

ON en passant vers les bords du verre, y seront rompus, tant en entrant qu'en sortant, de façon qu'ils concourreront quelque part en *J* avec l'axe, et continueront ensuite leurs routes dans les directions *JQ* et *JR* : on peut aussi prouver que tous les autres rayons qui tombent entre *M* et *N* seront rompus, en sorte qu'ils se réunissent avec l'axe au même point *J*. Donc les rayons, qui sans l'interposition du verre auroient continué leurs routes rectilignes *OM* et *ON*, suivront après la réfraction d'autres routes, tout comme s'ils étoient partis du point *J*; et s'il y avoit un œil quelque part en *P*, il en seroit affecté de la même maniere, que si le point lumineux étoit actuellement en *J*, quoiqu'il n'y ait rien de réel. V.A. n'a qu'à supposer pour un moment, qu'il y ait en *J* un objet réel, lequel répandant ses rayons seroit également vu d'un œil placé en *P*, comme il voit à présent l'objet en *O* par les rayons rompus par le verre. Par cette raison, qu'il y ait en *J* une image de l'objet *O*, et que le verre *AB* y représente l'objet *O*, ou le transporte presqu'en *J*, ce n'est plus le point *O* qui est l'objet de la vue, c'est plutôt son image représentée en *J*, qui en est l'objet immédiat.

Voilà donc un changement bien considérable que ce verre produit, par lequel un objet fort éloigné *O* est subitement transporté en *J* d'où l'œil doit sans doute recevoir une toute autre impression, que si l'on ôtoit le verre, et que l'œil vît immédiatement le vrai objet *O*. Que V.A. considere en *O* une étoile, puisque nous supposons que le point *O* est extrêmement éloigné, le verre nous représentera en *J* une image de cette étoile, mais une telle image qu'on ne sauroit toucher et qui en effet n'a aucune réalité, puisqu'il n'y a rien de réel en *J*, si ce n'est que les rayons partis du point *O* sont rassemblés en *J* par la réfraction du verre. Il ne faut pas s'imaginer non plus, que l'étoile nous paroitroit de la même maniere que si l'objet, ou l'étoile, existoit réellement en *J*. En effet un corps plusieurs milliers de fois plus grand que la terre, comment pourroit-il exister en *J* ? tous nos sens en seroient frappés bien autrement: il faut donc bien remarquer que ce n'est qu'une image représentée en *J*, à peu près semblable à l'image d'une étoile représentée dans le fond de l'œil: ou bien à celle que nous voyons dans un miroir, dont l'effet n'a rien de surprenant.

le 15 Décembre 1761

LETTRE CXC

Je vais exposer à V. A. dans cette lettre-ci, l'effet que produisent les verres convexes, ou ceux qui sont plus épais par le milieu que vers les bords. Il est vrai que tout revient à déterminer le changement que les rayons souffrent dans leur route, lorsqu'ils passent par un tel verre. Pour mettre cette recherche dans tout son jour, il faut bien distinguer deux cas, l'un où l'objet est fort éloigné du verre, et l'autre où il en est assez proche. Je considérerai donc d'abord le premier cas, où l'objet est extrêmement éloigné du verre.

Dans cette figure, MN est le verre convexe et la droite $OABJS$ son axe qui passe perpendiculairement par le milieu du verre: remarquons en passant, que cette propriété que l'axe de chaque verre passe perpendiculairement par son milieu, nous en donne la plus juste idée qu'on puisse s'en former. Concevons maintenant que sur cet axe il se trouve quelque part en O un objet OP que je représente ici comme une ligne droite, quelque figure qu'il puisse d'ailleurs avoir; et comme chaque point de cet objet lance ses rayons en tout sens, il ne s'agit ici que de ceux qui tombent sur le verre.

Premierement je bornerai mes réflexions sur ceux, qui proviennent du point O situé dans l'axe même du verre. La figure nous représente trois de ces rayons, OA, OM et ON, dont le premier OA passant par le milieu du verre, ne souffre aucun changement dans sa route qu'il continue, après avoir traversé le verre selon la premiere direction BJS, c'est-à-dire dans l'axe du verre; mais les deux autres rayons OM et ON souffrent une réfraction, tant en entrant, qu'en sortant du verre, par laquelle ils sont détournés de leur premiere route, de façon qu'ils se réuniront quelque part en J avec l'axe, d'où ils continueront leurs nouvelles routes dans les lignes droites MJQ et NJR; de sorte que dans la suite, lorsqu'ils rencontreront un œil, ils y produiront le même effet, comme si le point O existoit actuellement en J, puisqu'ils tiennent la même route. Par cette raison on dit que le verre convexe transporte l'objet de O

en J, mais pour distinguer ce point J du vrai point O, on nomme celui-là l'image de celui-ci, qui à son tour est nommé l'objet.

Ce point J est très remarquable, et lorsque l'objet O est extrêmement éloigné, l'image en est aussi nommée le foyer du verre; j'en expliquerai la raison à V. A. Si c'est le soleil qui tient lieu d'objet en O, les rayons qui tombent sur le verre en sont tous réunis dans le lieu J, et comme ils sont extrêmement forts et doués de la qualité d'échauffer, il est naturel que la réunion de tant de rayons qui se fait en J y doit produire un très haut degré de chaleur capable de bruler les choses combustibles qu'on met en J. Or un tel lieu, où tant de chaleur est réunie se nomme un foyer; la raison de cette dénomination à l'égard des verres convexes est évidente. C'est pourquoi un tel verre convexe est aussi nommé un verre ardent, dont les effets sont sans doute bien connus à V. A.; je remarque seulement que cette propriété de réunir les rayons du soleil dans un certain point qu'on nomme leur foyer, convient à tous les verres convexes; ils réunissent aussi les rayons de la lune, des étoiles et de tous les corps fort éloignés, dans le même lieu; et quoique leur force soit trop petite pour produire quelque chaleur, on se sert pourtant du même nom de foyer: et ainsi le foyer d'un verre n'est autre chose que le lieu où l'image des objets fort éloignés est représentée: à quoi il faut encore ajouter cette condition, que l'objet soit situé dans l'axe même du verre; car s'il étoit hors de l'axe, son image seroit aussi représentée hors de l'axe, j'aurai occasion d'en parler dans la suite.

Au reste, il est bon d'ajouter encore les remarques suivantes sur le foyer.

1. Comme le point O où l'objet est infiniment éloigné, les rayons OM, OA et ON peuvent être considérés comme paralleles entr'eux, et par la même raison paralleles à l'axe du verre.

2. Le foyer J est donc le point derriere le verre, où les rayons paralleles à l'axe, qui tombent sur le verre, sont réunis par la réfraction du verre.

3. Le foyer d'un verre, et le lieu où l'image d'un objet infiniment éloigné et situé dans l'axe du verre est représentée, sont la même chose.

4. L'éloignement du point J derriere le verre ou bien la distance BJ, est nommé la distance du foyer du verre. Quelques Auteurs la nomment aussi la distance focale.

5. Chaque verre convexe a sa distance de foyer particuliere, l'un plus grande et l'autre plus petite, ce qu'on trouve aisément en exposant le verre au soleil, et observant où les rayons se réunissent.

6. Les verres qui sont formés par des arcs de petits cercles, ont leur

foyer fort près derriere eux; mais ceux dont les faces sont des arcs de grands cercles, ont leur foyers plus éloignés.

7. Il est important de savoir la distance du foyer de chaque verre convexe dont on se sert dans la dioptrique, et il suffit d'en connoitre le foyer, pour juger de tous les effets qu'on en doit attendre tant dans les lunettes ou Télescopes que dans les Microscopes.

8. Si l'on se sert de verres également convexes des deux côtés, de sorte que chaque face réponde au même cercle, alors le rayon de ce cercle donne à peu près la distance du foyer de ce verre; ainsi pour faire un verre ardent, qui brule à la distance d'un pied, on n'a qu'à former ses deux faces suivant un cercle dont le rayon est d'un pied.

9. Mais lorsque le verre est plano-convexe, sa distance de foyer est à peu près égale au diametre du cercle qui convient à la face convexe.

L'intelligence de ces termes rendra ce que nous avons encore à dire, facile à entendre.

le 19 Décembre 1761

LETTRE CXCI

Ayant remarqué qu'un objet éloigné à l'infini est représenté par un verre convexe dans son foyer même, pourvu que cet objet se trouve dans l'axe du verre, je passe aux objets plus proches, mais toujours situés dans l'axe du verre, et j'observe d'abord, que plus l'objet s'approche du verre, plus l'image s'en éloigne.

Ainsi supposons que F soit le foyer du verre MM, de sorte que d'un objet éloigné à l'infini devant le verre ou au haut de la figure, l'image soit représentée en F, alors en approchant l'objet du verre et le plaçant successivement en P, Q, R, l'image sera représentée aux points p, q, r, plus éloignés du verre que le foyer, ou bien, si AP est la distance de l'objet, Bp sera la distance de l'image; et si AQ est la distance de l'objet, Bq sera celle de l'image, et la distance Br de l'image répondra à la distance de l'objet AR.

On a une regle par laquelle on peut aisément calculer la distance de l'image derriere le verre, pour chaque distance de l'objet qui est devant le verre; mais je ne veux pas ennuyer V.A. par une exposition seche de cette regle; il suffira de remarquer en général, que plus on diminue la distance de l'objet devant le verre, plus la distance de l'image derriere le verre devient grande. J'ajouterai outre cela l'exemple d'un verre convexe dont la distance du foyer est de 6 pouces, ou d'un verre tel, que si la distance de l'objet est infiniment grande, la distance de l'image derriere le verre, soit précisément de 6 pouces; maintenant si l'on approche l'objet du verre, l'image s'en éloignera suivant cette table:

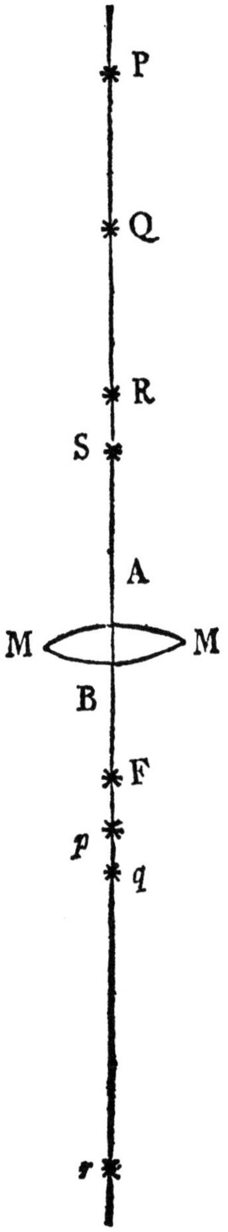

Distance de l'objet	Distance de l'image
infini	6
42	7
24	8
18	9
15	10
12	12
10	15
9	18
8	24
7	42
6	infini

ainsi l'objet étant éloigné de 42 pouces du verre, l'image tombera à la distance de 7 pouces, et ainsi d'un pouce plus loin que le foyer. Or si l'objet se trouve à la distance de 24 pouces l'image se trouvera à la distance de 8 pouces, et par conséquent de deux pouces au delà du foyer et ainsi de suite.

Quoique ces nombres ne conviennent qu'à un verre, dont la distance du foyer est de 6 pouces, on en peut pourtant tirer quelques conséquences générales.

1. Si la distance de l'objet est infiniment grande, l'image tombe dans le foyer même.

2. Si la distance de l'objet est deux fois plus grande que la distance du foyer, la distance de l'image sera aussi deux fois plus grande que la distance du foyer, ou bien l'objet et l'image seront également éloignés du verre. Dans l'exemple rapporté ci-dessus, la distance de l'objet étant de 12 pouces, celle de l'image est aussi de 12 pouces.

3. Lorsqu'on approche l'objet du verre, de façon que sa distance soit précisément égale à la distance du foyer (comme de 6 pouces dans l'exemple ci-dessus), alors l'image s'éloigne à l'infini derriere le verre.

4. Aussi voit-on en général, que la distance de l'objet et celle de l'image se répondent réciproquement, ou si l'on met l'objet à la place de l'image, l'image tombera dans le lieu de l'objet.

Donc si le verre MM rassemble en J les rayons qui émanent du point O, alors ce même verre rassemblera aussi réciproquement en O les rayons qui émanent du point J.

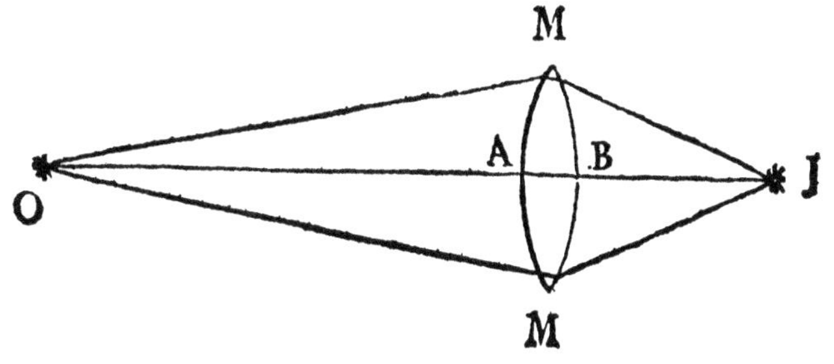

6. C'est une suite d'un grand principe de la Dioptrique, en vertu duquel on soutient que quelques soient les réfractions que les rayons aient souffert en passant par plusieurs milieux réfringens, ils pourroient toujours retourner sur la même route.

Cette vérité est très importante dans la connoissance des verres; ainsi quand je sais, par exemple, qu'un verre a représenté, à la distance de 8 pouces, l'image d'un objet éloigné de 24 pouces, j'en puis hardiment conclure que si l'objet étoit éloigné de 8 pouces, le même verre en représenteroit l'image à la distance de 24 pouces.

Il est aussi essentiel de remarquer, que lorsque la distance de l'objet est égale à la distance du foyer, l'image s'éloignera subitement à l'infini; mais cela est parfaitement bien d'accord avec le rapport qui se trouve entre l'objet et l'image.

Mais V.A. sera sans doute curieuse d'apprendre en quel lieu l'image sera représentée, lorsqu'on approche d'avantage l'objet du verre, de sorte que sa distance devienne plus petite que la distance du foyer. Cette question est d'autant plus embarrassante, qu'il faudroit répondre, que la distance de l'image devroit alors être plus grande que l'infini, attendu que plus l'objet s'approche du verre, plus l'image s'en éloigne. Mais l'image étant déjà éloignée à l'infini, comment est-il possible, que sa distance devienne encore plus grande? Cette question pourroit sans doute embarrasser les Philosophes, mais dans les Mathématiques, il est fort aisé d'y répondre. L'image passera d'une distance infinie, à l'autre côté du verre, et par conséquent du même côté où se trouve l'objet; elle paroitra donc au delà de l'objet. Quelque bizarre que paroisse cette réponse, elle est non seulement confirmée par le raisonnement, mais aussi par l'expérience, de sorte qu'on ne sauroit douter de sa justesse; croitre au delà de l'infini, est la même chose, que passer de l'autre côté: ce qui est sans doute véritablement un paradoxe.

le 22 Décembre 1761

LETTRE CXCII

V.A. ne doutera pas actuellement que chaque verre convexe ne représente quelque part une image des objets qui lui sont opposés, et que dans chaque cas le lieu de l'image varie autant selon l'éloignement de l'objet, que selon la distance du foyer du verre, mais il me reste à expliquer encore un article bien important, qui regarde la grandeur de l'image.

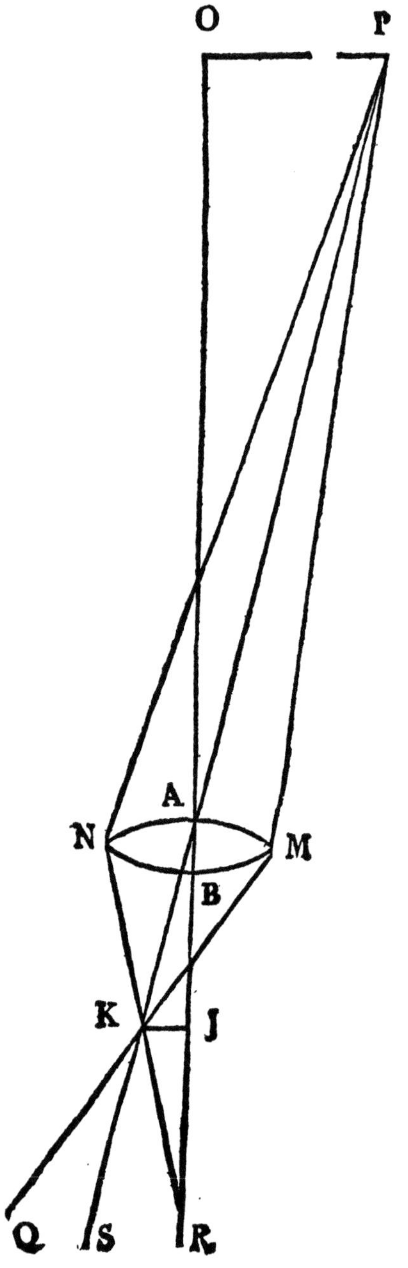

Lorsqu'un tel verre nous représente l'image du soleil, ou de la lune, ou d'un étoile à la distance d'un pied, V. A. s'imagine aisément, que ces images doivent être incomparablement plus petites que les objets mêmes. Une étoile étant beaucoup plus grande que toute la terre, comment seroit-il possible qu'une image aussi grande nous fût représentée à la distance d'un pied? mais comme l'étoile ne nous paroit que comme un point, l'image qui en est représentée par un verre, ressemble aussi à un point, et est par conséquent infiniment plus petite que l'objet même.

Donc dans chaque représentation faite par les verres, il y a deux choses à considérer, l'une regarde le lieu où l'image est représentée, et l'autre la véritable grandeur de l'image, qui peut être très différente de celle de l'objet. La premiere étant déjà suffisamment éclaircie, je m'en vais exposer à V.A. une regle très simple, par laquelle Elle jugera aisément dans chaque cas de quelle grandeur doit être l'image représentée par un verre.

Soit OP un objet quelconque situé sur l'axe du verre convexe MN; d'abord il faut chercher le lieu de l'image, qui soit en J, de sorte que le point J est l'image du bout O de l'objet, puisque les rayons émanés du point O, y sont réunis par la réfraction du verre. Voyons maintenant en quel lieu sera représentée l'image de l'autre point *P* de l'objet; pour cet effet considérons les rayons *PM*, *PA*, *PN*, qui partant du point *P* tombent sur le verre; j'observe alors que le rayon *PA* qui passe par le milieu du verre ne change point de direction, mais qu'il continue sa route *AKS*: ce sera donc quelque part sur cette ligne en *K*, où les autres rayons *PM* et *PN*, se réunissent: ou bien le point *K* sera l'image de l'autre bout *P* de l'objet, le point *J* étant celle du point *O*: d'où il est aisé de conclure, que *JK* sera l'image de l'objet *OP*, qui est représentée par le verre.

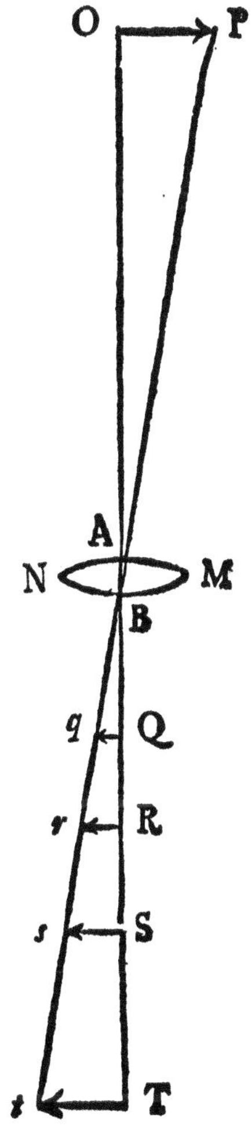

Donc pour déterminer la grandeur de cet image, ayant déjà trouvé le lieu *J*, on n'a qu'à tirer du bout *P* de l'objet, par le milieu du verre *A*, la ligne droite *PAKS* et poser en *J* perpendiculairement à l'axe, la ligne *JK*, et celle-cy sera l'image en question; par là il est évident que cette image est renversée, de sorte que si la ligne *OR* étoit horizontale et l'objet *OP* un homme, l'image auroit la tête *K* en bas et les pieds en haut en *J*.

Outre cela j'ajouterai là dessus les remarques suivantes.

1. Plus l'image est proche du verre, plus elle est petite: et plus elle est éloignée du verre, plus elle est grande. Ainsi *OP* étant l'objet placé sur l'axe devant le verre *MN*, si l'image tomboit en *Q*, elle seroit plus petite que si elle tomboit en *R* ou *S* ou *T*. Car puisque la ligne droite *PAt* tirée du sommet de l'objet *P* par le milieu du verre, termine toujours l'image à quelque distance qu'elle se trouve du verre, il est évident, que parmi les lignes *Qq*, *Rr*, *Ss*, *Tt*, la premiere *Qq* est la plus petite, et que les autres croissent à mesure qu'elles s'éloignent du verre.

2. Il y a un cas où l'image est précisément égale à l'objet; ce cas a lieu lorsque la distance de l'image est égale à celle de l'objet, ce qui arrive comme j'ai déjà remarqué, quand la distance de l'objet *AO* est deux fois plus grande que la distance du foyer du verre; alors l'image sera *Tt* ensorte que la distance *BT* est égale à *AO*. Maintenant V.A. n'a qu'à considérer les deux triangles *OAP* et *TAt*, qui ayant tant les angles opposés par la pointe en *A*, que les côtés *AO* et *AT* égaux entr'eux, outre cela, les angles en *O* et *T* qui sont droits: ces deux triangles sont égaux entr'eux et ainsi le côté *Tt*, qui est l'image, est égal au côté *OP* qui est l'objet.

3. Si l'image étoit deux fois plus éloignée du verre que l'objet, elle seroit deux fois plus grande que l'objet; et en général autant de fois que l'image est éloignée du verre que l'objet, autant de fois elle sera plus grande que l'objet. Or plus on approche l'objet du verre, plus l'image s'en éloigne, et devient par conséquent d'autant plus grande.

4. Le contraire arrive lorsque l'image est plus proche du verre que n'en est l'objet; alors elle est d'autant de fois plus petite que l'objet, qu'elle est plus proche du verre que ne l'est l'objet. Donc si la distance de l'image étoit 1000 fois plus petite que la distance de l'objet, elle seroit aussi mille fois plus petite que l'objet.

5. Appliquons cela aux verres ardens qui, étant exposés au soleil, représentent dans le foyer l'image du soleil, ou plutôt le foyer, c'est-à-dire ce cercle lumineux et brillant, qui brule et qui n'est autre chose que l'image du soleil représentée par le verre. Donc V.A. ne sera plus surprise de la petitesse de cette image, quoique le soleil soit si excessivement grand, puisque cette image dans le foyer est autant de fois plus petite que le véritable soleil, que la distance du soleil est plus grande que celle de l'image au verre.

6. Delà il est aussi clair, que plus la distance du foyer d'un verre ardent est grande, plus aussi le cercle est brillant dans le foyer, c'est-à-dire l'image du soleil sera grande: et toujours le diametre du foyer est environ 100 fois plus petit que la distance du foyer au verre.

Dans la suite j'aurai l'honneur de parler des différents usages, qu'on fait des verres convexes qui sont tous si curieux, qu'ils méritent bien l'attention de V.A.

le 26 Décembre 1761

LETTRE CXCIII

Le premier usage des verres convexes est celui des verres ardens, dont l'effet doit paroitre tout-à-fait surprenant à ceux mêmes qui ont déjà quelque teinture de la Physique. En effet qui croiroit qu'une simple image du soleil soit capable d'exciter un si prodigieux degré de chaleur? Mais V.A. n'en sera plus surprise, quand Elle voudra bien daigner faire quelque attention aux réflexions suivantes.

1. Soit MN un verre ardent qui reçoit, sur sa surface, les rayons du soleil R, R, R, lesquels sont rompus de façon, qu'ils présentent en F un petit cercle lumineux, qui est l'image du soleil, et qui est d'autant plus petit, qu'il est proche du verre.

2. Tous les rayons du soleil, qui tombent sur la surface du verre sont réunis dans le petit espace du foyer F, et ainsi leur effet y doit être autant de fois plus grand, que la surface du verre surpasse la grandeur du foyer ou l'image du soleil. On dit, que les rayons qui étoient dispersés par toute la surface du verre sont concentrés dans le petit espace F.

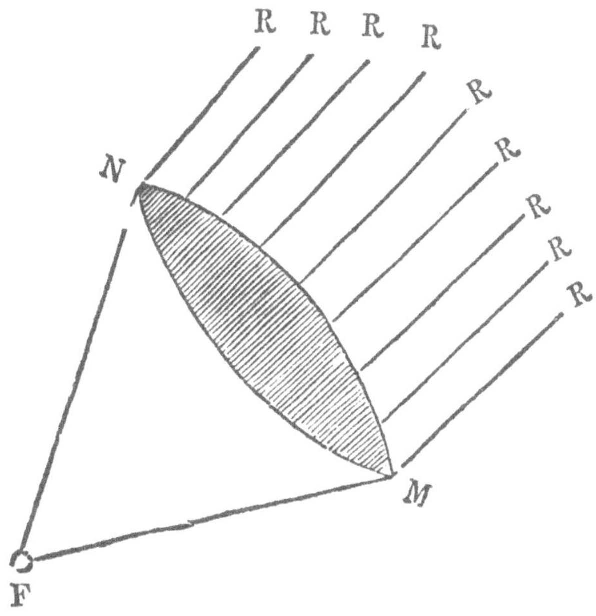

3. Or les rayons du soleil ont un certain degré de chaleur, il faut donc qu'ils exercent ce pouvoir dans le foyer à un degré fort sensible; on peut même estimer, combien de fois ce degré doit surpasser la chaleur naturelle des rayons du soleil: on n'a qu'à voir combien de fois la surface du verre est plus grande que le foyer.

4. Si le verre n'étoit pas plus grand que le foyer, la chaleur ne surpasseroit point la naturelle, d'où il faut conclure, que pour qu'un verre ardent produise un grand effet, il ne suffit pas qu'il soit convexe ou qu'il représente une image du soleil, il faut en outre qu'il ait une grande surface qui surpasse plusieurs fois la grandeur du foyer, qui est d'autant plus petit, qu'il est proche du verre.

5. Le plus excellent verre ardent se trouve en France, sa largeur est de 3 pieds, et on estime que sa surface est presque 2000 fois plus grande que le foyer ou l'image du soleil qu'il représente. Il faut donc qu'il produise dans le foyer une chaleur 2000 fois plus grande que celle que nous éprouvons étant exposés au soleil. Aussi les effets de ce verre sont prodigieux, au premier instant tout bois est enflammé, les métaux sont fondus en peu de minutes; et en général le feu le plus ardent qu'on puisse produire, n'est pas à comparer avec la véhémence du foyer de ce verre.

6. On estime, que la chaleur de l'eau bouillante est environ trois fois plus grande que celle que nous éprouvons des rayons du soleil pendant l'été, ou ce qui revient au même, la chaleur de l'eau bouillante est trois fois plus grande, que la chaleur naturelle du sang dans le corps humain. Mais pour

fondre du plomb, il faut une chaleur trois fois plus grande que celle qu'il faut, pour faire bouillir de l'eau, et pour fondre du cuivre, il faut une chaleur encore trois fois plus grande, L'or exige encore un plus haut degré de chaleur: il s'ensuit delà qu'une chaleur 100 fois plus grande que celle de notre sang est déjà capable de fondre l'or; combien donc de fois une chaleur 2000 fois plus grande, ne doit-elle pas surpasser la force de nos feux ordinaires?

7. Mais comment arrive-t-il, que les rayons du soleil réunis dans le foyer d'un verre ardent, y produisent ces effets prodigieux? c'est une question bien difficile sur laquelle les Philosophes sont fort partagés. Ceux qui soutiennent que les rayons sont une émanation actuelle du soleil lancée avec cette grande vîtesse, dont j'ai l'honneur de parler à V. A., ne sont pas en peine là-dessus; il n'ont qu'à dire, que la matiere des rayons, frappant les corps avec violence, en doit briser et détruire tout-à-fait les moindres particules des corps. Mais ce sentiment ne doit plus avoir lieu dans la saine Physique.

8. L'autre sentiment, qui met la nature de la lumiere dans un ébranlement de l'éther, semble peu propre à expliquer ces effets surprenants des verres ardens. Cependant si on pese bien toutes les circonstances, on sera bientôt convaincu de la possibilité. Quand les rayons naturels du soleil tombent sur un corps, ils y excitent les moindres particules de sa surface à un ébranlement, ou mouvement de vibration, qui est à son tour capable d'exciter de nouveaux rayons qui nous rendent visible ce même corps. Et un corps n'est illuminé ou éclairé, qu'autant que ses propres particules sont mises dans un mouvement de vibration si rapide, qu'il est capable de produire dans l'éther de nouveaux rayons.

9. Maintenant il est clair, que si les rayons naturels du soleil ont assez de force pour ébranler les moindres particules des corps, les rayons rassemblés dans le foyer, doivent mettre les particules des corps qu'ils y rencontrent dans une si violente agitation, que leur liaison mutuelle est tout-à-fait rompue, et le corps même entierement détruit, ce qui est l'effet du feu. Car si le corps est combustible comme le bois, la dissolution de ses moindres particules jointe à la plus rapide agitation, en chasse une bonne partie dans l'air, en forme de fumée, et les parties plus grossieres restent sous la forme de cendres. Les corps fusibles, comme sont les métaux, deviennent liquides par la dissolution de leurs particules, et c'est delà qu'on peut comprendre, comment le feu agit sur les corps; ce n'est que la liaison entre leurs plus petites particules, qui en est attaquée et les particules mêmes ensuite y sont mises dans la plus grande agitation. Voilà donc un effet bien frappant que celui des verres ardens, qui tire

son origine de la nature des verres convexes; j'aurai l'honneur d'en rapporter encore d'autres merveilles à V.A.

le 29 Décembre 1761

LETTRE CXCIV

Après avoir présenté à V.A. les vœux ardens que je fais au renouvellement de cette année pour sa conservation, je continue le fil de mon discours.

On fait encore usage des verres convexes dans les chambres obscures, où par le moyen d'un tel verre tous les objets de dehors sont représentés dans la Chambre sur une surface blanche, avec leurs couleurs naturelles, de maniere que toute la contrée y est représentée dans une plus grande perfection, que ne le pourroit faire un peintre. Aussi les peintres se servent-ils de ce moyen pour dessiner avec exactitude les paysages et autres objets qu'on voit dans l'éloignement. C'est sur ces chambres obscures que je me propose d'entretenir V.A.

Cette figure $EFGH$ représente la coupe d'une chambre obscure, bien fermée de toutes parts, à l'exception d'un trou rond MN fait dans un volet, où l'on fixe un verre convexe d'un foyer tel, que l'image des objets de dehors, comme par exemple de l'arbre OP, tombe exactement sur la muraille opposée FG en op. On se sert aussi d'une table blanche et mobile qu'on met dans le lieu des images représentées.

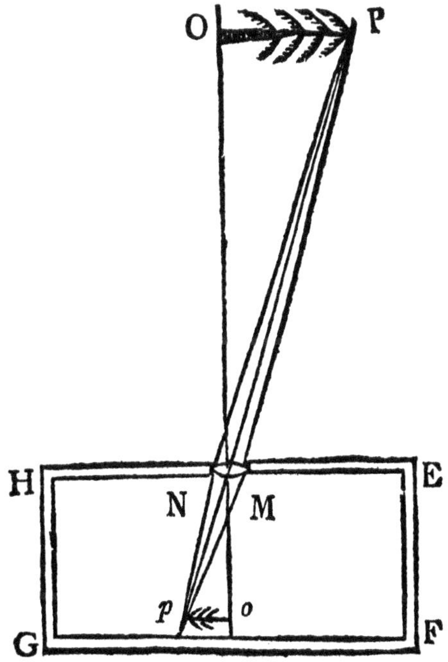

Ce n'est donc qu'à travers de ce trou MN, où est placé le verre, que les rayons de lumiere peuvent entrer dans la chambre, sans lequel il y régneroit une obscurité parfaite.

Considérons maintenant le point P de quelque objet, la tige par exemple de notre arbre OP. Ses rayons PM, PA, PN tomberont donc sur le verre MN et en seront réfractés en sorte qu'ils se réunissent de nouveau au point p sur la muraille, ou sur une table blanche mise expressement dans cet endroit. Ce point p ne recevra par conséquent d'autres rayons que ceux qui viennent du point P, de même tout autre point de la table ne recevra que les rayons qui sont partis du point de l'objet qui y répond; et réciproquement à chaque point de l'objet du dehors répondra un point sur la table qui en reçoit uniquement les rayons. Si l'on ôtoit le verre du trou MN, la table seroit tout autrement éclairée, puisque alors chaque point de l'objet répandroit ses rayons par toute la table; de sorte que chaque point de la table seroit éclairé à la fois par tous les objets du dehors, au lieu qu'actuellement il n'est éclairé que par un seul point de l'objet, dont il reçoit les rayons; d'où V. A. comprendra aisément que l'effet en doit être tout-à-fait différent, que si les rayons entroient simplement par le trou MN dans la chambre.

Voyons de plus près en quoi consiste cette différence, et supposons d'abord que le point P de l'objet soit vert; le point p de la table ne recevra donc que ces rayons verts de l'objet P, et qui en se réunissant feront une certaine impression qu'il s'agira d'examiner ici. Pour cet effet V. A. voudra bien se resouvenir des propositions suivantes, que j'ai eu l'honneur de Lui expliquer autrefois.

1. Les diverses couleurs different entr'elles de la même maniere que les différens tons de la musique: chaque couleur est produite par un certain nombre déterminé de vibrations qui, dans un tems donné, sont excitées dans l'éther. Ainsi la couleur verte de notre point P est appropriée à un certain nombre de vibrations, et elle ne seroit plus verte si ces vibrations étoient plus ou moins rapides. Quoique nous ne connoissions pas le nombre de vibrations qui produisent telle ou telle couleur, il nous sera toujours permis de supposer ici que la couleur verte exige 12000 vibrations par seconde, et ce que nous dirons de ce nombre de 12000 s'entendra aussi aisément du nombre véritable quel qu'il soit.

2. Cela posé, le point p sur la table blanche, sera frappé par un mouvement de vibration, dont 12000 s'achevent dans une seconde. Or j'ai remarqué que les particules d'une surface blanche sont toutes de nature à recevoir toutes sortes d'ébranlemens, plus ou moins rapides, au lieu que les particules d'une surface colorée ne sont propres qu'à recevoir ce même degré de rapidité qui convient à leur couleur. Donc puisque notre table est blanche, le point p y sera excité à un mouvement de vibration convenable à la couleur verte: ou bien il sera agité 12000 fois par seconde.

3. Ensuite tant que le point p, ou la particule de la surface blanche, qui se trouve en p est agitée d'un semblable mouvement, elle communiquera le même mouvement aux particules de l'éther qui l'environnent; et ce mouvement se répandant en tout sens, engendrera des rayons de la même nature,

c'est-à-dire des rayons verts: De même que dans les sons, le seul bruit d'un certain ton C, par exemple, ébranle une corde tendue au même ton et lui fait rendre du son, sans qu'elle soit touchée.

4. Le point p de la table blanche produira donc des rayons verts de même que s'il étoit teint de cette couleur: et ce que j'ai fait voir ici du point p, aura pareillement lieu pour tous les autres points de la table éclairée, qui tous produiront des rayons, et chacun de la même couleur qu'est celle de l'objet dont il représente l'image. Chaque point de la Table deviendra donc visible sous une certaine couleur de la même maniere que s'il en étoit actuellement teint.

5. On appercevra donc sur la table toutes les couleurs des objets de dehors, dont les rayons entreront dans la chambre par le verre: chaque point en particulier paroitra de la même couleur dont est l'objet qui lui répond, et ainsi on verra sur la table un amas de plusieurs couleurs disposées dans le même ordre, qu'on les voit sur les objets mêmes, c'est-à-dire une peinture, ou plutôt un parfait Tableau, qui représente au naturel tous les objets qui se trouvent hors de la chambre obscure devant le verre NN.

6. Tous ces objets paroîtront cependant renversés sur la table, comme V.A. le jugera aisément par ce que j'ai dit dans mes lettres précédentes. Le pied de l'arbre O sera représenté en o et la tige P en p: car en général chaque objet doit sur la table blanche être représenté, dans l'endroit où parvient la ligne droite tirée de l'objet P par le milieu du verre A; ce qui est en haut sera par conséquent représenté en bas, et ce qui est à gauche sera à la droite; en un mot tout sera renversé sur le tableau; non obstant cela, la représentation sera plus exacte et plus parfaite que ne la pourroit rendre le plus habile peintre.

7. V.A. remarquera au reste que cette peinture sera autant de fois plus petite que les objets mêmes, que le foyer du verre sera plus court. Ainsi les verres d'un foyer court rendront les objets en petit; et si l'on souhaite que les objets soient rendus en grand, il faut employer des verres d'un plus long foyer, ou qui représentent les images à une plus grande distance.

8. Pour contempler plus à son aise ces représentations, on intercepte les rayons par un miroir, d'où ils sont réfractés, en sorte qu'ils représentent toute la peinture sur une table horizontale; ce qui est surtout d'une grande commodité lorsqu'on veut copier ce qu'on y voit représenté.

le 2 Janvier 1762

LETTRE CXCV

Quoique V.A. n'ait plus aucun doute sur les représentations qui se font dans une chambre obscure, par le moyen d'un verre convexe, j'espere que les réflexions suivantes ne seront point superflues, servant à mettre cette matiere dans un plus grand jour.

1. Il faut premierement que la chambre soit parfaitement obscure; car si elle étoit éclairée, la table blanche seroit visible d'elle même, et les particules de sa surface étant déjà ébranlées, ne pourroient plus recevoir l'impression des rayons qui se réuniroient pour former les images des objets qui sont hors de la chambre. Cependant pourvu que la chambre soit peu éclairée, on appercevra toujours sur la table quelque chose de la représentation, quoiqu'elle ne soit pas si vive que si la chambre étoit entierement obscure.

2. En second lieu il faut bien distinguer la peinture exprimée sur la table blanche, de l'image que le verre représente par sa propre nature, comme je l'ai exposé ci-dessus. Il est bien vrai que plaçant la table dans le lieu même où l'image des objets est formée par le verre, cette image se confondra avec la peinture qu'on apperçoit sur la table, mais toutes fois ces deux choses sont d'une nature tout-à-fait différente: l'image n'est qu'un spectre ou une ombre voltigeant dans l'air, qui n'est visible qu'en certains endroits tandis que la représentation est un vrai tableau que tous ceux qui sont dans la chambre peuvent voir et auquel il ne manque que la durée.

3. Pour mieux éclaircir cette différence on n'a qu'à bien considérer la nature de l'image *o*, qui est représentée dans la figure cy-jointe par le verre convexe *MN*, l'objet étant en *O*. Cette image n'est autre chose que le lieu, où les rayons *OM*, *OC*, *ON* de l'objet après avoir traversé le verre se réunissent par la réfraction, et continuent ensuite leur route de la même maniere, que s'il venoient du point *o*, quoiqu'ils prennent naissance en *O* et point du tout en *o*.

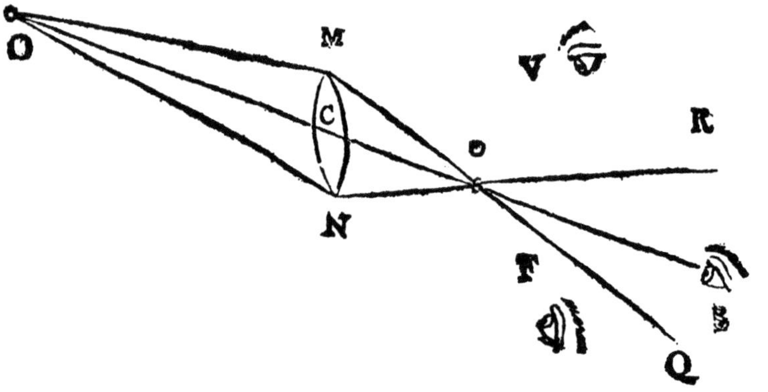

4. Cette circonstance fait, que l'image *o* n'est visible qu'aux yeux, qui

se trouvent quelque part entre l'angle RoQ, comme en S, où un œil recevra effectivement des rayons qui lui viennent du point o. Mais un œil placé hors de cet angle comme en F ou en V, n'en verra rien du tout, puisqu'aucun des rayons réunis en o, n'y est dirigé: ainsi l'image en o differe bien essentiellement d'un objet réel: elle n'est visible qu'en certains endroits et ressemble en cela à ce qu'on nous raconte des spectres.

5. Mais si l'on place en o une table blanche et que sa surface en ce point o soit réellement excitée à un ébranlement semblable à celui qui regne même dans l'objet O, alors cet endroit o de la surface engendre lui même des rayons qui le rendent visible partout. Voilà donc la différence entre l'image d'un objet et sa représentation, faite dans une chambre obscure: l'image n'est visible qu'en certains endroits, savoir dans les endroits par où passent les rayons qui viennent originairement de l'objet; au lieu que la peinture, ou la représentation formée sur la table blanche est vue par ses propres rayons excités par le trémoussement des particules de sa surface et est par conséquent vue partout dans la chambre obscure.

6. On voit aussi qu'il est absolument nécessaire de mettre la table blanche exactement dans le lieu de l'image formée par le verre; afin que chaque point de la table ne reçoive d'autres rayons, que ceux qui viennent d'un seul point de l'objet: car si d'autres rayons y tomboient aussi, ils troubleroient l'effet de ceux là, ou rendroient au moins la représentation confuse.

7. Si l'on ôtoit le verre tout-à-fait, et que les rayons trouvassent une entrée libre dans la chambre obscure, la table blanche en seroit éclairée à l'ordinaire, sans qu'on y vît la moindre peinture: sur chaque point de la table tomberoient les rayons des différens objets et n'y exprimeroient aucune image déterminée. Ainsi la peinture qu'on voit dans une chambre obscure sur une surface blanche est l'effet du verre convexe fixé au volet; c'est lui qui réunit de nouveau dans un seul point, tous les rayons qui viennent d'un point de l'objet.

8. Cependant on observe ici un phénomene bien singulier, lorsque le trou fait au volet de la chambre obscure est très petit: quoiqu'alors il n'y ait point de verre, on apperçoit cependant sur la muraille opposée, les images des objets qui sont dehors, et même avec leurs couleurs naturelles: mais cette représentation est très foible et confuse, et dès qu'on élargit le trou d'avantage, tout ce spectacle disparoit entierement. Je me vois obligé d'expliquer la cause de ce phénomene.

Dans la figure ci-jointe, MN est la petite ouverture, par laquelle les rayons des objets de dehors entrent dans la chambre obscure *EFGH*. La muraille *FG* vis-à-vis du trou est blanche, pour mieux recevoir l'impression de toutes sortes de rayons.

Que le point *O* marque un objet, dont il n'y a que les rayons *OM*, *ON*, avec ceux qui se trouvent entr'eux, qui peuvent entrer dans la chambre: ces rayons tomberont sur le petit espace *oo* de la muraille et l'éclaireront: cet espace *oo* sera d'autant plus petit, ou approchera d'autant plus d'un point, que le trou, *MN*, sera petit: si donc ce trou étoit très petit, nous aurions l'effet précédent où chaque point de la table blanche ne reçoit que les rayons d'un seul point de l'objet: il s'y feroit par conséquent une représentation semblable à celle que produit le verre convexe placé dans le trou du volet. Mais dans le cas présent, le trou ayant une certaine étendue, quelque petit qu'il soit, chaque point *O* de l'objet éclairera un certain petit espace *oo* sur la muraille et l'ébranlera par ses rayons. Il arrivera donc à peu près la même chose, que si un peintre au lieu de faire des points sur le tableau y faisoit avec un gros pinceau des tâches d'une certaine grandeur, en y observant toutefois le dessin et le coloris: ce sera à un tel barbouillage que ressemblera notre représentation faite sur la muraille: cependant elle sera d'autant plus nette, que le trou, par lequel les rayons entreront, sera petit.

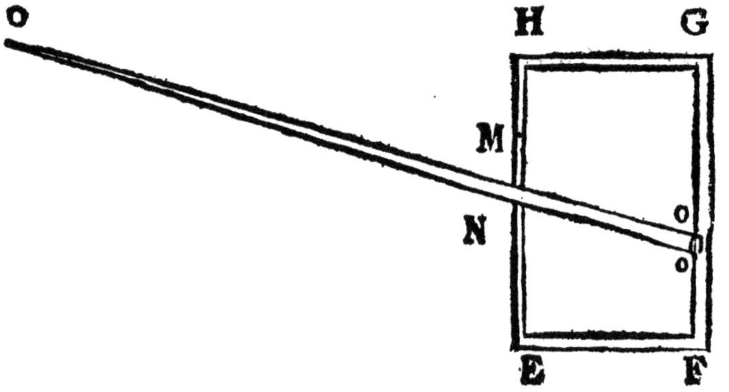

le 5 Janvier 1762

LETTRE CXCVI

La chambre obscure n'a proprement d'effet que sur des objets fort éloignés, mais V.A. comprendra aisément, que son usage s'étend également à des objets plus voisins; alors il faut éloigner davantage la table blanche du verre et cela conformément à cette regle générale que plus on approche l'objet du verre convexe, plus l'image, où la table blanche doit être placée, s'en éloigne: or en cas que la chambre n'ait pas assez de profondeur on n'a qu'à employer un autre verre, dont le foyer soit plus court.

On pourroit donc placer hors la chambre devant le trou, où est le verre convexe, un objet quelconque ou bien un tableau, et alors on en verroit une copie dans la chambre obscure exprimée sur la table blanche, ou plus grande que l'original, ou plus petite, selon que la distance de l'image seroit plus grande ou plus petite. Mais il seroit sans doute plus commode, que cet objet put être exposé dans la chambre obscure même, afinque l'on puisse le manier et changer selon qu'on le jugeroit à propos; or il se présente ici une grande difficulté, qu'il faut résoudre; c'est que de cette façon l'objet deviendroit obscure lui même, et par conséquent incapable de produire l'effet, que nous souhaiterions.

Il s'agit donc de trouver moyen d'éclairer l'objet le plus qu'on pourra dans la chambre obscure même, sans que la lumiere puisse pénétrer dans la chambre. J'ai trouvé un moyen, et V. A. se souviendra que je l'ai exécuté dans une machine de cette nature, que j'ai eu l'honneur de lui présenter, il y a six ans: et maintenant V. A. en comprendra aisément la construction et les principes, sur lesquels elle est fondée.

Cette machine consiste dans une caisse bien fermée de tous côtés, à peu près semblable à la figure jointe à cette lettre, où le côté de derriere EG a une ouverture IK, pour y chasser les objets, portraits ou les autres peintures OP qu'on veut représenter; de l'autre côté vis-à-vis est un tuyau $MNQR$, contenant un verre convexe MN; ce tuyau est mobile pour pouvoir approcher le verre de l'objet ou l'en éloigner comme on voudra. Alors, pourvuque l'objet OP soit bien éclairé, le verre en jettera quelque part l'image op, et si l'on y place une table blanche, on y verra représentée une parfaite copie de l'objet d'autant plus claire que l'objet lui même sera plus éclairé.

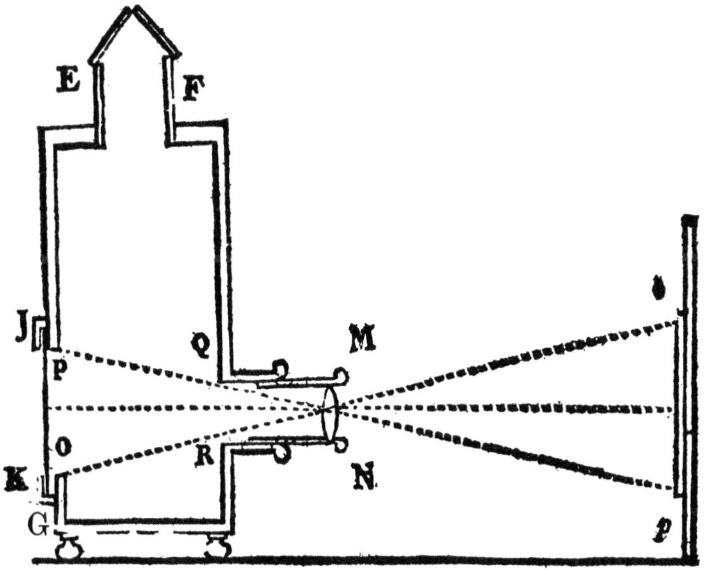

Pour cet effet j'ai pratiqué dans cette caisse deux ailes à côtés, pour y placer quelques lampes à grosses mèches et outre cela j'ai mis dans chaque aile un miroir qui réflechit la lumiere des lampes sur les objets OP: enfin en haut EF est une cheminée par où sort la fumée des lampes. Telle est la construction de cette machine, au dedans de laquelle l'objet OP peut recevoir une très forte illumination, sans que l'obscurité de la chambre en soit diminuée. Pour l'usage de cette machine il faut remarquer les articles suivants:

I. Si l'on enfonce le tuyau $MNQR$, ou si l'on approche le verre MN de l'objet OP, alors l'image op s'éloignera, et ainsi il faut reculer la table blanche pour y recevoir l'image; dans ce cas l'image deviendra aussi plus grande et de cette maniere, on peut même grossir l'image autant qu'on veut, en approchant d'avantage le verre MN de l'objet OP.

II. Quand on éloigne le verre de l'objet en allongeant le tuyau $MNQR$, la distance de l'image deviendra plus petite, et il faut approcher du verre la table blanche pour avoir une représentation nette et distincte; mais elle deviendra dans ce cas plus petite.

III. Il est aussi clair que l'image sera toujours renversée, mais il est aisé de remédier à cet inconvenient, on n'a qu'à renverser l'objet OP même, en tournant le haut en bas, et alors l'image sera représentée debout sur la table blanche.

IV. C'est encore une remarque générale, que plus on grossit l'image sur la table blanche moins elle aura de lumiere, et deviendra plus obscure: au lieu que si l'on fait l'image petite, elle devient plus lumineuse et plus brillante. La raison en est évidente, toute la clarté provient de l'illumination de l'objet; donc, plus elle est répandue dans un grand espace, plus elle doit être affoiblie, mais étant réduite dans un moindre espace, elle sera plus vive et plus brillante.

V. Donc plus on veut grossir la représentation, plus on doit renforcer l'illumination de l'objet, en allumant plus de lampes dans les ailes de la machine, ou en rendant leur flamme plus forte; or pour des petites représentations une illumination médiocre est suffisante.

Cette machine, dont je viens de donner la description est nommée une Lanterne magique, pour la distinguer d'une chambre obscure ordinaire, dont on se sert pour représenter les objets fort éloignés: la figure a sans doute occasionné le nom de Lanterne, surtout puisqu'on y enferme des lumieres; mais l'épithete de *magique* vient de ce que les premiers possesseurs ont voulu persuader au peuple, qu'il s'y mêloit quelque magie ou sortilege. Cependant les Lanternes magiques ordinaires ne sont point construites de cette façon et on ne représente par elles d'autres objets que des figures peintes sur du verre, au lieu que cette machine, dont j'ai imaginé la construction, peut être appliquée à toutes sortes d'objets.

On peut même s'en servir pour représenter les plus petits objets, et les grossir prodigieusement, de sorte que la plus petite mouche paroitra aussi grande qu'un éléphant: mais alors la clarté produite par des lampes ne suffit pas; il faut disposer la machine en sorte, que les objets puissent être éclairés par les rayons du soleil renforcés par un verre ardent: alors la machine change encore de nom, et est appellée un microscope solaire, dont j'aurai occasion de parler plus amplement dans la suite.

le 9 Janvier 1762

LETTRE CXCVII

On se sert aussi de verres convexes pour regarder immédiatement à travers: mais pour en expliquer les différens usages il faut pousser plus loin nos recherches sur leur nature.

Ayant observé la distance de foyer d'un tel verre, j'ai déjà remarqué, que lorsque l'objet en est fort éloigné, son image est représentée dans le foyer même, mais si l'on approche l'objet du verre, l'image s'en éloigne de plus en plus, de sorte que si la distance de l'objet est égale à la distance du foyer du verre, l'image s'en éloigne à l'infini, et devient par conséquent infiniment grande.

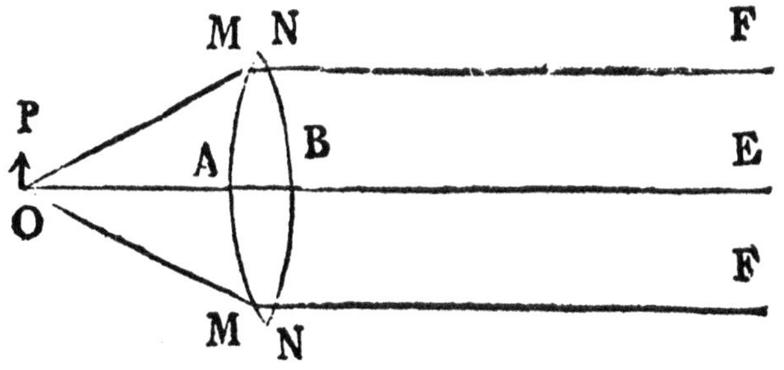

La raison en est que les rayons OM, OM, qui tombent du point O sur le verre, sont rompus par le verre, en sorte qu'ils deviennent paralleles entr'eux comme NF et NF, et comme des lignes paralleles sont censées courir à l'infini et que l'image est toujours, où les rayons qui sont sortis d'un point de l'objet, se réunissent de nouveau après la réfraction; dans le cas où la distance de l'objet OA est égale à la distance de foyer du verre, le lieu de l'image s'éloigne à l'infini, et puisqu'il est indifférent qu'on conçoive que les lignes paralleles NF et NF concourent à l'infini vers la gauche, ou qu'elles concourent vers la droite; on peut dire également que l'image se trouve tant à droite qu'à gauche, dans un éloignement infini, l'effet en étant toujours le même.

Cela remarqué V.A. jugera aisément, en quel lieu l'image doit se trouver, lorsqu'on approche l'objet d'avantage du verre.

Soit *OP* l'objet, et puisque sa distance *OA* du verre convexe est moindre que sa distance de foyer, les rayons *OM*, *OM* qui y tombent du point *O* sont trop divergens, pour que la force réfractive du verre les puisse rendre paralleles entr'eux: ils demeureront donc encore après la réfraction divergens comme le marquent les lignes *NF* et *NF* mais beaucoup moins qu'auparavant, et conséquemment en prolongeant ces lignes en arriere, elles concourront quelques parts en *o*, comme V.A. le peut voir dans les lignes ponctuées *No* et *No*. Par conséquent les rayons *NF* et *NF* après avoir passé par le verre, tiennent la même route, que s'il venoient du point *o*, quoiqu'ils n'aient pas passé par ce point, puisque ce n'est que dans le verre qu'ils ont pris cette nouvelle route. Un œil donc qui reçoit ces rayons réfractés *NF*, *NF* sera également affecté, que si ces rayons venoient effectivement du point *o*, et par conséquent s'imaginera, que l'objet de sa vision existe en *o*. Toutes fois il n'y aura point d'image comme dans le cas précédent, on auroit beau mettre en *o* une table blanche il ne s'y représenteroit aucun Tableau, faute de rayons, c'est pourquoi on dit, qu'il y a en *o* une image imaginaire, c'est-à-dire une image qui n'est point réelle: le mot *imaginaire* étant opposé à celui de *réel*.

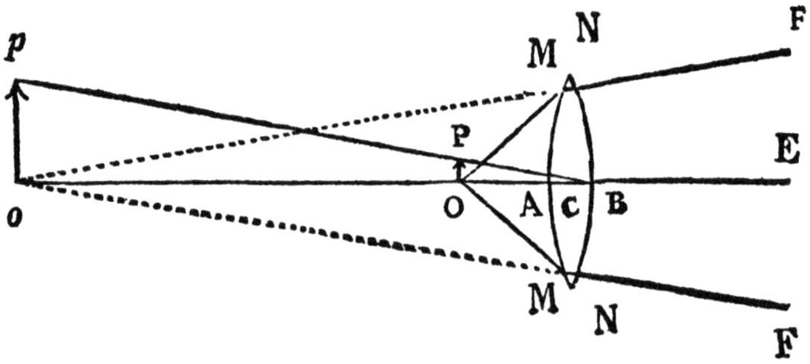

Cependant un œil placé en *E* reçoit la même impression, que si l'objet *OP* dont les rayons sont sortis originairement existoit en *o*. Il est donc très important de connoître, tout comme dans les cas précédent, tant le lieu que la grandeur de cette image imaginaire *op*. Pour le lieu il suffit de remarquer, que si la distance de l'objet *AO* étoit égale à la distance du foyer du verre, l'image en seroit éloignée à l'infini, et c'est ce que ce cas a de commun avec le cas précédent; mais plus on approche l'objet du verre, ou que la distance *AO* devient plus petite que la distance du foyer du verre, plus aussi l'image imaginaire s'approche du verre, de sorte pourtant qu'elle reste toujours plus éloigné du verre que l'objet même.

Pour éclaircir la chose par un exemple, supposons que la distance de foyer du verre soit de 6 pouces, et pour les différens éloignemens de l'objet, la table cy-jointe nous marque la distance de l'image imaginaire op.

Distance de l'objet AO	Distance de l'image imaginaire Ao
6	infinie
5	30
4	12
3	6
2	3
1	1 et un cinquieme

Pour la grandeur de cette image imaginaire op, la regle de la trouver est aisée et générale, on n'a qu'à tirer par le milieu du verre (que j'ai marqué par la lettre C) et par l'extrêmité de l'objet P la ligne droite CPp; et où elle rencontre la ligne op tirée perpendiculairement en o à l'axe du verre, elle donnera la grandeur de l'image imaginaire op; d'où l'on voit que cette image est toujours plus grande, que l'objet même OP, et cela autant de fois, qu'elle est plus éloignée du verre que l'objet OP. Ensuite on voit aussi que cette image n'est pas renversée comme dans le cas précédent, mais qu'elle est debout de même que l'objet.

Delà V.A. comprend, quel usage peuvent tirer de ces verres, les personnes dont la vue n'est pas bonne pour regarder les objets de près et qui les voient mieux dans un grand éloignement. Ces personnes n'ont qu'à regarder ces objets par des verres convexes et ils les verront, comme s'ils étoient fort éloignés. Ce défaut de ne pas bien voir les objets qui sont près de nous, se trouve ordinairement chez les vieillards, qui se servent aussi pour cette raison de lunettes qui contiennent deux verres convexes, et qui étant exposés au soleil brûlent aussi bien qu'un verre ardent, ce qui fait connoitre la distance du foyer de chaque verre. Quelques personnes ont besoin de lunettes dont le foyer est fort court, d'autres se servent de lunettes d'un foyer plus grand, selon la portée de leur vue; mais il me suffit pour le présent d'avoir expliqué l'usage de ces lunettes en général.

le 12 Janvier 1762

LETTRE CXCVIII

V. A. vient de voir, comment les verres convexes soulagent la vue des veillards en leur représentant les objets plus loins qu'ils sont effectivement; mais il y a aussi des yeux qui demandent, pour voir distinctement les objets, qu'ils soient représentés plus près, et ce sont les verres concaves qui leur rendent ce service: ceci me conduit à l'explication de l'effet des verres concaves, qui est directement contraire à celui des verres convexes.

Lorsque l'objet OP est fort éloigné, et que ses rayons OM, OM tombent presque paralleles sur le verre concave TV, alors au lieu de devenir convergens par la réfraction du verre, ils deviennent au contraire plus divergens, en suivant les routes NF, NF, qui, étant prolongées en arriere concourent dans le point o; de sorte qu'un œil placé par exemple en E reçoit ces rayons réfractés de la même maniere, que s'ils partoient du point o quoiqu'effectivement ils viennent du point O; et c'est par cette raison que j'ai dans la figure ponctué les lignes droites No, No.

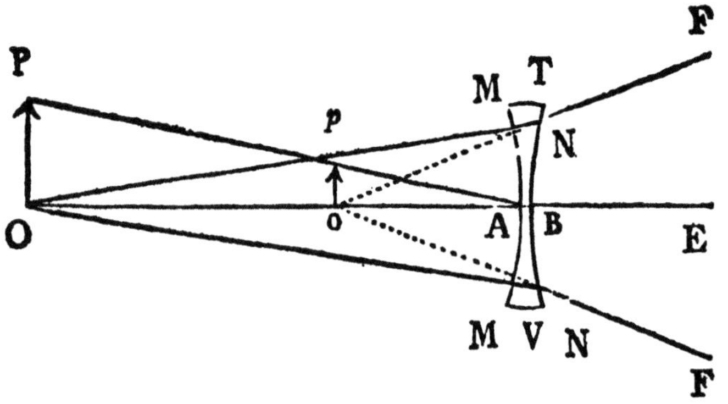

Comme l'objet est supposé être infiniment éloigné, si le verre étoit convexe, le point o seroit ce qu'on nomme foyer, mais puisqu'ici il n'arrive aucune concurrence réelle de rayons, on nomme alors ce point, le foyer imaginaire du verre concave; quelques auteurs le nomment aussi le point de dispersion, puisque les rayons réfractés par le verre, semblent être dispersés de ce point.

Les verres concaves n'ont donc point un vrai foyer, comme les convexes, mais seulement un foyer imaginaire dont la distance au verre Ao est cependant aussi nommée la distance du foyer de ce verre et sert, par le moyen d'une regle semblable à celle qu'on donne pour les verres convexes, à déterminer le lieu de l'image, lorsque l'objet n'est pas infiniment éloigné. Or cette image est toujours imaginaire, au lieu que pour les verres convexes elle ne devient imaginaire, que lorsque l'objet est plus proche que la distance du foyer. Sans entrer dans l'explication de cette regle qui regarde uniquement le calcul, il suffit de remarquer:

I. Que lorsque l'objet OP est infiniment éloigné, l'image imaginaire op

est représentée à la distance de foyer du verre concave et cela vers le même côté, que se trouve l'objet. Cependant, quoique cette image soit imaginaire, l'œil placé en E est tout aussi bien affecté, que si elle étoit réelle; comme j'ai eu l'honneur de le dire à V.A. au sujet des verres convexes où l'objet est plus proche du verre, que sa distance de foyer.

II. Lorsqu'on approche d'avantage du verre l'objet OP, son image op s'approchera aussi d'avantage du verre, mais de sorte que l'image sera toujours plus proche du verre que l'objet, au lieu que pour les verres convexes l'image en est plus éloignée que l'objet. Pour mieux éclaircir cela, supposons que la distance de foyer du verre concave soit de 6 pouces;

Si la distance de l'objet OA est	la distance de l'image oA sera
infinie	6
30	5
12	4
6	3
3	2
2	1 et un demi

III. Pour la grandeur de l'image imaginaire op, on la détermine toujours par la même regle. On tire du milieu du verre, une ligne droite à l'extrêmité de l'objet P qui passera alors par l'extrêmité p de l'image. Car puisque la ligne PA représente un rayon qui vient de l'extrêmité de l'objet, il faut que ce même rayon après la réfraction, passe par l'extrêmité de l'image; mais ce rayon PA puisqu'il passe par le milieu du verre, ne souffre aucune réfraction, donc il faut qu'il passe lui même par l'extrêmité de l'image, qui sera en p.

IV. Cette image n'est pas renversée, mais dans un sens naturel comme l'objet; et on peut observer cette regle générale, que toutes les fois que l'image tombe du même côté du verre où est l'objet, l'image est toujours représentée debout, soit que le verre soit convexe ou concave; mais quand l'image est représentée de l'autre côté du verre, alors l'image est renversée; or ce cas ne sauroit avoir lieu que dans les verres convexes.

V. Delà il est clair, que les images représentées par les verres concaves sont toujours plus petites que les objets: et la raison en est évidente, puisque les images sont plus proches que les objets: on n'a qu'à regarder la figure pour s'assurer de cette vérité. Ce sont les propriétés principales qu'il est bon de remarquer sur la nature des verres concaves, et la maniere dont ils représentent les objets.

Maintenant il est aisé de comprendre, comment les verres concaves rendent de grands services à ceux qui ont une vue courte. V.A. connoît bien des personnes qui ne sauroient lire ou écrire, à moins qu'ils ne touchent presque le papier de leur nez. Afin donc que ces gens voient distinctement, il faut qu'ils approchent les objets de leurs yeux, et je crois avoir déjà remarqué qu'on leur donne le nom de Miopes: à ceux-ci donc les verres concaves seront d'un excellent usage, car ils leur représentent les objets les plus éloignés, comme étant fort près: les images n'étant plus éloignées de ces verres, que de leur distance de foyer qui pour la plupart, ne surpasse pas quelques pouces.

Il est bien vrai que ces images sont aussi beaucoup plus petites que les objets mêmes; mais cela n'apporte aucun obstacle à la vision distincte. Une petite chose de près, nous peut paroître plus grande, qu'un très grand corps lorsqu'il est fort éloigné. En effet une piece de *deux-dreyer*[1]) paroitra à V.A. plus grande qu'une étoile du ciel quand même cette étoile surpasseroit de beaucoup la terre en grosseur.

Ceux donc qui ont la vue courte ou les Miopes, ont besoin de verres qui leur représentent les objets plus près; et ce sont les verres concaves. Or ceux qui ont la vue trop longue qu'on nomme Presbytes, ont besoin de verres convexes, qui leur représentent les objets dans un plus grand éloignement.

le 16 Janvier 1762

LETTRE CXCIX

J'ai eu l'honneur de parler à V.A. des Miopes, qui sont obligés de se servir de verres concaves pour bien voir les objets éloignés, pendant que les Presbytes se servent de verres convexes pour bien voir les objets voisins: chaque vue a une certaine étendue, chacun voudroit avoir un verre qui lui représentât parfaitement les objets. Chez les Miopes cette distance est fort petite, et chez les Presbytes très grande: mais on trouve aussi des yeux si bien conditionnés qu'ils voient également bien les objets voisins et les éloignés.

Cependant de quelque nature que soit la vue d'un homme, la distance ne doit jamais être trop petite, il n'y a point de Miopes qui puissent voir distinctement à une distance plus petite qu'un pouce; V.A. aura sans doute bien ob-

1) Petite monnoye d'argent, qui est la quarantehuitieme partie d'un écû et un peu plus grande que la prunelle de l'œil.

servé, que lorsque Elle approche un objet trop près de ses yeux, Elle ne voit rien que très confusément, cela dépend de la structure des yeux, qui est telle dans les hommes, qu'ils ne peuvent pas voir à une trop petite distance: mais il n'y a aucun doute que les insectes, puissent voir à de très petites distances, et que les objets fort éloignés leur demeurent invisibles. Je ne crois pas qu'une petite mouche puisse voir les étoiles parce qu'elle voit très bien à la distance d'une dixieme partie d'un pouce, où nous ne voyons absolument rien. Cette considération me conduit à l'explication des Microscopes, qui nous représentent les plus petits objets, comme s'ils étoient bien grands. Or pour en donner une juste idée, il faut bien distinguer la grandeur apparente de chaque objet, de sa grandeur véritable; celle-ci fait l'objet de la Géometrie, et est invariable tant que le corps demeure dans son état. Mais la grandeur apparente peut varier à l'infini, quoique le corps demeure toujours le même. Ainsi les étoiles nous paroissent extrêmement petites, quoique leur grandeur véritable soit prodigieuse. La raison en est que nous en sommes à une très grande distance. S'il nous étoit permis de nous en approcher, elles nous paroitroient plus grandes, d'où V.A. jugera aisément que la grandeur apparente dépend de l'angle, que font entr'eux les rayons qui viennent des extrêmités de l'objet dans nos yeux.

Soit POQ l'objet de notre vue, lequel si l'œil étoit placé en A, paroitra sous l'angle PAQ, qui est nommé l'angle visuel, et nous indique la grandeur apparente de cet objet; d'où il est évident, que plus l'œil s'éloigne de l'objet, plus cet angle devient petit; et ainsi il est possible, que les plus grands corps nous paroissent sous un très petit angle visuel, pourvuque nous nous en soyons assez éloignés, comme il arrive dans les étoiles. Mais quand l'œil s'approche d'avantage de l'objet, et qu'il le regarde de B il lui paroitra sous l'angle visuel PBQ, qui est visiblement plus grand que PAQ. Approchons l'œil jusqu'en C, et l'angle visuel PCQ sera encore plus grand. De plus l'œil étant placé en D, l'angle visuel sera PDQ, et en l'approchant jusqu'en E, l'angle visuel sera PEQ toujours plus grand. Donc, plus on approche l'œil de l'objet, plus l'angle visuel devient grand, et ainsi la grandeur apparente plus grande. Donc quelque petit que soit l'objet, il est possible d'en augmenter la grandeur apparente autant qu'on voudra: on n'a qu'à s'en approcher autant

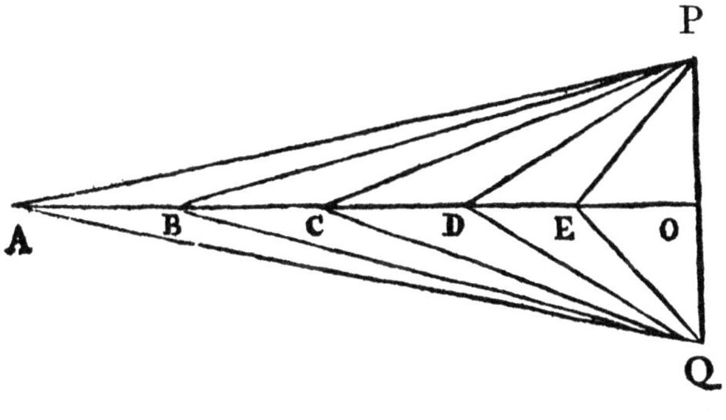

qu'il faut, pour un si grand angle visuel. Ainsi une mouche étant assez proche de l'œil pourra paroitre sous un aussi grand angle qu'un éléphant à la distance de dix pieds. Dans une telle comparaison il faut soigneusement ajouter la distance, dans laquelle on suppose voir l'éléphant; car sans cette condition on ne diroit absolument rien; puisqu'un éléphant ne nous paroit grand, que quand nous n'en sommes pas fort éloignés. Déjà à la distance d'un Mille, on ne distingue peut-être plus un éléphant d'un cochon, et s'il étoit transporté dans la Lune, il deviendroit absolument invisible, à cause de sa trop petite grandeur apparente; et à cet égard je pourrois bien dire, qu'une mouche me paroit plus grande qu'un éléphant, s'il se trouvoit dans un très grand éloignement. Ainsi quand on veut parler avec précision on ne peut pas parler de la grandeur apparente d'un corps, sans avoir égard à la distance de ce corps, puisque le même corps nous peut paroitre, tantôt très grand, tantôt très petit, selon que la distance est plus petite ou plus grande. Il semble donc très facile de voir les plus petits objets sous de très grands angles visuels, on n'a qu'à les tenir à une très petite distance de l'œil.

Une mouche pourroit bien se servir de cet expédient; mais les yeux des hommes ne sauroient rien voir dans de trop petites distances, quelque courte que soit leur vue, d'ailleurs les bonnes vues voudroient aussi voir les plus petits objets d'une extrême grosseur. Il s'agit de trouver un moyen, par lequel nous puissions voir un objet distinctement, non obstant sa grande proximité de l'œil. Les verres convexes nous procurent cet avantage, en éloignant l'image des objets qui nous sont trop près.

On se sert d'un très petit verre convexe MN dont la distance de foyer soit très petite comme par exemple un demi pouce; si l'on place devant ce verre un petit objet OP à une distance un peu plus petite que d'un demi pouce, le verre en représentera l'image quelque part en op, aussi loin qu'on voudra. Qu'on tienne donc l'œil derriere le verre, et il verra l'objet de la même maniere, que s'il étoit actuellement en o, et ainsi dans un éloignement suffisant et tout comme si sa grandeur étoit op: comme l'œil est supposé très proche du verre, l'angle visuel sera pio, c'est-à-dire le même que PiO sous lequel l'œil nud verroit l'objet OP dans cette proximité; mais la vision est à présent devenue distincte par le moyen du verre, c'est le principe sur lequel la construction des Microscopes est fondée.

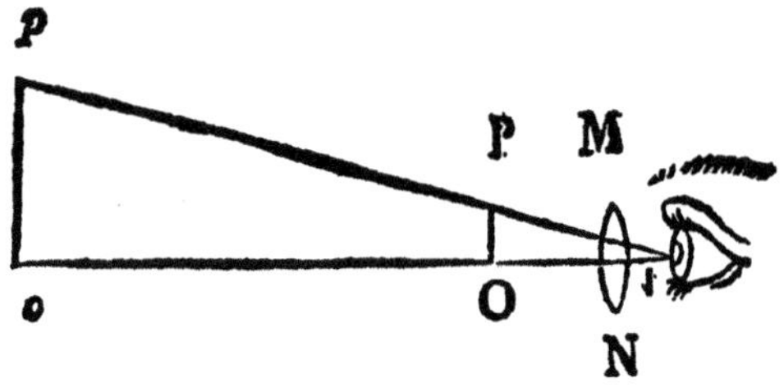

le 19 Janvier 1762

LETTRE CC

Quand plusieurs personnes regardent par un microscope le même objet, comme par exemple le pied d'une mouche, tous conviennent, qu'ils le voient très grand, mais leur jugement sur la véritable grosseur sera fort partagé, l'un dira que ce pied lui paroit aussi grand que celui d'un cheval, un autre que celui d'une chevre, le troisieme que celui d'un chat. Or au fond aucun n'avance rien de précis là dessus, à moins qu'il n'ajoute à quelle distance il prétend voir les pieds du cheval, ou de la chevre, ou du chat: ils sousentendent donc eux mêmes sans qu'ils le disent chacun une certaine distance, laquelle étant sans doute différente, on n'a pas lieu d'être surpris de leurs divers sentimens, puisqu'un pied de cheval étant vu de loin peut bien ne pas paroitre plus grand qu'un pied de chat vu de près. Ainsi quand il s'agit de dire combien un microscope grossit les objets, il faut s'accoutumer à parler d'une maniere plus précise, et expliquer principalement la distance dans la comparaison qu'on veut faire.

Or d'abord il ne convient pas de comparer les apparences que nous offrent les microscopes avec les objets d'une autre nature, que nous sommes accoutumés de voir, tantôt loin, tantôt près; le plus sur moyen de regler cette estime, semble celui, dont les Auteurs, qui traitent des microscopes, se servent actuellement. Ils comparent un petit objet vu par le microscope, avec celui sous lequel le même objet seroit vu à la vue simple, en étant éloigné à une certaine distance et ils sont d'avis, que pour bien contempler un tel petit objet à la vue simple, il le faut placer à la distance de 8 pouces; ils se reglent dans cela sur de bons yeux, car un Miope s'en approcheroit bien d'avantage et un Presbyte feroit le contraire. Mais cette différence n'influe pas sur le raisonnement, pourvuqu'on fixe la distance sur laquelle on se regle, et il n'y a aucune raison qui nous oblige de fixer une autre distance que celle de 8 pouces reçue de tous les Auteurs qui ont traité cette matiere. Ainsi quand on dit qu'un microscope rend les objets 100 fois plus grand V. A. entendra, qu'à l'aide de ce microscope, les objets paroissent 100 fois plus grands, que si nous les regardions à la distance de 8 pouces, et par ce moyen elle se formera une juste idée de l'effet d'un microscope.

En général, un microscope grossit autant de fois, qu'un objet paroit plus grand, que si on le regardoit sans le secours du verre à la distance de 8 pouces. V. A. conviendra aisément que c'est déjà un effet surprenant que de voir un objet 100 fois plus grand, qu'il ne paroit à la distance de 8 pouces: mais on a poussé la chose beaucoup plus loin, et on a des microscopes qui grossissent jusqu'à 500 fois, ce qui est prodigieux; on pourroit bien dire alors que la jambe d'une mouche paroit plus grande que celle d'un éléphant. Je crois même qu'on pourroit bien faire des Microscopes qui grossiroient 1000 fois et même 2000 fois qui nous découvriroient sans doute quantité de choses, qui nous sont encore inconnues.

Mais quand on dit, qu'un objet paroit par le microscope 100 fois plus grand, qu'étant vu à la distance de 8 pouces, il faut entendre par là que l'objet est grossi tant en longueur qu'en largeur et profondeur, de sorte que chacune de ces dimensions paroit 100 fois plus grande. On n'a donc qu'à concevoir à la distance de 8 pouces un autre objet semblable au premier, mais dont la longueur soit 100 fois plus grande de même que la largeur et la profondeur, et ce sera l'image qu'on voit par le Microscope. Or si tant la longueur que la largeur et la profondeur d'un objet sont cent fois plus grandes que celles d'un autre, V. A. comprendra aisément que toute l'étendue sera beaucoup plus de 100 fois plus grande: pour mettre cela dans tout son jour, concevons deux parallelogrammes $ABCD$, et $EFGH$, qui aient la même largeur mais que la longueur du premier AB soit 5 fois plus grande que la longueur de l'autre EF, et il est clair que l'aire ou l'espace contenue dans le premier est 5 fois plus grande que celle, qui est renfermée dans l'autre, puisqu'en effet celui-ci est 5 fois contenu dans le premier. Donc pour que le parallelogramme AD soit 5 fois plus grand que le parallelogramme EH, il suffit que sa longueur AB soit 5 fois plus grande, pendant que la largeur est la même; et si outre cela la largeur étoit aussi 5 fois plus grande, il deviendroit encore 5 fois plus grand, et ainsi 5 fois 5 fois, c'est-à-dire 25 fois plus grand. Ainsi de deux surfaces semblables, dont l'une est 5 fois plus longue et 5 fois plus large que l'autre, celle là est effectivement 25 fois plus grande.

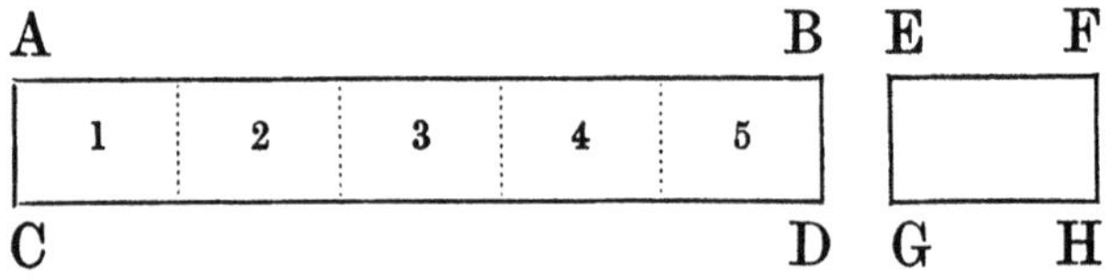

Si nous mettons encore en ligne de compte la profondeur ou hauteur, l'augmentation sera encore plus grande. Que V. A. conçoive deux chambres, dont l'une soit 5 fois plus longue, 5 fois plus large et aussi 5 fois plus haute que l'autre: sa capacité deviendra 5 fois 25 fois, c'est-à-dire 125 fois plus grande. Donc lorsqu'on dit qu'un microscope grossit 100 fois, puisqu'on le doit entendre tant de la longueur que de la largeur et profondeur ou épaisseur, c'est-à-dire de toutes les trois dimensions, toute l'étendue de l'objet sera augmentée 100 fois 100 fois 100 fois; or 100 fois 100 fait 10000, qui étant pris encore 100 fois, donne 1000000 ou un million, ainsi quand un microscope grossit 100 fois; l'étendue toute entiere de l'objet est représentée 1000000 fois plus grande. Cependant on se contente de dire, que le microscope ne grossit que 100 fois, mais il faut entendre que chaque dimension, savoir la longueur, la largeur et la profondeur est représentée 100 fois plus grande. Donc si un microscope grossissoit 1000 fois, l'étendue entiere de l'objet deviendroit 1000 fois 1000 fois 1000 fois plus grande, ce qui fait 1000000000 ou mille millions ce qui seroit un effet prodigieux. Cette remarque est bien nécessaire pour se former une juste idée de ce qu'on dit sur la force des microscopes.

le 23 Janvier 1762

LETTRE CCI

Ayant expliqué à V.A. de quelle maniere on doit juger de la force des Microscopes, il me sera aisé de démontrer la proposition fondamentale pour la construction des Microscopes simples. Or à cette occasion je dois remarquer, qu'il y a deux sortes de Microscopes, les uns ne contiennent qu'un seul verre, et les autres en contiennent deux ou plusieurs; ceux là portent le nom de Microscopes simples, et ceux ci de Microscopes composés, qui demandent des éclaircissemens particuliers. J'entretiendrai V.A. en premier lieu des microscopes simples, qui ne consistent que dans un seul verre convexe, dont l'effet est déterminé par cette proposition: *Un microscope simple grossit autant de fois que sa distance de foyer est plus près que 8 pouces*; en voici la démonstration.

Soit MN un tel verre convexe dont la distance de foyer soit CO, à laquelle, il faut placer l'objet OP à peu près, afin que l'œil le voie distinctement; or il verra cet objet sous l'angle OCP. Mais si l'on regardoit le même objet à la distance de 8 pouces, il paroitroit sous un angle autant de fois plus petit que la distance de 8 pouces surpasse la distance CO; et l'objet paroitra donc autant de fois plus grand que si on le regardoit à la distance de 8 pouces. Or selon la regle établie cy-dessus un microscope grossit autant de fois, qu'il nous présente les objets plus grands, que si nous les regardions à la distance de 8 pouces. Par conséquent un microscope grossit autant de fois, que sa distance de foyer est plus petite que 8 pouces. Donc un verre, dont la distance de foyer est 1 pouce, grossit précisément 8 fois, et un verre dont la distance de foyer n'est qu'un demi pouce, grossira 16 fois. On divise un pouce en 12 parties

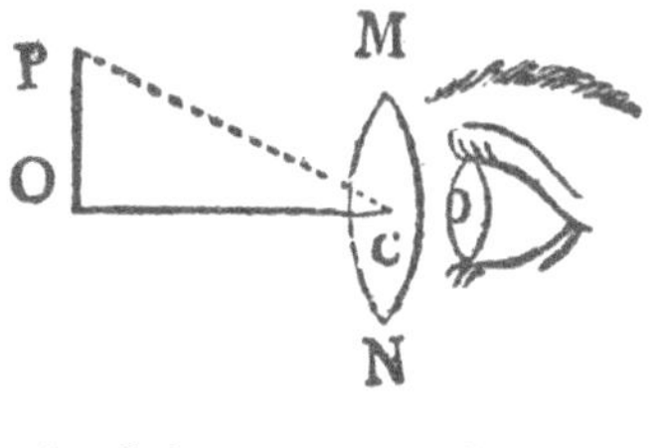

qu'on nomme *lignes*, de sorte qu'un demi pouce contient 6 lignes; delà il sera aisé de dire combien de fois chaque verre, dont la distance de foyer est donnée en lignes, doit grossir, selon cette table.

	Distance de foyer du verre en lignes							
	12	8	6	4	3	2	1	$\frac{1}{2}$ lignes
Grossit	8	12	16	24	32	48	96	192 fois

Ainsi un verre convexe, dont la distance de foyer est une ligne, grossit 96 fois; et si la distance est d'une demi ligne, le microscope grossira 192 fois, ou environ 200 fois. Si l'on vouloit des effets plus grands, il faudroit faire des verres, dont le foyer fut encore plus petit. Or j'ai déjà remarqué que pour faire un verre d'un certain foyer donné, on n'a qu'à mettre le rayon de chaque face égale à cette distance de foyer, de sorte que le verre devienne également convexe des deux côtés. Je m'en vais donc exposer aux yeux de V. A. les dessins de quelques uns de ces verres, ou microscopes.

I. La distance de foyer de ce verre AO est d'un pouce ou de 12 lignes.

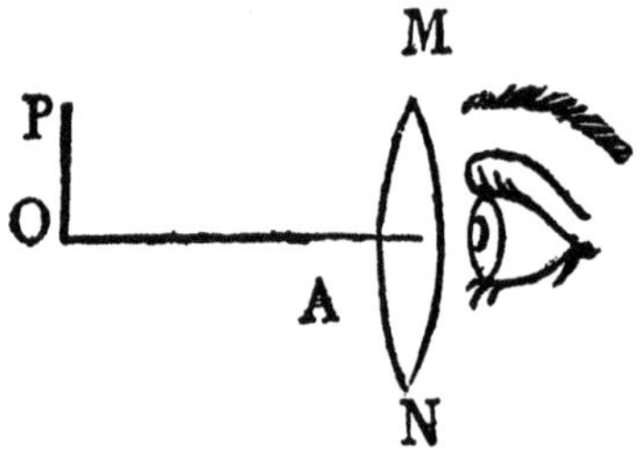

Ce microscope grossit donc 8 fois.

II. La distance de foyer du verre MN est de 8 lignes.

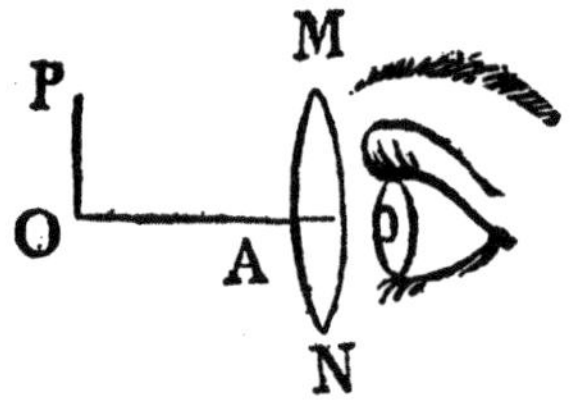

Ce microscope grossit 12 fois.

III. La distance de foyer du verre *MN* est de 6 lignes.

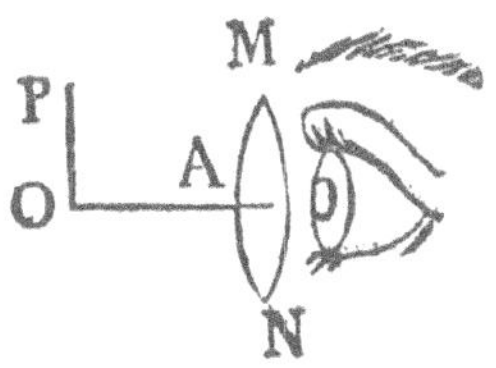

Ce microscope grossit 16 fois.

IV. La distance de foyer de ce verre est de 4 lignes.

Ce microscope grossit 24 fois.

V. La distance de foyer de ce verre est de 3 lignes.

Ce microscope grossit 32 fois.

VI. La distance de foyer de ce verre est de 2 lignes.

Ce microscope grossit 48 fois.

VII. La distance de foyer de ce verre n'est que d'une ligne.

Ce microscope grossit 96 fois.

On peut faire encore des Microscopes beaucoup plus petits. Les artistes en exécutent et nous procurent par ce moyen des effets beaucoup plus considérables, par où il faut bien remarquer, que la distance de l'objet au verre devient de plus en plus petite, puisqu'elle doit être à peu près égale à la distance de foyer du verre. Je dis à peu près, parce que chaque œil y approche le verre tant soit peu plus ou moins selon sa constitution; les Miopes l'approchent d'avantage, et les Presbytes moins. De là V.A. voit, que plus l'effet est grand, plus le verre ou le microscope devient petit, et plus aussi il faut approcher l'objet: ce qui est un très grand inconvenient d'un côté, puisqu'il est incommode de regarder à travers un si petit verre, et d'un autre côté, puisque l'objet doit être fixé si près de l'œil. On tâche de remédier à ces inconveniens par une garniture convenable, qui en facilite l'usage, mais la vision de l'objet se trouble considérablement, dès que la distance de l'objet souffre le moindre changement et comme dans les plus petits verres l'objet doit presque toucher le verre, dès que la surface de l'objet est tant soit peu inégale, on ne voit l'objet que confusément. Car quand les éminences se trouvent à la juste distance, les concavités en sont trop éloignées et ainsi ne sauroient être vues que très confusément. C'est la principale raison qui nous oblige de renoncer aux microscopes simples, quand on souhaite des microscopes qui grossissent beaucoup, et de recourir aux microscopes composés.

le 26 Janvier 1762

LETTRE CCII

V.A. vient de voir, comment il faut faire des microscopes simples, qui grossissent autant de fois, qu'on peut souhaiter; on n'a qu'à fixer une ligne droite de 8 pouces, comme celle que j'ai marquée AB[1]) qui contienne précisément 8 pouces du pied du Rhin dont on se sert partout en Allemagne. Alors autant de fois l'on veut grossir l'objet, il faut partager cette ligne AB en autant de parties égales, dont une donnera la distance de foyer du verre demandé. Ainsi si l'on veut grossir cent fois, la particule AI est la centieme partie de la ligne AB, par conséquent il faut faire un verre, dont la distance de foyer soit précisément égale à cette partie AI, qui donnera en même tems le rayon des faces de ce verre qui est ici représenté.

V.A. voit par là, que plus l'effet est grand, plus le verre doit être petit, de même que sa distance de foyer à laquelle il faut mettre l'objet OP devant le verre, en appliquant l'œil par derriere; et si l'on faisoit le verre deux fois plus

1) Dans l'impossibilité de représenter ici une ligne droite de huit pouces, on en a mis une qui ne contient que la moitié ou quatre pouces.

petit, que je l'ai ici désigné, pour grossir deux cents fois, le verre deviendroit si petit, qu'il faudroit presque un microscope, pour voir le verre lui même; aussi faudroit il s'approcher si près qu'on toucheroit presque le verre, ce qui est, sans doute, un très grand inconvenient, comme j'ai déjà eu l'honneur de l'observer; de sorte qu'on ne sauroit à peine pousser l'effet du microscope au delà de deux cent fois, ce qui ne suffit pas pour voir les plus petites choses que la nature renferme. L'eau la plus claire contient des petits animalcules, qui quoiqu'on les voie grossis 200 fois ne laissent pas de paroitre comme des puces, et il faudroit avoir des microscopes, qui grossissent 20000 fois pour les voir dans la grandeur d'un rat, or il s'en faut beaucoup qu'on atteigne ce degré, même avec les microscopes composés.

Mais outre les inconveniens des microscopes simples, que je viens de remarquer, lorsqu'on demande de très grands effets, tous ceux qui se servent de ces instrumens, se plaignent encore d'un autre, qui n'est pas moins fâcheux, c'est que plus on grossit les objets plus ils paroissent obscurs, et il semble qu'on les voit à la lueur d'une très foible lumiere, ou même au clair de la Lune, de sorte qu'on n'y sauroit presque rien distinguer. V. A. n'en sera pas surprise, lorsqu'elle voudra se souvenir, que la lumiere de la pleine Lune est au delà de deux cent mille fois plus foible que celle du soleil. C'est donc un article bien important d'expliquer d'où vient cette diminution de lumiere? on comprend aisément, que si les rayons, qui viennent d'un très petit objet, nous le doivent représenter, comme s'il étoit beaucoup plus grand, cette petite quantité de lumiere ne sauroit être suffisante: cependant quelque fondée que paroisse cette raison, elle n'est pas valable, et ne fait que nous éblouir sur cette question. Car si le verre en grossissant d'avantage, entraine après lui nécessairement une diminution de clarté, on devroit aussi s'en appercevoir dans les moindres effets, à supposer même que ce ne fut pas à un si haut degré; mais on peut grossir jusqu'à 50 fois, sans qu'on s'apperçoive de la moindre diminution de lumiere, qui cependant devroit être 50 fois plus foible, si la raison alléguée étoit juste. Il faut donc chercher ailleurs la cause de ce phénomene et il faut même remonter aux premiers principes de la vision.

A cette occasion qu'il plaise à V. A. de se rappeller ce que j'ai eu l'honneur de Lui dire sur l'usage de la pupille, ou bien de ce trou noir, qu'on voit sur le milieu de l'iris dans l'œil. C'est par cette ouverture que les rayons entrent dans les yeux; et ainsi plus cette ouverture est grande, plus il entre de rayons. Il faut ici considérer deux cas où les objets sont fort lumineux et brillants, et où ils ne sont éclairés que d'une lumiere fort foible. Dans le premier cas la pupille se contracte elle même, sans que notre volonté le commande, et le Créateur la pourvût de cette faculté, pour préserver l'intérieur de l'œil du trop grand éclat de la lumiere, qui blesseroit infailliblement les nerfs. Donc toutes les fois qu'on se trouve dans un lieu fort éclairé on voit que toutes les pupilles se rétrécissent, pour ne laisser entrer dans les yeux qu'autant de rayons, qu'il en faut pour y dépeindre une image assez lumineuse. Mais le contraire arrive, lorsqu'on se trouve dans un lieu sombre, alors la pupille s'agrandit pour recevoir la lumiere en plus grande quantité. Il est fort aisé de remarquer ce changement toutes les fois, qu'on passe d'un lieu obscur dans un lieu fort éclairé. Pour le sujet dont il s'agit ici, je me borne à cette circonstance, que plus il entre de rayons dans l'œil, plus l'image qui est portée sur la rétine sera lumineuse; et réciproquement plus la quantité de rayons qui entrent dans l'œil, est petite, plus aussi l'image dans l'œil devient foible, et paroit par conséquent plus obscure. Or il peut arriver qu'il n'entre que fort peu de rayons dans l'œil, quoique la pupille soit bien ouverte, on n'a qu'à faire avec une épingle un petit trou dans un carton, et regarder quelqu'objet, alors quelque éclairé qu'il soit du Soleil, il paroitra d'autant plus sombre que le trou est plus petit, et par un trou semblable, on peut même regarder le Soleil. La raison en est bien évidente, puisqu'il n'entre dans l'œil que fort peu de rayons: quelque ouverte que soit la pupille, c'est le trou du carton qui détermine la quantité de lumiere qui entre dans l'œil et non la pupille, qui fait ordinairement cette fonction.

Il arrive la même chose dans les microscopes qui grossissent beaucoup, car lorsque le verre est extrêmement petit, il n'y passe qu'une fort petite quantité de rayons comme mn, laquelle étant plus petite que l'ouverture de la pupille, l'objet en doit paroitre d'autant plus obscur; par là on voit que cette diminution de lumiere n'arrive, que lorsque le verre MN ou plutôt sa partie ouverte est plus petite que la pupille. S'il étoit possible de produire un grand grossissement par le moyen d'un verre plus grand, cet obscurcissement n'auroit pas lieu, et c'est la véritable explication de la question proposée. Mais pour remédier à cet inconvenient dans les grands effets du microscope, on tâche d'éclairer l'objet autant qu'il est possible, pour rendre plus fort le peu de rayons qui est porté à l'œil. Pour cet effet on éclaire les objets par le soleil même, et on se sert aussi de miroirs qui y renvoyent la clarté du Soleil. Ce sont à peu près toutes les circonstances, qu'on a à considérer dans les microscopes simples, et V.A. jugera par là aisément de l'effet de tous ceux qu'elle aura occasion de voir.

le 30 Janvier 1762

LETTRE CCIII

Avant que d'expliquer la construction des microscopes composés, j'espere qu'une digression sur les lunettes ou telescopes ne déplaira point à V.A. Ces deux especes d'instrumens sont parfaitement liées ensemble: l'une sert à mieux éclaircir l'autre. Comme les microscopes servent à considérer les objets voisins, en nous les représentant sous un angle beaucoup plus grand, que si nous les regardions à une certaine distance comme de 8 pouces, l'autre espece est destinée à nous mieux découvrir les objets fort éloignés, en nous les représentant sous un plus grand angle, qu'à la vue simple. Ces instrumens portent plusieurs noms, tant selon leur grosseur, que selon leur destination; les plus petits sont nommés lunettes de poche, d'autres plus grandes ont le même nom, qu'il faut bien distinguer des lunettes, que les vieillards portent sur le nez. Ceux dont se servent les Astronomes, sont nommés Tubes; or le nom général de tous est celui de telescopes. Ce sont donc de tels instrumens, qui nous représentent les objets fort éloignés sous un plus grand angle qu'ils paroissent à la vue simple; cette définition est très juste et ne renferme rien d'arbitraire, comme celle des microscopes, dont l'effet est rapporté à une certaine distance arbitraire, qu'on suppose communément de 8 pouces.

Mais lorsqu'il s'agit d'objets fort éloignés, dont la distance est trop grande pour notre vue, l'effet se rapporte très naturellement à la même distance, et un telescope grossit autant de fois, qu'il nous représente les objets sous un plus grand angle, qu'à la vue simple. Par exemple, la lune paroit à la vue simple sous un angle d'un demi degré; par conséquent un telescope grossit 100 fois, lorsqu'il nous représente la lune sous un angle de 50 degrés qui est 100 fois plus grand qu'un demi degré; s'il grossissoit 200 fois, il feroit voir la lune sous un angle de 100°; et ainsi la lune paroitroit remplir plus de la moitié du ciel visible, dont toute l'étendue n'est que de 180 degrés.

Communément on dit, que les telescopes nous approchent les objets, ce qui est une maniere de parler fort équivoque, qui admet deux significations différentes. L'une est que voyant par un telescope, nous jugeons les objets autant de fois plus proches de nous, que le telescope grossit. Mais j'ai déjà eu l'honneur de faire remarquer à V.A. que nous ne saurions connoitre les distances des objets, que par le jugement, et que ce jugement ne sauroit avoir lieu que dans les objets peu éloignés; donc lorsque les objets sont aussi éloignés, que nous le supposons ici, un tel jugement sur les distances tromperoit beaucoup. L'autre signification est plus conforme à la vérité, quand on entend que les telescopes nous représentent les objets aussi grands que nous les verrions, si nous en approchions d'avantage. Car V.A. sait, que plus on s'approche d'un objet, plus l'angle, sous lequel il paroit, devient grand et ainsi cette explication revient à celle, que j'ai donnée au commencement. Cependant lorsqu'on regarde des objets fort connus, comme des hommes dans un grand éloignement, et qu'on les voit par une lunette sous un angle beaucoup plus grand, alors on est porté à s'imaginer, que ces hommes sont actuellement beaucoup plus proches, puisqu'on les verroit alors effectivement sous un angle d'autant plus grand. Mais lorsqu'il s'agit d'objets peu connus comme du soleil et de la lune, alors aucune estime de distance ne sauroit avoir lieu. Ici le cas est tout-à-fait différent de celui, dont j'ai eu l'honneur de parler à V.A. où un verre concave, dont se servent ceux qui ont la vue courte, représente les images des objets à une fort petite distance: par exemple le verre concave, dont je me sers, me représente les images de tous les objets éloignés à la distance de 4 pouces; cependant je ne m'imagine point que le soleil, la lune et les étoiles soient si près de moi; ainsi nous ne jugeons pas les objets là où se trouvent leurs images représentées par les verres: nous le croyons aussi peu que l'existence des objets dans nos yeux quoique leurs images y soient dépeintes: et V.A. se souviendra bien, que le jugement sur la véritable distance des objets, de même que celui sur leur véritable grandeur, dépend de circonstances toutes particulieres.

Le but principal des telescopes est donc de grossir ou de multiplier l'angle sous lequel les objets paroissent à la vue simple; et delà la division principale des telescopes se fait selon l'effet qu'ils procurent; de sorte qu'on dit que tel telescope grossit 5 fois, un autre 10 fois, un autre 20 fois ou 30 fois et ainsi de suite. Là dessus, je remarque que les lunettes de poche grossissent rarement au delà de 10 fois; mais les lunettes ordinaires dont on se sert pour examiner les objets terrestres fort éloignés, grossissent depuis 20 jusqu'à 30 fois et leur longueur monte jusqu'à 6 pieds et au delà. Un effet pareil, quoique très considérable par rapport aux objets terrestres, est encore peu de chose pour les corps celestes qui demandent un effet beaucoup plus grand. Ainsi on a des Lunettes Astronomiques ou des Tubes, qui grossissent depuis 50 fois jusqu'à 200 fois, et il paroit difficile d'aller plus loin, puisque selon la maniere ordinaire de les construire, plus l'effet est grand plus ces lunettes deviennent longues. Une telle lunette qui doit grossir 100 fois a déjà 30 pieds de longueur, et une de 100 pieds peut à peine grossir 200 fois. Par là V.A. comprend que la difficulté de diriger et manier de telles machines met des obstacles insurmontables à pousser l'expérience plus loin. Le fameux HEVELIUS[1]) Astronome de Dantzig se servoit de tubes de 200 pieds, mais il faut que ces instrumens aient été fort défectueux, puisqu'aujourd'huy, on découvre les mêmes choses par de beaucoup plus courts.

Voilà donc en gros la description des telescopes et de leurs diverses especes, qu'il est bon de bien remarquer, avant que d'entrer dans le détail de leur construction, et de la maniere dont on y joint deux ou plusieurs verres pour produire tous les différens effets.

le 2 Fevrier 1762

LETTRE CCIV

On ne sait pas trop à qui nous sommes redevables de la découverte des telescopes, si c'est à un Artisan Hollandois, ou à un Italien nommé PORTA[2]). Quoiqu'il en soit, il y a à peu près 150 ans qu'on a commencé à faire de petites lunettes de poche, composées de deux verres, dont l'un étoit convexe et l'autre concave. Il semble que le pur hasard est le seul à qui l'on soit redevable d'une découverte si utile. On a pu, sans aucun dessein, ou rapprocher ou éloigner deux verres jusqu'à ce que les objets ont paru distinctement.

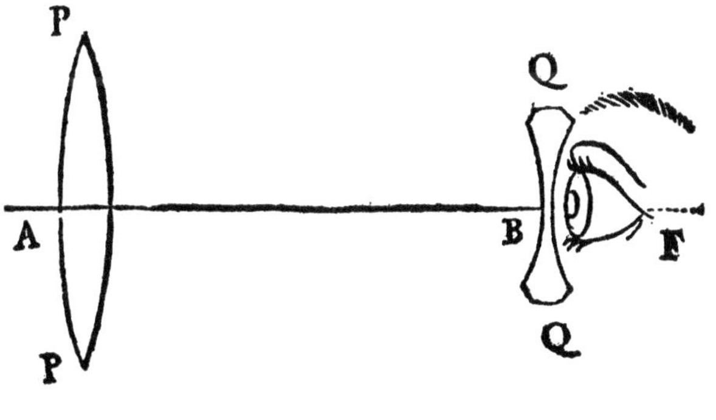

Le verre convexe PAP est dirigé vers l'objet et c'est au verre concave QBQ qu'on applique l'œil; par cette raison le verre PAP est nommé l'objectif et le verre QBQ l'oculaire. Ces deux verres sont disposés sur le même axe AB, qui est perpendiculaire sur l'un et l'autre verre, et passe par le milieu. La distance de foyer du verre convexe PAP doit être plus grande que celle du verre concave, et les verres doivent être disposés en sorte que si AF est la distance du foyer de l'objectif PAP, le foyer de l'oculaire QBQ tombe dans le même point F, et ainsi l'intervalle entre les verres AB est

1) JOHANNES HEVELIUS (1611–1687). A.S.
2) GIAMBATTISTA DELLA PORTA, mort en 1615, de Naples. A.S.

la différence entre les distances de foyer de ces deux verres, AF étant la distance de foyer de l'objectif et BF celle de l'oculaire. Quand les verres sont placés, ceux qui ont la vue bonne, verront fort bien les objets éloignés, et ils leurs paroitront autant de fois plus grands que la ligne AF est plus grande que BF. Ainsi prenant la distance de foyer de l'objectif de 6 pouces, et celle de l'oculaire de 1 pouce, les objets seront grossis 6 fois, ou paroitront sous un angle six fois plus grand qu'à la vue simple, et dans ce cas l'intervalle entre les verres AB sera de 5 pouces ce qui est en même tems la longueur de la lunette. V.A. sent bien, sans que je [le] Lui dise, que ces deux verres sont enchassés dans un tuyau de la même longueur, quoique je ne l'aye pas exprimé dans la figure.

Après avoir exposé, de quelle maniere les deux verres doivent être joints ensemble, pour qu'il en résulte un bon instrument, il y a deux choses que je dois faire remarquer à V.A., l'une, pourquoi ces verres nous représentent distinctement les objets, et l'autre pourquoi ils paroissent autant de fois grossis, que la ligne AF surpasse la ligne BF. Par rapport à la premiere, il faut remarquer, qu'une bonne vue voit mieux les objets, lorsqu'ils sont si éloignés, qu'on puisse regarder les rayons, qui tombent dans l'œil, comme paralleles entr'eux.

Considérons donc un point V dans l'objet, vers lequel est dirigé la lunette et puisqu'on le suppose fort éloigné, les rayons qui tombent sur l'objectif, PQ, OA, PQ seront presque paralleles entr'eux et ainsi l'objectif QAQ étant un verre convexe, le réunira dans son foyer F, de sorte que ces rayons étant convergens ne conviendroient point à une bonne vue. Or le verre concave en B ayant le pouvoir de rendre les rayons plus divergens,

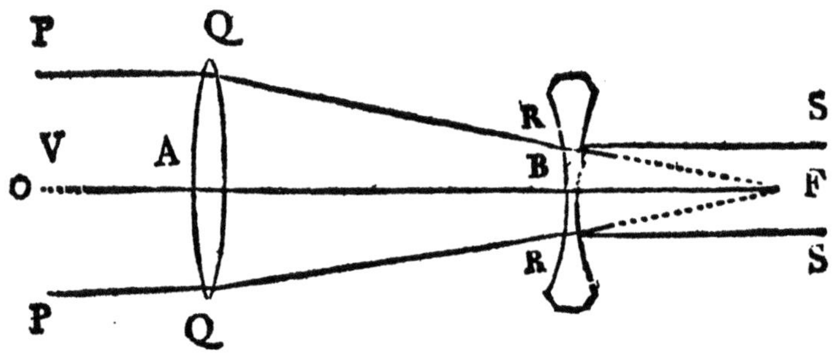

ou de diminuer leur convergence, rompra les rayons QR et QR en sorte qu'ils deviendront paralleles entr'eux, ou bien, au lieu de se réunir en F, ils prendront la route RS, RS parallele à l'axe BF; et ainsi une bonne vue, sur laquelle on se regle toujours dans la construction de ces instrumens, en recevant ces rayons paralleles RS, BF, RS verra distinctement l'objet. Or la raison pourquoi les rayons RS, RS deviennent précisément paralleles entr'eux, est que le verre concave a son foyer, ou plutot son point de dispersion, en F.

V.A. n'a qu'à se souvenir que lorsque les rayons paralleles tombent sur un verre concave, ils deviennent par la réfraction divergens, en sorte, qu'étant continués en arriere, ils se rendent dans le foyer. Cela posé nous n'avons qu'à renverser le cas, et regarder les rayons SR, SR, comme incidens sur le verre concave, alors il est certain, qu'ils prendront les routes RQ, RQ, qui étant continuées en arriere se rendent au point F, où est le foyer commun des verres convexe et concave. Maintenant c'est une loi générale, qui de quelque maniere que les rayons soient rompus, en allant d'un lieu à un autre, ils doivent toujours souffrir les mêmes réfractions, en retournant du dernier lieu au premier. Donc si aux rayons incidens SR, SR, répondent les rayons réfractés RQ, RQ, alors réciproquement, si les rayons QR, QR sont les incidens, les réfractés seront RS et RS.

La chose deviendra peut-être encore plus claire quand je dirai, que les verres concaves ont le pouvoir de rendre paralleles ces rayons qui sans la réfraction se rendoient dans leurs foyers. Ou bien V.A. n'a qu'à bien saisir les regles suivantes sur la réfraction, tant des verres convexes que des concaves.

I. Par un verre convexe les rayons paralleles deviennent convergens.

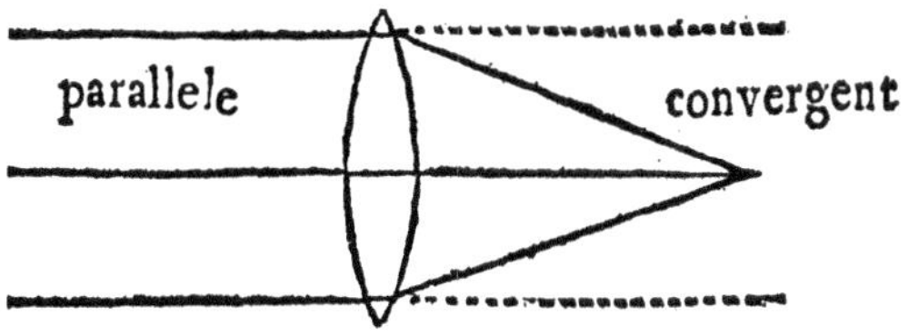

Les convergens deviennent encore plus convergens.

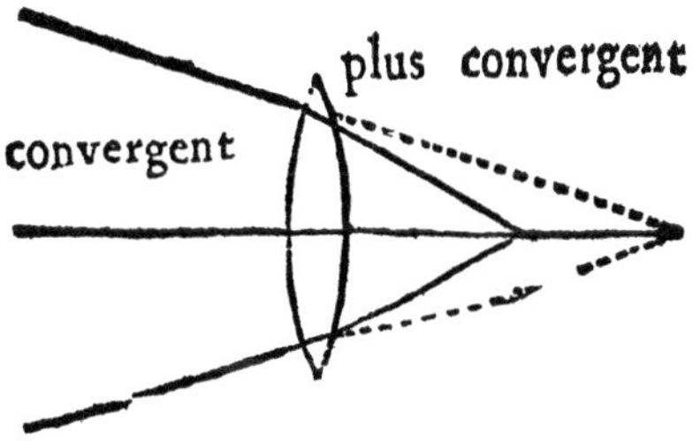

Or les divergens deviennent moins divergens.

II. Par un verre concave les rayons paralleles deviennent divergens.

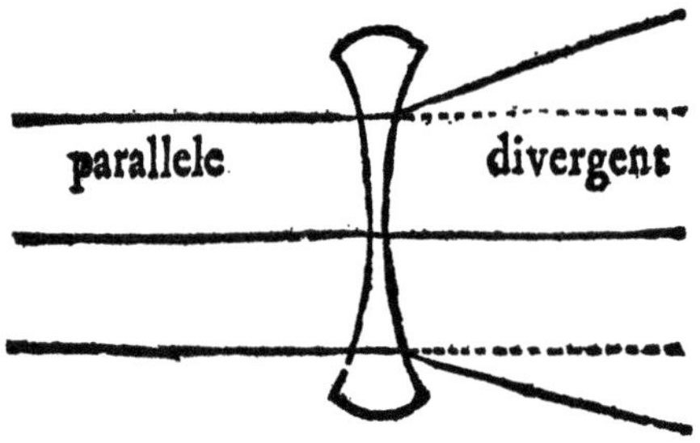

Les divergens deviennent encore plus divergens.

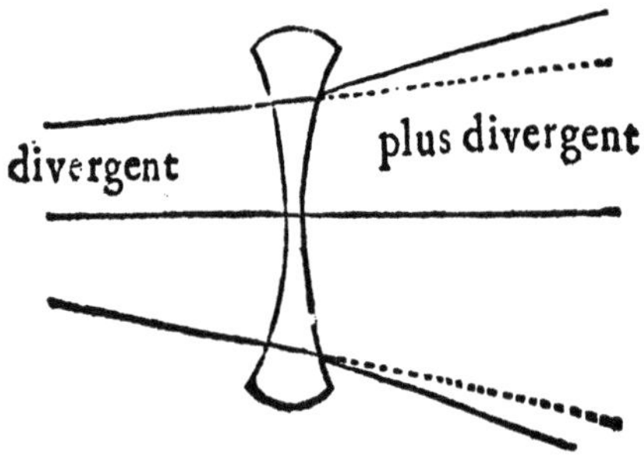

Or les convergens deviennent moins convergens.

Tout cela est fondé sur la nature de la réfraction et de la figure des verres dont le détail demanderoit des discussions trop longues, et outre cela les deux regles que je viens de rapporter en renferment l'essentiel. Par là il est donc suffisamment prouvé, que lorsque le verre convexe et le verre concave sont joints de façon qu'ils acquierent un foyer commun en F, les objets éloignés en seront représentés distinctement, puisque le parallelisme entre les rayons est rétabli par le verre concave, après que le verre convexe les a rendus convergens. Ou bien les rayons des objets fort éloignés étant presque paralleles entr'eux, deviennent convergens par les verres convexes, et ensuite le verre concave détruit cette convergence, et rend les rayons de nouveau paralleles entr'eux.

le 6 Fevrier 1762

LETTRE CCV

Il me reste encore à faire voir à V.A. l'article principal sur les lunettes; c'est celui qui regarde leur effet, en grossissant les objets. J'espere de le mettre dans un tel jour, que toute espece de doute sera dissipée: pour cet effet je renfermerai ce que j'ai à dire dans les propositions suivantes.

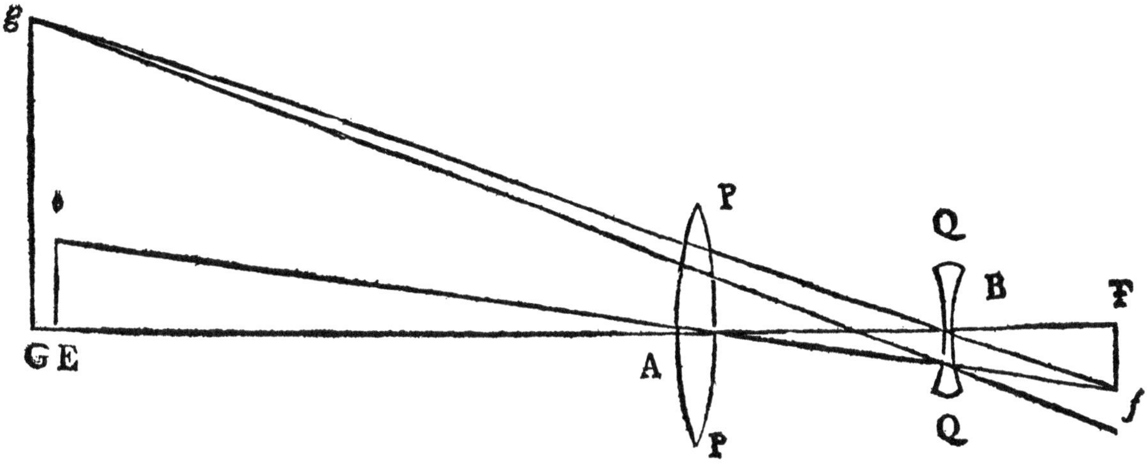

I. Soit Ee l'objet situé sur l'axe de la lunette qui traverse les deux verres perpendiculairement par leurs milieux. Or il faut considérer cet objet Ee comme infiniment éloigné.

II. Donc si l'œil placé en A regarde cet objet, il le verra sous l'angle EAe, nommé son angle visuel. Et ainsi il faut prouver qu'en regardant ce même objet par la lunette, il paroitra sous un plus grand angle, et exactement autant de fois plus grand que la distance de foyer du verre objectif PAP surpasse celle de l'oculaire QBQ.

III. Comme l'effet de tous les verres consiste à représenter les objets dans un autre lieu, et avec une certaine grandeur, nous n'avons qu'à examiner les images, qui seront successivement représentées par les deux verres; dont la derniere est l'objet immédiat de la vue de celui qui regarde dans la lunette.

IV. Or l'objet Ee étant infiniment éloigné du verre convexe PAP, son image sera représentée derriere le verre en Ff, de sorte que AF soit égal à la distance de foyer du verre; et la grandeur de cet image Ff est déterminée par la ligne droite fAe tirée de l'extrêmité de l'objet e par le milieu du verre A, par où l'on voit que cette image est renversée et autant de fois plus petite que l'objet, que la distance AF est plus petite que la distance AE.

V. Maintenant cette image Ff tient lieu de l'objet, par rapport au verre oculaire QBQ; puisque les rayons qui tombent sur ce verre sont ceux mêmes qui voudroient presque former l'image Ff, mais qui sont interceptés dans leur route par le verre concave QBQ: de sorte que cette image n'est qu'imaginaire; l'effet en est cependant le même, que si elle étoit réelle.

VI. Cette image Ff, que nous regardons à présent comme un objet, se trouvant à la distance de foyer du verre QBQ, sera transportée presque à l'infini par la réfraction de ce verre. La figure précédente marque cette nouvelle image en Gg, dont la distance AG doit être conçue comme infinie, et les rayons réfractés pour la seconde fois par le verre QBQ, tiendront la même route, comme s'ils venoient effectivement de l'image Gg.

VII. Cette seconde image Gg étant donc l'objet de celui qui regarde par la lunette, on en doit considérer la grandeur. Pour cet effet puisqu'elle nait de la premiere image Ff par la réfraction du verre QBQ, suivant la regle générale, on n'a qu'à tirer par le milieu du verre B une ligne droite, qui passe par f de la premiere image, et la ligne marquera en g l'extrêmité de la seconde image.

VIII. Que le spectateur tienne à présent son œil en B; et puisque les rayons qu'il reçoit tiennent la même route, comme s'ils venoient effectivement de l'image Gg, elle lui paroitra sous l'angle GBg, qui est visiblement plus grand, que l'angle EAe sous lequel l'objet Ee paroit à la vue simple.

IX. Pour mieux comparer ces deux angles, il est d'abord clair que l'angle EAe est égal à l'angle FAf qui lui est opposé par la pointe, de la même maniere l'angle GBg est égal à l'angle FBf puisqu'ils sont aussi opposés par la pointe en B. Il s'agit donc de prouver que l'angle FBf surpasse l'angle FAf autant de fois que la ligne AF surpasse la ligne BF, dont celle-là AF est la distance de foyer de l'objectif et celle-cy BF la distance de foyer de l'oculaire.

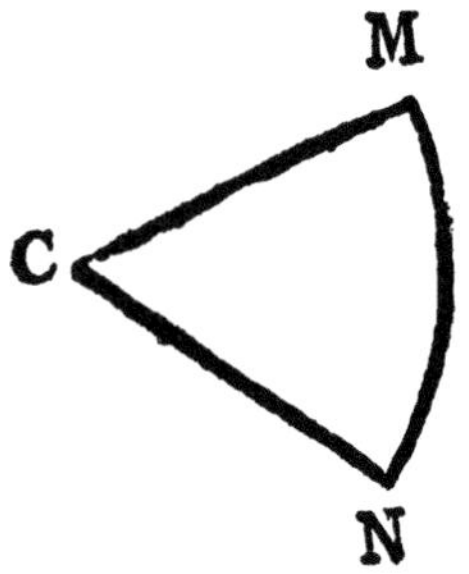

X. Pour prouver cela, il faut recourir à certaines propositions tirées de la Géometrie sur la nature des secteurs. V. A. se souviendra qu'un secteur est une partie d'un cercle renfermée entre deux rayons CM et CN, et un arc ou portion de la circonférence MN. Et ainsi dans un secteur il y a trois choses à considérer 1°. le rayon du cercle CM ou CN; 2°. la quantité de l'arc MN et 3°. l'angle MCN.

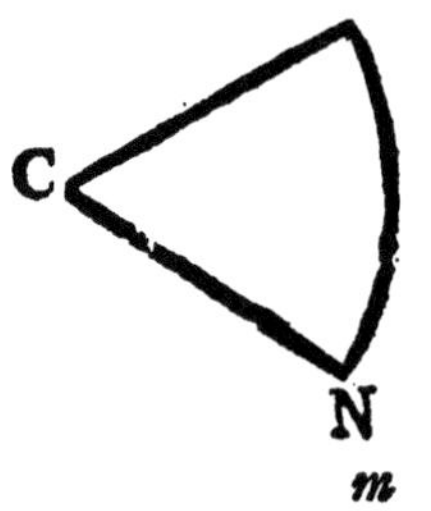

XI. Considérons maintenant deux secteurs MCN et mcn dont les rayons CM et cm soient égaux entr'eux, et ils est prouvé dans les élémens de Géometrie, que les angles C et c tiennent entr'eux le même rapport, que les arcs MN et mn, ou bien l'angle C est autant de fois plus grand que l'angle c, que l'arc MN est plus grand que l'arc mn: mais au lieu de cette façon de parler peu commode, on se sert de

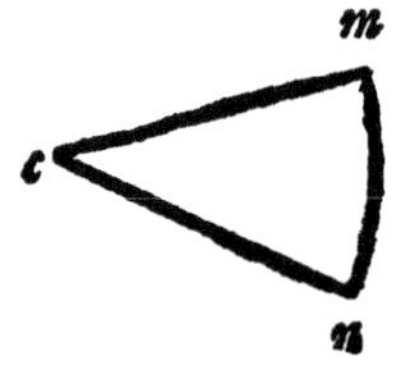

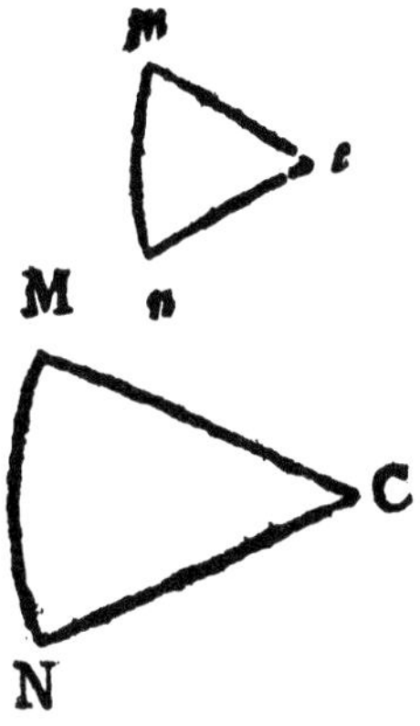

celle-cy, les angles C et c sont proportionels aux arcs MN et mn, lorsque les rayons sont égaux.

XII. Considérons aussi deux secteurs MCN et mcn, dont les angles C et c soient égaux entr'eux, mais les rayons inégaux; et il est prouvé dans la Géometrie, que l'arc MN est autant de fois plus grand que l'arc mn, que le rayon CM est plus grand que cm; ou bien on dit, que les arcs sont proportionels aux rayons, lorsque les angles sont égaux. La raison en est évidente, puisque chaque arc contient autant de degrés, que son angle, et que les degrés d'un grand cercle, sont plus grands que ceux d'un petit cercle, autant de fois que le grand rayon surpasse le petit.

XIII. Considérons enfin aussi le cas, où dans les deux secteurs MCN et mcn les arcs sont égaux entr'eux savoir $MN = mn$ et les rayons CM et cm inégaux.

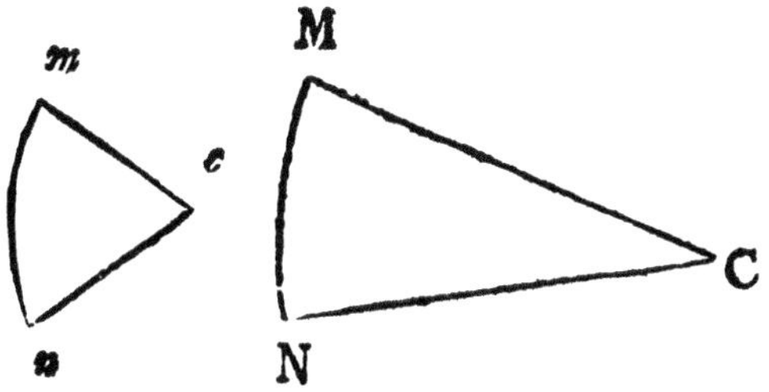

Dans ce cas l'angle C qui répond au grand rayon CM est plus petit, et l'angle c qui répond au petit rayon cm plus grand, et cela dans le même rapport que les rayons. Ou bien l'angle c est autant de fois plus grand que l'angle C, que le rayon CM est plus grand que le rayon cm: ou bien pour parler en géometre, les angles sont réciproquement proportionels aux rayons, lorsque les arcs sont égaux.

XIV. Cette derniere considération me conduira à mon but, en y ajoutant cette réflexion, que lorsque les angles sont fort petits comme cela arrive dans les lunettes de poches, alors les arcs MN et mn ne different pas sensiblement de leurs cordes, ou des lignes droites MN et mn.

XV. Cela remarqué, retournons à la figure du commencement, les triangles FAf et FBf peuvent être considérés comme des secteurs, où l'arc Ff est le même de part et d'autre. Par conséquent l'angle FBf surpasse autant de fois l'angle FAf que la distance AF surpasse la distance BF. Ou bien l'objet Ee paroitra dans la lunette sous un angle autant de fois plus grand, que la distance de foyer de l'objectif AF surpasse la distance de foyer de l'oculaire BF, ce qu'il falloit démontrer.

le 9 Fevrier 1762

LETTRE CCVI

V.A. comprend aisément qu'on ne sauroit prétendre de trop grands avantages de ces petites lunettes et j'ai déjà remarqué, qu'elles ne grossissent les objets que de 10 fois. Si on vouloit pousser leur force plus loin, non seulement la longueur en deviendroit trop grande, pour pouvoir les porter dans la poche, mais il y auroit encore d'autres défauts plus essentiels, auxquels elles seroient sujettes; ce qui a obligé les Artistes de renoncer tout-à-fait à cette espece de lunettes, dès qu'on demande de plus grands effets.

Le principal de ces défauts consiste dans la petitesse du champ apparent, ce qui me conduit à expliquer à V.A. cet article important qui regarde toutes les lunettes. Quand on dirige un telescope ou une lunette vers le ciel, ou vers d'autres objets fort éloignés sur la terre, l'espace qu'on découvre paroit sous la figure d'un cercle, et on ne voit que les objets, qui se trouvent dans cet espace; de sorte que si l'on veut voir d'autres objets, il faut changer la position de l'instrument. Cet espace circulaire, qui se présente aux spectateurs, est nommé le *champ apparent*, ou simplement le champ de l'instrument: et V.A. conviendra aisément, que c'est un grand avantage, lorsque ce champ est fort grand, et qu'un très petit champ est au contraire un grand défaut dans ces sortes d'instrumens. Considérons deux lunettes, qu'on ait dirigées vers la lune, et que par l'une on n'en découvre que la moitié, pendant que par l'autre on la voit toute entiere avec les étoiles voisines; le champ de celle-cy est donc beaucoup plus grand, que celui de celle-là. Celle qui présente un plus grand champ, nous dispense non seulement de l'embarras de changer si souvent de position, mais on jouit aussi d'un avantage très grand qui est, qu'en voyant en même tems plusieurs parties de l'objet, on les peut comparer entr'elles.

C'est donc une des plus grandes perfections d'une lunette ou d'un telescope lorsqu'il donne un plus grand champ; par cette raison il est très interessant de mesurer le champ de tous ces instrumens. Dans cette vue on se regle sur le ciel, et on détermine l'espace circulaire qu'on voit à travers une lunette en mesurant le diametre en degrés et minutes, ainsi comme le diametre apparent de la pleine lune est environ d'un demi degré, si une lunette ou un telescope ne découvre que la lune, on dit que le diametre de son champ est d'un demi degré: si l'on ne voyoit à la fois que le quart de la lune, le diametre du champ seroit un quart de degré.

La mesure des angles nous fournit donc le moyen de mesurer le champ apparent, et la chose est d'ailleurs claire d'elle même. Supposons dans la figure ci-jointe que par l'instrument AB on ne voie que l'espace POP, et les objets qui y sont contenus. Cet espace étant un cercle, son diametre

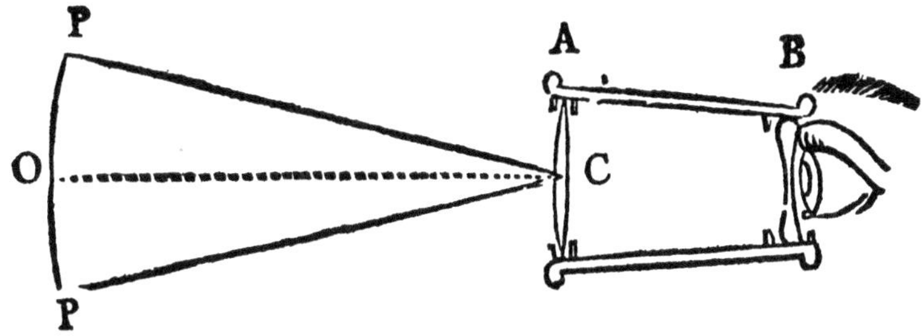

sera la ligne POP dont le milieu O se trouve dans l'axe de l'instrument. Tirant donc des extrêmités P, P les lignes droites PC, PC, l'angle PCP exprime le diametre du champ apparent et la moitié de cet angle OCP, est nommée le demi-diametre du champ apparent. Delà V. A. comprendra parfaitement, ce qu'on doit entendre, lorsqu'on dit que le diametre du champ apparent d'un tel instrument est de 1 degré, que celui d'un autre est de 2 degrés, etc. ou bien en le marquant par minutes, de 30 minutes, qui font un demi degré, ou de 15 minutes, qui font un quart de degré.

Mais pour bien juger du mérite d'une lunette ou d'un telescope, par rapport au champ apparent il faut aussi avoir égard au grossissement de l'instrument, où cette maxime a généralement lieu, que plus un telescope ou une lunette grossit, plus le champ apparent doit nécessairement être petit; ce sont des bornes que la nature même prescrit. Concevons un semblable instrument qui grossit 100 fois; il est évident que le diametre du champ ne sauroit être de 2 degrés: car puisque cet espace nous paroitroit 100 fois plus grand, il ressembleroit à un espace de 200 degrés, et ainsi plus grand que le ciel tout entier qui d'un bout à l'autre ne contient que 180 degrés, et dont nous ne saurions découvrir à la fois que la moitié tout au plus, ou bien un espace circulaire de 90 degrés en diametre: par là V.A. voit qu'un telescope qui grossit 100 fois ne nous sauroit même découvrir un champ d'un degré: vu que ce degré multiplié 100 fois feroit plus que 90 degrés, et ainsi une semblable lunette qui grossit 100 fois, seroit excellente si le diametre de son champ étoit un peu moindre d'un degré: et la nature même de l'instrument ne souffre pas un effet plus grand.

Mais une autre lunette ou un telescope, qui ne grossiroit que 10 fois seroit bien défectueux, s'il ne découvroit qu'un champ d'un degré en diametre; puisque ce champ étant multiplié 10 fois, ne ressembleroit qu'à un espace de 10 degrés dans le ciel, ce qui seroit bien peu de chose, et borneroit trop notre vue: nous aurions grande raison de rejetter tout-à-fait un tel instrument; il sera donc fort aisé, par rapport au champ apparent, de juger de l'excellence ou du défaut de ces sortes d'instrumens, quand on a égard à leur effet. Ainsi lorsqu'il ne grossit que 10 fois, on peut bien conjecturer, qu'il découvre un champ de 9 degrés, puisque 9 degrés pris 10 fois font 90 degrés, que notre vue est capable d'embrasser, et si le diametre de son champ n'étoit que de 5 degrés ou encore plus petit, ce seroit toujours un instrument fort défectueux. Or j'aurai l'honneur de prouver à V.A. que si l'on vouloit faire de cette espece des lunettes, dont j'ai donné la description, qui grossiroient plus de 10 fois, ils auroient ce défaut, et que leur champ apparent multiplié par le grossissement seroit fort au dessous de 90 degrés, et ne montreroit pas même la moitié. Mais pour de moindres effets, ce défaut n'est pas si sensible, car si une telle lunette ne grossit que 5 fois, le diametre de son champ est environ de 4 degrés qui étant grossi 5 fois, ressemble à un espace de 20 degrés, dont on veut bien être content: mais si l'on vouloit grossir 25 fois, le diametre du champ ne seroit que d'un demi degré, qui étant pris 25 fois, ne donneroit que 12 degrés, ce qui seroit trop peu. Par cette raison quand on veut grossir beaucoup, il faut se servir d'autres arrangemens de verres, que je prendrai la liberté d'expliquer dans la suite.

le 13 Fevrier 1762

LETTRE CCVII

Le jugement sur le champ apparent étant de la plus grande importance dans la construction des Telescopes et Lunettes, j'en vais faire l'application aux petites lunettes sur lesquelles j'ai eu déjà l'honneur d'entretenir V.A.

Dans cette figure le verre *PAP* est l'objectif, *QBQ* l'oculaire et la droite *EF* l'axe de la lunette, sur lequel à une distance très grande se trouve l'objet

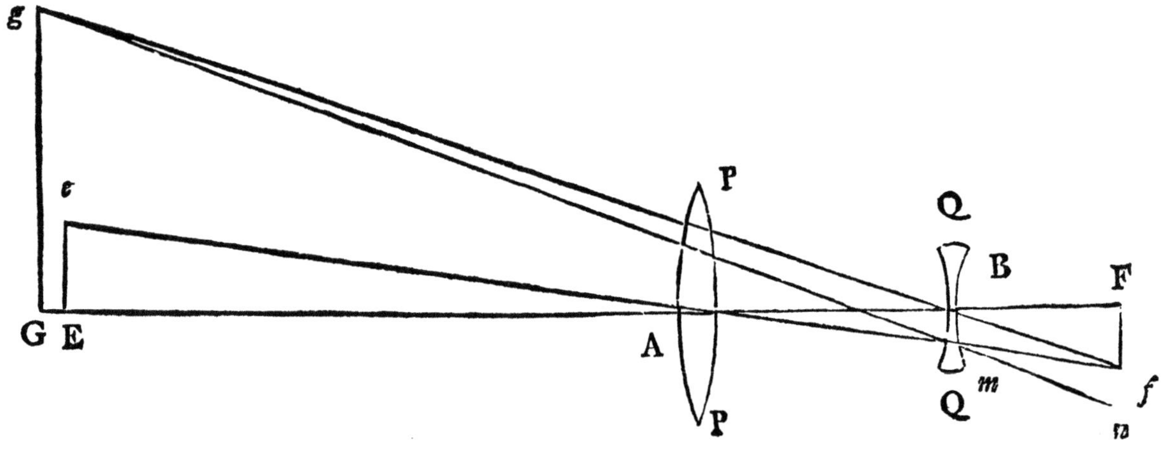

Ee, vu par l'instrument sous l'angle EAe qui représente le demi diametre du champ apparent, puisqu'il s'étend autant de l'autre côté en bas. Le point E est donc le centre de l'espace vu par la lunette, dont le rayon EA, puisqu'il traverse perpendiculairement les deux verres, ne souffre aucune réfraction; et ainsi pour que ce rayon entre dans l'œil, il faut fixer l'œil quelque part sur l'axe de la lunette BF, derriere l'oculaire, en sorte que le centre de la prunelle se trouve dans la ligne BF, ce qui est une regle générale pour toutes les lunettes. Considérons à présent l'extrêmité visible de l'objet e, dont les rayons remplissent exactement toute l'ouverture du verre objectif PAP, mais il suffira de n'en considérer que le rayon EA, qui passe par le milieu de l'objectif A, puisque les autres rayons l'entourent et ne font presque que renforcer ce rayon, de sorte que si ce rayon entre dans l'œil, les autres, ou au moins une bonne partie y entrent aussi, et si ce rayon n'entre point dans l'œil, quoique peut être quelques uns des autres y entrent, ils sont trop foibles pour exciter dans l'œil une impression assez vive. Et ainsi nous pourrons fixer cette regle, que l'extrêmité e de l'objet n'est vue, qu'entant que le rayon eA, après avoir passé les deux verres, entre dans l'œil.

Tout bien considéré il faut donc examiner avec soin la route de ce rayon eA. Or premierement puisque ce rayon passe par le milieu de l'objectif A, il n'y souffre aucune réfraction; conformément à la regle établie au commencement, que les rayons, qui passent par le milieu d'un verre quelconque, ne sont pas détournés de leur route, ou ne souffrent point de réfraction. Donc ce rayon eA après avoir passé par l'objectif, continueroit la même route pour se réunir avec les autres rayons sortis du même point e, au point f de l'image représentée par l'objectif en Ff, le point f étant l'image du point e de l'objet: mais le rayon rencontrant en m le verre concave hors de son milieu, sera détourné de cette route et au lieu d'aboutir en f il prendra sa route en mn plus divergent de l'axe BF, comme c'est l'effet naturel des verres concaves de rendre les rayons toujours plus divergens. Pour connoître cette nouvelle route mn, que V.A. veuille bien se souvenir, que le verre objectif représente l'objet Ee dans une situation renversée en Ff, de sorte que AF est égale à la distance du foyer de ce verre, qui transporte l'objet Ee en Ff. Alors cette image Ff tient lieu de l'objet à l'égard du verre oculaire QBQ, qui à son tour, le transporte de nouveau en Gg, dont la distance BG doit être aussi grande, que celle de l'objet même; et pour cet effet, il est nécessaire de placer l'oculaire de sorte que l'intervalle BF soit égal à sa distance du foyer.

Pour la grandeur de ces images, la premiere Ff est déterminée par la droite eAf, tirée de e par le milieu A du premier verre; et l'autre Gg par la droite fBg, tirée du point f par le milieu B du second verre. Cela marqué, le rayon Am dirigé vers le point f est réfracté et sort en mn: et cette ligne mn étant continuée en arriere, passe par le point g, puisque ce rayon mn produit dans l'œil le même effet, que s'il venoit effectivement du point g. Maintenant comme cette ligne mn s'éloigne de plus en plus de l'axe BF, où le centre de la pupille se trouve, le rayon mn ne sauroit entrer dans l'œil, qu'entant que l'ouverture de la pupille s'étend jusque là; et si l'ouverture de la pupille étoit réduite à rien, le rayon mn seroit exclu de l'œil, et ainsi le point e de l'objet ne sauroit être vu de l'œil, ni même aucun autre point de l'objet hors de l'axe AE: il n'y auroit donc point de champ apparent, et l'œil ne verroit par cette lunette, que le seul point E de l'objet, qui se trouve dans son axe. Par là il est clair que cette espece de lunette ne découvre un champ, qu'autant que la pupille est ouverte, en sorte que plus l'ouverture de la pupille est grande ou petite, plus aussi le champ apparent sera grand ou petit. Dans ce cas le point e sera donc encore visible à l'œil, si le petit intervalle Bm n'excede point la demi largeur de la pupille, ou bien son demi-diametre, afinque le rayon mn y puisse entrer; mais aussi dans ce cas, il faut approcher l'œil du verre oculaire autant qu'on le peut; car puisque le rayon mn s'éloigne de l'axe FB, il échapperoit à la pupille, dans un plus grand éloignement.

Maintenant il est aisé de déterminer le champ apparent que ces lunettes nous découvrent, sur le verre oculaire: on n'a qu'à prendre l'intervalle Bm égal à la demie-largeur de la pupille, et tirer par ce point m, et le milieu du verre objectif A la ligne droite mAe, alors cette ligne marquera sur l'objet l'extrêmité e qui sera encore visible par la lunette, et l'angle EAe donnera le demi-diametre du champ apparent. Par là V.A. jugera aisément, que dès que la distance des verres AB surpasse de quelques pouces, l'angle BAm doit devenir très petit, puisque la ligne ou distance Bm n'est qu'environ la vingtieme partie d'un pouce. Or si l'on vouloit grossir beaucoup, il faudroit que la distance des verres devienne très considérable, et delà résulteroit que le champ apparent deviendroit infiniment petit. C'est donc la nature des yeux qui met des bornes à cette espece de lunettes, et qui nous oblige de recourir à d'autres especes, dès qu'on souhaite des effets considérables.

le 16 Fevrier 1762

LETTRE CCVIII

En passant à la seconde espece de lunettes, qui sont ce qu'on appelle lunettes astronomiques, quelque fois Tubes, je remarque que ces instrumens ne sont composés que de deux verres, comme ceux de la premiere espece; mais ici au lieu de l'oculaire concave, on se sert d'un convexe. Je commencerai donc à donner à V. A. une idée de la construction de ces lunettes astronomiques.

L'objectif PAP dans la figure mise à la fin de cette lettre[1]), est comme dans les autres, un verre convexe, dont le foyer étant en F, on fixe sur le même axe un plus petit verre convexe QQ de sorte que son foyer tombe dans le même point F. Alors tenant l'œil en O, de sorte que la distance BO

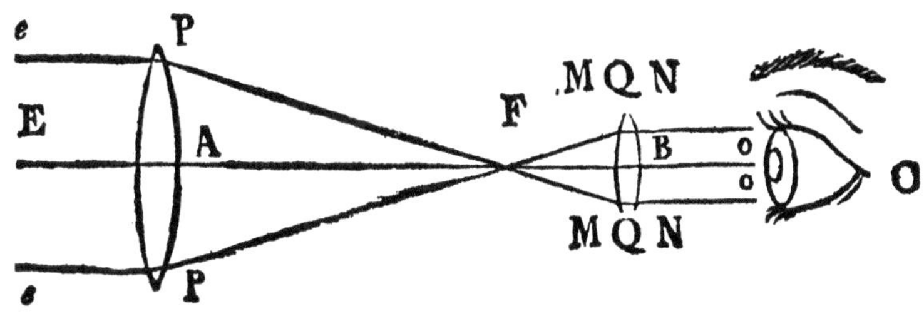

soit à peu près égale à la distance de foyer de l'oculaire QQ, on verra les objets distinctement, et grossis autant de fois, que la distance de foyer de l'objectif AF surpassera celle de l'oculaire BF; mais ce qu'il y a à remarquer, c'est que tous les objets paroissent dans une situation renversée, de sorte que si l'on dirige ces tubes vers des maisons, on voit les toits en bas, et le pavé en haut. Comme cette circonstance n'est point agréable pour les objets terrestres, que nous ne saurions pas voir renversés, l'usage de ces instrumens est borné aux objets célestes, qu'il nous est fort indifférent de voir dans un sens ou dans un autre; il suffit à l'Astronome de savoir, que ce qu'il voit en haut se trouve réellement en bas, et réciproquement. Cependant rien n'empêche, qu'on ne se serve aussi de ces lunettes pour les objets terrestres, et on s'accoutume bientôt à voir les objets renversés, pourvu qu'ils paroissent distinctement, et fort grossis.

Après cette description, je dois prouver trois choses; la premiere que par cet arrangement des verres, les objets doivent paroitre distinctement; la seconde qu'ils doivent paroitre grossis autant de fois, que la distance de foyer de l'objectif surpasse celle de l'oculaire, et cela dans une situation renversée; la troisieme chose à prouver, est qu'on ne doit pas appliquer l'œil immédiatement contre le verre oculaire, comme dans la premiere espece, mais qu'il l'en faut éloigner à peu près à la distance de foyer de l'oculaire.

1) Il s'agit de la figure ci-jointe. A.S.

1. Pour le premier article, la chose se prouve de la même maniere que dans le premier cas: les rayons eP, eP, qui sont paralleles entr'eux avant que d'entrer dans le verre objectif, se réunissent par la réfraction dans le foyer de ce verre en F, et ainsi il faut que le verre oculaire rétablisse le parallélisme entre ces rayons, attendu que la vision distincte exige, que les rayons partis de chaque point, soient à peu près paralleles entr'eux, lorsqu'ils entrent dans l'œil. Or le verre oculaire, ayant son foyer en F, est placé de sorte, qu'il rend les rayons FM, FM, par la réfraction, paralleles entr'eux; et conséquemment l'œil recevra les rayons No, No, paralleles entr'eux.

2. Pour le second article, considérons l'objet en Ee, mais en sorte que la distance EA soit presque infinie. L'image de cet objet représentée par le verre objectif sera donc Ff située à la distance de foyer de ce verre AF et déterminée par la droite eAf tirée par le milieu du verre. Cette image Ff qui est renversée, tient lieu d'objet par rapport au verre oculaire, et puisqu'elle se trouve dans son foyer, la seconde image sera de nouveau éloignée à l'infini par la réfraction de ce verre, et tombera par exemple en Gg, la distance AG devant être conçue comme infinie, de même que AE. Or pour déterminer la grandeur de cette image, on n'a qu'à tirer par le milieu B du verre, et l'extrêmité f, la droite Bfg. Maintenant cette seconde image Gg étant l'objet immédiat de la vision de celui qui regarde dans la lunette, il est d'abord clair, que cette représentation est renversée; et puisqu'elle est infiniment éloignée, elle paroitra sous un angle GBg. Mais l'objet lui même Ee paroitra à la vue simple sous l'angle EAe, où V.A. comprend sans que je l'avertisse, qu'il est indifférent, de prendre les points A et B, pour avoir les angles visuels EAe et GBg, à cause de l'éloignement infini de l'objet. A présent V.A. voit ici, comme dans le cas précédent, que les triangles FAf et FBf peuvent être regardés comme des secteurs circulaires, la ligne Ff étant l'arc de l'un et l'autre, puisque les angles mêmes sont si petits, qu'on ne se trompe pas sensiblement en prenant la corde pour les arcs. Donc puisque les rayons de ces deux secteurs sont les lignes AE et BF, les arcs étant égaux entr'eux, il s'ensuit, de ce que j'ai prouvé cy-dessus fort amplement, que les angles FAf (ou bien EAe)

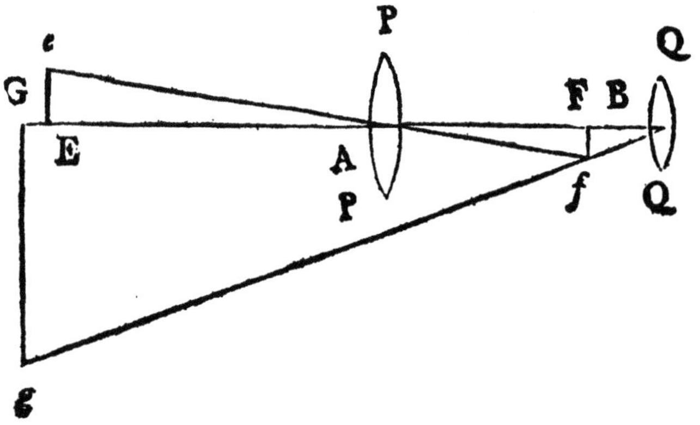

et FBf (ou bien GBg) tiennent entr'eux le même rapport que les rayons BF et AF. Donc l'angle GBg, sous lequel on voit l'objet par la lunette, est autant de fois plus grand que l'angle EAe sous lequel on voit l'objet à la vue simple, autant de fois que la ligne AF surpasse la ligne BF; et c'est la démonstration de mon second article. Je suis obligé de remettre celle du troisieme à l'ordinaire prochain.

le 20 Fevrier 1762

LETTRE CCIX

Pour m'acquitter par rapport au troisieme article, sur les lunettes astronomiques, qui regarde le lieu de l'œil derriere la lunette, je remarque, que cet article est le plus étroitement lié avec le champ apparent, et que c'est précisément le champ qui nous oblige de tenir l'œil dans le lieu marqué, de sorte que si on l'approchoit ou l'éloignoit d'avantage, on ne découvriroit plus un si grand champ.

L'étendue du champ étant un article si essentiel et si important pour toutes les lunettes, il est également important de bien fixer l'endroit de l'œil, d'où il découvre le plus grand champ. Si on appliquoit l'œil immédiatement au verre oculaire, on auroit à peu près, le même champ qu'on a dans les lorgnettes, et qui devient d'une petitesse insupportable, dès que le grossissement est considérable. C'est donc un grand avantage pour les lunettes astronomiques, qu'en éloignant l'œil du verre oculaire, le champ apparent augmente jusqu'à un certain point, et c'est précisément la raison qui rend ces lunettes susceptibles de plus grands grossissements, pendant que celles de la premiere espece ont été très bornées à cet égard. V.A. a déjà appris, qu'avec ces lunettes, on pousse le grossissement au delà de 200 fois, ce qui leur donne une préférence infinie sur celles de la premiere espece, qui à peine ne sauroient grossir 10 fois; et le petit inconvenient de la situation renversée doit s'évanouir tout-à-fait, par rapport à ce grand avantage.

Je tâcherai donc d'expliquer à V.A. cet important article aussi clairement qu'il me sera possible, et mes éclaircissemens précédens sur le champ apparent ne manqueront pas de m'être d'un très grand secours.

1. L'objet Ee étant infiniment éloigné, soit e son extrêmité encore visible par la lunette, dont les verres sont PAP et QBQ, disposés sur le commun axe $EABO$ et il s'agit de bien considérer la route que tiendra le seul rayon qui passe de l'extrêmité de l'objet e par le milieu A du verre objectif.

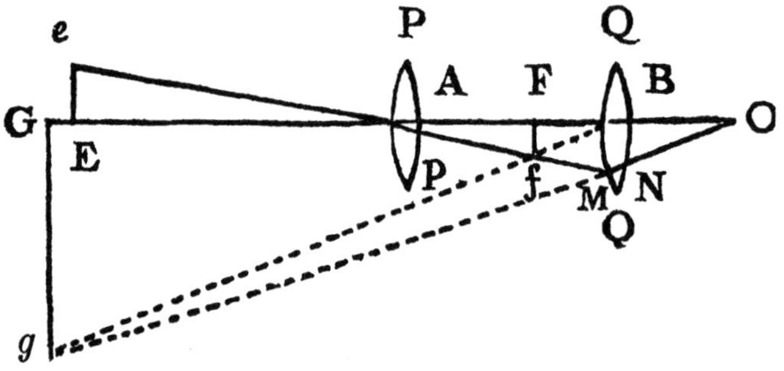

V. A. se souviendra encore que les autres rayons, qui tombent du point e sur le verre objectif ne font qu'accompagner et renforcer le rayon proposé eA, qui est le principal par rapport à la vision.

2. Or ce rayon eA passant par le milieu du verre PP, ne souffrira aucune inflexion mais continuera sa route en ligne droite AfM, et passant par l'extrêmité de l'image Ff, atteindra l'oculaire au point M, où il est bon d'observer que si la grandeur du verre oculaire ne s'étendoit point jusqu'à M, ce rayon ne parviendroit jamais à l'œil, et le point e seroit invisible. C'est-à-dire il faudroit prendre l'extrêmité e plus proche de l'axe, pour que le rayon AfM rencontre encore le verre oculaire.

3. Maintenant ce rayon AM sera rompu, ou réfracté, par le verre oculaire, d'une certaine maniere, qu'il n'est pas difficile de découvrir. Nous n'avons qu'à considérer la seconde image Gg, quoiqu'elle soit éloignée à l'infini, il suffit de savoir que la droite Bf prolongée, passe par l'extrêmité g de la seconde image Gg, qui est l'objet immédiat de la vue. Cela remarqué, il faut que le rayon rompu prenne une telle route NO qui étant prolongée passe par le point g.

4. Puisque donc les deux lignes ON et Bf concourent à l'infini en g, elles seront paralleles entr'elles, d'où nous tirons cette méthode plus aisée pour déterminer la position du rayon rompu NO; on n'a qu'à le tirer parallele à la ligne Bf.

5. Delà il est très évident que le rayon NO concoure quelque part avec l'axe de la lunette en O, et puisqu'ordinairement, lorsque le grossissement est grand, le point F est beaucoup plus proche du verre QQ que du verre PP, l'intervalle BM sera tant soit peu plus grand que l'image Ff; et puisque la ligne NO est parallele à fB, la ligne BO sera presque égale à BF, c'est-à-dire, à la distance de foyer du verre oculaire.

6. Donc si l'on tient l'œil en O, il recevra non seulement les rayons qui viennent du milieu de l'objet E, mais aussi ceux qui viennent de l'extrêmité e et par conséquent aussi ceux, qui partent de tous les points de l'objet: l'œil recevroit même à la fois les rayons BO et NO, quand même la pupille seroit infiniment rétrécie. Dans ce cas donc, le champ apparent ne dépend point de

l'ouverture de la pupille, pourvu que l'œil soit placé en O; mais dès que l'œil s'en éloigne, il doit perdre considérablement dans le champ apparent.

7. Si le point M n'étoit pas à l'extrêmité du verre oculaire, il transmettroit des rayons encore plus éloignés de l'axe, et ainsi la lunette découvriroit un plus grand champ. Donc pour déterminer le vray champ apparent, que la lunette est capable de découvrir, qu'on tire du milieu A du verre objectif vers l'extrêmité du verre oculaire M, la ligne droite AM, qui étant continuée à l'objet y marquera en e l'extrêmité visible; et conséquemment l'angle EAe ou bien BAM donne le demi-diametre du champ apparent qui est par conséquent d'autant plus grand, que l'étendue du verre oculaire est plus grande.

8. Donc, comme dans la premiere espece, le champ apparent dépendoit uniquement de l'ouverture de la pupille, ainsi dans ce cas, il dépend uniquement de l'ouverture du verre oculaire, ce qui met une différence très essentielle entre ces deux especes, à l'avantage de la derniere. La même figure, que j'ai employée à la démonstration de cet article sur le lieu de l'œil et le champ apparent, est aussi très propre à éclaircir d'avantage les articles précédens.

Quand V.A. veut bien considérer, que le verre objectif transporte l'objet Ee en Ff, et que le verre oculaire le transporte de Ff en Gg, cette image Gg étant fort éloignée et l'objet immédiat de la vue, doit être vue distinctement, puisqu'un bon œil demande une grande distance pour voir distinctement; ce qui étoit le premier article.

Pour le second article il est d'abord évident que puisqu'au lieu du vray objet Ee, on voit par la lunette l'image Gg, elle sera renversée. Ensuite cette image est vue de l'œil placé en O sous l'angle GOg, ou BON, pendant que l'objet même Ee paroitra à la vue simple sous l'angle EAe; donc la lunette grossit autant de fois que l'angle BON est plus grand que l'angle EAe. Or puisque la ligne NO est parallele à Bf, l'angle BON est égal à l'angle FBf, et l'angle EAe est égal à son opposé par la pointe FAf, d'où le grossissement doit être jugé, du rapport entre les angles FBf et FAf, dont celui-là est autant de fois plus grand que celui-cy, que la ligne AF, ou la distance du foyer de l'objectif, surpasse la ligne BF, ou la distance du foyer de l'oculaire. Ce qui est une preuve suffisante que les élémens de Géometrie peuvent être employés à des recherches d'une nature tout-à-fait différente, ce que V.A. reconnoitra avec bien de la satisfaction.

le 23 Fevrier 1762

LETTRE CCX

Maintenant V.A. jugera aisément, non seulement, combien de fois grossit une lunette proposée, mais aussi, comment il faut construire des lunettes qui grossissent autant de fois qu'on voudra. Dans le premier cas on n'a qu'à mesurer la distance du foyer tant du verre objectif, que celle de l'oculaire, pour voir combien de fois celle-là surpasse celle-cy, ce qui se fait par la division, et le quotient marquera le grossissement.

Ainsi ayant une lunette, dont la distance de foyer de l'objectif est de deux pieds, et celle de l'oculaire d'un pouce, il faut voir combien de fois un pouce est contenu en deux pieds. Ici il faut savoir qu'un pied contient 12 pouces et qu'ainsi deux pieds font 24 pouces, qu'il faut diviser par un pouce. Or quelque nombre qu'on divise par un, le quotient est toujours égal au nombre même, ou bien si l'on demande, combien un pouce est contenu en 24 pouces, on répond sans balancer 24 fois, par conséquent la lunette en question grossit 24 fois: c'est-à-dire, elle nous représente les objets éloignés de la même maniere, que s'ils étoient 24 fois plus grands qu'ils ne le sont; ou bien, on les verra par la lunette sous un angle 24 fois plus grand qu'à la vue simple.

Considérons une autre lunette astronomique, dont la distance de foyer du verre objectif est de 32 pieds et celle de l'oculaire de 3 pouces, et V.A. verra que ces deux verres doivent être éloignés l'un de l'autre de 32 pieds et 3 pouces, attendu que dans toutes les lunettes astronomiques, la distance entre les verres est égale à la somme des deux distances de foyer des verres, comme il est clair par ma lettre précédente.

A présent pour trouver combien de fois cette lunette grossit, il faut diviser 32 pieds par 3 pouces, et pour cet effet convertir ces 32 pieds en pouces, en les multipliant par 12

$$\begin{array}{r} 32 \text{ pieds} \\ \underline{12}\phantom{\text{ pieds}} \\ 64\phantom{\text{ pieds}} \\ \underline{32}\phantom{\text{ pieds}} \end{array}$$

ce qui donnera 384 pouces;

ensuite, on divisera ces 384 pouces par 3

$$\begin{array}{r} 3)\,\underline{384} \\ 128 \end{array}$$

et le quotient 128 marque que la lunette proposée grossit 128 fois, ce qui est sans doute un grossissement très considérable.

Réciproquement donc pour construire une lunette qui grossisse un nombre donné de fois par exemple 100 fois, il faut employer deux verres convexes, dont la distance de foyer de l'un soit 100 fois plus grande que celle de l'autre; alors celui-là donnera l'objectif et celui-cy l'oculaire. Ensuite il faut disposer ces deux verres sur un même axe, en sorte que leur distance soit égale à la somme des deux distances de foyer; ou bien on les fixe dans un tuyau de cette longueur, et alors l'œil étant derriere l'oculaire à la distance de son foyer, verra les objets 100 fois plus grands.

On pourra donc remplir cette condition d'une infinité de manieres différentes; en prenant un verre oculaire à volonté et le joignant avec un objectif, dont la distance de foyer est 100 fois plus grande. Ainsi prenant l'oculaire d'un pouce de foyer, l'objectif doit être de 100 pouces de foyer, et la distance des verres 101 pouces. Or en prenant l'oculaire de 2 pouces de foyer, l'objectif doit avoir son foyer à la distance de 200 pouces et la distance entre les verres sera de 202 pouces. Si l'on prenoit l'oculaire de 3 pouces de foyer, la distance de foyer de l'objectif devroit être de 300 pouces et la distance entre les verres de 303 pouces. De même si l'on vouloit prendre l'oculaire de 4 pouces de foyer, l'objectif devroit avoir sa distance de foyer de 400 pouces, et la distance entre les verres seroit 404 pouces, et ainsi de suite en donnant à la lunette une longueur de plus en plus grande. Mais si au contraire on ne donnoit à l'oculaire qu'un demi pouce de foyer, l'objectif devroit avoir 100 demi pouces c'est-à-dire 50 pouces de foyer, et la distance entre les verres, ne seroit que 50 pouces et demi; ce qui fait un peu plus que 4 pieds. Et si l'on prenoit l'oculaire d'un quart de pouce, l'objectif n'auroit que 100 quarts ou 25 pouces, et la distance entre les deux verres 25 pouces et un quart, ce qui feroit un peu plus que 2 pieds.

Voilà donc plusieurs manieres de produire le même grossissement de 100 fois, et si nous avions la liberté d'en choisir, V. A. n'hésiteroit pas certainement de donner la préférence à la derniere, comme la plus courte, où la lunette ne devient que de 2 pieds environ, et est sans doute plus aisée à manier, qu'une lunette beaucoup plus longue.

Aussi personne ne balanceroit à préférer les lunettes les plus courtes, si toutes les autres circonstances étoient les mêmes, et que toutes ces différentes sortes représentassent les objets avec le même degré de perfection. Mais quoique toutes produisent le même grossissement, la représentation même n'est pas également nette et claire; la derniere de 2 pieds grossit bien 100 fois comme les autres, mais en regardant par une telle lunette, les objets paroitront non seulement obscurs, mais aussi mal terminés et confus, ce qui est sans doute un très grand défaut. L'avant derniere lunette, dont l'objectif est de 50 pouces de foyer, est moins sujette à ces defauts, mais pourtant l'obscurité et la confusion sont encore insupportables: or ces défauts diminuent à mesure qu'on se sert de plus grands verres objectifs et ils seront déjà beaucoup moindres, lorsqu'on emploira un verre objectif de 300 pouces, avec un oculaire de 3 pouces de foyer. Ensuite en augmentant d'avantage ces mesures, la représentation devient encore plus nette et plus claire, de sorte qu'à cet égard les longues lunettes sont préferables aux courtes, quoique de l'autre côté elles soient moins commodes.

Cette circonstance m'ouvre une nouvelle carriere où j'aurai l'honneur d'expliquer à V.A. encore deux articles très essentiels dans la Théorie des lunettes; l'un regarde la clarté ou le degré de lumiere, dont les objets sont vus; et l'autre la netteté d'expression, dont les objets sont représentés. Sans ces deux grandes qualités tout grossissement, quelque grand qu'il soit, ne nous apporte aucun avantage dans la contemplation des objets.

le 27 Fevrier 1762

LETTRE CCXI

Pour juger du degré de clarté dont les lunettes nous représentent les objets, je me servirai des mêmes principes, que j'ai eu l'honneur d'expliquer à V.A. lorsque j'ai traité le même sujet, par rapport aux Microscopes.

Or je dois d'abord avertir, qu'il ne s'agit point dans cette recherche du degré de lumiere, qui réside dans les objets mêmes, et qui peut être très différent, tant dans les différens corps, en ce qu'ils sont par leur nature plus ou moins clairs, que dans un même corps, en différentes circonstances. Les mêmes corps, lorsqu'ils sont éclairés du soleil, ont sans doute plus de lumiere, que lorsque le ciel est couvert, et de nuit leur lumiere est tout-à-fait éteinte; mais aussi différens corps éclairés par la même lumiere, peuvent différer beaucoup en clarté, selon que leurs couleurs sont plus ou moins vives. Il n'est pas ici question de cette lumiere, ou de cette clarté qui se trouve dans les objets mêmes; mais soit qu'elle soit forte ou foible, on dit qu'une lunette représente les objets en pleine clarté, lorsque nous les voyons par la lunette aussi clairement que par la vue simple; de sorte que si l'objet est obscur de lui même, on ne sauroit prétendre que la lunette nous le représente avec éclat.

Ainsi, par rapport à la clarté, une lunette est parfaite, lorsqu'elle nous représente les objets avec autant de clarté, que si nous les regardions à la vue simple. Or cela arrive, comme dans les microscopes, lorsque toute l'ouverture de la pupille est remplie par les rayons qui viennent de chaque point de l'objet, après avoir été transmis par la lunette. Tant qu'une lunette fournit assez de rayons pour remplir toute l'ouverture de la pupille, on ne sauroit désirer plus de clarté, et quand même la lunette en fourniroit en plus grande abondance, cela seroit inutile, puisqu'il n'en entreroit également point d'avantage dans l'œil.

Il faut donc ici principalement avoir égard à l'ouverture de la pupille, laquelle étant variable, on ne sauroit rien fixer là dessus, si l'on ne se régloit sur une certaine ouverture; or on peut bien se contenter, lorsque la pupille, dans l'état de la plus grande contraction, est remplie de rayons, et par cette raison, on suppose communément le diametre de la pupille d'une ligne, dont 12 font un pouce; souvent on se contente même de la moitié, en ne donnant à la pupille que la moitié d'une ligne, et quelques fois encore moins.

Si V.A. considere, que la lumiere du Soleil surpasse 300000 fois celle de la Lune, qui est pourtant assez considérable, Elle jugera bien qu'une petite diminution dans la clarté, n'est pas d'une grande conséquence dans la contemplation des objets. Cela marqué il ne me reste qu'à examiner les rayons que la lunette transmet dans l'œil, pour les comparer avec la pupille; et il suffira de considérer les rayons qui viennent d'un seul point de l'objet, celui, par exemple, qui se trouve dans l'axe de la lunette.

I. L'objet étant éloigné à l'infini, les rayons qui en tombent sur la surface du verre objectif PAP, sont paralleles entr'eux; donc tous les rayons qui viennent du centre de l'objet seront contenus entre les lignes LP, LP paralleles à l'axe EA : tous ces rayons ensemble sont nommés le faisceau des rayons qui tombent sur le verre objectif, et l'épaisseur de ce faisceau est égale à l'étendue, ou à l'ouverture du verre objectif, dont le diametre est PAP.

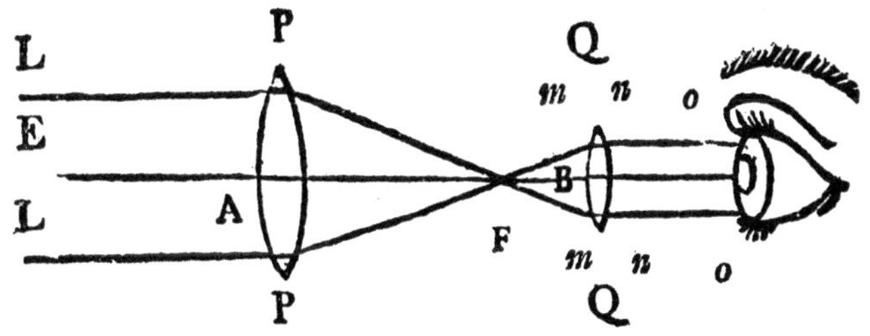

II. Ce faisceau de rayons se change par la réfraction du verre objectif, dans une figure conique ou pointue PFP, et après s'être croisé dans le foyer F, forme un nouveau cône mFm terminé par le verre oculaire, où il est évident que la base de ce cône *mm* est autant de fois plus petite que la largeur du faisceau *PP*, que la distance *FB* est plus courte que la distance *AF*.

III. Maintenant ces rayons *Fm*, *Fm* en passant par le verre oculaire *QBQ* redeviennent de nouveau paralleles entr'eux, et forment le faisceau de rayons *no*, *no*, qui entrent dans l'œil, et y dépeignent l'image du point de l'objet d'où ils sont partis originairement.

IV. Tout revient à présent à l'épaisseur de ce faisceau de rayons *no*, *no* qui entre dans l'œil et si cette épaisseur *nn* ou *oo* est égale ou plus grande que l'ouverture de la pupille, la pupille en sera remplie, et l'œil jouira de toute la clarté possible, ou bien l'objet paroitra avec autant de clarté, que si on le regardoit sans d'autre secours que de celui des yeux.

V. Mais si l'épaisseur de ce faisceau *nn*, ou *oo* étoit beaucoup plus petite que la pupille, il est évident que la représentation deviendroit d'autant plus obscure, ce qui seroit un grand défaut de la lunette. Donc pour y remédier il faut, que l'épaisseur de ce faisceau ne soit pas plus petite que la moitié d'une ligne, et il seroit bon, si elle égaloit une ligne entiere, puisque c'est l'ouverture ordinaire de la pupille.

VI. Or il est clair que l'épaisseur de ce faisceau tient un certain rapport à celle du premier faisceau, qu'il n'est pas difficile de déterminer: on n'a qu'à voir combien de fois l'intervalle *nn*, ou *mm* est plus petit que l'intervalle *PP*, qui est l'ouverture du verre objectif. Or l'intervalle *PP* tient à *mm* la même proportion que la distance *AF* tient à *BF*, d'où dépend le grossissement; et ainsi le grossissement même nous montre combien de fois le faisceau *LPLP* est plus large que le faisceau *nono* qui entre dans l'œil.

VII. Donc puisque la largeur *nn* ou *oo* doit être une ligne ou au moins une demi ligne, l'ouverture du verre objectif *PP* doit au moins contenir autant de demi-lignes, que le grossissement indique; ainsi quand la lunette doit grossir 100 fois, l'ouverture de son verre objectif doit avoir pour diametre 100 demi-lignes, ou bien 50 lignes, qui font 4 pouces et deux lignes: (le pouce étant divisé en 12 lignes).

VIII. Par là V.A. entend, que pour éviter l'obscurité, il faut que l'ouverture de l'objectif soit d'une certaine grandeur, qui doit être d'autant plus grande, que le grossissement est grand. Et conséquemment, à moins que le verre objectif qu'on veut employer, ne soit susceptible d'une si grande ouverture, la lunette sera défecteuse du côté de la clarté de la représentation.

Maintenant il est assez clair que pour des grands grossissemens on ne sauroit employer des petits objectifs, ou dont la distance de foyer est trop petite;

puisqu'un verre formé par des arcs de petits cercles, ne sauroit avoir une grande ouverture.

le 2 Mars 1762

LETTRE CCXII

V. A. vient de voir que le grossissement détermine la grandeur ou l'étendue du verre objectif, afin que les objets paroissent avec un degré suffisant de clarté. Cette détermination ne regarde que la grandeur ou l'ouverture de l'objectif, cependant sa distance de foyer s'en ressent aussi, de sorte que plus le verre doit être grand, plus aussi sa distance de foyer doit être grande.

La raison en est évidente, puisque pour former un verre dont la distance de foyer est par exemple de deux pouces, ses deux faces doivent être des arcs de cercle dont le rayon est aussi environ de deux pouces: j'ai donc représenté ici deux tels verres P et Q, ou les arcs sont décrits avec un rayon de deux pouces. Le verre P comme il est plus épais, est bien plus grand que l'autre Q, mais j'expliquerai dans la suite, que les verres épais sont assujettis à d'autres inconveniens, qui sont même si grands qu'il faut renoncer entierement à leur usage. Le verre Q sera donc plus propre pour la pratique, puisqu'il est composé de moindres arcs du même cercle, et comme sa distance de foyer est de deux pouces, son étendue ou ouverture mn ne sauroit à peine surpasser un pouce. D'où l'on peut établir cette regle générale, que toujours la distance de foyer d'un verre doit être plus que deux fois plus grande que le diametre de son étendue mn, ou bien l'ouverture d'un verre doit nécessairement être plus petite que la moitié de sa distance de foyer.

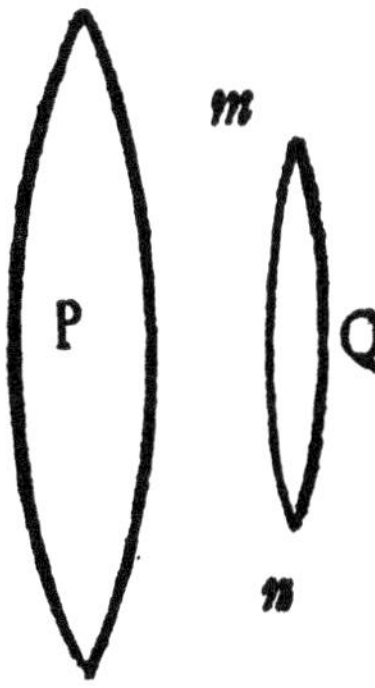

Donc ayant remarqué que pour grossir 100 fois, l'ouverture de l'objectif doit surpasser 4 pouces, il s'ensuit que la distance de foyer doit surpasser 8 pouces, et je ferai voir bientôt, que le double ne suffit pas, et qu'il faut même augmenter la distance de foyer de ce verre, au delà de 300 pouces. La netteté d'expression de l'image demande cette grande augmentation, dont je parlerai dans la suite; ici je me contente de remarquer qu'à l'égard de la figure géometrique du verre, l'ouverture ne sauroit être plus grande que la moitié de sa distance de foyer.

Je m'étendrai donc ici un peu plus en détail sur l'ouverture de l'objectif que chaque grossissement exige, et je remarque d'abord, que quoiqu'un degré suffisant de clarté demande une ouverture de 4 pouces, lorsque la lunette doit grossir 100 fois, on se contente dans les lunettes astronomiques d'une de 3 pouces, puisque la diminution de clarté en devient peu sensible; delà les Artistes ont établi cette regle, que pour grossir 100 fois, il faut que l'ouverture de l'objectif soit de 3 pouces et pour les autres grossissemens à proportion. Ainsi pour grossir 50 fois, il suffit que l'ouverture de l'objectif soit d'un pouce et demi; pour grossir 25 fois trois quarts d'un pouce suffisent et ainsi des autres grossissemens.

L'on voit par là que pour les petits grossissemens, une très petite ouverture de l'objectif est suffisante, et que par conséquent la distance de foyer peut être très médiocre. Mais si l'on veut grossir 200 fois, l'ouverture de l'objectif doit être de 6 pouces, ou d'un demi pied, ce qui demande déjà un très grand verre, dont la distance de foyer doit surpasser même 100 pieds pour obtenir une expression nette et bien déterminée: c'est la raison pourquoi les grands grossissemens demandent des lunettes si considérablement longues, au moins selon l'arrangement ordinaire des verres, que j'ai l'honneur d'expliquer à V.A. Car depuis quelques tems, on a travaillé avec bien du succès à diminuer cette longueur excessive. Toutes fois l'ouverture de l'objectif doit suivre la regle que je viens d'établir, puisque la clarté en dépend nécessairement.

Ainsi si l'on vouloit faire une lunette qui grossit 400 fois, l'ouverture de l'objectif devroit toujours être de 12 pouces ou d'un pied, quelque petite qu'on pût rendre sa distance de foyer; et si l'on vouloit grossir 4000 fois, l'ouverture de l'objectif devroit être 10 pieds. Ce verre seroit donc bien et même trop grand, pour que nos artistes le pussent exécuter, et c'est la principale raison, que nous ne saurions espérer de porter jamais le grossissement si loin, à moins qu'un grand Prince n'y voulût fournir les dépenses nécessaires pour former et travailler de si grands verres; et encore peut-être n'y réussiroit-on point.

Cependant une lunette, qui grossiroit 4000 fois nous devroit découvrir bien des merveilles dans le ciel: la lune nous paroîtroit 4000 fois plus grande, que nous ne la voyons à la vue simple; ou bien nous verrions la lune, tout comme si elle nous étoit 4000 fois plus proche, qu'elle n'est en effet. Voyons donc jusqu'à quel degré nous y pourrions distinguer les différens corps qui s'y trouvent. On estime la distance de la lune de 52000 Milles d'Allemagne, dont la 4000 partie fait 13 Milles, et ainsi une telle lunette nous feroit voir la Lune de la même maniere, que si nous n'en étions éloignés que de 13 Milles, et par conséquent nous y pourrions distinguer les mêmes choses que nous distinguons sur des objets éloignés à la même distance; or sur une montagne, on peut bien voir d'autres montagnes qui en sont éloignées au delà de 13 Milles. Il n'y a donc point de doute, que nous ne découvrissions sur la surface de la Lune, quantité de choses dont nous serions bien surpris; mais pour décider si la lune est habitée par des créatures semblables à celles de la terre, une distance de 13 Milles est encore trop grande; il faudroit avoir pour cet effet une lunette qui grossit encore 10 fois d'avantage et par conséquent en tout 40000 fois, dont l'objectif devroit avoir une ouverture de 100 pieds, ce que l'adresse des hommes n'exécutera jamais. Mais par une telle Lunette nous verrions la lune tout comme si elle n'étoit pas plus éloignée de nous que l'est Berlin de Spandau, et des bons yeux y pourroient bien voir des hommes, s'il y en avoit, mais pourtant trop peu distinctement, pour s'en assurer entierement.

Comme nous devons nous contenter de souhaits à cet égard, je souhaiterois plutôt tout d'un coup avoir une lunette qui grossit 100000 fois; alors la Lune se présenteroit comme si elle n'étoit éloignée de nous que d'un demi-Mille. L'ouverture de l'objectif de cette Lunette devroit donc être de 250 pieds, et au moins les grosses bêtes dans la Lune nous deviendroient visibles.

le 6 Mars 1762

LETTRE CCXIII

La netteté dans l'expression est un article si important entre les qualités d'une lunette, qu'elle semble l'emporter sur toutes les autres, dont j'ai eu déjà l'honneur de rendre compte à V.A. puisque tout le monde convient, qu'une lunette, qui ne représente pas nettement les images des objets, est fort défectueuse. Je dois donc principalement expliquer les sources de ce défaut de netteté, afin qu'on puisse ensuite penser avec d'autant plus de succès sur les moyens d'y remédier.

Ces sources paroîssent d'autant plus cachées que les principes que j'ai établis jusqu'ici, n'en découvrent point l'origine: et en effet ce défaut vient de ce qu'un des principes, dont je me suis servi jusqu'ici, n'est point vray à la rigueur, quoiqu'il ne s'écarte que très peu de la vérité.

V.A. se souvient, que j'ai posé pour principe, qu'un verre convexe rassemble dans un point de l'image tous les rayons qui partent d'un point de l'objet: si cela étoit vray à la rigueur, les images représentées par les verres, seroient aussi bien terminées que l'objet même, et il n'y auroit point à craindre de défaut de ce côté.

Voilà maintenant en quoi consiste la défectuosité de ce principe; les verres n'ont cette propriété, que je leur ai supposée, qu'autour de leur milieu; les rayons qui passent vers les bords d'un verre se rassemblent dans un autre point, que ceux qui passent vers le milieu du verre, quoique tous viennent d'un même point de l'objet, et delà naissent deux images différentes qui troublent la netteté.

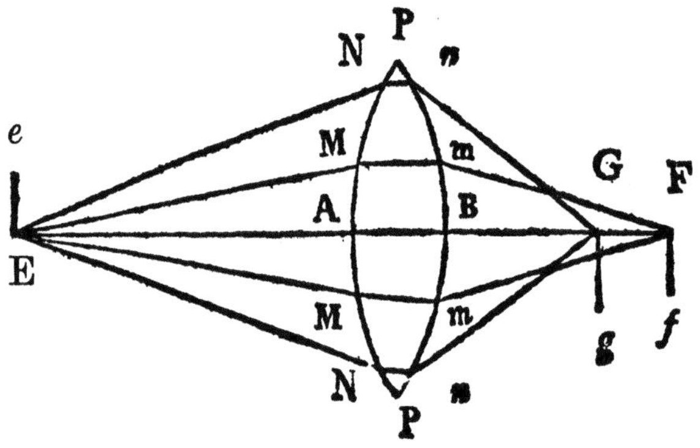

Pour mettre cela dans tout son jour, considérons le verre convexe *PP*, sur l'axe duquel se trouve l'objet *Ee*, dont le point *E* situé dans l'axe, envoie les rayons *EN*, *EM*, *EA*, *EM*, *EN*, sur la surface du verre, et c'est sur la route de ces rayons changés par la réfraction, qu'il faut fixer notre attention.

I. D'abord le rayon *EA*, qui passe par le milieu *A* du verre, n'en souffre aucune réfraction, et continue sa route dans la même direction sur la ligne *ABF*.

II. Les rayons *EM* et *EM* fort proches de celui-là, souffriront une petite réfraction, par laquelle ils se réunissent quelque part en *F* avec l'axe, où est le lieu de l'image *Ff*, dont j'avois parlé dans mes premiers entretiens sur cette matiere.

III. Les rayons *EN* et *EN*, qui sont plus éloignés de l'axe *EA* et qui passent vers les bords *NN* du verre, souffrent une réfraction un peu différente, qui les réunit, non dans le point *F*, mais dans un autre point *G* plus proche du verre et ces rayons représenteront une autre image *Gg* différente de la premiere *Ff*.

IV. Remarquons donc bien cette circonstance toute particuliere, à laquelle je n'ai pas fait attention auparavant; c'est que les rayons qui passent par le verre vers ses bords, représentent une autre image *Gg*, que ceux qui passent par le milieu *MAM* du verre.

V. Si les rayons *EN*, *EN* s'éloignoient encore plus du milieu *A*, et qu'ils passassent par les extrêmités mêmes *P* et *P* du verre, leur réunion s'approcheroit encore d'avantage du verre et formeroit une nouvelle image plus proche du verre que ne l'est *Gg*.

VI. Delà V.A. jugera aisément, que la premiere image *Ff* qu'on nomme la principale, n'est formée que par les rayons, qui sont presque infiniment proches du milieu *A*, et dès que les rayons s'en écartent vers les bords du verre, il s'en est formée une image particuliere plus proche du verre, jusqu'à ce que ceux qui passent près les bords en forment la derniere *Gg*.

VII. Donc en effet, tous les rayons qui passent par le verre *PP* représentent une infinité d'images disposées entre *Ff* et *Gg*, et à chaque distance de l'axe la réfraction du verre produit une image particuliere, de sorte que l'espace entre *F* et *G* est remplie d'une file d'images.

VIII. Cette file d'images est aussi nommée la diffusion de l'image et quand tous ces rayons entrent ensuite dans quelque œil, il est naturel que la vision en sera d'autant plus troublée, que l'espace *FG*, par lequel l'image est répandue, est plus considérable: si cet espace *FG* se réduisoit à rien, aucune confusion ou défaut de netteté ne seroit à craindre.

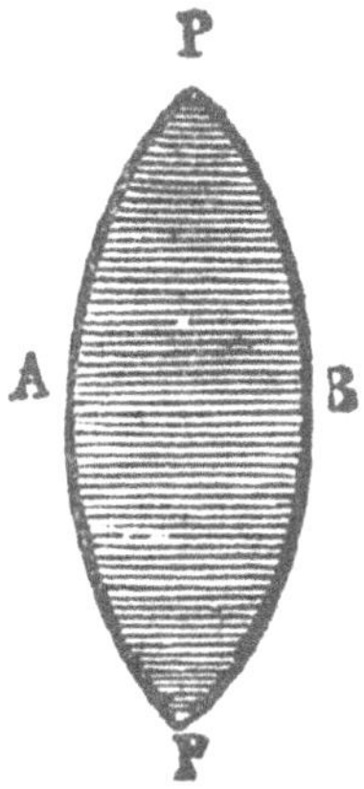

IX. Plus les arcs *PAP* et *PBP* sont de grandes parties des cercles dont ils sont pris, plus aussi l'espace de diffusion *FG* est grand; et de là V. A. comprend pourquoi il faut rejetter tous les verres trop épais, où ces arcs, qui forment les faces du verre, sont des parties considérables de cercles; comme dans cette figure, où les arcs *PAP* et *PBP* sont la quatrieme partie de la circonference entiere, de sorte que chacun contient 90 degrés, ce qui par conséquent produiroit une confusion insupportable.

X. Il faut donc que les arcs, qui forment les faces d'un verre contiennent beaucoup moins que 90 degrés: s'ils en contenoient 60, la diffusion de l'image seroit encore insupportable. Les Auteurs, qui ont écrit sur cette matiere, ne veulent admettre que 30 degrés tout au plus: et il y en a qui se bornent à 20 degrés. Un tel verre est représenté dans la figure suivante, où les arcs *PAP* et *PBP* ne contiennent que 20 degrés, chacun n'étant que la 18me partie de la circonférence entiere d'où ils sont pris.

XI. Mais si ce verre doit tenir lieu d'un objectif dans une lunette, il faut que les arcs *PAP* et *PBP* contiennent encore beaucoup moins de degrés. Car quoique la diffusion de l'image soit insensible en elle même, le grossissement la multiplie autant de fois que l'objet même. Et ainsi plus le grossissement est grand, plus doit être petit le nombre de degrés que les faces embrassent.

XII. Quand la lunette doit grossir 100 fois, V. A. se souvient, que l'ouverture *PP* de l'objectif doit être de 3 pouces, et sa distance de foyer 360 pouces, qui est égale aux rayons, dont les deux arcs *PAP* et *PBP* sont décrits; d'où il s'ensuit que chacun de ces deux arcs ne contient qu'un demi-degré; et c'est la netteté dans l'expression, qui exige une si petite mesure; si l'on vouloit grossir 200 fois, un demi-degré seroit encore trop, et alors la mesure des arcs ne devroit pas surpasser le tiers d'un degré. Cependant cet arc doit recevoir une étendue de 6 pouces, ainsi le rayon du cercle doit être d'autant plus grand et par conséquent aussi la distance de foyer. C'est la véritable raison, pourquoi les grands grossissemens demandent des lunettes si considérablement longues.

le 9 Mars 1762

LETTRE CCXIV

Lorsque l'espace de diffusion d'un verre objectif est trop grand, pour que le défaut dans la netteté de l'image qui en résulte soit supportable, rien n'est plus aisé que de remédier à ce défaut; on n'a qu'à couvrir le verre d'un cercle de carton percé d'un trou vers le centre, de sorte que le verre ne puisse transmettre d'autres rayons, que ceux qui y tombent par le trou, et que ceux qui passoient auparavant par les bords du verre en soient exclus: car puisqu'à présent il n'y a que les rayons qui sont transmis vers le milieu du verre, l'espace de diffusion sera d'autant plus petit, plus le trou est petit: et par ce moyen, en diminuant le trou, on peut rendre l'espace de diffusion aussi petit qu'on voudra.

Il en est alors de même, que si le verre n'étoit pas plus grand que le trou, ainsi la partie couverte par le carton devient inutile et c'est le trou qui détermine l'ouverture du verre: aussi se sert-on de ce remede pour donner aux verres objectifs autant d'ouverture que l'on juge à propos.

Dans la figure cy-jointe PP est le verre objectif, devant lequel est placé le carton NN percé du trou MM, et maintenant on dit que ce trou MM est l'ouverture du verre. Cette ouverture MM est ici à peu près la moitié, de ce qu'elle seroit si l'on ôtoit le carton et ainsi l'espace de diffusion est beaucoup plus petit; on remarque que l'espace de diffusion pour ce cas-ci n'est que le quart de celui d'auparavant, un moindre trou MM, qui ne seroit que le tiers de PP, rendroit l'espace de diffusion 9 fois plus petit: ainsi l'effet de ce remede est très considérable, et pour peu qu'on couvre les bords d'un verre, l'effet en devient très sensible.

Si donc une Lunette a le défaut, que les objets ne paroissent pas assez nets, puisqu'une file d'images qui se confondent ensemble, doit nécessairement produire une confusion, alors on n'a qu'à rétrécir l'ouverture du verre objectif par un tel carton, et cette confusion s'évanouira infailliblement. Mais on tombe dans un autre défaut, qui n'est pas moins facheux, c'est que le degré de clarté en devient diminué. V. A. se souvient, que chaque grossissement exige une certaine ouverture de l'objectif, afin qu'il y soit transmis autant de rayons qu'il en faut pour nous procurer une clarté suffisante; il est donc bien facheux qu'en remédiant à un défaut, on s'expose à un autre; et il faut absolument qu'une bonne lunette fournisse assez de clarté, sans nuire à la netteté dans la représentation des objets.

Mais n'y auroit-il pas moyen de diminuer, ou de réduire même à rien, l'espace de diffusion des verres objectifs, sans en diminuer l'ouverture? Voilà la grande question à laquelle on travaille depuis quelque tems, et dont la solution nous promet les plus grands progrès dans la Dioptrique. J'aurai donc l'honneur d'expliquer à V. A. les moyens que les savans ont imaginés pour arriver à ce but.

Comme le foyer des rayons qui passent par le milieu d'un verre convexe est plus éloigné du verre, que le foyer des rayons qui passent vers les bords, on a remarqué que les verres concaves produisent un effet contraire; ce qui a occasionné cette recherche, s'il ne seroit pas possible de combiner un verre convexe avec un verre concave, de façon que l'espace de diffusion fût entierement anéanti? et que d'ailleurs un tel verre composé produisit le même effet qu'un objectif ordinaire simple? V. A. sait que les verres concaves sont aussi bien mesurés par leur distance de foyer, que les verres convexes; avec cette différence que le foyer des concaves n'est qu'imaginaire, et tombe devant le verre; pendant que le foyer des verres convexes est réel et tombe derriere eux. Cela remarqué, on raisonne de la maniere suivante.

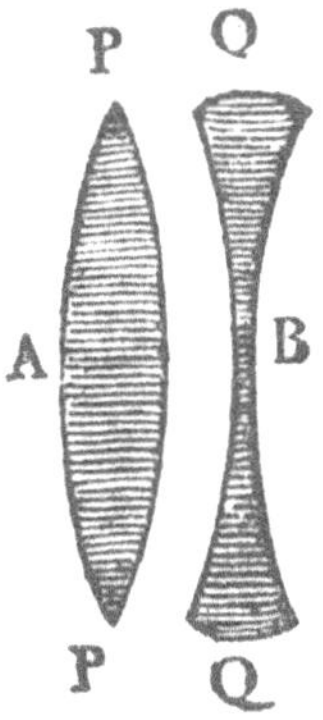

I. Si l'on place derriere un verre convexe PAP un verre concave QBQ de la même distance de foyer, les rayons que le verre convexe réuniroient dans son foyer, seront réfractés par le verre concave de sorte qu'ils redeviennent paralleles entr'eux, tout comme ils l'étoient avant que de passer par le verre convexe.

II. Dans ce cas donc, le verre concave détruit l'effet du verre convexe, et il en est de même que si les rayons continuoient leur route naturelle, sans avoir éprouvé aucune réfraction. Car le verre concave ayant son foyer au même point F, rétablit dans le parallelisme les rayons qui voudroient concourir au point F.

III. Si la distance de foyer du verre concave étoit plus petite que celle du verre convexe, il produiroit un plus grand effet, et rendroit les rayons divergens comme dans la figure cy-jointe: les rayons incidens paralleles LM,

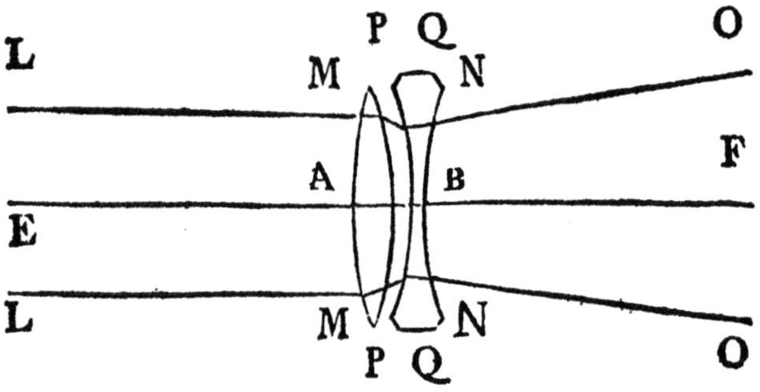

EA, *LM* en passant par les deux verres prennent les routes *NO*, *BF*, *NO*, qui sont divergentes entr'elles. Ces deux verres ensemble produisent donc le même effet qu'un certain verre concave simple, qui imprimeroit aux rayons incidens paralleles la même divergence. Donc deux tels verres joints ensemble dont le concave a une plus petite distance de foyer que le convexe sont équivalens à un seul verre concave.

IV. Mais si le verre concave *QQ* a une plus grande distance de foyer que le verre convexe *PP*, il n'est pas même suffisant de rendre paralleles entr'eux les rayons que le seul verre convexe voudroit réunir dans son foyer *F*: ces rayons demeureront donc convergens, mais leur convergence sera diminuée par le verre concave, en sorte qu'au lieu de se réunir en *F*, les rayons se réuniront dans un point *O* plus éloigné.

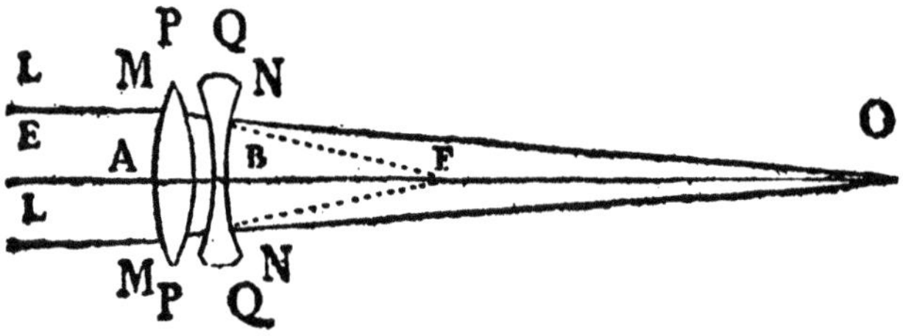

V. Ces deux verres joints ensemble produiront donc le même effet qu'un seul verre convexe simple, qui auroit son foyer en *O*, puisqu'un tel verre réuniroit les rayons paralleles *LM*, *EA*, *LM* également dans le même point, d'où il est clair qu'il est possible de combiner d'une infinité de manieres, deux verres, l'un convexe et l'autre concave, de sorte que leur combinaison soit équivalente à un verre convexe donné.

VI. Un tel verre objectif double, pourra donc être employé dans les lunettes, au lieu d'un simple auquel il est équivalent, et l'effet par rapport au grossissement sera tout-à-fait le même. Or l'espace de diffusion sera tout-à-fait différent et il peut arriver, qu'il soit ou plus grand, ou plus petit, que celui d'un objectif simple et dans ce dernier cas, l'objectif double sera bien préférable au simple.

VII. Mais il y a plus; on a trouvé qu'il est possible de faire de tels arrangemens de deux verres, où l'espace de diffusion est tout-à-fait réduit à rien, ce qui est sans doute le cas le plus avantageux pour la perfection des Lunettes. Le calcul nous découvre ces arrangemens, mais les artistes ne sont pas encore assez habiles pour les exécuter.

le 13 Mars 1762

LETTRE CCXV

Une telle combinaison de deux verres, dont je viens de donner une idée à V.A. est nommée un objectif composé, dont le but est, que tous les rayons, tant ceux qui passent par le milieu du verre que ceux qui passent par les bords soient réunis dans un seul point, de sorte qu'il ne s'y forme qu'une seule image, sans aucune diffusion, comme il arrive dans les objectifs simples. Si les Artistes réussissoient dans cette construction, on en retireroit les plus grands avantages. J'en rendrai compte à V.A.

D'abord il est évident que la représentation des objets doit être beaucoup plus nette et mieux terminée, puisque la vision n'est plus troublée par l'apparition de cette file d'images, qui occupent l'espace de diffusion, lorsque l'objectif est simple.

Ensuite, puisque cet espace de diffusion est l'unique raison, qui nous oblige de donner aux objectifs simples, une si excessive distance de foyer, pour rendre insensible le fâcheux effet qui en résulte; en employant de tels objectifs composés, nous ne sommes plus réduits à cet expédient incommode; et nous pourrons faire des lunettes incomparablement plus courtes, qui produisent le même grossissement.

Lorsqu'on veut grossir 100 fois, en employant un objectif simple, sa distance de foyer ne sauroit être plus petite que de 30 pieds, et la longueur de la lunette devient encore plus grande à cause du verre oculaire dont la distance de foyer y doit être ajoutée; un moindre objectif produiroit à cause de son plus grand espace de diffusion, une confusion insupportable. Or une longueur de 30 pieds est non seulement très incommode, mais aussi les artistes réussissent rarement à former des verres d'une si grande distance de foyer. V.A. en comprendra aisément la raison, puisque le rayon des faces de ce verre doit être aussi de 30 pieds, or il est très difficile de décrire exactement un si grand cercle et la moindre aberration rend tout le travail inutile.

De tels accidens ne sont pas à craindre dans la construction des verres objectifs composés, qui peuvent être formés de plus petits cercles, pourvu qu'ils soient susceptibles de l'ouverture, que le grossissement exige. Ainsi pour grossir 100 fois nous avons vu, que l'ouverture de l'objectif doit être de 3 pouces: or on pourra bien construire un objectif composé, dont la distance de foyer ne seroit que de 100 pouces, et qui admettroit une ouverture de plus de 3 pouces: donc, puisque la distance de foyer de l'oculaire doit être 100 fois plus petite, elle seroit d'un pouce; et l'intervalle entre les verres devant être la somme de leurs distances de foyer, la longueur de la lunette ne seroit que 101 pouces, qui sont 8 pieds et 5 pouces qui est bien plus petite que celle de 30 pieds.

Mais il semble qu'un tel objectif composé, dont le foyer seroit à 50 pouces, pourroit aussi bien admettre encore une ouverture de 3 pouces et même au delà; donc prenant l'oculaire d'un demi-pouce de foyer, on obtiendra le même grossissement de 100 fois, et la longueur de la lunette seroit réduite à la moitié c'est-à-dire à 4 pieds et presque 3 pouces. Une telle lunette produiroit donc le même effet qu'une ordinaire de 30 pieds, ce qui est sans doute le plus grand avantage, qu'on puisse souhaiter.

Si un tel objectif composé réussissoit, on n'auroit qu'à doubler toutes les mesures, pour en avoir un qui admit une ouverture de 6 pouces, et celui-cy pourroit être employé à grossir 200 fois, en se servant d'un oculaire d'un demi-pouce de foyer, comme la deux centieme partie de la distance de foyer de l'objectif, qui seroit dans ce cas de 100 pouces. Or une lunette ordinaire qui grossit 200 fois, surpasse la longueur de 100 pieds; pendant que celle qui est faite avec un objectif composé, ne contient qu'environ 8 pieds, et peut être employée très commodément dans la pratique, au lieu qu'une lunette de 100 pieds est un fardeau presque entierement inutile.

Mais on pourroit bien pousser la chose beaucoup plus loin, et doubler encore les mesures, pour avoir un objectif composé, dont la distance de foyer fût de 200 pouces ou de 16 pieds et 8 pouces, qui admette une ouverture de 12 pouces ou d'un pied; alors prenant un oculaire d'un demi-pouce de foyer, puisque 200 pouces contiennent 400 demi-pouces, on aura une lunette qui grossira 400 fois, et qui sera encore très bien traitable, étant au dessous de 17 pieds, pendant que si l'on vouloit produire le même grossissement par un verre objectif simple, la longueur de la Lunette devroit surpasser 300 pieds: mais une telle lunette ne seroit certainement d'aucun usage, à cause de sa prodigieuse longueur.

A Paris on a une lunette de 120 pieds et à Londres une de 130 pieds, mais les terribles difficultés de les monter et de les diriger, anéantissent presque les avantages qu'on s'en étoit promis. Delà V. A. jugera aisément, combien il seroit important, si l'on réussissoit dans la construction de ces objectifs composés dont je viens de parler. J'en avois donné les premieres idées, il y a plusieurs années et depuis ce tems les plus habiles artistes en Angleterre et en France travaillent à les exécuter; la chose demande bien des essais et une grande adresse de la part de l'ouvrier et quoique j'aye fait faire par le méchanicien de notre Academie, quelques essais non sans succès, les dépenses qu'une telle entreprise exige, m'ont obligé d'y renoncer.

Mais l'année passée la société des sciences à Londres a annoncé qu'un très habile artiste, nommé DOLLOND[1]), en étoit venu heureusement à bout; et maintenant on admire partout ses Lunettes. A Paris un aussi habile artiste, nommé PASSEMENT[2]), se vante d'un pareil succès; l'un et l'autre m'a fait l'honneur autrefois d'entretenir une correspondance avec moi sur cette matiere; mais puisqu'il s'agissoit principalement de surmonter quelques grands obstacles dans la pratique, ce dont je ne m'étois jamais mêlé, il est bien juste que je leur abandonne la gloire de la découverte: ce n'est que la partie Théorétique qui m'appartient, et qui m'a couté des recherches bien profondes et des calculs des plus pénibles, dont V. A. seroit effrayée, à la seule vue; ainsi je me garderai bien de l'entretenir sur cette matiere épineuse.

le 16 Mars 1762

LETTRE CCXVI

Pour donner cependant à V. A. quelque idée des recherches qui m'ont conduit à la construction des objectifs composés, je dois commencer par la formation des verres simples. Je remarque que les deux faces d'un verre peuvent être formées d'une infinité de manieres différentes, en prenant les cercles, dont les faces sont des parties, ou égaux ou inégaux entr'eux, de sorte pourtant que la distance de foyer demeure toujours la même.

Ordinairement, on donne aux deux faces d'un verre la même figure, ou bien comme on représente les faces des verres par des arcs de cercles, on fait les deux faces des rayons égaux entr'eux. La commodité dans l'exécution a sans doute recommandé cette figure, puisqu'on peut se servir du même bassin pour y former l'une et l'autre face, et la plupart des ouvriers n'est pourvue que d'un petit nombre de bassins.

Supposons donc un verre convexe, dont les deux faces soient travaillées sur un même bassin de 24 pouces de rayon, de sorte que chaque face soit un arc d'un cercle dont le rayon soit de 24 pouces, un tel verre est nommé également convexe des deux côtés, et il aura son foyer à la distance de 24 pouces, comme on l'estime communément; mais comme le foyer dépend de la réfraction, et que la réfraction n'est absolument pas la même dans toutes les especes de verres où se trouve une diversité assez considérable selon que le verre est plus ou moins blanc et dur, cette estime du foyer n'est pas juste à la rigueur, et

1) JOHN DOLLOND (1706–1761). A.S.
2) CLAUDE SIMÉON PASSEMENT (1702–1769). A.S.

ordinairement la distance de foyer du verre est un peu moindre, que le rayon de ces deux faces, tantôt de la dixieme partie, tantôt de la douzieme; ainsi le verre que je viens de supposer et dont les rayons de chaque face sont de 24 pouces, aura son foyer à une distance de 22 pouces environ, s'il est travaillé de la même sorte de verre dont on fait communément les miroirs; quoiqu'on rencontre aussi dans cette espece de verres une petite diversité par rapport à la réfraction.

Maintenant je remarque qu'en faisant les deux faces du verre inégales, on peut former une infinité d'autres verres, qui ont tous la même distance de foyer: car en prennant le rayon d'une face plus petit que de 24 pouces, on prendra le rayon de l'autre face d'autant plus grand, selon une certaine proportion; et toujours on peut prendre le rayon d'une face à volonté, et par le moyen d'une certaine regle trouver le rayon de l'autre face, afin que la distance de foyer devienne la même, que si l'une et l'autre face avoit 24 pouces de rayon. La table suivante offre plusieurs verres pareils, qui ont tous la même distance de foyer.

Verres	Rayon de la Ie face	Rayon de la IIde face
I.	24	24
II.	21	28
III.	20	30
IV.	18	36
V.	16	48
VI.	15	60
VII.	14	84
VIII.	13	156
IX.	12	infini

Dans la derniere forme le rayon d'une face n'est que de 12 pouces, ou la moitié de 24 pouces, mais le rayon de l'autre devient infini, ou bien, cette face est un arc d'un cercle infiniment grand; et comme un tel arc ne differe plus d'une ligne droite, cette face sera plane, et ce verre plano-convexe.

Si nous voulions prendre le rayon d'une face encore plus petit que de 12 pouces, l'autre face doit être faite concave, et le verre deviendra convexo-concave, et portera alors le nom de ménisque dont voici aussi plusieurs figures.

Ménisque	Rayon de la face convexe	Rayon de la face concave
X.	11	132
XI.	10	60
XII.	9	36
XIII.	8	24
XIV.	6	12
XV.	4	6
XVI.	3	4

Voilà donc encore une nouvelle espece de verres, dont la derniere est représentée dans la figure cy-jointe, de sorte que nous avons ici 16 especes différentes, qui ont toutes leurs foyers à la même distance qui sera environ de 22 pouces, ou un peu plus ou moins, selon la nature du verre.

Donc, quand il n'est question que de la distance de foyer que le verre doit avoir, il est indifférent selon laquelle de ces formes on le veuille travailler: mais il s'y trouve une très grande différence dans l'espace de diffusion, auquel chaque espece est assujettie, cet espace devenant dans les unes plus petit que dans les autres. Quand on veut employer un verre objectif simple, comme à l'ordinaire, il n'est plus indifférent de quelle espece on tire sa figure, celle-là sera sans doute la plus préférable, qui produit le plus petit espace de diffusion. Or cette belle propriété ne convient pas à la premiere espece, où les deux faces sont égales, mais à peu près à la VII espece, qui est douée de cette prérogative, que lorsqu'on tourne vers l'objet sa face plus convexe, ou celle dont le rayon est plus petit, alors l'espace de diffusion se trouve environ de la moitié plus petit, que si le verre étoit également convexe des deux côtés; c'est donc la figure la plus avantageuse qu'il faut donner aux verres objectifs simples, et aussi les Practiciens sont d'accord là dessus.

Delà il est clair que pour juger de l'espace de diffusion de quelque verre, il ne suffit pas d'en connoitre la distance de foyer, mais il faut savoir son espece, c'est-à-dire les rayons de l'une et de l'autre face, et encore bien distinguer la quelle est tournée vers l'objet.

Après cette explication, je remarque que pour chercher la combinaison de deux verres qui ne produisent aucune diffusion d'image, il faut absolument tenir compte de la figure des deux faces de chaque verre, et qu'on a ce problème à résoudre, *quels doivent être les rayons des faces des deux verres, afin que l'espace de diffusion soit réduit à rien?* La solution de cette question demande les plus profondes recherches de la plus sublime géometrie; mais après en être venu à bout, l'artiste trouve encore bien des difficultés à surmonter; il lui faut donner aux bassins précisément la même courbure que le calcul a enseigné, et cela n'est pas encore suffisant, car pendant qu'on travaille le verre sur le bassin pour lui en faire prendre la figure, le bassin même en souffre aussi à son tour; on est donc obligé de rectifier la figure du bassin de tems en tems, et cela avec la plus grande justesse; dès qu'on manque dans toutes ces précautions, on ne sauroit se promettre un heureux succès; aussi est-il bien difficile, d'empecher que le verre ne prenne une figure un peu différente de celle du bassin; d'où V. A. jugera aisément combien il doit être difficile de porter à sa perfection cet important article de la Dioptrique.

le 20 Mars 1762

LETTRE CCXVII

V. A. vient de voir, de quelle maniere on doit remédier à l'inconvenient, que les rayons qui passent par les bords d'un verre ne se réunissent pas dans le même point, dans lequel sont réunis ceux qui passent par son milieu, de sorte qu'il en nait une infinité d'images dispersées par l'espace de diffusion. Mais cet inconvenient n'est pas le seul, auquel les verres soient assujettis, il y en a encore un autre, qui est d'autant plus important qu'il semble impossible d'y remédier, parceque la cause ne se trouve pas dans le verre, mais dans la nature des rayons mêmes.

V. A. se souvient qu'il regne une grande variété dans les rayons, par rapport aux diverses couleurs dont ils nous impriment le sentiment; j'ai comparé cette diversité avec celle qu'on trouve dans les tons, ayant établi pour principe, que chaque couleur est attachée à un certain nombre de vibrations. Mais quand même cette explication paroitroit encore douteuse, il est toujours très certain que les rayons des diverses couleurs souffrent aussi de différentes réfractions, en passant d'un milieu transparent dans un autre; ainsi les rayons rouges souffrent la moindre réfraction, et les violets la plus grande, quoique la différence soit presque imperceptible. Or toutes les autres couleurs comme l'orange, le jaune, le verd, et le bleu sont à l'égard de la réfraction contenues entre ces deux limites. Il faut aussi remarquer que le blanc est un mélange de toutes ces couleurs, qui par la réfraction se séparent les unes des autres.

En effet quand on fait tomber obliquement un rayon blanc OP, ou un

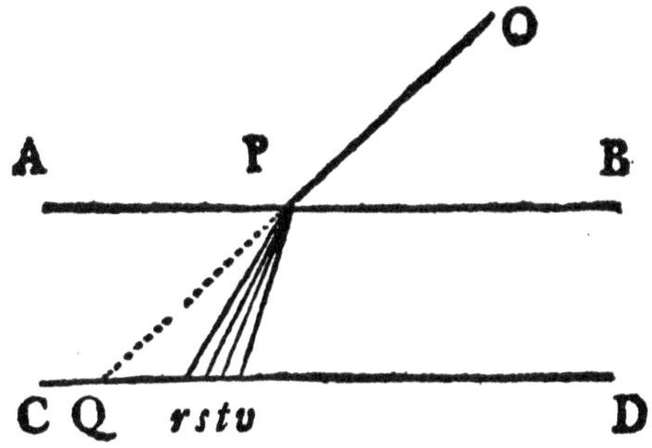

rayon de soleil, sur un morceau de verre *ABCD*, au lieu de continuer sa route suivant sa direction *PQ*, non seulement il en est détourné, mais il se partage encore en plusieurs rayons *Pr*, *Ps*, *Pt*, *Pv*, dont le premier *Pr*, qui est le moins détourné représente la couleur rouge et le dernier *Pv* qui est le plus détourné la couleur violette; la dispersion *rv* est bien plus petite que ne le représente la figure, cependant leur divergence devient de plus en plus sensible.

De cette différente réfrangibilité des rayons, selon leurs diverses couleurs, naîssent les phénomenes suivans par rapport aux verres dioptriques.

I. Soit *PP* un verre convexe, sur l'axe duquel *OR* se trouve dans un très grand éloignement *AO* l'objet *Oo*, dont il s'agit de déterminer l'image représentée par le verre, en faisant ici abstraction de la premiere irrégularité qui regarde la diffusion, ou bien ce qui revient au même, en ne considérant ici que les rayons qui passent par le milieu du verre *AB*, tout comme si ses bords étoient couverts d'un carton.

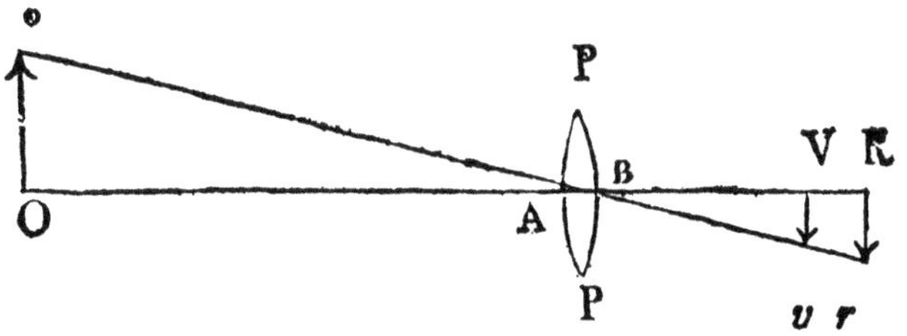

II. Supposons maintenant que l'objet *Oo* soit rouge, de sorte que tous ses rayons aussi soient de la même nature, le verre en représentera quelque part l'image *Rr* également rouge: alors on nomme le point *R* le foyer des rayons rouges, ou de ceux qui souffrent la moindre réfraction.

III. Mais si l'objet *Oo* est violet, puisque les rayons de cette couleur souffrent la plus grande réfraction, l'image *Vv* sera plus proche du verre, que la précédente *Rr*. Ce point *V* est nommé le foyer des rayons violets.

IV. Si l'objet étoit teint de quelque autre couleur, moyenne entre la rouge et la violette, l'image tomberoit entre les lieux *R* et *V*, et seroit toujours bien nette, et terminée par la droite *oB* tirée de l'extrêmité de l'objet *o* par le milieu du verre; cette regle étant générale pour toutes les couleurs.

V. Mais si la couleur de l'objet n'est pas pure, comme il arrive presque dans tous les corps: ou que l'objet *Oo* soit blanc, ce qui est un mélange de toutes les couleurs, alors les diverses especes de rayons sont séparées par la réfraction, et chacune représentera une image à part. Celle qui est formée par les rayons rouges, se trouvera en *Rr*, et celle qui est formée par les rayons violets, en *Vv*; or tout l'espace *RV* sera rempli par les images des couleurs moyennes.

VI. De chaque objet donc *Oo*, le verre *PP* représentera une infinité d'images, disposées par le petit espace *RV*, dont la plus éloignée du verre *Rr* est rouge et la plus proche *Vv* violette, et les moyennes, des couleurs moyennes; selon l'ordre des couleurs que nous voyons dans l'arc en ciel.

VII. Chacune de ces images sera bien nette en elle même, et toutes sont terminées par la ligne droite *oBvr* tirée de l'extrêmité de l'objet *o* par le milieu du verre *B*. Mais toutes ensemble ne sauroient être vues sans une confusion assez sensible.

VIII. De là nait donc aussi un espace de diffusion comme dans la premiere irrégularité, mais qui en differe en ce que celui-ci est indépendant de l'ouverture du verre, et que chaque image est teinte d'une couleur particuliere.

IX. Cet espace de diffusion *RV*, dépend de la distance de foyer du verre, de sorte qu'il en est toujours environ la 28me partie; ainsi quand la distance de foyer du verre *PP* est de 28 pieds, l'espace *RV* devient égal à un pied entier, ou bien la distance entre l'image rouge *Rr* et la violette *Vv*, est d'un pied. Si la distance de foyer étoit deux fois plus grande ou de 56 pieds, l'espace *RV* seroit de 2 pieds et ainsi des autres.

X. De là l'estime de la distance de foyer d'un verre devient incertaine, puisque les rayons de chaque couleur ont leur foyer à part: et quand on parle du foyer d'un verre il faudroit toujours s'expliquer de quelle couleur on l'entend. Mais communement on l'entend des rayons d'une nature moyenne entre le rouge et le violet, et qui répond à la couleur verte.

XI. Ainsi quand on dit sans s'expliquer d'avantage, que la distance de foyer de tel verre est par exemple de 56 pieds, il faut entendre que c'est l'image verte qui tombe à cette distance; l'image rouge tombera alors d'un pied environ plus loin et la violette d'un pied plus près.

Voilà donc une nouvelle circonstance bien essentielle, à laquelle il faut avoir égard dans les instrumens dioptriques.

le 23 Mars 1762

LETTRE CCXVIII

Il faut bien distinguer cette nouvelle diffusion, ou multiplication de l'image, qui vient de la diverse réfrangibilité des rayons, en ce qu'ils sont de différentes couleurs, de la précédente qui provenoit de l'ouverture du verre, et de ce que les rayons qui passent près des bords forment une autre image, que ceux qui passent par son milieu. Aussi faut il remédier à ce nouvel inconvenient d'une tout autre façon qu'au premier.

V. A. voudra bien se souvenir, que j'ai proposé deux moyens pour remédier à l'inconvenient précédent; l'un consistoit dans l'aggrandissement de la distance de foyer, pour diminuer la courbure des faces du verre; ce remede nous avoit conduit à des lunettes si extrêmement longues, lorsqu'on souhaitoit un grand grossissement. L'autre remede consistoit dans la combinaison de deux verres, l'un convexe et l'autre concave, pour tempérer la réfraction, de façon que tous les rayons transmis par les verres se réunissent dans le même point, et que l'espace de diffusion fût réduit à rien.

Mais ni l'un ni l'autre de ces remedes ne nous apporte aucun secours dans ce nouvel inconvenient, causé par la différente refrangibilité des rayons. Le premier produit même un effet tout contraire, puisque, plus on augmente la distance de foyer du verre, plus l'espace, par lequel les images colorées sont dispersées, devient considérable; la combinaison de deux, ou plusieurs verres, n'est pas non plus d'aucun secours, et on a trouvé, tant par l'expérience, que par la théorie, que les images de différentes couleurs demeurent toujours séparées quelque grand que soit le nombre des verres, par lesquels on fait passer les rayons, et que la différence devient d'autant plus grande, que la lunette doit grossir davantage.

Cette circonstance a tellement effrayé le grand NEWTON, qu'il a désespéré de remédier à ce défaut, qu'il croyoit absolument inséparable de tous les instrumens dioptriques, où la vision se fait par des rayons réfractés. Par cette raison il a pris le parti de renoncer entierement à la réfraction et a formé le dessein d'employer des miroirs au lieu des verres objectifs, puisque la réflexion est toujours la même pour tous les rayons; cette idée nous a procuré ensuite ces excellens telescopes à réflexion, dont on admire les effets surprenans, et dont je parlerai exprès une autre fois, quand j'aurai rapporté tout ce qui regarde les instrumens à réfraction.

Lorsque j'ai été convaincu, qu'il étoit impossible de remédier à la diverse réfrangibilité des rayons, par la combinaison de plusieurs verres, j'ai remarqué que la raison en est fondée sur la loy de réfraction, qui est la même dans toutes les especes de verres; et je me suis apperçu, que si l'on pouvoit employer d'autres matieres transparentes, dont la réfraction fût assez considérablement différente de celle du verre, il seroit bien possible de combiner une telle matiere avec le verre, de sorte que tous les différens rayons se réunissent à former une seule image, sans qu'il y eut un espace de diffusion. J'ai ensuite mieux suivi cette idée, et j'ai trouvé moyen de composer de verre et d'eau des objectifs tout-à-fait délivrés de l'effet de la diverse réfrangibilité des rayons, qui par conséquent devroient produire un aussi bon effet que les miroirs de NEWTON.

Or j'ai exécuté cette idée par deux ménisques, ou verres concavo-convexes dont l'un est $AACC$ et l'autre $BBCC$, que j'ai joints ensemble par leurs faces concaves, en remplissant d'eau le vuide qui restoit entr'elles, de sorte que les rayons qui sont entrés par le verre $AACC$ doivent traverser l'eau contenue entre les deux verres, avant de sortir par l'autre verre $CCBB$. Chaque rayon souffre donc quatre réfractions, la premiere en entrant de l'air dans le verre $AACC$, la seconde en passant de ce verre dans l'eau, la troisieme en passant de l'eau dans l'autre verre $CCBB$, la quatrieme en sortant de ce verre dans l'air.

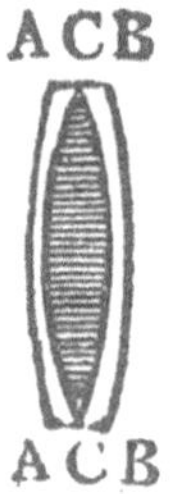

Comme les quatres faces de ces deux verres entrent ici en considération, j'ai trouvé moyen d'en déterminer les demi-diametres, en sorte que, de quelque couleur que soit un rayon de lumiere, après avoir souffert ces quatre réfractions, il se réunit dans le même point, et que la diverse réfrangibilité ne produise plus des diverses images.

Ces objectifs composés de deux verres et d'eau, tomboient trop d'abord dans le premier inconvenient, que les rayons qui passent près des bords forment un autre foyer que ceux qui passent par le milieu, mais après des recherches bien pénibles j'ai trouvé moyen de proportioner les rayons des quatre faces de façon que ces objectifs composés dussent être délivrés tout à la fois des inconveniens de l'une et de l'autre classe. Mais il falloit pour cela si exactement exécuter toutes les mesures prescrites par le calcul, que la moindre aberration faisoit échouer tous les avantages qu'on en attendoit, de sorte que je ne voulûs plus insister sur la construction de ces objectifs.

D'ailleurs ce projet ne remédieroit qu'aux inconveniens qui sont à craindre de la part du verre objectif et le verre oculaire ne manqueroit pas de produire un effet pareillement facheux, auquel il n'est pas possible de remédier de la même maniere. Souvent aussi, on se sert de plusieurs oculaires, pour construire des lunettes comme j'aurai l'honneur de l'expliquer dans la suite, et ainsi on ne gagneroit pas grand-chose si l'on s'arrêtoit trop scrupuleusement au seul objectif, en négligeant les autres verres quoique leur effet soit peu sensible par rapport à celui de l'objectif.

Mais quelques peines que m'aient couté ces recherches je dois avouer franchement, que je renonce à présent entierement à la construction de tels objectifs, composés de verres et d'eau; non seulement à cause de leur exécution trop embarassée, mais aussi parceque j'ai découvert depuis d'autres moyens, non pas de détruire l'effet de la diverse réfrangibilité des rayons, mais de le rendre insensible, sur quoi j'aurai l'honneur d'entretenir V. A. l'ordinaire prochain.

le 27 Mars 1762

LETTRE CCXIX

Lorsque les telescopes à réflexion sont venus en vogue, on a tellement décrié les lunettes à réfraction, qu'on devoit croire qu'elles ne mériteroient plus d'autre sort que d'être rejettées entierement. Aussi, depuis ce tems, a-t-on négligé tout-à-fait leur construction dans la ferme persuasion, que tous les soins qu'on se donneroit aussi pour les perfectionner, seroient inutiles, attendu que le grand NEWTON avoit démontré, que les effets fâcheux de la diverse réfrangibilité des rayons, étoient absolument inséparables de la construction des lunettes.

Selon ce sentiment toutes les lunettes ne nous sauroient représenter les objets qu'avec une confusion insupportable, et cela d'autant plus, que le grossissement seroit plus grand. Cependant, quoiqu'on trouve des lunettes extrêmement défectueuses à cet égard, on en trouve aussi quelques fois de très bonnes, qui ne cedent en rien aux telescopes à réflexion tant vantés. C'est sans doute un très grand paradoxe; car si ce défaut qu'on reproche aux lunettes, étoit bien fondé, on n'en devroit trouver aucune, qui en fût exempte: par conséquent cette exception dont l'expérience nous assure, mérite toute notre attention.

Il s'agit donc d'approfondir la véritable raison pourquoi quelques lunettes représentent assez nettement les objets, pendant que d'autres ne sont que trop assujetties au défaut causé par la différente réfrangibilité des rayons. Je crois en avoir découvert la raison et je vais la proposer à V. A. par les réflexions suivantes.

I. Il est très certain que le verre objectif représente une infinité d'images de chaque objet, qui toutes se trouvent rangées sur l'espace de diffusion, et dont chacune est teinte de sa propre couleur, comme je l'ai prouvé dans ma lettre précédente.

II. Chacune de ces images devient un objet par rapport au verre oculaire qui en représente chacune séparément avec la couleur qui lui est propre, de sorte que l'œil découvre par la lunette une infinité d'images disposées dans un certain ordre selon la réfraction des verres.

III. Et si, au lieu d'un verre oculaire, on en emploie plusieurs, il arrivera toujours la même chose, et au lieu d'une image, la lunette en représentera à l'œil une infinité, ou bien une file d'images, dont chacune exprime à part l'objet, mais d'une couleur particuliere.

IV. Considérons donc les dernieres images que la lunette offre à l'œil placé en O; et soit Rr l'image rouge, et Vv la violette, celles des autres couleurs se trouvant entre ces deux selon l'ordre de leur différente réfrangibilité. Dans cette figure je n'ai pas indiqué les verres de la lunette, puisqu'il s'agit uniquement de quelle maniere l'œil voit ces images. Il faut seulement envisager la distance de l'œil O de ces images comme très grande.

V. Toutes ces images Rr et Vv avec les moyennes, sont donc situées sur l'axe de la lunette ORV, et terminées par une certaine ligne droite rv, qui est nommée la terminatrice de toutes les images.

VI. Comme j'ai représenté ces images dans la figure, l'image rouge Rr est vue par l'œil en O sous l'angle ROr, qui est plus grand que l'angle VOv, sous lequel est vue l'image violette Vv. Donc les rayons violets qui entrent de l'image Vv, dans l'œil, se mêlent avec les rouges qui viennent de la partie Rn de l'image rouge Rr.

VII. Par conséquent, l'œil ne sauroit voir l'image violette sans un mélange de rayons d'autres couleurs, mais qui répondent à différens points de l'objet même; ainsi le point n de l'image rouge est confondu dans l'œil avec l'extrêmité v de l'image violette, d'où doit naitre une grande confusion.

VIII. Or le rayon rO n'étant point mêlé par d'autres, l'extrêmité vue paroitra rouge, ou bien l'image vue semblera bordée de rouge qui se mêle ensuite avec les autres couleurs successivement; de sorte que l'objet paroitra bordé des couleurs d'iris, ce qui est un défaut très commun dans les lunettes, auquel cependant quelques unes sont moins sujettes que d'autres.

IX. Si la plus grande image Rr étoit la violette et Vv la rouge, la confusion seroit également insupportable avec cette seule différence que les extrêmités de l'objet paroitroient alors bordées de violet au lieu de rouge.

X. La confusion dépend donc de la position de la droite terminatrice *rv* par rapport à la ligne *VO* et de la diversité qui y peut avoir lieu; d'où il arrivera, que la confusion sera tantôt plus grande, tantôt plus petite.

XI. Considérons maintenant le cas, où les dernieres images représentées par la lunette sont tellement arrangées que la droite terminatrice *vr* étant prolongée, passe précisément dans l'œil. Alors l'œil verra par un seul rayon *vrO* toutes les extrêmités des images; et en général tous les points, qui répondent à un même point de l'objet, seront portés dans l'œil par un seul rayon; et par conséquent ils y seront représentés distinctement.

XII. Voilà donc le cas, où il peut arriver, que nonobstant la diversité des images, l'œil voie l'objet distinctement, sans que diverses parties en soient confondues ensemble, comme il est arrivé dans le cas précédent. Ce cas avantageux a donc lieu, lorsque la ligne terminatrice *vr* étant prolongée, passe par le lieu de l'œil *O*.

XIII. Comme l'arrangement des dernieres images *Rr* et *Vv* dépend de la disposition des verres oculaires, pour délivrer les lunettes du défaut qu'on leur reproche, il ne s'agit que d'arranger ces verres, en sorte que la ligne terminatrice des dernieres images *vr* passe par l'œil; et les lunettes, où cela arrive, seront toujours excellentes.

le 30 Mars 1762

LETTRE CCXX

En rassemblant ce que j'ai expliqué jusqu'ici, V.A. conviendra aisément, que c'est une chose bien rare et très précieuse qu'une lunette excellente à tous égards, et qui ne soit assujettie à aucun défaut; puisqu'il faut avoir égard à tant de circonstances, dont chacune influe très essentiellement sur la construction des bonnes lunettes. Comme le nombre des bonnes qualités est considérable, afin qu'aucune n'échappe à notre attention, il sera bon de les mettre ici toutes à la fois devant les yeux de V.A.

I. La premiere qualité regarde le grossissement; et plus une lunette grossit les objets, plus est elle sans doute parfaite, pourvu qu'aucune des autres bonnes qualités n'y manque. Or le grossissement se juge par le nombre de fois, que le diametre des objets paroit plus grand qu'à la vue simple: V.A. se souviendra, que cela arrive autant de fois dans les lunettes à deux verres, que la distance de foyer du verre objectif surpasse celle de l'oculaire. Dans les lunettes à plusieurs verres ce jugement est plus embarrassé.

II. La seconde qualité d'une bonne lunette est la clarté. Une lunette est toujours fort défectueuse, lorsqu'elle représente les objets obscurément, ou comme dans un brouillard. Pour éviter cet inconvenient, il faut que le verre objectif ait une ouverture suffisante, dont la mesure se regle sur le grossissement. Les Artistes ont établi cette regle, que pour grossir 300 fois, le diametre de l'ouverture de l'objectif doit être de trois pouces et pour tout autre grossissement à proportion. Or lorsque les objets ne sont pas fort lumineux d'eux mêmes, il est bon de donner à l'objectif encore une plus grande ouverture que selon cette regle.

III. La troisieme qualité consiste dans la distinction ou netteté de la représentation. Pour cet effet, il faut que les rayons qui passent par les bords de l'objectif se réunissent au même point que ceux qui passent par le milieu, ou que du moins l'aberration ne soit pas sensible. Quand on se sert d'un objectif simple, il faut que sa distance de foyer surpasse une certaine limite, qui se rapporte au grossissement. Ainsi quand on veut grossir 100 fois, il faut que la distance de foyer de l'objectif soit de 30 pieds au moins; de sorte que c'est la distinction qui nous impose la nécessité de faire des lunettes si excessivement longues, lorsqu'on demande un très grand grossissement. Or pour remédier à cet inconvenient, on peut se servir d'un objectif composé de deux verres, et si les Artistes réussissoient dans leur construction, on seroit en état de raccourcir les lunettes très considérablement pour le même grossissement. A cette occasion V.A. voudra bien se souvenir de ce que j'ai eu l'honneur de dire fort au long sur ce sujet.

IV. La quatrieme qualité regarde aussi la netteté ou la pureté de la représentation, entant qu'elle est troublée par la diverse réfrangibilité des rayons de différentes couleurs. J'ai fait voir de quelle maniere il est possible de remédier à cet inconvenient: et comme il est impossible, que les images formées par les différens rayons soient réunies dans une seule, il s'agit d'arranger les verres d'une certaine maniere que j'ai expliquée dans ma lettre précédente; c'est-à-dire, que la ligne terminatrice des dernieres images passe par l'œil. A moins que cela n'arrive, la lunette aura le défaut de représenter les objets environnés des couleurs d'iris, et ce défaut s'évanouit quand on arrange les verres de la maniere démontrée. Or pour cet effet il faut employer plus que deux verres, afin qu'on ait le pouvoir de les arranger comme il faut. Jusqu'ici je n'ai parlé que des lunettes composées de deux verres, dont l'un est l'objectif et l'autre l'oculaire, et V.A. sait que leur éloignement est déjà déterminé par les distances des foyers, de sorte qu'on n'est plus le maître d'y rien changer. Cependant il arrive heureusement, que la ligne terminatrice, dont j'ai parlé, passe à peu près par le lieu de l'œil, de sorte que le défaut des couleurs d'iris n'est presque point sensible, pourvuqu'on ait remédié au défaut précédent, surtout quand le grossissement n'est pas très grand. Mais dans les très grands grossissemens il est bon d'employer deux verres oculaires, pour anéantir entierement les couleurs d'iris; puisque dans ce cas les moindres défauts étant également grossis, deviennent insupportables.

V. La cinquieme et la derniere bonne qualité des lunettes, est un grand champ apparent, ou l'espace que la lunette nous découvre à la fois. V.A. se souvient, que les petites lorgnettes de poche à un oculaire concave ont le défaut d'un trop petit champ qui les rend incapables de grossir beaucoup. L'autre espece, qui a l'oculaire convexe, est moins assujettie à ce défaut, mais comme celle-ci représente les objets renversés, les lunettes de la premiere espece seroient pourtant beaucoup meilleures, si elles nous découvroient un plus grand champ. Or ce champ dépend de l'ouverture du verre oculaire, et V.A. comprend aisément, qu'on ne sauroit augmenter cette ouverture à volonté, attendu qu'elle est déjà déterminée par sa distance de foyer. Or en employant deux ou trois ou même plusieurs verres oculaires, on a trouvé moyen de rendre le champ apparent plus grand; et c'est une nouvelle raison qui demande plusieurs verres, pour construire des lunettes qui soient bonnes à tous égards.

A ces bonnes qualités, on pourroit encore ajouter celle-cy, que la représentation ne soit pas renversée, comme il arrive dans les lunettes astronomiques, mais il est aisé de remédier à ce défaut, si c'en est un, en ajoutant encore deux verres oculaires comme j'aurai l'honneur de l'exposer l'ordinaire prochain.

le 3 Avril 1762

LETTRE CCXXI

Je me suis arrêté bien longtems aux lunettes composées de deux verres convexes, qui sont connues sous le nom de tubes astronomiques, puisqu'on s'en sert communément pour observer les étoiles.

V.A. comprendra aisément pourquoi l'usage de ces instrumens, quelqu'excellens qu'ils soient, se borne uniquement au ciel; la raison en est, puisqu'ils représentent les objets dans une situation renversée, ce qui devient effectivement un grand défaut, lorsqu'on veut contempler des objets terrestres, que nous voudrions voir dans leur situation naturelle. Or après la découverte de cette espece de lunettes, on a trouvé bientôt moyen de remédier à ce défaut, en doublant pour ainsi dire la même lunette. Car puisque deux verres renversent les objets ou représentent leurs images renversées, on n'a qu'à regarder ces mêmes images encore par une telle lunette composée de deux verres, pour les renverser encore une fois, et alors cette seconde représentation nous offrira les objets debout. Delà nait une nouvelle espece de lunettes, composées de quatre verres, qu'on nomme des lunettes terrestres puisqu'elles sont destinées à contempler les objets terrestres. Voici leur construction.

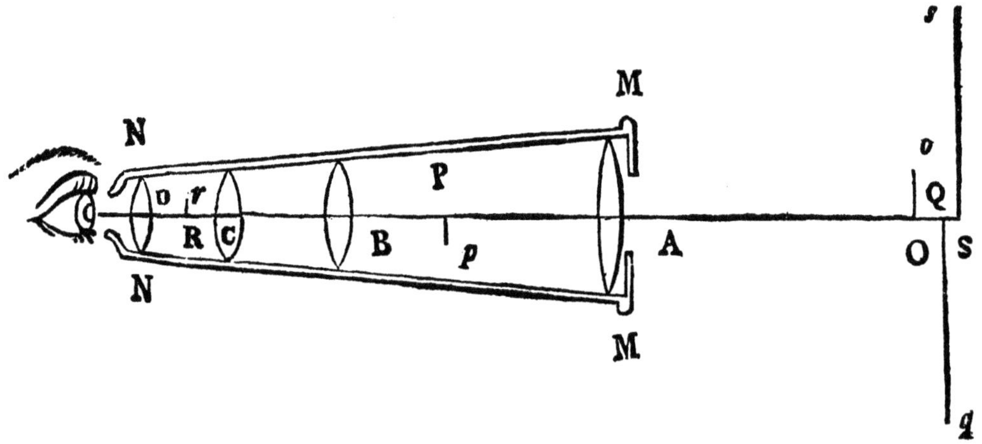

I. Les quatres verres A, B, C, D, enchassés dans le tuyau $MMNN$ représentent la lunette en question, dont le premier A dirigé vers les objets est nommé l'objectif, et les trois autres B, C, D, les oculaires. Tous ces quatre verres sont convexes, et l'œil doit être placé au bout du tuyau dans une certaine distance du dernier oculaire D, dont j'expliquerai la détermination dans la suite.

II. Considérons les effets, que chaque verre doit produire, quand l'objet Oo, qu'on regarde par la lunette, se trouve à une distance fort grande; d'abord le verre objectif représentera l'image de cet objet en Pp à la distance de son foyer, dont la grandeur est déterminée par la ligne droite tirée de l'extrêmité o, par le milieu du verre A; cette ligne n'est pas exprimée dans la figure, pour ne la pas trop charger de lignes.

III. Cette image Pp tient lieu de l'objet par rapport au second verre B, qu'on place de sorte que l'intervalle BP soit égal à sa distance de foyer;

afin que la seconde image en soit transportée à l'infini comme en Qq qui sera renversée comme la premiere Pp, et terminée par la ligne droite tirée du milieu du verre B, par l'extrêmité p.

IV. L'intervalle entre ces deux premiers verres AB, est donc égal à la somme de leurs distances de foyer; et si l'on tenoit l'œil derriere le verre B on auroit une lunette astronomique par laquelle on verroit l'objet Oo en Qq et conséquement renversé et grossi autant de fois, que la distance AP surpasse la distance BP. Mais au lieu de l'œil on place derriere le verre B à quelque distance, le troisieme verre C, par rapport auquel l'image Qq tient lieu de l'objet, puisqu'il reçoit effectivement les rayons de cette image Qq. Laquelle se trouvant à une très grande distance, le verre C en représentera l'image à sa distance de foyer en Rr.

V. Maintenant l'image Qq étant à rebours, cette nouvelle image Rr sera debout, et terminée par la ligne droite qu'on tireroit de l'extrêmité q par le milieu du verre C, laquelle passeroit par le point r. Par conséquent les trois verres A, B, C ensemble, représentent l'objet Oo en Rr, et cette image Rr est debout.

VI. Enfin on n'a qu'à placer le dernier verre de façon, que l'intervalle DR soit égal à sa distance de foyer; ce verre éloignera encore l'image Rr à l'infini, comme en Ss dont l'extrêmité s sera déterminée par la ligne droite, qu'on tireroit du milieu du verre D par l'extrêmité r, et l'œil placé derriere ce verre, verra effectivement l'image Ss au lieu du véritable objet Oo.

VII. Delà il est aisé de juger, combien de fois cette lunette composée de quatre verres, doit grossir les objets; on n'a qu'à avoir égard aux deux couples de verres, AB et CD dont chacune, séparément, seroit une lunette Astronomique. La premiere paire de verres A et B grossit autant de fois, que la distance de foyer du premier verre A surpasse celle du second verre B; et c'est autant de fois que l'image, qui en est formée Qq est plus grande que le véritable objet Oo.

VIII. Ensuite cette image Qq tenant lieu de l'objet par rapport à l'autre paire de verres C et D, elle sera encore multipliée autant de fois, que la distance [de foyer] du verre C surpasse celle du verre D. Ces deux grossissemens joints ensemble, fournissent le vrai grossissement, que tous les quatre verres produisent.

IX. Ainsi, si la premiere paire de verres A et B grossissoit 10 fois, et l'autre paire de verres C et D trois fois, la lunette grossiroit 3 fois 10 fois c'est-à-dire trente fois les objets; et l'ouverture du verre objectif A, doit répondre à ce grossissement, selon la regle que j'ai établie cy-dessus.

X. Delà V. A. voit, que si l'on ôte d'une lunette terrestre les deux derniers verres *C* et *D*, on aura une lunette astronomique, et que les deux verres *C* et *D* représentent aussi une telle lunette, de sorte qu'une lunette terrestre est composée de deux lunettes astronomiques; réciproquement donc aussi deux lunettes astronomiques jointes ensemble produisent une lunette terrestre.

Cette construction est donc susceptible d'une infinité de variations, dont les unes sont préférables aux autres; comme j'aurai l'honneur de l'expliquer dans la suite.

le 6 Avril 1762

LETTRE CCXXII

V.A. vient de voir, comment en ajoutant à une lunette astronomique encore deux verres convexes, il en résulte une lunette terrestre qui nous représente les Objets debout. Or ces quatre verres, dont une lunette terrestre est composée, sont susceptibles d'une infinité d'arrangemens différens, tant par rapport à leurs distances, qu'à leurs foyers. Je vais expliquer ceux qui sont les plus essentiels.

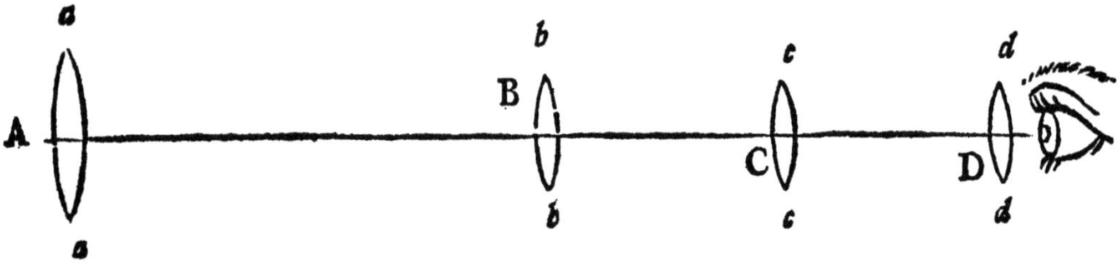

I. Par rapport à leurs distances, j'ai déjà remarqué que celle des deux premiers verres *AB* est la somme de leurs distances de foyers, de même que celle des deux derniers verres *CD*, l'une et l'autre paire pouvant être regardée comme une lunette simple composée de deux verres convexes. Mais quelle doit être la distance entre les deux verres du milieu *BC* ? seroit-elle bien permise à notre bon plaisir ? puisqu'il est certain, que soit qu'on la prenne plus grande ou plus petite, le grossissement qui est toujours composé des deux grossissemens que chaque paire produiroit séparément, demeure le même.

II. Or à ne consulter que l'expérience, on appercevra bientôt, qu'en approchant beaucoup les deux verres du milieu, le champ apparent s'évanouit presque tout-à-fait, et que le même inconvenient se manifeste, quand on fait cette distance très grande. Dans l'un et l'autre cas, quand on dirige la lunette vers un objet quelconque, on n'en découvre qu'une très petite partie.

III. Par cette raison les artistes se servent de cette expédient, ils approchent ou éloignent la derniere paire de verres de la premiere, jusqu'à ce qu'ils découvrent le plus grand champ, et après avoir trouvé cette situation, ils y fixent les verres. Or ils ont observé que dans cet arrangement le plus avantageux, la distance de verres du milieu BC est toujours plus grande, que la somme des distances de foyer de ces deux verres B et C.

IV. V.A. jugera aisément que cette distance ne dépend point d'un pur hazard, mais qu'elle tire sa détermination de la Théorie, et cela beaucoup plus exactement que par la seule expérience. Or c'est le devoir d'un Physicien de rechercher la cause de tous les Phénomenes que l'expérience nous découvre. Je vais donc exposer les vrais principes, qui nous fournissent la distance la plus avantageuse BC entre les deux verres du milieu.

V. Puisque tous les rayons doivent être conduits à l'œil, considérons la route du rayon, qui venant de l'extrêmité o de l'objet visible, passe par le milieu A du verre objectif: car à moins que ce rayon ne soit conduit dans l'œil, cette extrêmité o ne sera pas visible. Or ce rayon ne souffre aucune réfraction dans le verre objectif, parcequ'il passe par son milieu A, il continuera par conséquent sa route en ligne droite jusqu'au second verre, qu'il rencontrera à son extrêmité b, puisque c'est le dernier rayon transmis par les verres.

VI. Ce rayon étant rompu par le second verre changera de route, en sorte qu'il rencontrera quelque part en n l'axe des verres; cela arriveroit dans le foyer de ce verre, si auparavant le rayon Ab avoit été parallele à l'axe; mais puisqu'il sort du point A, sa réunion avec l'axe en n sera plus éloignée du verre B, que sa distance de foyer.

VII. Maintenant il faut placer le troisieme verre C en sorte, que le rayon, après avoir traversé l'axe en n, rencontre le verre C précisément dans son extrêmité c; d'où l'on voit que plus l'ouverture de ce verre C est grande, plus on le doit reculer du verre B, et plus la distance BC devient grande; mais de l'autre côté, il faut bien se garder d'éloigner le verre C au delà puisqu'alors le rayon lui échapperoit et ne seroit plus transmis par ce verre; c'est donc cette circonstance, qui détermine la juste distance entre les deux verres du milieu BC, conformément à l'expérience.

VIII. Le troisieme verre *C* produira une nouvelle réfraction dans notre rayon qui le doit conduire précisément à l'extrêmité *d* du dernier oculaire *D*, lequel étant plus petit que le troisieme *C*, la ligne *cd* sera un peu convergente vers l'axe, et ainsi souffrira dans le dernier verre une telle réfraction, qu'il en est réuni avec l'axe à une moindre distance que son foyer; et c'est précisément là qu'il faut placer l'œil, pour recevoir tous les rayons transmis par les verres, et y découvrir le plus grand champ.

IX. Par ce moyen on est en état de nous procurer un champ, dont le diametre est presque deux fois plus grand, que dans les lunettes astronomiques, du même grossissement. Ainsi par ces lunettes à quatre verres on obtient, outre l'avantage que les objets sont représentés debout, encore celui d'un plus grand champ; ce qui est d'une très grande conséquence.

X. Enfin il est possible de trouver un tel arrangement entre ces quatre verres, que sans porter aucune atteinte aux avantages, dont je viens de parler, les couleurs d'Iris s'évanouissent entierement et que les objets y sont représentés avec la plus grande netteté. Mais peu d'Artistes sont capables d'atteindre à ce degré de perfection.

le 10 Avril 1762

LETTRE CCXXIII

Après ces recherches sur la construction des lunettes, je dois rendre compte à V.A. de quelques précautions très nécessaires, qui quoiqu'elles ne regardent ni les verres mêmes, ni leur arrangement, ne laissent pas d'être de la plus grande importance, de sorte que si l'on ne les observe pas très soigneusement, la meilleure lunette devient tout-à-fait inutile. Il ne suffit pas d'arranger les verres de façon, que tous les rayons qui y tombent, soient transmis au travers de ces verres dans l'œil, il faut outre cela empêcher, que les rayons étrangers ne soient aussi transmis par la lunette, afin qu'ils ne troublent point la représentation. Pour cet effet il faut prendre les précautions suivantes.

I. D'abord les verres, dont une lunette est composée, doivent être enfermés dans un tuyau, afin que d'autres rayons, que ceux qui sont transmis par l'objectif, ne puissent parvenir aux autres verres. Pour cet effet le tuyau doit être partout bien fermé, afin qu'aucune lumiere n'y puisse entrer par quelque fente. Si par quelque accident il arrive, que les tuyaux soient percés d'un trou, la lumiere étrangere qui y entre, étoufferoit la représentation des objets.

II. Il est aussi fort important que l'intérieur du tuyau soit partout bien noirci, et même d'un noir très foncé, puisqu'on sait que la couleur noire ne réfléchit point de rayons, quelque forte que soit la lumiere qui y tombe. Aussi V.A. aura déjà observé, que les tuyaux de lunettes sont noircis en dedans. Une seule réflexion en fera voir la nécessité.

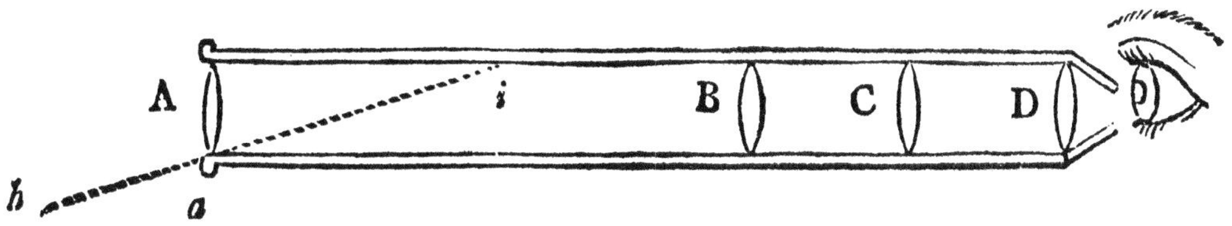

III. L'objectif ne transmet pas seulement les rayons des objets que la lunette nous représente, mais aussi ceux des côtés qui y entrent tout autour en grande abondance; tel est le rayon *ha* qui tombe en dedans sur la parois du tuyau en *i*, donc, si le tuyau étoit en dedans blanc ou d'une autre couleur il en seroit éclairé, et engendreroit par lui même de nouveaux rayons de lumiere, qui ne manqueroient pas de traverser les autres verres, et de troubler la vision en se mêlant avec les propres rayons des objets.

IV. Mais si l'intérieur du tuyau est teint d'un noir bien foncé, il ne s'y forme point de nouveaux rayons quelqu'éclairé qu'il puisse être. Cette noirceur est nécessaire par toute la longueur du tuyau, puisqu'il n'y a point de noir si foncé, qui étant éclairé n'engendre quelque foible lumiere, et ainsi quand même quelques rayons étrangers passeroient par le second verre *B*, le noir du tuyau suivant les éteindroit aisément tout-à-fait. On a aussi un noir brillant, dont il faut bien se garder de se servir.

V. Mais ordinairement cette précaution n'est pas encore suffisante, on est encore obligé de garnir l'intérieur du tuyau d'un ou de quelques diaphragmes percés d'un petit trou, pour d'autant mieux arrêter la fausse lumiere, mais il faut bien prendre garde, que ces diaphragmes n'excluent point les rayons des objets, que la lunette nous doit représenter.

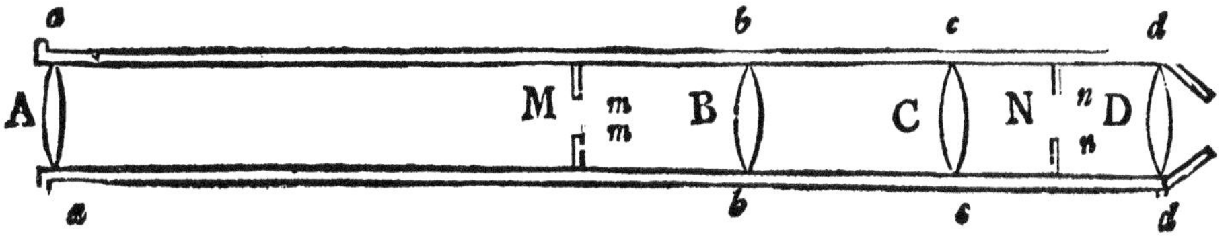

VI. Il faut voir, où les propres rayons des objets se trouvent le plus rétrécis dans le tuyau; or cela arrive dans le lieu où les images sont représentées dans le tuyau; puisque là tous les rayons sont réunis ensemble. Or le verre objectif *A* représente l'image dans son foyer en *M*, on n'a donc qu'à estimer la grandeur de cette image et y mettre un diaphragme dont le trou *mm* lui soit égal ou tant soit peu plus grand. Car si le trou étoit plus petit, que l'image, on perdroit sur le champ apparent, ce qui seroit un grand défaut.

VII. C'est donc ce qu'il y auroit à observer sur le diaphragme dans les lunettes astronomiques composées de deux verres convexes. Dans les lunettes terrestres il se trouvent deux images représentées dans le tuyau. Outre la premiere en *M* représentée par l'objectif dans son foyer et que le second verre *B* transporte à l'infini, le troisieme verre *C* représente encore une image dans son foyer *N* qui est debout, celle là étant renversée. C'est donc en *N* qu'il convient de placer encore un nouveau diaphragme percé d'un trou *nn* de la grandeur de l'image qui s'y trouve.

VIII. Ces diaphragmes avec le noir de l'intérieur du tuyau produisent aussi un très bon effet dans la netteté de l'apparition. Cependant il faut bien observer, que plus le champ que la lunette découvre, est grand, moins on pourra s'attendre à ces diaphragmes, puisqu'alors, les images deviennent plus grandes, de sorte que les trous des diaphragmes doivent être si grands, qu'ils ne sauroient plus arrêter les faux rayons. Mais alors il faut d'autant plus soigneusement bien noircir l'intérieur du tuyau, et le faire plus large, ce qui diminue beaucoup l'effet fâcheux, dont je viens de parler.

le 13 Avril 1762

LETTRE CCXXIV

Je ne doute pas que V.A. ne soit fort aise de se voir enfin délivrée de la sèche théorie des lunettes, qui n'a presque point d'autre agrément que celui de mener aux grandes découvertes, qu'on a faites par leur secours.

Qu'il est surprenant de voir les objets fort éloignés aussi bien, que s'ils nous étoient cent et plusieurs fois plus proches, surtout lorsqu'il nous est impossible de nous en approcher, comme cela arrive par rapport aux objets célestes! et V.A. tombera aisément d'accord, qu'à l'aide des lunettes on a dû découvrir dans les étoiles des choses bien merveilleuses.

A voir la lune cent fois plus proche qu'elle n'est effectivement, on y observera des inégalités très curieuses; comme des vallées et des hauteurs excessives qui ressemblent plutôt par leur régularité à des ouvrages construits à dessein, qu'à des montagnes. D'où l'on tire un argument bien fort, pour prouver que la lune est habitée par des créatures raisonnables; quoique la seule contemplation de la Toute-puissance jointe à la souveraine sagesse et bonté du créateur nous en fournisse de plus convaincans.

De la même maniere on a fait les plus importantes découvertes sur les planetes qui à la simple vue ne paroissent que comme des points lumineux, mais qui regardées à travers de bonnes lunettes ressemblent à la lune, et paroissent même encore beaucoup plus grandes.

Par rapport aux étoiles fixes, V.A. ne sera pas peu surprise, quand j'aurai l'honneur de l'assurer que même par la meilleure lunette, qui grossit plus que 200 fois, ces étoiles ne laissent pas de nous paroitre comme des points, et même encore plus petites qu'à la vue simple; ce qui est d'autant plus surprenant, qu'il est certain que la lunette nous les représente telles que nous les verrions, si nous en étions 200 fois plus près. N'en devroit on pas conclure que les lunettes perdent leur qualité à l'égard des étoiles fixes? mais cette pensée s'évanouit bientôt, quand on considere que les lunettes nous découvrent des millions de petites étoiles qui échapperoient entierement aux yeux sans leur secours. Aussi voyons nous les intervalles qui se trouvent entre les étoiles incomparablement plus grands; et deux étoiles qui à la vue simple, paroissent presque se toucher, n'ont besoin que d'être regardées à travers la lunette pour que l'on remarque entre elles une distance considérable, ce qui prouve suffisament l'effet de la lunette.

Mais quelle est donc la raison qui fait que les étoiles fixes ainsi regardées nous paroissent encore plus petites qu'à la vue simple? Pour répondre à cette question, je remarque d'abord qu'à la vue simple, les étoiles fixes nous paroissent plus grandes qu'elles ne devroient, et que cela vient d'une fausse lumiere qui s'y mêle, causée par leur éclat. En effet quand les rayons qui partent d'une étoile viennent en peindre l'image au fond de l'œil sur la rétine, nos nerfs n'en sont frappés que dans un point, mais par l'éclat de la lumiere, les nerfs voisins en sont aussi ébranlés, et produisent le même sentiment que l'on éprouveroit si l'image de l'objet dépeint sur la rétine, étoit beaucoup plus grande. Il en arrive autant, si nous regardons de nuit une lumiere fort éloignée. Elle nous paroit aussi beaucoup plus grande, et même plus, que si nous la voyons de près: cet aggrandissement n'est causé que par une fausse lueur. Or plus une lunette grossit, plus cet accident doit diminuer, tant parceque les rayons souffrent quelqu'affoiblissement, que parceque la véritable image sur le fond de l'œil devient plus grande: de sorte que ce n'est plus un seul point qui soutient toute l'impression des rayons. Donc quelques petites que nous paroissent les étoiles à travers une lunette, on peut prononcer hardiment qu'à la vue simple, elles nous paroitroient encore beaucoup plus petites, sans la fausse lumiere accidentelle, et cela autant de fois que la lunette grossit.

Delà il s'en suit que, puisque les étoiles fixes ne paroissent que comme des points, malgré qu'elles soient grossies 200 fois, leur éloignement doit être exorbitant. Il sera fort aisé à V.A. de comprendre comment on peut estimer cette distance. Le diametre du soleil nous paroit sous un angle de 32 minutes: donc si le soleil étoit 32 fois plus éloigné, il paroitroit sous un angle d'une minute, et ainsi encore beaucoup plus grand qu'une étoile vue par la lunette, dont le diametre n'excede pas deux secondes ou la 30e partie d'une minute. Il faudroit donc que le soleil fût encore 30 fois plus, c'est-à-dire 960 fois plus éloigné, avant qu'il ne nous parut pas plus grand qu'une étoile fixe observée avec le secours de la lunette. Or les étoiles sont 200 fois plus éloignées de nous que la lunette ne nous les représente, et conséquemment le soleil devroit être 200 fois 960, c'est-à-dire 192000 fois plus éloigné qu'il n'est avant qu'il ne nous parût plus grand qu'une étoile fixe. Par conséquent si les étoiles fixes étoient des corps aussi grands que le soleil, leurs distances seroient 192000 fois plus grandes que celle du soleil: si elles étoient encore plus grandes, leurs distances devroient être encore autant de fois plus grandes, et en les supposant même plusieurs fois plus petites, leurs distances devroient toujours être plus de mille fois plus grandes que celle du soleil. Or la distance du soleil est environ de 15000000 milles d'Allemagne.

V.A. ne pourra sans doute concevoir sans le plus grand étonnement cette distance prodigieuse des étoiles fixes et l'étendue entiere du monde. Quelle doit être la puissance de celui qui a créé cette immensité, et qui en est le maître absolu? Adorons-le avec la plus profonde soumission.

le 17 Avril 1762

LETTRE CCXXV

V.A. aura sans doute déjà remarqué que lorsque la lune se leve ou se couche, elle nous paroit beaucoup plus grande, que lorsqu'elle se trouve au haut du ciel: et tout le monde convient de ce phénomene. On fait la même observation par rapport au soleil. Cette apparence a toujours embarrassé les philosophes, et de quelque maniere qu'on l'envisage, on rencontre des difficultés presqu'insurmontables.

Il seroit sans doute ridicule de vouloir en conclure que le corps de la lune est en effet plus grand, lorsqu'elle paroit dans l'horizon que lorsqu'elle est plus élevée. Car outre qu'une telle pensée seroit absurde en elle même, il faut considérer que quand la lune nous paroit à l'horizon, elle paroit à d'autres habitans de la terre plus élevée et ainsi plus petite. Or il est certainement impossible que le même corps soit en même tems plus grand et aussi plus petit.

Une maniere presque aussi ridicule d'expliquer cet étrange phénomene, seroit de supposer que la lune nous fût alors plus proche lorsqu'elle nous paroitroit dans l'horizon, que quand elle seroit fort élevée, puisqu'il est certain que le même corps nous paroit d'autant plus grand qu'il est plus proche de nous, et V.A. sait que plus un même objet est éloigné de nous, plus il nous paroit petit. C'est précisément par cette raison que les étoiles nous paroissent si extrêmement petites, quoique leur véritable grandeur soit prodigieuse.

Mais toute probable que semble cette idée, elle ne sauroit avoir lieu. Il est plutôt certain que la lune est même un peu plus éloignée de nous, lorsqu'elle se leve ou se couche, que lorsqu'elle est plus élevée: en voici la démonstration.

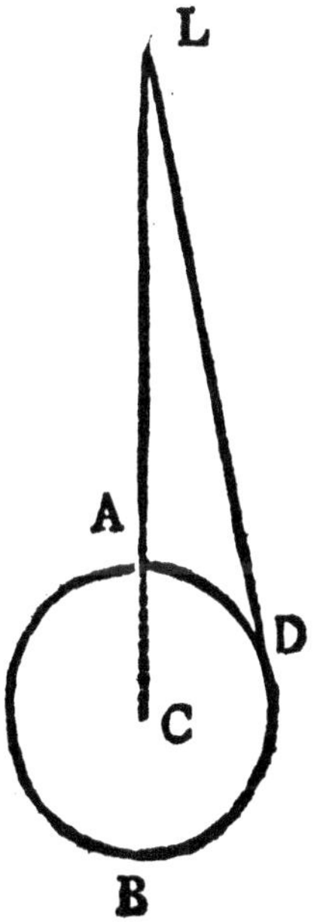

Soit le cercle ABD la terre, et que la lune se trouve en L. Cela posé un habitant en A verra la lune dans son zénith, ou au plus haut point du ciel. Or un autre habitant en D, où la ligne DL frise la surface de la terre, verra la lune en même tems dans son horizon, de sorte qu'en même tems la lune paroitra au spectateur A dans son zénith, et à l'autre spectateur D dans son horizon. Mais il est clair que la derniere distance DL est plus grande que la premiere AL, et par conséquent la lune est plus éloignée de ceux qui la voient à l'horizon, que de ceux qui la voient près de leur zénith. Delà il s'en suit ouvertement, que la lune étant vue à l'horizon devroit nous paroitre plus petite puisqu'elle est effectivement plus éloignée de nous, que lorsqu'elle est fort élevée. Il y a donc à s'étonner d'autant plus que nous observons précisément le contraire, et que la lune nous paroit même beaucoup plus grande, quand nous la voyons près de l'horizon, qu'au milieu du ciel.

Ainsi plus on approfondit ce phénomene, plus on le trouve étrange, et plus il mérite notre attention: puisqu'il est certain que la lune à l'horizon devroit nous paroitre plus petite, étant en effet plus éloignée, et que cependant tout le monde soutient unanimement que la lune paroit alors considérablement plus grande. Cette contradiction est évidente, et semble même renverser tous les principes établis dans l'optique, qui néanmoins sont aussi bien démontrés que ceux de la géometrie.

Je crois avoir mis dans tout son jour l'embarras où nous nous trouvons à cet égard, pour faire d'autant mieux sentir à V.A. l'importance du véritable dénouement de cette grande difficulté. D'abord sans entrer dans l'examen de ce jugement général de tous les hommes sur la prodigieuse grandeur de la lune dans l'horizon, je m'arrêterai à la question principale: s'il est aussi vrai que la lune étant proche de l'horizon, nous paroit effectivement plus grande?

V.A. sait qu'on a des moyens très surs de mesurer exactement les diametres des corps célestes, en assignant le nombre des degrés et des minutes qu'ils occupent dans le ciel: ou ce qui revient au même, en mesurant, l'angle

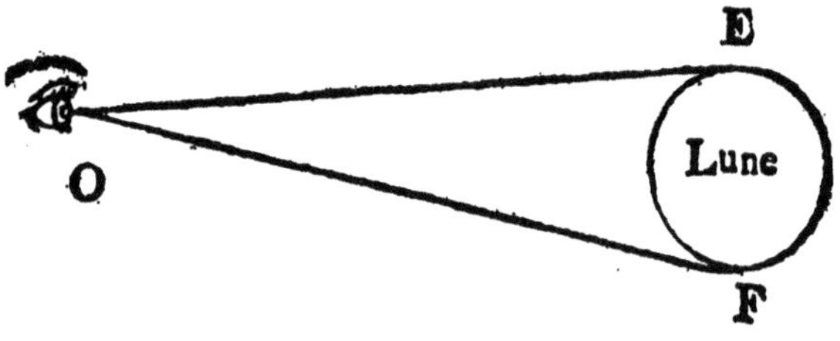

EOF que forment les lignes *EO* et *FO* tirées des bouts opposés de la lune, à l'œil du spectateur *O*: et cet angle *EOF* est ce qu'on nomme le diametre apparent de la lune. On a aussi des instrumens très propres à déterminer exactement cet angle; or quand on s'en sert pour mesurer le diametre de la lune, d'abord à son lever et ensuite lorsqu'elle est montée bien haut dans le ciel, on trouve effectivement son diametre un peu plus petit dans le premier cas que dans l'autre, tout comme l'inégalité des distances l'exige. Sur cet article il n'y a aucun doute à former; mais par la même raison notre difficulté au lieu de diminuer, augmente plutôt, et l'on demandera avec d'autant plus d'empressement, pourquoi donc tout le monde juge-t-il la lune à son lever et à son coucher plus grande, nonobstant que son diametre apparent est alors effectivement plus petit? et quelle est la raison de cet éblouissement général auquel tous les hommes, sans en excepter aucun, sont assujettis? L'Astronome qui sait parfaitement bien que le diametre apparent de la lune est alors plus petit, en est la dupe aussi bien que le paysan le plus ignorant.

le 20 Avril 1762

LETTRE CCXXVI

V.A. n'auroit pas cru que la simple apparition de la lune fût assujettie à tant de difficultés; mais j'espere les applanir toutes par les réflexions suivantes.

I. D'abord il n'est pas étonnant, que notre jugement sur la grandeur des objets ne soit pas d'accord avec l'angle visuel sous lequel nous les voyons:

l'expérience journaliere nous en fournit assez de preuves. Par exemple un chat devant moi se présente sous un angle plus grand qu'un bœuf à la distance de 100 pas. Cependant je ne m'aviserai pas de juger le chat plus grand que le bœuf: et V.A. se souviendra encore que notre jugement sur la grandeur des choses est toujours très intimement lié avec celui de la distance; de sorte que si nous nous trompons dans l'estime de la distance, notre jugement sur la grandeur en devient nécessairement faux.

II. Pour mieux éclaircir ceci, il arrive quelque fois qu'une mouche passant subitement devant nos yeux, sans que nous y pensions, si notre vue est fixée sur des objets éloignés, nous imaginons d'abord que la mouche est fort éloignée de nous, et puisqu'elle nous paroit sous un angle assez considérable, nous la prenons au premier instant pour une aigle ou un autre gros oiseau qui dans l'éloignement nous paroitroit sous le même angle. Il est donc incontestablement certain que notre jugement sur la grandeur des objets ne se regle point sur l'angle visuel, sous lequel ils sont vus, et qu'il y a une très grande différence entre la grandeur apparente des objets et la grandeur jugée ou estimée: la premiere se regle sur l'angle visuel, mais l'autre dépend de la distance, à laquelle nous jugeons que les objets sont éloignés.

III. Pour profiter de cette remarque, j'observe d'abord que nous ne devrions pas dire, que nous voyons la lune plus grande à l'horizon, qu'à quelque hauteur considérable. Cela est absolument faux, et nous la voyons même tant soit peu plus petite. Mais pour parler exactement, il faut dire que nous jugeons et estimons la lune plus grande, lorsqu'elle se trouve dans l'horizon: et cela est vrai au pied de la lettre, du consentement unanime de tout le monde. Cette remarque suffit pour dissiper la contradiction rapportée ci-dessus; et rien n'empêche que la lune à son lever ou à son coucher ne puisse être jugée ou estimée plus grande, quoiqu'elle soit vue sous un angle plus petit.

IV. Il ne s'agit donc plus d'expliquer pourquoi nous voyons la lune plus grande à l'horizon? ce qui seroit sans doute impossible, attendu qu'elle nous paroit effectivement plus petite, comme on peut le prouver par la mesure de l'angle visuel. Mais toute la difficulté se réduit maintenant à cette question: pourquoi jugeons-nous ou estimons-nous alors la lune plus grande? ou bien il faut rendre raison de cette estime bizarre. La chose n'est plus surprenante en elle même, puisque nous connoissons mille cas, où nous jugeons des objets fort grands, malgré que nous les voyons sous de très petits angles.

V. Or il n'est plus difficile de répondre à cette question. Nous n'avons qu'à dire, que lorsque la lune se leve ou se couche, nous la jugeons plus éloignée de nous, que lorsqu'elle est montée à une certaine hauteur. Dès qu'on convient de cette estime, quelle qu'en puisse être la cause, il s'en suit nécessairement que nous devons aussi juger la lune d'autant plus grande. Car toujours, plus nous estimons éloigné un objet, plus nous l'estimons grand, et cela précisément dans le même rapport. Dès que je m'imagine par quelqu'illusion que ce soit, que la mouche qui passe devant mes yeux se trouve à la distance de 100 pas, je suis obligé, presque malgré moi, de la juger autant de fois plus grande que 100 pas surpassent la véritable distance de la mouche à mes yeux.

VI. Nous voilà donc réduits à une nouvelle question: pourquoi estimons nous la lune plus éloignée de nous, lorsqu'elle se trouve dans l'horizon? et pourquoi cette illusion est-elle si générale, que personne n'en est exempt? car c'est une illusion bien étrange de s'imaginer que la lune soit alors beaucoup plus éloignée de nous. Il est bien vrai qu'alors la lune est en effet un peu plus éloignée, comme je l'ai fait voir dans ma lettre précédente, mais la différence est si petite qu'elle ne sauroit être sensible. Outre cela le soleil, quoiqu'il soit 100 fois plus éloigné que la lune, ne nous paroit pas plus éloigné, et notre vue rapporte même les étoiles fixes presqu'à la même distance.

VII. Ainsi quoique la lune étant à l'horizon soit effectivement un peu plus éloignée, cette circonstance n'entre pour rien dans la question présente, et cette estime universelle par laquelle tout le monde juge alors la lune plus éloignée, qu'elle ne l'est réellement, doit être fondée sur des raisons tout-à-fait différentes, capables d'éblouir tout le monde. Car puisque cette estime est indubitablement fausse, il faut que les raisons qui nous y déterminent, soient bien frappantes.

VIII. Pour expliquer ce phénomene, pourquoi nous estimons la lune plus éloignée en la voyant dans l'horizon, plusieurs philosophes ont soutenu que la raison en étoit, parceque nous découvrons alors beaucoup d'objets entre nous et la lune, comme des villes, des villages, des forets et des montagnes, ce qui est cause, selon eux, que la lune nous paroit alors beaucoup plus éloignée; au lieu que lorsqu'elle est fort élevée, nous n'observons aucun corps entre nous et elle, et ainsi disent-ils, elle doit nous paroitre plus proche. Mais cette explication quelqu'ingénieuse qu'elle semble au premier coup d'œil, ne sauroit être admise. On n'a qu'à regarder la lune dans l'horizon par quelque trou qui nous cache les objets intermédiaires; elle ne laisse pas de nous paroitre plus grande. Outre cela il n'est pas vrai non plus que nous estimions toujours plus éloignés, les objets, entre lesquels nous découvrons plusieurs autres corps. Une grande salle, par exemple, tout-à-fait vuide nous paroit ordinairement plus étendue, que si elle est remplie de monde, malgré la quantité d'objets que nous voyons alors entre nous et les murailles.

le 24 Avril 1762

LETTRE CCXXVII

Nous voilà donc encore fort éloignés de l'explication de cette illusion universelle par laquelle tous les hommes, sans en excepter aucun, jugent la lune beaucoup plus grande lorsqu'elle paroit dans l'horizon, que lorsqu'elle est fort élevée. J'ai déjà remarqué que ce phénomene est d'autant plus bizarre, que le diametre apparent de la lune est alors même tant soit peu plus petit: de sorte qu'on devroit dire que nous ne voyons pas alors la lune plus grande, mais que nous la jugeons plus grande.

Aussi ai-je observé que très souvent notre jugement differe beaucoup de la vision même. Nous ne laissons pas, par exemple, de juger un cheval éloigné de 100 pas plus grand qu'un chien à la distance d'un pas; quoique la grandeur apparente du chien soit sans contredit plus grande, ou bien ce qui revient au même, quoiqu'au fond de l'œil l'image du chien qui y est dépeinte, soit plus grande que celle du cheval. Dans ces cas notre jugement a égard à la distance, et comme nous jugeons le cheval beaucoup plus éloigné que le chien, c'est la véritable raison pour laquelle nous le jugeons aussi plus grand.

Il est donc très vraisemblable qu'une pareille circonstance a lieu dans la vision de la lune, et que nous jugeons la lune dans l'horizon, plus éloignée que lorsqu'elle est fort élevée. Dans l'exemple du cheval, ce jugement de la distance étoit fondé sur la vérité, mais ici, comme il est absolument faux, c'est une illusion fort étrange qui doit pourtant avoir un certain fondement, puisque tout le monde en convient, et qu'on ne sauroit l'attribuer à un pur caprice. Quel sera ce fondement? c'est de quoi je vais entretenir V.A.

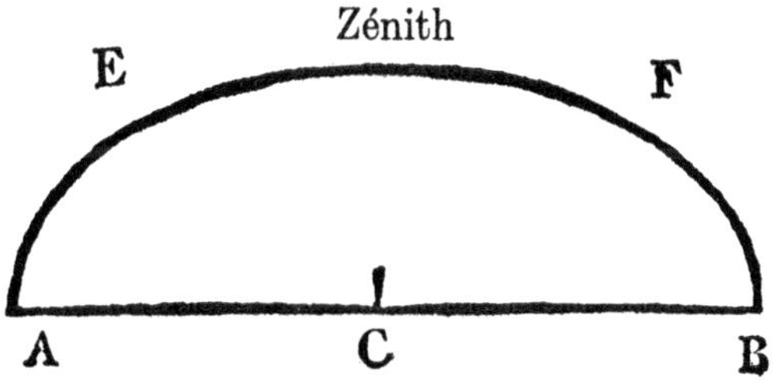

I. D'abord tout le monde se représente le bleu du ciel comme une voute applatie dont le sommet nous est beaucoup plus proche, que le bas où elle se confond avec l'horizon. Ainsi, un homme placé sur une plaine AB qui s'étend aussi loin que sa vue, apperçoit la voute du ciel, qu'on nomme communément firmament, sous la figure $AEFB$, où les distances CA et CB sont beaucoup plus grandes que celle du Zénith à C.

II. Cette idée est aussi, sans contredit, une illusion fort grossiere, puisqu'il n'y a rien au dessus de nous qui soit borné ou fermé par une telle voute. Tout y est plutôt vuide, et l'étendue de ce vuide est immense, puisqu'il va jusqu'aux étoiles fixes les plus éloignées, dont la distance surpasse toute la force de notre imagination. Que V.A. me pardonne ce mot *Vuide*, dont je me sers pour l'opposer aux corps grossiers terrestres. Car en effet près de la terre c'est notre atmosphere qui occupe l'espace, et plus loin c'est cette matiere beaucoup plus subtile, qu'on nomme *l'Ether*.

III. Cependant quelqu'imaginaire que soit en elle même cette voute, elle est très réelle dans notre imagination, et tous les hommes, les savans aussi bien que les idiots, sont également dupes sur cet article-là. C'est presqu'à la surface de cette voute que nous nous représentons le soleil et la lune avec toutes les étoiles, comme si c'étoient des clous brillans qui y fussent attachés, et malgré la connoissance que nous avons du contraire, nous ne saurions nous empêcher de nous livrer à cette fausse illusion.

IV. Cela posé, lorsque la lune se trouve à l'horizon, nous la rapportons dans notre imagination au point A ou B de la dite voute imaginaire, et c'est par là que nous estimons alors sa distance d'autant plus grande, que nous jugeons être la ligne CA ou CB plus grande que CZ. Mais quand la lune en montant s'approche du Zénith, nous l'estimons s'approcher de nous: et si elle atteignoit le Zénith, nous jugerions alors sa distance la plus petite.

V. Cette illusion sur la distance entraine nécessairement l'autre sur la grandeur. Puisque la lune étant rapportée en A nous paroit beaucoup plus éloignée de C, que si elle étoit dans le Zénith, nous sommes en quelque maniere forcés d'en conclure que la lune même est d'autant plus grande; et cela dans la même raison que la distance CA nous paroit surpasser la distance CZ. Peut-être que tous les hommes ne seront pas trop d'accord sur cette proportion; l'un dira que la lune à l'horizon lui paroit deux fois plus grande, un autre trois fois, et la plupart se déclareront pour quelque milieu entre deux et trois; mais pour la chose même, tous se réuniront.

VI. A cette occasion il sera à propos de remettre sous les yeux de V.A. la démonstration de cette conséquence: comment le jugement de la grandeur est une suite nécessaire de l'estime de la distance.

Quand la lune est près de l'horizon, nous la voyons sous un certain angle, lequel soit MCA, le spectateur étant en C: et quand elle est fort élevée, soit NCD l'angle sous lequel nous la voyons. Or il est très certain que ces deux angles MCA et NCD sont bien à peu près égaux entr'eux, la différence étant insensible.

VII. Mais dans le premier cas, puisque nous estimons la lune beaucoup plus éloignée, en la rapportant à la voute imaginaire décrite ci-dessus, soit la ligne *CA* [1]) cette distance imaginaire de la lune, et de là il s'ensuit que nous estimons le diametre de la lune égal à la ligne *MA*. Mais dans l'autre cas la distance de la lune *CD* nous paroit beaucoup plus petite, et par conséquent, puisque l'angle *NCD* est égal à *MCA*, la grandeur estimée *DN* sera aussi beaucoup plus petite que *AM*.

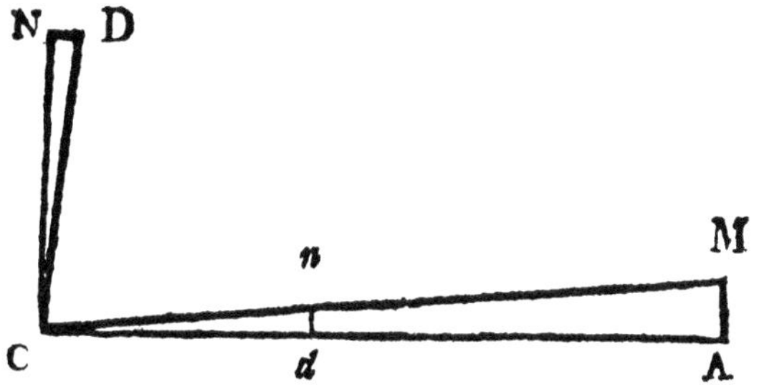

VIII. Pour ne laisser sur ceci aucun doute, on n'a qu'à couper les lignes *Cd*, *Cn* égales aux lignes *CD* et *CN* et puisque dans les deux triangles *Cdn* et *CDN* les angles en *C* sont égaux, les triangles mêmes le sont aussi, et par conséquent la ligne *DN* sera égale à *dn*; or *dn* est visiblement plus petite que *AM* et cela autant de fois que la distance *cd* ou *CD* est plus petite que *CA*. V.A. comprend donc clairement la raison qui nous fait estimer la lune à l'horizon plus grande que près du Zénith.

le 27 Avril 1762

LETTRE CCXXVIII

V.A. me reprochera sans doute, que je viens d'expliquer une illusion par une autre qui n'est pas moins bizarre: Elle m'objectera que la voute imaginaire du ciel est aussi inconcevable que l'aggrandissement apparent de la lune et des autres astres près de l'horizon. Cette objection n'est que trop bien fondée, et il est de mon devoir d'expliquer à V.A. la véritable raison de ce que le ciel nous paroit sous la forme d'une voute applatie par le haut. Je vais tâcher de m'en acquitter par les réflexions suivantes.

I. Pour rendre raison de cette voute imaginaire, on est obligé de dire que cela vient, de ce que les objets célestes, que nous voyons près de l'horizon, nous paroissent plus éloignés que ceux que nous voyons près du Zénith; et c'est sans doute une pétition de principe très formelle, que les logiciens ont droit de rejetter, comme un vice insupportable dans nos raisonnemens. En effet après avoir dit plus haut que la voute imaginaire du ciel est la cause qui nous fait paroitre la lune à l'horizon plus éloignée que près du Zénith, il seroit

1) Edition originale: soit à la ligne *CA*. Corrigé par A.S.

à présent ridicule de dire, que ce qui nous fait imaginer cette voute, est que les objets horizontaux nous paroissent plus éloignés que les verticaux.

II. Il n'étoit cependant pas inutile de parler de cette voute imaginaire, quoique nous n'en soyons pas plus avancés pour cela: et quand j'aurai expliqué pourquoi les objets célestes nous paroissent plus éloignés lorsque nous les voyons près de l'horizon, V.A. comprendra en même tems la raison de cette double illusion universelle, dont l'une est l'aggrandissement apparent des astres dans l'horizon, et l'autre la voute applatie du ciel.

III. Tout revient donc à expliquer, pourquoi les objets célestes vus à l'horizon nous paroissent plus éloignés que lorsqu'ils se trouvent à quelque hauteur considérable: je dis maintenant que la raison en est, parceque ces objets nous paroissent moins brillans: ce qui m'impose une double tâche, qui est de montrer, pourquoi ces objets brillent avec moins d'éclat vers l'horizon: et ensuite d'expliquer comme cette circonstance entraine nécessairement le jugement d'une plus grande distance. J'espere remplir l'une et l'autre à la satisfaction de V.A.

IV. D'abord le phénomene lui même ne sauroit être révoqué en doute. Quelque grand que soit l'éclat du soleil vers midi, de sorte que personne ne sauroit y diriger ses yeux, V.A. sait que le matin et le soir lorsque le soleil se leve ou se couche, on peut le regarder sans risque d'en avoir la vue incommodée; et la même chose arrive par rapport à la lune et à toutes les étoiles, dont l'éclat est extrêmement affoibli dans le voisinage de l'horizon. Aussi ne voit-on pas même les plus petites étoiles quand elles ne sont qu'un peu élevées au dessus de l'horizon, pendant qu'on les voit assez distinctement lorsqu'elles sont parvenues à quelque hauteur considérable.

V. Ce fait étant suffisamment constaté, il s'agit de découvrir la cause de cet affoiblissement de lumiere. Il est assez clair que nous ne saurions la chercher que dans la nature de notre atmosphere, ou de l'air qui environne la terre, en tant qu'il n'est pas parfaitement transparent. Car si l'air étoit parfaitement transparent, de sorte que tous les rayons y fussent transmis sans souffrir aucune diminution, il n'y a aucun doute que les étoiles devroient toujours briller avec le même éclat, en quelque lieu du ciel qu'elles se trouvassent.

VI. Or l'air, outre qu'il est une matiere beaucoup moins déliée et moins subtile que l'éther, dont la transparence est parfaite, est aussi toujours chargé de particules hétérogenes qui s'y élevent de la terre, comme les exhalaisons et les vapeurs, et qui sont nuisibles à sa transparence: en sorte que si quelque rayon rencontre une telle particule, il en est intercepté et presqu'éteint. Aussi il est évident que plus l'air est chargé de ces particules qui sont des obstacles à la transmission de la lumiere, plus les rayons doivent s'y perdre et V.A. sait qu'un brouillard fort épais dépouille l'air presque de toute sa transparence; de sorte que souvent on ne sauroit plus distinguer les objets à la distance de trois pas.

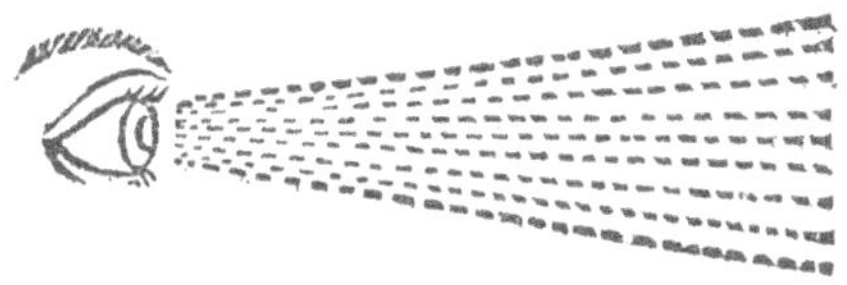

VII. Que les points marqués dans cette figure représentent de telles parcelles parsemées dans l'air, dont le nombre est tantôt plus, tantôt moins grand, selon que l'air est plus ou moins serein. Il est donc évident que plusieurs rayons qui traversent cet espace doivent se perdre, et que la perte sera d'autant plus grande, que le trajet qu'ils ont à parcourir par cet air, sera grand. Ainsi nous voyons que dans un brouillard, les objets éloignés deviennent invisibles, pendant que ceux qui sont fort près de l'œil sont encore apperçus; la raison en est parceque les rayons des premiers rencontrent dans leur chemin un plus grand nombre de parcelles qui les arrêtent.

VIII. Delà il faut conclure que, plus le trajet que les rayons des astres ont à faire dans l'atmosphere pour parvenir à nos yeux est long, plus leur perte ou affoiblissement doit en devenir considérable. V.A. n'aura plus là dessus le moindre doute. Il reste donc simplement à prouver que les rayons des étoiles, que nous voyons près de notre horizon, ont un chemin beaucoup plus long à parcourir dans notre atmosphere, que lorsqu'elles se trouvent plus près de notre zénith. Par là V.A. comprendra la véritable raison, pourquoi les astres près de l'horizon à leur lever et à leur coucher, paroissent beaucoup moins brillants. Ce sera le sujet de ma lettre prochaine.

le 1er Mai 1762

LETTRE CCXXIX

Peut-être ce que je viens d'avancer, que les rayons des astres qui se trouvent à l'horizon ont un chemin plus long à parcourir dans notre atmosphere, paroitra bien paradoxe à V.A. attendu que l'atmosphere s'étend partout à la même hauteur, de sorte qu'en quelque lieu que se trouve une étoile, ses rayons doivent toujours pénétrer par toute sa hauteur avant que de parvenir à nos yeux. Mais j'espere que les réflexions suivantes dissiperont tous les doutes.

I. D'abord il faut se former une juste idée de l'atmosphere qui environne la terre. Pour cet effet le cercle interieur $ABCD$ représente la terre même, et l'extérieur ponctué $abcd$ termine l'atmosphere. Il faut remarquer que par-

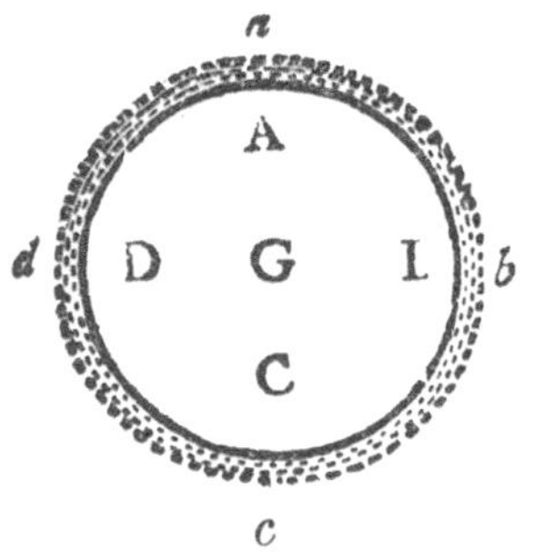

tout à mesure que l'air s'éleve au dessus de la surface de la terre, il devient de plus en plus subtil et rare: de sorte qu'il se perd enfin insensiblement avec l'éther qui remplit tous les espaces célestes.

II. L'air le plus grossier, celui qui est le plus chargé des parcelles qui éteignent les rayons de lumiere, se trouve partout en bas près de la surface de la terre. Delà en montant il devient de plus en plus rare, et ainsi moins nuisible à la lumiere; et à la hauteur d'un Mille d'allemagne il est déjà si subtil qu'il n'y sauroit plus causer de perte sensible à la lumiere. On peut donc fixer la distance entre le cercle intérieur et l'extérieur environ d'un Mille d'allemagne, tandis que le demi diametre de la terre même en contient environ 860: de sorte que la hauteur de l'atmosphere est fort peu de chose par rapport à la grandeur du globe de la terre.

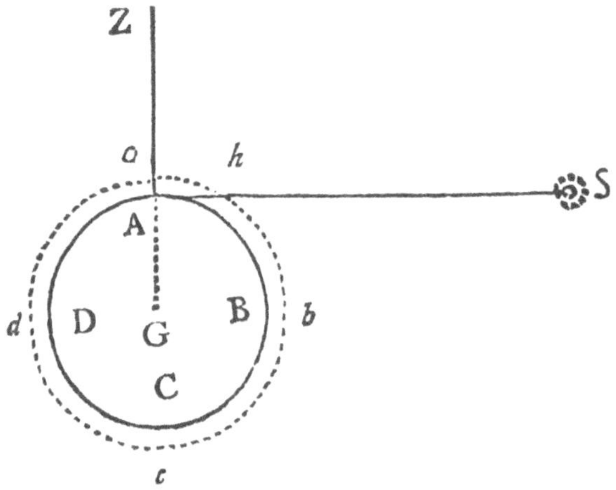

III. Considérons maintenant un spectateur en A sur la surface de la terre; et tirant du centre de la terre G par A la ligne GZ elle sera dirigée vers le Zénith de notre spectateur. La ligne AS, qui y est perpendiculaire et qui touche la terre, sera pour le spectateur horizontale. Conséquemment, une étoile en Z sera vue dans le Zénith ou au sommet du ciel, or une étoile en S paroitra dans l'horizon à son lever ou à son coucher. Rien n'empêche que nous ne regardions l'une et l'autre étoile comme infiniment éloignée de la terre, quoique je n'aie pu l'exprimer dans la figure.

IV. A présent V.A. n'a qu'à jetter les yeux sur la figure, pour voir que les rayons partant de S ont un trajet beaucoup plus long à faire dans l'atmosphere, que ceux de l'étoile Z, avant d'atteindre le spectateur en A. Les rayons de l'étoile Z ont seulement à traverser la hauteur de l'atmosphere aA qui est environ d'un Mille, au lieu que les rayons de l'étoile S doivent parcourir tout le chemin hA qui est visiblement beaucoup plus long; et si la figure pouvoit mieux répondre à la vérité, de sorte que le rayon GA fût 860 fois plus long que la hauteur Aa, on verroit que la distance Ah surpasseroit 40 Milles.

V. Aussi est il bon de remarquer que les rayons de l'étoile Z n'ont qu'un très petit espace à parcourir par la basse atmosphere, qui est la plus chargée de vapeurs, au lieu que les rayons de l'étoile S ont un trajet très considérable à faire par cette partie basse de l'atmosphere, et sont obligés presque de ramper, pour ainsi dire, sur la surface de la terre. D'où il est très naturel de conclure que les rayons de l'étoile en Z ne souffrent presqu'aucun affoiblissement, tandis que ceux de l'étoile S doivent être presqu'éteints à cause du grand trajet qu'ils ont à parcourir dans l'air grossier.

VI. Il est donc incontestablement prouvé, que les astres que nous voyons à l'horizon doivent paroitre avec un éclat extrêmement affoibli. Maintenant V.A. comprendra fort aisément pourquoi nous pouvons fixer les yeux sur le soleil levant ou couchant, sans qu'ils en soient incommodés, au lieu qu'à midi, lorsque le soleil est haut, son éclat nous est insupportable. Or c'est le premier article que je m'étois proposé de démontrer: il ne me reste actuellement qu'à prouver l'autre: savoir que le même affoiblissement de lumiere nous force presqu'à nous imaginer comme si les corps célestes étoient alors beaucoup plus éloignés de nous, que si nous les voyons dans leur plein éclat.

VII. Or il en faut chercher la raison dans les objets terrestres que nous voyons tous les jours, et sur la distance desquels nous formons un jugement. Mais par la même raison que les rayons en passant par l'air, souffrent quelqu'affoiblissement, il est clair que plus un objet est éloigné de nous, plus il perd de sa clarté ou plus il nous paroit obscur. Ainsi une montagne fort éloignée nous paroit très sombre, mais si au contraire nous nous en approchons assez, nous y distinguons facilement les arbres, ce qui n'est pas possible dans un grand éloignement.

VIII. Cette observation si générale qui ne nous trompe jamais dans les objets terrestres, a produit en nous depuis notre premiere jeunesse ce principe fondamental par lequel nous jugeons tous les objets d'autant plus éloignés, que les rayons qui nous en viennent ont été affoiblis. C'est donc en vertu de ce principe que nous estimons la lune à son lever ou à son coucher beaucoup plus éloignée de nous, que quand elle a déjà atteint une hauteur considérable; et par cette même raison nous la jugeons aussi d'autant plus grande. Je me flatte que V.A. trouvera ces raisons parfaitement bien fondées, et ce phénomene bizarre aussi bien éclairci qu'il est possible.

le 4 Mai 1762

LETTRE CCXXX

Le principe de notre imagination, par le quel je viens d'expliquer ce phénomene tout-à-fait bizarre, qui nous fait estimer la lune beaucoup plus grande près de l'horizon qu'au milieu du ciel, ce principe, dis-je, est tellement enraciné dans notre esprit, qu'il est la source de mille autres illusions, dont je me contenterai de mettre quelques unes sous les yeux de V.A.

Depuis notre jeunesse, nous nous sentons entrainés comme malgré nous, à juger les objets d'autant plus éloignés, que leur éclat est affoibli: et d'un autre côté les objets fort brillans nous paroissent plus proche, qu'ils ne le sont. Cette illusion ne vient sans doute que d'une imagination peu reglée, qui nous mene très souvent à faux. Néanmoins elle nous est si naturelle et en même tems, elle est si universelle qu'il n'y a personne qui soit le maître de s'en garantir, quoique l'erreur, où elle nous précipite, soit souvent très manifeste, comme j'ai eu l'honneur de le faire remarquer à V.A. par rapport à la lune: mais nous sommes également trompés en quantité d'autres occasions, dont je vais développer quelques unes.

I. C'est une illusion fort connue, que de nuit le feu d'un incendie nous paroit beaucoup plus proche qu'il n'est effectivement. La raison en est bien claire: c'est que le feu brille avec un très grand éclat, et selon le principe établi de notre imagination nous l'estimons toujours plus près qu'il n'est.

II. De la même maniere, une grande salle dont les parois sont bien blanchies, nous paroit toujours moins grande. V.A. sait que la couleur blanche est la plus brillante: donc nous estimons les murailles de cette salle trop proches de nous, et par conséquent l'étendue apparente de la salle en est diminuée.

III. Or dans une salle dont les murailles sont couvertes de drap noir, comme c'est l'usage dans les grands deuils, nous éprouvons un effet entierement contraire. Alors une telle chambre nous paroit beaucoup plus spacieuse qu'elle n'est effectivement: le noir est sans doute la couleur la plus sombre, attendu qu'elle ne renvoie presqu'aucune lumiere dans nos yeux; et par cette raison, il nous semble que les parois noires sont beaucoup plus éloignées de nous qu'elles ne le sont en effet. Ainsi qu'on couvre de toile noire les murailles d'une chambre, elle paroitra plus grande; et au contraire qu'on les fasse bien blanchir, la chambre paroitra plus petite.

IV. Mais ce sont les peintres qui savent le mieux profiter de cette illusion si naturelle et si commune à tous les hommes. V.A. sait que le même tableau nous représente des objets, dont quelques uns nous paroissent extrêmement éloignés, pendant que d'autres nous semblent fort proches; et c'est en quoi consiste la plus grande ressource d'un habile peintre. Il est sans doute bien surprenant que, malgré que nous sachions très certainement que toutes les représentations d'un tableau sont exprimées sur la même surface, et ainsi à peu près à une égale distance de nos yeux, nous n'en soyons pas moins trompés et que nous jugions les unes fort loin, les autres fort près. On attribue communément cette illusion à un adroit mêlange de lumiere et d'ombre, lequel fournit sans doute aux peintres les plus grands secours. Mais V.A. n'a qu'à considérer un tel tableau, pour s'appercevoir que les objets qui doivent nous paroitre fort éloignés, sont exprimés très foiblement et assez indistinctement. Ainsi quand nous portons notre vue sur des objets fort éloignés, nous appercevons bien, par exemple des personnes en gros, mais sans que nous puissions en distinguer les yeux, ni le nez, ni la bouche; et c'est conformément à cette apparence que le peintre représente ces objets. Quant à ceux que nous devons estimer fort près de nous, le peintre leur donne les plus vives couleurs, et prend la peine d'y exprimer soigneusement toutes les minuties. Si ce sont des personnes, nous y distinguons les moindres linéamens du visage, les plis de l'habit, etc.; alors une telle représentation semble pour ainsi dire sortir hors du tableau, tandis que d'autres y paroissent enfoncées et reculées fort loin.

V. C'est donc uniquement sur cette illusion que tout l'art de la peinture est fondé. Si nous étions accoutumés à juger selon la vérité, cet art tout entier ne sauroit plus avoir lieu, non plus que si nous étions aveugles. Le peintre auroit beau faire valoir toute son adresse dans le mélange des couleurs, nous dirions, voilà sur cette table, ici une tache rouge, là une bleue, ici un trait noir, là quelques lignes blanchâtres: tout se trouve sur la même surface, il n'y a nulle part ni enfoncement, ni élévation, et ainsi aucun objet réel ne sauroit être représenté de cette maniere: on ne sauroit alors le regarder autrement que comme on regarde une écriture sur le papier et l'on se fatigueroit peut être inutilement à vouloir deviner la signification de toutes les taches diversement colorées. Dans un tel état de perfection, ne serions nous pas aussi fort à plaindre d'être privés des plaisirs que nous procure tous les jours un art à la fois si amusant et si instructif.

le 8 Mai 1762

LETTRE CCXXXI

V.A. vient de comprendre la cause de cette illusion par laquelle la lune, aussi bien que le soleil, nous paroit beaucoup plus grande dans l'horizon, qu'à une hauteur considérable; c'est parce que nous estimons alors ces corps plus éloignés de nous, et la raison de cette estime est fondée sur ce que leur lumiere souffre alors un affoiblissement considérable, par le long trajet qu'elle doit faire à travers l'atmosphere dans la basse région qui est la plus chargée de vapeurs et d'autres exhalaisons qui diminuent la transparence. C'est à quoi se réduisent toutes les réflexions que j'ai eu l'honneur de proposer à V.A. sur ce sujet.

Cette qualité de l'air qui en diminue la transparence, pourroit être regardée comme un défaut au premier coup d'œil: Mais si nous en considérons les suites, nous trouvons que bien loin que ce soit un défaut, nous devons plutôt y reconnoitre la sagesse et la bonté infinie du créateur. C'est d'abord à cette impureté de l'air que nous sommes redevables de ce spectacle merveilleux et ravissant que nous offre le bleu du ciel. Car les particules opaques qui arrêtent les rayons de lumiere, en sont éclairées, et nous renvoient ensuite leurs propres rayons produits dans leur surface, par un trémoussement violent, tout comme il arrive dans tous les corps opaques. Or le nombre de vibrations qu'elles reçoivent est tel qu'il nous représente le plus beau bleu. Cette circonstance mérite bien que je la développe clairement.

I. D'abord j'observe que ces particules sont extrêmement petites et fort éloignées entre elles, outre qu'elles sont très déliées, et presque tout-à-fait transparentes. Delà vient que chacune séparément n'est pas absolument perceptible, et à moins qu'un très grand nombre de ces particules n'envoie ses rayons à la fois et presque selon la même direction dans nos yeux, nous ne saurions en être affectés. Il faut donc que les rayons de plusieurs se réunissent, pour qu'ils excitent une sensation.

II. Delà il suit clairement que celles de ces particules qui nous sont proches échappent à nos sens, puisqu'il faut les considérer comme des points rarement dispersés par la masse de l'air.

Mais celles qui sont fort éloignées de l'œil, comme les points *a*, *b*, *c*, réunissent dans l'œil presque selon la même direction, leurs rayons, qui par là, deviennent assez forts pour frapper notre vue, surtout quand on considere que de semblables particules plus éloignées e, f, g, h, ainsi que d'autres plus voisines, concourent à produire cet effet.

III. La couleur bleue que nous voyons dans le ciel, lorsqu'il est serein, n'est donc autre chose que le résultat de toutes ces particules dispersées dans l'atmosphere, et principalement de celles qui sont fort éloignées de nous; et ainsi on peut bien dire que toutes ces particules sont bleues de leur nature, mais d'un bleu extrêmement clair, qui ne devient assez foncé et sensible, que lorsqu'elles sont en très grand nombre, et qu'elles joignent ensemble leurs rayons selon la même direction.

IV. L'art peut produire un effet semblable. On n'a qu'à dissoudre une petite quantité d'indigo dans une grande quantité d'eau; alors en laissant tomber cette eau par gouttes, on n'y remarque par la moindre teinture, et si l'on en verse dans un petit gobelet, on n'y verra qu'une couleur bleuâtre très foible. Mais si l'on en remplit un grand vaisseau, et qu'on le regarde de loin, on y observe un bleu très foncé. La même expérience peut se faire aussi avec d'autres couleurs. C'est ainsi que le vin de bourgogne en très petite quantité paroit à peine un peu rougeâtre, et que si l'on regarde une grande phiole qui en soit remplie, la couleur rouge paroitra bien foncée.

V. Toute eau, lorsqu'un grand et profond bassin en est rempli, paroit toujours avoir une certaine couleur, quoiqu'une petite quantité soit tout-à-fait claire et limpide. Ordinairement cette couleur est verdâtre plus ou moins; ce qui fait dire que les dernieres particules de l'eau sont verdâtres, mais d'une couleur extrêmement déliée; de sorte qu'il en faut regarder un gros volume, avant de s'en appercevoir, puisqu'alors les rayons de plusieurs particules se joignent ensemble pour produire le même effet.

VI. Comme il paroit probable, par cette observation, que les dernieres particules de l'eau sont verdâtres, on pourroit soutenir que la même raison par laquelle la mer, ou l'eau d'un lac et d'un étang, nous paroissent vertes, est celle par laquelle le ciel nous paroit bleu. Car il est plus vraisemblable que toutes les particules de l'air aient une légere teinture de bleu, mais qui soit si foible, qu'elle ne devienne visible que quand on regarde une masse immense, comme toute l'étendue de l'atmosphere, qu'il ne l'est d'attribuer cette couleur aux vapeurs qui voltigent dans l'air et qui n'y appartiennent pas.

VII. En effet, plus l'air est pur et dégagé d'exhalaisons, plus le bleu du ciel a de l'éclat; ce qui prouve suffisamment, qu'il faut en chercher la raison dans les particules propres de l'air. D'autres matieres étrangeres qui se mêlent avec l'air, comme les exhalaisons, deviennent au contraire nuisibles à ce beau bleu, et ne font qu'en altérer extrêmement l'éclat. Lorsque de telles vapeurs chargent trop l'air, elles causent ici bas des brouillards et nous dérobent entierement le spectacle de la couleur bleue; si elles sont plus élevées, comme cela arrive ordinairement, il s'en forme des nuages qui couvrent souvent le ciel tout entier, et nous offrent une toute autre couleur que ce bleu de l'air pur, c'est donc une nouvelle qualité de l'air, outre celle de la subtilité, de la fluidité et de l'élasticité que j'ai eu déjà l'honneur de proposer à V.A. c'est-à-dire que les dernieres particules qui constituent l'air, sont bleuâtres de leur nature.

le 11 Mai 1762

LETTRE CCXXXII

Sur cette teinture de l'air qui nous environne, sans laquelle nous ne jouirions pas de ce beau spectacle du bleu du ciel, je remarque de plus que nous serions bien malheureux, si l'air étoit parfaitement transparent et dépouillé de ces particules bleuâtres; de sorte que nous devons plutôt y reconnoitre et admirer la bonté infinie et la sagesse du créateur.

Pour en convaincre parfaitement V.A. supposons que l'air soit tout-à-fait transparent et semblable à l'éther, lequel, comme nous le savons, transmet tous les rayons des étoiles sans en arrêter aucun et ne contient point de telles particules qui soient elles mêmes éclairées par les rayons, attendu qu'une telle particule ne sauroit être éclairée, sans intercepter quelques rayons qui y tombent. Si l'air se trouvoit dans un pareil état, tous les rayons du soleil le traverseroient librement, et aucune lumiere n'en seroit renvoyée dans nos yeux: nous ne recevrions d'autres rayons que ceux qui viennent immédiatement du soleil. Par conséquent tout le ciel, excepté le lieu où est le soleil, nous paroitroit tout-à-fait obscur, et au lieu de ce beau bleu brillant, si nous regardions en haut, nous n'y découvrerions qu'un noir très foncé et une nuit la plus obscure.

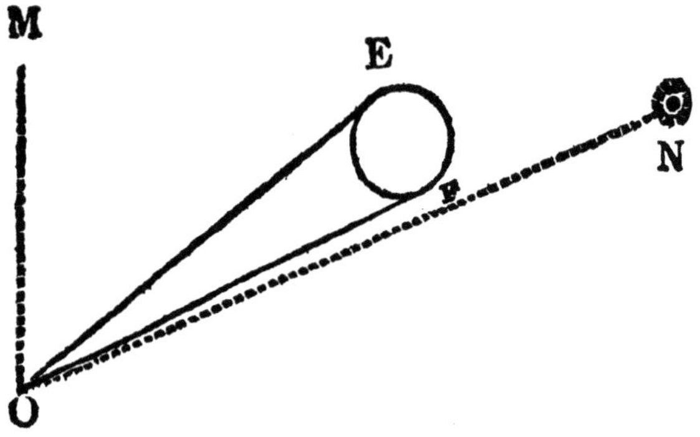

La figure ci-jointe représente le soleil; et le point O est un spectateur dont l'œil ne recevroit d'autres rayons d'en haut que du soleil, de sorte que toute la clarté seroit renfermée dans le petit angle EOF. En portant sa vue vers une autre région du ciel comme vers M on n'en recevroit aucun rayon, et il en seroit de même que si l'on regardoit dans un lieu entierement obscur. Or tout endroit qui n'envoie point des rayons de lumiere, est noir. Je fais ici abstraction des étoiles dont le ciel est rempli; car en dirigeant l'œil vers M, rien n'empêche que les rayons des étoiles qui se trouvent dans cette région, n'entrent dans l'œil, et même ces rayons auroient d'autant plus de force, qu'ils ne souffriroient aucun affoiblissement par l'atmosphere, telle que je viens de la supposer. On verroit donc toutes les étoiles en plein jour, aussi bien que dans la nuit la plus obscure; mais il faut considérer que tout ce plein jour se réduiroit au seul petit angle EOF, tout le reste du ciel étant aussi obscur que la nuit.

Cependant tout près du soleil, les étoiles nous seroient invisibles, et nous ne verrions point par exemple, l'étoile N; puisqu'en la regardant, notre œil recevroit en même tems les rayons du soleil, desquels il seroit si vivement frappé que la foible lumiere de l'étoile n'y sauroit exciter de sensations. Je ne parle pas de l'impossibilité qu'il y auroit à tenir l'œil ouvert, en voulant regarder vers N; cela est trop sensible pour ne pas être entendu.

Mais en opposant au soleil un corps opaque qui en interceptât les rayons, on ne manqueroit pas de voir l'étoile N quelque proche qu'elle fut du soleil: V.A. comprendra aisément dans quel triste état nous nous trouverions alors. Ce voisinage du plus grand éclat et des ténebres les plus sombres blesseroit notre vue, au point que nous en deviendrions d'abord aveugles. On peut en juger par l'incommodité que nous ressentons en passant subitement d'un lieu obscur dans un autre fort éclairé.

C'est donc à ce grand inconvenient que remédie la nature de l'air, en tant qu'il contient des particules tant soit peu opaques et susceptibles d'illumination. Alors dès que le soleil se leve au dessus de l'horizon, et même déjà un peu auparavant, toute l'atmosphere en devient éclairée et nous présente ce beau bleu, dont j'ai eu l'honneur de parler à V.A. de sorte que nos yeux, quelque part que nous les dirigions, en reçoivent quantité de rayons engendrés dans les mêmes particules. Ainsi dans la figure précédente, en regardant vers M nous y appercevons une très grande clarté; ou bien ce brillant bleu du ciel.

C'est cette même clarté qui nous empêche de voir les étoiles pendant le jour: et la raison en est évidente. Cette clarté surpasse de beaucoup de fois celle des étoiles, et une moindre s'évanouit auprès d'une autre beaucoup plus grande; car les nerfs de la rétine au fond de l'œil, étant déjà frappés par une lumiere très forte, ne sauroient plus être sensibles à la foible impression des étoiles.

V.A. n'a qu'à se rappeller que le clair de la pleine lune est déjà plus de 300000 fois moindre que celui du soleil, pour se convaincre que la clarté qui nous vient des seules étoiles n'est rien en comparaison de celle du soleil. Or la seule clarté du ciel pendant le jour est déjà si éclatante que, quoique le soleil soit couvert, elle surpasse encore plusieurs mille fois celle de la pleine lune.

V.A. aura déjà remarqué que même de nuit, lorsque la lune est pleine, les étoiles paroissent beaucoup moins brillantes, et qu'on n'en voit que les plus grandes, surtout dans le voisinage de la lune, de sorte que toujours une plus grande lumiere étouffe une plus foible.

Aussi est-ce un très grand avantage, que notre atmosphere commence à être éclairée par le soleil avant même qu'il se leve, parce que cela nous dispose à soutenir ensuite son vif éclat, qui nous seroit insupportable, si le changement de la nuit au jour, étoit subit. Le tems, pendant lequel l'atmosphere devient éclairée avant le lever du soleil, et conserve encore de la clarté après le coucher du soleil, s'appelle crépuscule; comme c'est un sujet, dont la considération est de quelqu'importance, je me propose d'en entretenir plus amplement V.A. C'est ainsi qu'un article de physique en entraine un autre.

le 15 Mai 1762

LETTRE CCXXXIII

Pour expliquer la cause des crépuscules, ou de cette clarté du ciel, tant avant le lever qu'après le coucher du soleil, V.A. n'a qu'à se rappeller ce que j'ai eu déjà l'honneur de Lui dire touchant l'horizon et l'atmosphere.

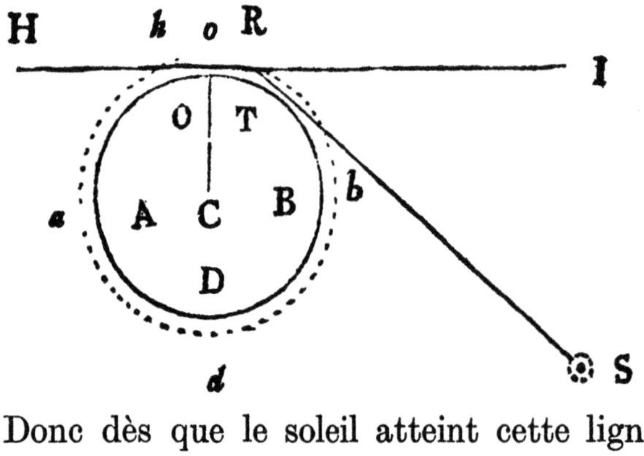

Que le cercle $AOBD$ représente la terre, et le cercle ponctué $aobd$ l'atmosphere: considérons un lieu sur la terre O par laquelle on tire une ligne droite $HORI$ qui touche la terre en O, et cette ligne HI représentera l'horizon qui sépare la partie du ciel qui nous est visible de celle qui est invisible. Donc dès que le soleil atteint cette ligne, il paroit dans l'horizon ou en se levant ou en se couchant, et alors aussi toute l'atmosphere en est éclairée. Mais supposons que le soleil, avant que de se lever se trouve encore au dessous de la terre en S, d'où le rayon STR frisant la terre en T, puisse atteindre le point de l'atmosphere situé dans notre horizon, et les particules opaques qui s'y trouvent en seront déjà éclairées, et par conséquent nous deviendront visibles. Ainsi quelque tems déjà avant le lever du soleil, l'atmosphere hoR sur notre horizon commence à être éclairée en R, et à mesure que le soleil s'approche de l'horizon, une plus grande partie en sera éclairée jusqu'à ce qu'elle devienne tout-à-fait lumineuse.

Cette considération me conduit à un autre phénomene non moins intéressant, qui lui est très étroitement lié, c'est que l'atmosphere produit encore cet effet-ci par lequel nous voyons tant le soleil que les autres astres quelque tems avant qu'ils se levent au dessus de notre horizon, et encore quelque tems après leur coucher. La raison de ce phénomene est la réfraction que les rayons souffrent en passant de l'éther pur dans l'air grossier qui constitue notre atmosphere; je vais en donner l'explication.

I. D'abord les rayons de lumiere ne continuent leur route en ligne droite, qu'entant qu'ils se meuvent dans un milieu transparent de la même nature. Dès qu'ils passent d'un milieu dans un autre, ils sont détournés de leur route rectiligne, et leur chemin devient comme rompu; c'est ce qu'on nomme la réfraction dont j'ai eu l'honneur d'entretenir assez longtems V.A. en expliquant comment les rayons, en passant de l'air dans le verre, et ainsi réciproquement, souffrent une réfraction.

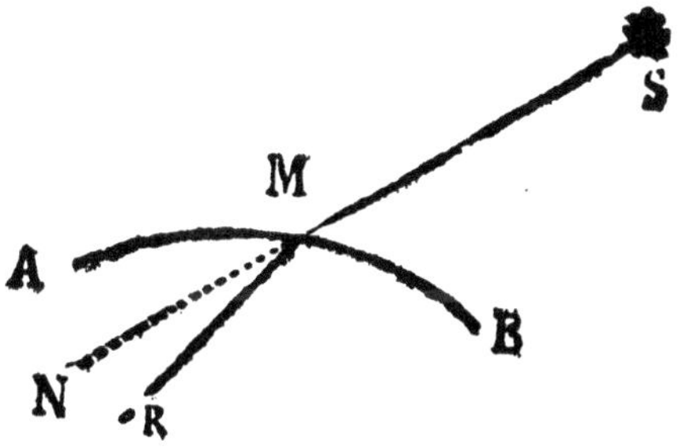

II. Or l'éther et l'air étant aussi deux milieux différens, lorsqu'un rayon passe de l'éther dans l'air, il faut nécessairement qu'il éprouve quelque réfraction.

Ainsi l'arc de ce cercle AMB terminant notre atmosphere en haut, si un rayon de lumiere MS de l'éther y tombe en M, il ne continuera pas sa route suivant la même ligne droite MN, mais en entrant dans l'air, il prendra une autre route MR un peu différente de MN et l'angle NMR est nommé l'angle de réfraction ou simplement la réfraction.

III. J'ai déjà remarqué que cette réfraction est d'autant plus grande, que le rayon SM tombe plus obliquement sur la surface de l'atmosphere, ou que l'angle BMS est plus petit ou plus aigu. Car si le rayon SM tomboit perpendiculairement sur la surface de l'atmosphere, ou que l'angle BMS fut droit, alors il n'y auroit point de réfraction, mais le rayon continueroit sa route selon la même ligne droite. Cette regle est générale dans toutes les réfractions, de quelque nature que soient les deux milieux que les rayons traversent.

IV. Que l'arc de cercle AOB représente la surface de la terre, et que l'arc EMF termine l'atmosphere. Donc si l'on tire en O la ligne OMV qui touche la surface de la terre en O, elle sera horizontale. Maintenant que le soleil se trouve encore au dessous de l'horizon en S, de sorte qu'il nous seroit encore invisible, puisqu'aucun de ses rayons ne pourroit arriver jusqu'à nous en ligne droite et que le rayon SM étant continué en ligne droite passeroit au dessus de nous en N. Mais comme il tombe en M sur l'atmosphere, et cela très obliquement, l'angle FMS étant très petit, il y souffrira une réfraction assez considérable et au lieu de passer en N il pourra parvenir précisément en O, de sorte que le soleil nous soit déjà visible quoiqu'il se trouve encore actuellement au dessous de l'horizon ou bien, ce qui revient au même au dessous de la ligne horizontale OMV.

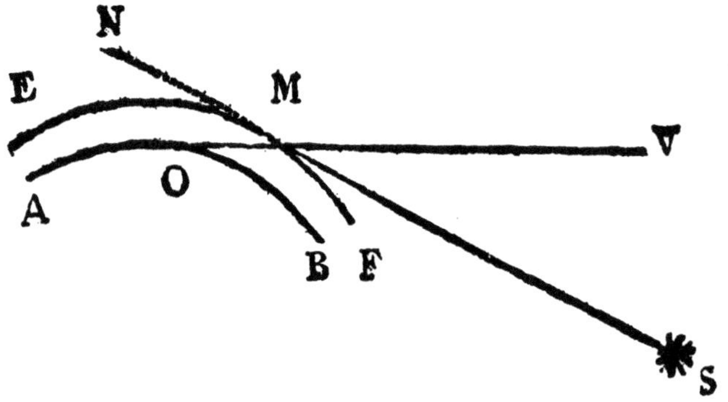

V. Cependant parce que le rayon MO qui entre dans nos yeux est horizontal, nous rapportons dans notre jugement le soleil à la même direction, et nous nous imaginons qu'il se trouve en V, ou bien dans l'horizon, quoiqu'il soit actuellement au dessous de l'horizon. Aussi réciproquement toutes les fois que nous voyons le soleil ou tout autre astre dans l'horizon, nous devons juger qu'il s'y trouve actuellement au dessous selon l'angle SMV que les astronomes ont observé être environ d'un demi degré, ou plus exactement de 32 minutes.

VI. Donc le matin, nous voyons déjà le soleil avant qu'il atteigne notre horizon, lorsqu'il est encore déprimé sous l'horizon d'un angle de 32 minutes; et le soir il nous paroit plus long tems qu'à son vrai coucher; puisque nous le voyons encore jusqu'à ce qu'il soit descendu à un angle de 32 minutes. On nomme vrai lever ou coucher du soleil, lorsqu'il se trouve actuellement dans l'horizon, mais lorsqu'il commence à paroitre le matin ou à disparoitre le soir, c'est le lever ou coucher apparent.

VII. Cette réfraction de l'atmosphere, qui fait que le lever apparent du soleil précede son véritable lever[1]), cette réfraction, dis-je, nous procure cet

1) Edition originale: coucher. Corrigé par A.S.

avantage de jouir de jours plus longs qu'ils ne le seroient sans cet effet de l'atmosphere. Voilà donc l'explication d'un phénomene bien important.

le 18 Mai 1762

LETTRE CCXXXIV

V.A. vient de comprendre un effet bien singulier de notre atmosphere, par lequel nous voyons le soleil et tous les autres corps célestes dans l'horizon, quand ils se trouvent encore actuellement plongés au dessous, et qu'ils nous seroient absolument invisibles sans la réfraction de l'atmosphere. C'est aussi par la même raison que le soleil, ainsi que toutes les étoiles, nous paroissent toujours plus élevées au dessus de l'horizon qu'elles ne le sont effectivement; ce qui fait que l'on doit soigneusement distinguer la hauteur apparente d'une étoile, de sa véritable hauteur à laquelle elle paroitroit, s'il n'y avoit point d'atmosphere. Je vais mettre ceci dans tout son jour.

I. Que l'arc AOB soit une partie de la surface de la terre, et O le lieu où nous nous trouvons, par lequel on tire une ligne droite HOR qui touche la surface de la terre, et cette ligne HOR nous indiquera le véritable horizon. Ou bien qu'on érige en O verticalement la ligne droite OZ qui est la même qu'un fil suspendu et chargé d'un poids indique. Cette ligne est nommée ici verticale, et le point du ciel Z auquel elle aboutit porte le nom de Zénith. Or cette ligne OZ est perpendiculaire sur l'horizontale HOR, de sorte que l'une étant connue on peut aisément déterminer l'autre.

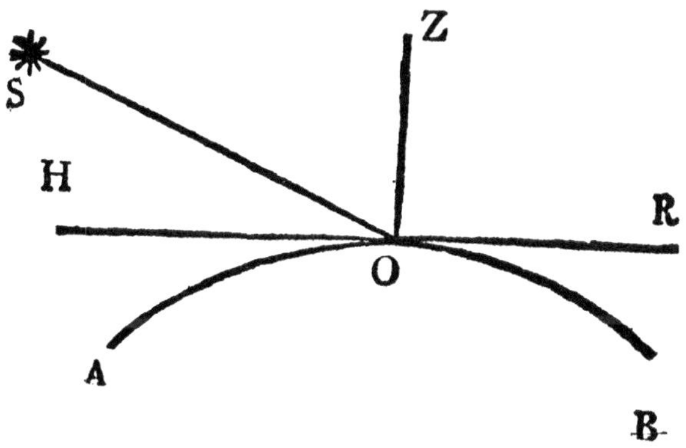

II. Cela posé soit une étoile en S, et s'il n'y avoit point d'atmosphere, le rayon SMO passeroit en ligne droite à l'œil O, et nous la verrions dans la même direction OMS, où elle se trouve actuellement, ou bien nous la verrions dans son véritable lieu. Alors on mesure l'angle SOR que fait le rayon SO avec l'horizon OR, et cet angle est nommé la hauteur de l'étoile ou son élévation au dessus de l'horizon. Ou bien on mesure l'angle SOZ que fait le rayon SO avec la ligne verticale OZ dirigée vers le zénith, et puisque l'angle ZOR est droit, ou de 90 degrés, on n'a qu'à soustraire l'angle SOZ

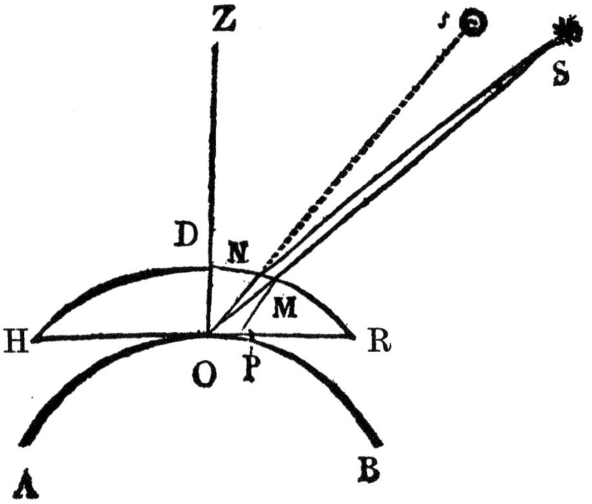

de 90 degrés, pour avoir l'angle *SOR* qui donne la véritable hauteur de l'étoile.

III. Tenons maintenant compte de l'atmosphere que je suppose terminée par l'arc *HDNMR*, et je remarque d'abord que le rayon précédent de l'étoile *SM* en entrant en *M* dans l'atmosphere, ne continue pas sa route vers l'œil en *O*, mais qu'à cause de la réfraction, il prendra un autre chemin, comme *MP* et n'entrera point par conséquent dans nos yeux; de sorte que si l'étoile ne lançoit que ce seul rayon *SM* vers la terre, elle nous seroit absolument invisible. Or il faut considérer que chaque point lumineux darde ses rayons en tout sens, desquels tout l'espace est rempli.

IV. Parmi tous les autres rayons il se trouvera donc quelqu'un comme *SN*, qui en haut dans l'atmosphere en *N* y est rompu ou réfracté, en sorte que sa continuation *NO* passe précisément à l'œil *O*. Le rayon réfracté *NO* ne se trouve donc pas en ligne droite avec le rayon *SM*, et si l'on continue *NO* vers *s*, la continuation *Ns* fera un angle avec le rayon *NS*, savoir l'angle *SNs* qui est le même qu'on nomme la réfraction, et qui est d'autant plus grand, que l'angle *SNR*, sous lequel le rayon *SN* entre dans l'atmosphere, est plus aigu, comme je l'ai remarqué dans la lettre précédente.

V. Par conséquent c'est à présent le rayon *NO* qui dépeint dans nos yeux l'image de l'étoile *S* et qui nous la rend visible, et comme ce rayon nous vient dans la direction *NO*, tout comme si l'étoile s'y trouvoit, nous jugeons aussi actuellement l'étoile située dans la direction *NO*, ou bien dans sa continuation quelque part en *s*. Ce lieu *s* étant différent du véritable *S*, on nomme *s* le lieu apparent de l'étoile, qu'il faut bien distinguer du véritable lieu *S* où nous verrions l'étoile s'il n'y avoit point d'atmosphere.

VI. Maintenant, puisque nous voyons l'étoile par le rayon *NO*, l'angle *NOR* que fait ce rayon *NO* avec l'horizon, est la hauteur apparente de l'étoile; et quand on mesure, par le moyen des instrumens propres à cette opération, l'angle *NOR*, on dit qu'on a trouvé la hauteur apparente de l'étoile; la hauteur véritable étant, comme nous venons de le voir, l'angle *ROS*.

VII. Delà il est évident que la hauteur apparente *RON* est plus grande que la hauteur véritable ROM de sorte que les étoiles nous paroissent plus élevées au dessus de l'horizon qu'elles ne le sont en effet, et que cela arrive par la même raison, que les étoiles nous paroissent déjà dans l'horizon, quand elles sont encore au dessous. Or l'excès dont la hauteur apparente surpasse la véritable, est l'angle MON qui ne differe pas de l'angle SNs qu'on nomme la réfraction. Car quoique l'angle SNs comme étant l'externe au triangle SNO soit égal aux deux internes opposés SON et NSO pris ensemble, il faut considérer qu'à cause du terrible éloignement des étoiles, les lignes OS et NS sont paralleles, et conséquemment l'angle OSN s'évanouit, de sorte que l'angle SON est presque égal à l'angle de réfraction SNs.

VIII. Ayant donc trouvé la hauteur apparente d'une étoile, il en faut retrancher la réfraction pour avoir sa véritable hauteur qu'il n'est pas possible de connoitre autrement que par ce moyen. Pour cet effet les astronomes se sont donné beaucoup de peine afin de découvrir exactement la réfraction qu'il faut retrancher de chaque hauteur apparente, ou dont il faut baisser d'avantage le lieu apparent de l'étoile pour avoir son véritable.

IX. Après une longue suite d'observations ils ont enfin dressé une table, qu'on nomme la table de réfraction, qui marque pour chaque hauteur apparente la réfraction ou l'angle qu'il faut en retrancher. Ainsi lorsque la hauteur apparente est nulle, ou que l'étoile paroit dans l'horizon, la réfraction est de 32 minutes dont il faut baisser l'étoile sous l'horizon. Mais pour peu que l'étoile paroisse élevée au dessus de l'horizon, la réfraction devient beaucoup moindre. A la hauteur de 15 degrés la réfraction n'est plus que de 4 minutes, à la hauteur de 40 degrés elle n'est que d'une minute, et pour des plus grandes hauteurs, la réfraction devient de plus en plus petite, jusqu'à ce qu'elle s'évanouisse entierement à la hauteur de 90 degrés.

X. Cela arrive lorsqu'une étoile est vue dans le zénith même; car alors sa hauteur est de 90 degrés, et la hauteur véritable est la même que l'apparente. Ou bien nous sommes assurés qu'une étoile que nous voyons dans le zénith s'y trouve actuellement, et que la réfraction de l'atmosphere n'en change point la place, comme il arrive dans toutes les autres situations.

Rettung

der

Göttlichen Offenbahrung

gegen die Einwürfe

der

Freygeister.

BERLIN,
bey A. Haude, und Joh. Carl Spener.
1747.

I. Die Kräfte der Seele äussern sich in einem gedoppelten Vermögen, davon man eines den Verstand, das andere den Willen nennet. Da nun alle Glückseeligkeit in der Vollkommenheit bestehet, so kan die Glückseeligkeit einer Seele nicht anders als durch die Vollkommenheit des Verstandes, und durch die Vollkommenheit des Willens befördert werden. Demnach ist eine Seele um so viel glückseeliger zu schätzen, je weiter es dieselbe so wohl in der Vollkommenheit des Verstandes, als des Willens gebracht hat. Und in eben diesen Stücken bestehet auch die wahre Glückseeligkeit eines Menschen überhaupt, indem die Gaben des Leibes nur in so fern alles dazu beytragen, als dieselben entweder den Verstand oder den Willen vollkommener zu machen vermögend sind. Denn wenn die Gaben des Leibes und aller leiblichen Güter keinen Eindruck auf den Zustand der Seele hätten, so würde auch dadurch die Glückseeligkeit eines Menschen keinen Zuwachs erlangen.

II. Die Vollkommenheit des Verstandes bestehet in der Erkenntniß der Wahrheit, woher zugleich die Erkenntniß des Guten entspringet. Die fürnehmsten Vorwürfe dieser Erkenntniß sind GOTT und seine Wercke, indem alle übrige Wahrheiten, zu welchen ein Mensch durch Nachsinnen gelangen kan, sich zuletzt auf GOTT und seine Wercke beziehen. Denn GOTT ist die Wahrheit, und die Welt das Werck seiner unendlichen Allmacht und Weißheit. Je mehr demnach ein Mensch GOTT und seine Wercke erkennen lernet, je weiter gelangt derselbe in der Erkenntniß der Wahrheit, wodurch die Vollkommenheit des Verstandes um so viel näher erreichet wird.

III. Die gröste Vollkommenheit des Verstandes bestehet also in einer vollkommenen Erkenntniß GOTTES, und seiner Wercke: da nun eine solche Erkenntniß unendlich, so ist auch kein endlicher Verstand derselben fähig; und kan demnach ein solcher höchst vollkommener Verstand nur allein GOTT zugeschrieben werden. Die Menschen sind nur vermögend einen sehr geringen Grad dieser Erkenntniß zu erreichen: jedoch findet hierin ein sehr grosser Unterscheid in Ansehung der unterschiedenen Kräfte des Verstandes Platz, dergestalt, daß es ein Mensch darinn sehr viel weiter bringen kan, als der andere. Um also die Glückseeligkeit in Ansehung des Verstandes zu befördern, so wird erfordert, daß man sich aus allen Kräften bestrebe GOTT, und seine Wercke, je länger je mehr zu erkennen: und je weiter es ein Mensch in diesem Stück zu bringen vermögend ist, um so viel glücklicher ist derselbe in Absicht auf seinen Verstand zu schätzen.

IV. Auf die Erkenntniß der Wahrheit gründet sich nothwendig die Erkenntniß des Guten. Denn in so fern eine erkannte Wahrheit etwas zu Verbesserung unseres Zustandes beytragen kan, so wird dieselbe für gut gehalten: und wie GOTT die Quelle aller Wahrheit ist, so wird auch GOTT mit allem Recht das höchste Gut genennet. Die Erkenntniß des Guten setzet also die Erkenntniß der Wahrheit voraus: und indem sich ein Mensch bestrebet seinen Verstand zu einem grösseren Grad der Vollkommenheit zu bringen, so gelangt derselbe zugleich zu einer grösseren und deutlicheren Erkenntniß des Guten. Es ist klar, daß hierinn auch die Erkenntniß des Bösen mit begriffen ist; denn wer das Gute erkennet, der weiß auch dasselbe von dem Bösen zu unterscheiden.

V. Um auf den Willen, als das andere Vermögen der Seele zu kommen, so ist vor allen Dingen zu mercken, daß aus der Erkenntniß des Guten und Bösen die Pflichten entspringen, welche ein Mensch in allen seinen Handlungen beobachten muß, wenn er seinen Zustand glücklich machen will. Diese Pflichten haben ihren Grund in dem Wesen des Guten, und müssen demnach angesehen werden, als wenn sie von GOTT selbst, als der wahren Quelle alles Guten herkommen, dahero auch das natürliche Gesetz, wodurch die Pflichten bey unseren Handlungen aus dem Licht der Natur bestimmet werden, mit allem Grund ein göttliches Gesetz genennet wird, weil GOTT dasselbe den Menschen gleichsam in das Hertz geschrieben, und sie dadurch verpflichtet alle ihre Handlungen nach der Vorschrift desselben einzurichten. Wer nun ein wenig so wohl auf seine eigene, als anderer Menschen Handlungen Achtung geben will, der wird bald wahrnehmen, daß dieselben nicht alle gleichgültig sind, sondern daß man um seine Glückseeligkeit zu befördern einige davon auszuüben, andere aber zu unterlassen verbunden ist.

VI. Die Beobachtung dieser Pflichten ist derohalben zu Beförderung der Glückseeligkeit der Menschen unumgänglich nöthig, die Unterlassung derselben aber, und die Übertretung des Gesetzes derselben im höchsten Grad nachtheilig. Denn es streiten nicht nur die natürlichen Folgen der Übertretung gantz und gar mit der wahren Glückseeligkeit, sondern da das natürliche Gesetz von GOTT selbst seinen Ursprung hat, so kan die Übertretung desselben nicht anders als eine Wiederspenstigkeit gegen GOTT angesehen werden. Da nun unsere gantze Glückseeligkeit endlich auf GOTT als das höchste Gut gerichtet ist, so muß die Übertretung des Gesetzes nothwendig in das äusserste Verderben stürtzen. Denn wie solte es doch wohl wahrscheinlich seyn, daß GOTT verständigen Geschöpfen Gesetze vorschreiben könnte, ohne die Erfüllung derselben im Ernst zu verlangen, und die Übertreter nachdrücklich zu bestraffen? Wer eine solche Thorheit behauptet, der treibet offenbar mit GOTT sein Gespötte.

VII. Es ist folglich zu Erlangung der Glückseeligkeit allerdings nöthig, daß die Menschen die ihnen von GOTT vorgeschriebene Pflichten auf das genaueste erfüllen: und hierinn bestehet das Werck des Willens, in so fern dadurch unsere Glückseeligkeit befördert wird. Gleichwie also der Verstand durch die Erkenntniß der Wahrheit, des Guten und der daraus entspringenden Pflichten das seinige zu Erlangung der Glückseeligkeit beyträgt; so lieget dem Willen die Erfüllung dieser Pflichten ob. Dahero muß ein Mensch sich aus allen Kräften bestreben, daß er seinen Willen zu Beobachtung des ihm von GOTT vorgeschriebenen Gesetzes gäntzlich bequeme, und in eine solche Verfassung setze, daß er dasselbe mit Lust erfülle, und darinn sein gröstes Vergnügen finde.

VIII. Denn man siehet wohl, daß es hiebey nicht bloß auf die äusserlichen Handlungen ankomme, welche den Pflichten gemäß sind, obgleich die daraus herrührenden Folgen schon für sich selbst dem Menschen grossen Vortheil schaffen, sondern es ist unumgänglich nöthig, daß sich der Wille selbst dem Gesetz vollkommen unterwerfe, und sich von allen Scheingründen, wodurch er zum Gegentheil angelockt werden mag, gäntzlich loß mache, das ist, der Wille muß in eine solche Verfassung gesetzet werden, daß darinn auch nicht die geringste Lust und Neigung nach was, so dem Gesetze nicht gemäß ist, übrig bleibe. Diese Verfassung kan nicht besser beschrieben werden, als wenn man sagt, daß der Wille der Menschen dem göttlichen Willen in allen Stücken auf das genauste müsse unterworffen werden. Denn da GOTT die Quelle alles Guten ist, so ist offenbar, daß ein Mensch, welcher seinen Willen auf diese Art bezwungen, sich nothwendig in einem höchst glücklichen Zustande befinden müsse.

IX. So lange hingegen ein Mensch auch die tugendhaftesten Handlungen ausübet, dieses aber mit einem Wiederwillen, und gleichsam durch Zwang verrichtet, so kan derselbe zwar die aus diesen Handlungen natürlicher Weise fliessenden guten Folgen geniessen: derselbe aber bleibet noch weit von der wahren Glückseeligkeit entfernet. Denn so lange er noch eine Wiederstrebung gegen das wahre Gute, das ist gegen den göttlichen Willen bey sich verspühret, so ist dieselbe schon für sich ein sicheres Merckmal einer innerlichen Unruhe und Unzufriedenheit, von welcher die wahre Glückseeligkeit gantz und gar befreyet seyn muß. Nichts ist also vermögend einen Menschen wahrhaftig glücklich zu machen, als erstlich eine hinlängliche Erkenntniß GOTTES und seiner Wercke, und denn zweytens eine vollkommene Unterwerfung seines Willens unter den göttlichen Willen.

X. Gleichwie nun der Verstand in keinem glücklicheren Zustand seyn kan, als wenn derselbe je länger je weiter in der Erkenntniß GOTTES und seiner Werke fortrücket, also kan sich auch der Wille in keiner glücklicheren Verfassung befinden, als wenn sich derselbe in einer unumschränkten Unterwerfung unter den göttlichen Willen befindet. Denn hierinn bestehet einig und allein die wahre Seelen-Ruhe, worinn nicht nur die Christen, sondern auch viel von den heydnischen Weltweisen das gröste Gut gesetzet haben. Und wenn man der Sache nur ein wenig nachdencken will, so wird man bald befinden, daß weder in diesem Leben, noch in einem zukünftigen, so wohl für Menschen, als für andere mit Verstand und Willen begabte Geschöpfe, keine andere Art der wahren Glückseeligkeit möglich sey, als welche hier angezeiget worden.

XI. Um aber zu einer solchen glückseeligen Verfassung beydes des Verstandes und des Willens zu gelangen, so finden sich für uns Menschen die grösten Schwierigkeiten. Niemand, der nur ein wenig in den Geschichten erfahren ist, kan unbekannt seyn, wie unanständige und gantz verkehrte Begriffe sich die meisten Menschen von GOTT und den göttlichen Dingen gemacht haben. Die Ursach davon scheinet auch nicht allein an dem Verstande gelegen zu haben, denn obgleich die meisten Menschen denselben in vielen Stücken, und insonderheit in der Erkenntniß GOTTES nicht recht anwenden; so haben doch die ausschweiffenden Lüste und Begierden auch einen sehr grossen Antheil daran. Und die Macht derselben ist so groß, daß einem Menschen, so starck sich derselbe auch immer bemühen mag, dennoch unmöglich fällt, zu einer solchen glückseeligen Verfassung seines Verstandes und Willens zu gelangen.

XII. So groß aber die Hindernisse, die sich bey der Aufklärung des Verstandes befinden, auch immer seyn mögen, so sind doch diejenigen, welche der Verbesserung des Willens entgegen stehen, weit grösser. Was die Bezähmung der Begierden, worauf die gantze Sache ankommt, für eine mühsame Sache sey, würde überflüßig seyn weiter auszuführen. Dem Verstand kan noch durch eine gute Unterrichtung ziemlicher massen nachgeholffen werden: aber bey einem verkehrten, und seinen Lüsten ergebenen Willen, ist gemeiniglich alle Vermahnung vergebens, und die nachdrücklichsten Vorstellungen, welche doch das einige Mittel sind, wodurch ein Mensch bewogen werden kan, haben sehr selten die gewünschte Würckung. Da nun die Glückseeligkeit mit so unüberwindlichen Schwierigkeiten verknüpfet ist, so ist es eine ausgemachte Sache, daß sich die Menschen in einem höchst verderbten Zustande befinden.

XIII. Eine solche Verfassung des Willens, als zu einem glückseeligen Zustand erfordert wird, setzet immer einen gewissen Grad der Erkenntniß Gottes zum voraus; denn um seinen Willen den göttlichen Gesetzen zu unterwerfen, so muß man dieselben zuvor erkennen, welches durch den Verstand geschiehet. Man wird auch leicht begreiffen, daß je weiter man in der Erkenntniß Gottes gelanget, auch die Anzahl der Pflichten, welche in Ansehung Gottes beobachtet werden müssen, um so viel grösser werde. Denn von solchen Geschöpfen, welche gar keiner oder einer sehr geringen Erkenntniß fähig sind, werden entweder keine oder nur sehr wenige Pflichten erfordert; hingegen je höher der Grad der Erkenntniß ist, welchen ein vernünftiges Geschöpf erreichen kan, so viel reinere und wichtigere Pflichten wird dasselbe auch auszuüben, und darnach seinen Willen zu bezähmen verbunden seyn.

XIV. Im Gegentheil aber kan es der Verstand in Erkenntniß Gottes, und auch der ihm daher obliegenden Pflichten ziemlich weit bringen, ohne daß dadurch der Wille gebessert wird. Denn die Verbesserung des Willens kan solchen schwehren Hindernissen unterworffen seyn, welche durch keine vernünftige Vorstellungen gehoben werden können. Die Erfahrung überzeuget uns hievon zur Gnüge, indem öfters die scharfsinnigsten Menschen am allerwenigsten tugendhaft befunden werden; und hingegen auch öfters bey einem geringen Verstande kein geringer Grad der Tugend, als worinn die wahre Verbesserung des Willens bestehet, angetroffen wird. Wie mancher Mensch ist von denjenigen Pflichten, zu welchen er verbunden ist, auf das deutlichste überführet, und handelt denselben dennoch meistentheils schnurgerade entgegen? Wenn uns nicht die Erfahrung hievon überführete, so dürfte es schwer fallen, die Möglichkeit einer solchen verkehrten Aufführung aus dem Wesen eines vernünftigen Geschöpfs zu erweisen.

XV. Da wir nun hieran nicht zweifeln können, warum sollten nicht auch solche verständige Geschöpfe vorhanden seyn können, welche die Menschen an Verstand weit überträffen und dabey doch mit einer gleichen oder noch grössern Boßheit beflecket wären? Da allem Ansehen nach Gott von allen möglichen Arten Geschöpfe erschaffen hat, so haben wir nicht den geringsten Grund an dem Daseyn solcher uns an Verstand eben so weit als an Boßheit übertreffenden Geschöpfe zu zweifeln. Wenn also dergleichen Geschöpfe mit dem Nahmen der bösen Geister oder der Teufel beleget werden; so zeigen die sogenannten starcken Geister sehr wenig Verstand, wenn sie über den Artickel von den Teufeln ihr Gespötte treiben, und alles was davon gesagt wird, für Fabeln ausschreyen.

XVI. Das wichtigste, was hiebey zu bedencken vorkommt, ist: daß der Mangel der Erkenntniß, ungeachtet dadurch die wahre Glückseeligkeit keinen geringen Abbruch leidet, uns selten als ein Verbrechen angerechnet werden kan, weil es öfters nicht in unserem Vermögen stehet, zu einem grösseren Grad der Erkenntniß zu gelangen. Dahingegen die Verabsäumung der Pflichten, welche wir schon durch den Verstand erkannt haben, allezeit als ein würckliches Verbrechen gegen GOTT angesehen werden muß. Wer sich also durch seine böse Begierden abhalten läst seinen Willen dem von ihm erkannten göttlichen Willen zu unterwerfen, derselbe begeht die gröste Sünde, indem er sich selbst der Glückseeligkeit, deren er sonst fähig wäre, muthwilliger Weise beraubet; und sich dazu gantz und gar untüchtig machet.

XVII. Nach dem Maaß der Erkenntniß, welches einem vernünftigen Geschöpfe verliehen worden, kan dasselbe nicht glückseeliger seyn, als wenn dasselbe seinen Willen vollkommen nach den von ihm erkannten Pflichten bequemet, und alle Begierden, welche denselben entgegen lauffen, schon dergestalt völlig gedämpfet hat, daß keine andere Neigung, als welche diesen Pflichten gemäß ist, mehr übrig bleibt. Denn wer sich in einen solchen Stand gesetzet, derselbe geniesset einer wahren Seelen-Ruhe, und seine Zufriedenheit kan durch nichts gestöhret werden. Dieselbe kan auch ferner durch nichts vermehret werden, als wenn, indem der Verstand zu einer vollkommenern Erkenntniß gelanget, auch zugleich der Wille derselben Erkenntniß gemäß gebessert, und dem Willen GOTTES je länger je mehr unterworffen wird.

XVIII. So lange also der Wille sich noch in einem verdorbenen Zustande befindet, und in keiner den erkannten Pflichten gemässen Verfassung stehet; so muß man die fürnehmste Sorge dahin gerichtet seyn lassen, daß man alle gegen diese Pflichten lauffende Begierden überwinde, und gäntzlich ausrotte. Denn ehe man dazu gelanget, so würde ein grösserer Grad der Erkenntniß nicht nur unsere Glückseeligkeit nicht befördern, sondern vielmehr unser Unglück vermehren. Denn je weiter wir in der Erkenntniß kommen, und also die Nothwendigkeit der Beobachtung dieser und noch mehrerer Pflichten einsehen, je grösser wird das Verbrechen, welches durch die Verabsäumung derselben begangen wird. Bey diesen Umständen erfordert unsere Schuldigkeit nicht so wohl nach einer grösseren Aufklärung des Verstandes, als fürnehmlich nach der Verbesserung des Willens uns aus allen Kräften zu bestreben.

XIX. Entweder gibt es eine göttliche Offenbahrung, oder nicht. Niemand hat sich noch unterstanden zu behaupten, daß eine Offenbahrung schlechterdings unmöglich sey, sondern die Freygeister haben sich nur bemühet die vermeinte Stärcke ihres Verstandes dadurch an den Tag zu legen, daß sie der heiligen Schrift alle Merckmale einer göttlichen Offenbahrung absprechen. Denn da GOTT die Menschen nicht nur erschaffen, sondern denselben auch eine Fähigkeit zur wahren Glückseeligkeit zu gelangen beygeleget, so siehet man deutlich, daß GOTT allerdings für das Heil der Menschen Sorge trage. Wenn demnach eine Offenbahrung zu Beförderung der Glückseeligkeit der Menschen etwas beytragen könnte, so würde es nicht nur nicht unmöglich, sondern auch zu vermuthen seyn, daß GOTT auch in diesem Stücke den Menschen seine Güte würde erwiesen haben.

XX. Gibt es aber eine göttliche Offenbahrung, so können wir fest versichert seyn, daß dieselbe die wahre Glückseeligkeit der Menschen zum Endzweck habe. Da wir nun gesehen, worinn die wahre Glückseeligkeit der Menschen bestehe, und was zu Erlangung derselben erfordert werde, so werden dadurch schon die meisten Merckmale, welche die Freygeister in der göttlichen Offenbahrung suchen, und in der heiligen Schrift nicht antreffen, gäntzlich umgestossen. Sie vermeinen, daß wenn GOTT seine Vollkommenheiten und seinen Willen den Menschen durch eine Offenbahrung hätte kund thun wollen, so würde es der Majestät GOTTES gemäß gewesen seyn, solches auch auf eine gantz ausserordentliche und prächtige Art zu bewerckstelligen, daß dadurch alle Menschen auf das nachdrücklichste gerühret würden, und bey niemand auch der geringste Zweifel wegen der Wahrheit einer solchen Offenbahrung übrig bleiben könnte.

XXI. Es wird aber nunmehr ein leichtes seyn zu zeigen, daß eine solche Offenbahrung den Menschen vielmehr zu ihrem Verderben, als zu ihrem Heil gereichen würde. Denn obgleich auf eine solche Art der Verstand der Menschen zu einer weit höheren Erkenntniß GOTTES gebracht würde, so würde doch der Wille dadurch keinesweges, oder doch sehr wenig gebessert werden, als worauf bey der wahren Glückseeligkeit das Hauptwerck beruhet. Vielmehr würde eine solche grössere Erkenntniß GOTTES die uns obliegenden Pflichten vermehren, und die Verabsäumung derselben uns eines desto grösseren Verbrechens schuldig machen. Denn je mehr unsere Erkenntniß unter einerley Umständen unsers verkehrten Willens zunimmt, um so viel grösser und schwerer wird auch die Übertretung unserer Pflichten; und folglich unser Zustand um so viel mehr verschlimmert.

XXII. Es würde demnach zu unserem grösten Unglück gereichen, wenn es Gott gefallen hätte nach dem verkehrten Sinn der Freygeister sich uns zu offenbaren; wir werden vielmehr im Gegentheil überzeuget, daß Gott nach seiner unendlichen Güte eine gantz andere Art sich uns zu offenbaren werde erwehlet haben, welche uns vielmehr zu unserem wahren Besten, als zu Vermehrung unseres Elends gereichen müsse. Eine solche zu unserem wahren Besten abzielende, und der Güte Gottes gemässe Offenbahrung wird also hauptsächlich auf die Verbesserung unsers Willens gerichtet seyn, und uns zu diesem Ende die stärcksten und kräftigsten Bewegungsgründe vorstellen, zugleich aber uns nicht mehr von den unendlichen Vollkommenheiten Gottes eröfnen, als wir bey unserem verkehrten Willen, ohne unser Verbrechen zu vergrössern, fassen können.

XXIII. Setzt man nun diese Merckmale einer wahrhaften göttlichen Offenbahrung voraus, so verschwinden alle Einwendungen, welche der Unglaube und die Boßheit der Menschen jemals wieder die heilige Schrift gemacht haben, fast gäntzlich; und wir treffen in diesem Buch die gemeldeten Merckmale auf eine so vollkommene Art an, daß wir an dem göttlichen Ursprung derselben im geringsten nicht mehr zweifeln können. Denn wir sehen gantz deutlich, daß die heilige Schrift nicht nur denjenigen, welche sich mit Ernst die Verbesserung ihres Hertzens lassen angelegen seyn, die kräftigsten Hülfsmittel dazu an die Hand gibt, sondern dieselben auch in der Erkenntniß Gottes je länger je weiter führet: zugleich aber auch denjenigen, welche sich darnach nicht richten wollen, eben nicht zu einer weit grösseren Verdammniß gereichet.

XXIV. Eben dasjenige also, welches die Ungläubigen insonderheit an der heiligen Schrift auszusetzen pflegen, daß die Merckmale eines göttlichen Ursprungs, nicht sogleich jederman deutlich in die Augen fallen, ist nicht nur ein richtiger Vorwurf, sondern so gar ein nothwendiges Kennzeichen einer wahren göttlichen Offenbahrung. Denn da der Endzweck derselben auf die Beförderung des Heils der Menschen, nicht aber auf die Vermehrung ihres Elends und der mit der Übertretung verknüpften gerechten Strafe gerichtet seyn kan; so würde eine hellere Überzeugung von dem göttlichen Ursprung nicht mehr zu Erhaltung des ersteren beytragen, hingegen aber die Grösse der Übertretung nothwendig vermehren. Denn wenn auch ein Ungläubiger von der Göttlichkeit der heiligen Schrift überführet würde, dabey aber doch nicht seinen Willen nach derselben zu verbessern sich bestrebte, so würde diese Erkenntniß nur zu Vermehrung seines Verbrechens gereichen.

XXV. Hingegen treffen diejenigen, welche sich die Verbesserung ihres Willens ernstlich angelegen seyn lassen, die allerdeutlichsten Kennzeichen eines göttlichen Ursprungs in der heiligen Schrift an. Denn wir finden erstlich in derselben die reinste und reichste Quelle aller Pflichten, zu welchen wir durch das göttliche Gesetz verbunden sind, und deren Erfüllung unseren Willen in diejenige Verfassung setzet, welche zu unserer Glückseeligkeit unumgänglich erfordert wird. Diese Quelle ist in der uns auf das nachdrücklichste anbefohlenen Liebe GOTTES und unsers Nächsten enthalten, und aus derselben fliessen alle unsere Pflichten so natürlich und nothwendig her, daß ein Mensch, welcher GOTT liebet von gantzem Hertzen, und seinen Nächsten als sich selbst, gewiß keine einige Pflicht im geringsten verabsäumen wird.

XXVI. Die klügsten Männer unter den alten Weltweisen haben sich insonderheit angelegen seyn lassen, die Quelle aller unserer Pflichten zu ergründen, und daraus die nothwendigen Lebensregeln herzuleiten. Allein alles dasjenige, was von ihnen hierüber ist vorgebracht worden, ist theils sehr dunckel, theils sehr unvollkommen: und das meiste gehet nur auf äusserliche Handlungen, ohne daß dadurch das Hertz selbst gebessert wird. Da nun in den Schriften der grösten Weltweisen diese wichtige Materie so unvollkommen abgehandelt ist, hingegen aber von den Verfassern der heiligen Schrift, welchen sonsten von den Freygeistern eine sehr geringe Einsicht zugeschrieben wird, die einige und wahre Quelle aller unserer Pflichten so deutlich und nachdrücklich allenthalben eingeschärfet wird, so muß in diesem Stück der heiligen Schrift ein sehr grosser Vorzug vor allen anderen Schriften zugestanden werden, und da dieser Vorzug keiner grösseren Einsicht der Verfasser derselben, nach dem Zeugniß der Ungläubigen selbst kan zugeschrieben werden, so haben dieselben nicht nöthig sich so sehr darüber aufzuhalten, wenn wir den Ursprung dieser Schrift als göttlich ansehen.

XXVII. Was die Begriffe von GOTT und seinen Eigenschaften anlangt, welche wir aus der heiligen Schrift schöpfen, so sind dieselben so rein, und dem Wesen GOTTES so gemäß, daß man nur die Begriffe, welche sich die scharfsinnigsten heydnischen Weltweisen hievon gemacht haben, dagegen halten darf, um davon überzeuget zu werden. Denn wenn die sogenannten starcken Geister darinn hin und wieder GOTT unanständige Ausdrückungen, als von

Zorn, Eyfer, Rache und Reue, anzutreffen vorgeben, so ist zwar auf diese wichtigen Einwendungen schon zur Gnüge geantwortet worden. Man darf aber nur alle diese Stellen in ihrem ordentlichen Zusammenhange erwägen, und mit dem allgemeinen Begrif, welchen wir darinn von GOTT antreffen, in Vergleichung setzen, so wird man bald deutlich erkennen, daß diese Ausdrücke der Majestät GOTTES nicht zum geringsten Nachtheil gereichen.

XXVIII. Es enthält aber die heilige Schrift nicht nur die einige und wahre Quelle aller unserer Pflichten, deren Beobachtung uns zur wahren Glückseeligkeit zu führen vermögend ist: sondern wir treffen darinn auch die kräftigsten Bewegungsgründe und Hülfsmittel an, welche uns zu Erfüllung dieser Pflichten bewegen können. Dahin gehöret insonderheit die Lehre so wohl von der allgemeinen als besondern göttlichen Vorsehung, wodurch wir erkennen, daß wir niemals in irgend einen Umstand gerathen können, welchen GOTT nicht ausdrücklich nach seiner unendlichen Weißheit und Güte über uns verhängt hätte, massen wir die feste Versicherung haben, daß uns auch nicht einmal ein Haar von unserem Haupt fallen könne, ohne den Willen unsers himmlischen Vaters. Wenn man nur diese Lehre mit der gehörigen Aufmerksamkeit erwege, und auf sich selbst die Anwendung machen wollte, so würde man in allen Umständen seinen Willen ohne Schwierigkeit, und noch dazu mit Lust dem Willen GOTTES unterwerfen, und dadurch zur wahren Glückseeligkeit gelangen.

XXIX. Hieraus erkennen wir, daß wir alle Handlungen unserer Neben-Menschen auf eine zweyfache Art betrachten müssen, einestheils in so ferne dieselben von unserem Neben-Menschen verrichtet werden, in welcher Absicht dieselben entweder seinen Pflichten gemäß sind oder nicht, und folglich von ihm zu verantworten stehen. Wenn wir aber andern theils eben diese Handlungen ansehen, in so ferne dieselben uns angehen, und entweder zu unserem Vortheil oder Schaden gerichtet zu seyn scheinen, so muß die erstere Betrachtung davon gäntzlich abgesondert werden, und wir müssen uns fest vorstellen, daß dieselben Handlungen unmittelbar von GOTT über uns verordnet worden. Dieser Schluß folget nicht nur nothwendig aus dem obigen, sondern wird auch durch viele Stellen der heiligen Schrift deutlich und ausdrücklich behauptet.

XXX. Es kan auch keine Betrachtung kräftiger seyn, als eben diese, um uns von allen ausschweiffenden Begierden, als vom Zorn, Haß, Neid und Rache zurück zu halten, und dieselben gäntzlich in uns zu dämpfen. Alle vernünftige Menschen haben diese Begierden jederzeit als Quellen aller Laster angesehen, und mit aller Mühe Bewegungsgründe hervorgesucht, um die Heßlichkeit derselben darzuthun, und die Menschen davon zu befreyen. Ungeachtet aber diese Bewegungsgründe meistentheils wichtig genug seyn mögen, so ist doch die schlechte Würckung derselben durch die Erfahrung zur Gnüge dargethan worden: und der Nachdruck derselben ist gleichsam als nichts zu achten gegen den vorgemeldten herrlichen Bewegungsgrund, welcher aus der Vorsehung GOTTES nothwendig herfliest.

XXXI. Indem dieser Begrif von der Vorsehung GOTTES die Quelle aller Laster vollkommen stopfet, so ist derselbe auch der kräftigste Bewegungsgrund zu aller Tugend. Die Liebe gegen GOTT wird dadurch auf das empfindlichste erwecket, und befestiget, wenn wir bedencken, daß alle Zufälle von GOTT über uns verhänget werden, und wir uns also gleichsam in einem beständigen Umgange mit GOTT befinden. Hernach treibt uns auch diese Betrachtung zu einer wahren Liebe, nicht nur gegen unsere Freunde, sondern auch gegen unsere Feinde an. Denn da wir alle Anfälle, welche auch immer von einem Feind herrühren können, in so fern dieselben uns angehen, mit gantz andern Augen ansehen müssen, so fallen alle Ursachen des Hasses auf einmal weg, und wir befinden uns im Stande auch unsere ärgsten Feinde dem göttlichen Willen gemäß ungeheuchelt zu lieben.

XXXII. Wenn man nun ausser der reinen Lehre von GOTT, auch die wahre Quelle aller Tugenden, und die kräftigen und herrlichen Bewegungsgründe dazu betrachtet, welche in der heiligen Schrift enthalten, und uns auf das nachdrücklichste angepriesen werden; so muß man nothwendig zugeben, daß dieses Buch zur gewissen Beförderung unserer wahren Glückseeligkeit gereiche. Und wenn man gleich daher demselben noch keinen göttlichen Ursprung zugestehen will, so kan man hieraus doch so viel sicher schliessen, daß die Verfasser desselben das Wesen der wahren Glückseeligkeit nicht nur deutlich eingesehen, sondern sich auch ernstlich haben angelegen seyn lassen, die Menschen von allen Lastern abzuziehen, und auf den Weg der Tugend zu leiten. Was würde also ungereimter und ungerechter seyn, als wenn man diese Verfasser für Thoren, oder gar für Betrüger ausschreyen wollte?

XXXIII. Hieraus folget, daß, wenn die Verfasser der heiligen Schrift, von deren gesunden Verstand und Ehrlichkeit wir völlig überzeuget sind, zugleich auch solche Sachen erzehlen, welche unglaublich zu seyn scheinen, es höchst unbillich seyn würde dieselben schlechterdings zu verwerffen. Nun aber wird in der heiligen Schrift sehr vieles und umständliches von grossen Wunderwercken erzehlet, welche von Personen, die sich einer göttlichen Sendung gerühmet haben, sollen seyn verrichtet worden: und diese Wunderwercke sind so beschaffen, daß, wenn man auch die von den Freygeistern dagegen gemachten Einwendungen, welche sich theils auf eine verrückte Einbildung, theils auf Einfalt, theils auch auf Boßheit gründen, völlig zugeben wollte, man dennoch ein weit grösseres Wunder, wodurch GOTT unmittelbar die Menschen verblendet, und das falsche Vorgeben derselben Leute unterstützet hätte, nothwendig erkennen müste.

XXXIV. Die Apostel, und eine Menge der ersten Christen gaben einstimmig vor, daß Christus nicht nur von den Todten auferstanden, sondern, daß sie ihn auch selbsten nach seiner Auferstehung gesehen, und so gar mit ihm gesprochen hätten. Daß sie solches nicht würcklich geglaubet hätten, und also von ihrer Seite eine offenbahre Betrügerey darunter verborgen gewesen wäre, kan von keinem Menschen nur mit dem geringsten Schein behauptet werden, der nur mit einiger Aufmercksamkeit ihre Lehre und dabey bezeugte Standhaftigkeit in Erwegung ziehet. Daß aber die Apostel sich dieses nur durch einen verrückten Verstand sollten fälschlich eingebildet haben, kan noch viel weniger nur mit einiger Wahrscheinlichkeit gesagt werden. Oder man müste behaupten wollen, daß GOTT alle diese Leute zugleich durch ein Wunderwerck verblendet hätte, und dieses nur um eine falsche Lehre auszubreiten.

XXXV. So gründlich nun zwar diese wichtigen Einwendungen schon längst sind wiederleget worden, so scheinen doch die vorhergegangenen Betrachtungen über die Reinigkeit der Lehre, welche in der heiligen Schrift vorgetragen wird, und derselben vollkommene Übereinstimmung mit der wahren Glückseeligkeit der Menschen, alle Zweifel, welche noch allein von dem Unglauben erreget werden könnten, gäntzlich zu zernichten: insonderheit wenn dasjenige, was von den wesentlichen Kennzeichen einer wahren göttlichen Offenbahrung ist vorgebracht worden, in Erwegung gezogen wird. Denn da eine göttliche Offenbahrung keine allzu offenbahre Merckmale haben, sondern nur zu Beförderung des Heils derjenigen Menschen, welche sich die Verbesserung ihres Hertzens ernstlich wollen angelegen seyn lassen, gereichen soll, so fallen alle diejenigen Zweifel, welche gegen die Art der Ausbreitung der christlichen Religion immer sind gemacht worden, gäntzlich weg.

XXXVI. Es ist demnach eine ausgemachte Wahrheit, daß Christus von den Todten auferstanden: da nun dieses ein solches Wunderwerck ist, welches von niemand, als von Gott allein hat gewürcket werden können, so kan die Göttlichkeit der Sendung Christi auf diese Welt unmöglich in Zweifel gezogen werden. Folglich ist die Lehre Christi und seiner Apostel göttlich, und wie dieselbe auf unsere wahre Glückseeligkeit abzielet, so können wir auch alle Verheissungen, welche uns in dem Evangelio so wohl für dieses, als das zukünftige Leben, gethan werden, mit der festesten Zuversicht glauben, und die christliche Religion als ein göttliches zu unserer Seeligkeit abzielendes Werck ansehen. Alles dieses aber ist nicht nöthig weiter auszuführen, weil ein jeder, der nur einmal von der Auferstehung Christi überzeuget ist, unmöglich weiter an der Göttlichkeit der heiligen Schrift zweifeln kan.

XXXVII. Gegen diesen Grund, wodurch die Göttlichkeit der heiligen Schrift so unumstößlich dargethan wird, fällt es den Freygeistern unmöglich etwas auch nur mit dem geringsten Schein einzuwenden. Wenn sie denselben zu berühren genöthiget werden, so suchen sie alle mögliche Ausflüchte, um sich von der Betrachtung desselben loß zu machen, und ihren Angrif auf andere Artickel zu richten, welche ihnen entweder unbegreiflich, oder gar etwas Wiedersprechendes in sich zu fassen scheinen. Meistentheils greiffen sie auch nicht solche Lehren an, welche mit klaren Worten in der heiligen Schrift ausgedrücket sind, sondern solche, welche erst vermittelst einiger Schlüsse aus demselben sind hergeleitet worden. Ob nun gleich diese Schlüsse mehrentheils wohl gegründet seyn mögen, so verfahren sie doch nicht aufrichtig, wenn sie, indem sie auf dieselben loß stürmen, den Leuten weiß machen wollen, als wenn dadurch der heiligen Schrift selbst alles Ansehen benommen würde.

XXXVIII. Es ist schon ein gewisses Kennzeichen einer verdeckten Boßheit, wenn die Glaubwürdigkeit einer Schrift auf eine solche Art, ohne den Grund derselben zu untersuchen, angegriffen wird: und in Ansehung solcher Leute kan mit aller Gründlichkeit voraus behauptet werden, daß wenn es auch ausser der heiligen Schrift eine andere göttliche Offenbahrung gäbe, dieselbe gewiß nicht ihrem Sinn gemäß seyn könnte, indem die göttlichen Wahrheiten unmöglich mit dem benebelten Verstande boßhafter Menschen übereinstimmen können. Man kan also den Freygeistern so viel gleich anfänglich sicher einräumen, daß in der heiligen Schrift sehr viel Sachen enthalten sind, welche ihnen keineswegs anstehen, und so gar als ungereimt vorkommen mögen. Vielmehr würde im Gegentheil die Göttlichkeit der heiligen Schrift den grösten Stoß leiden, wenn in derselben eine grössere Übereinstimmung mit dem Sinn der Freygeister anzutreffen wäre.

XXXIX. Was hernach die von den Freygeistern vorgebrachten Schwierigkeiten und scheinbaren Wiedersprüche, welche sie in der heiligen Schrift anzutreffen vorgeben, insbesondere betrift, so wird nicht undienlich seyn zuvörderst zu bemercken, daß sich keine so fest gegründete Wissenschaft befinde, gegen welche nicht eben so wichtige und noch wichtigere Einwürfe gemacht werden können. Ja es lassen sich darinn solche scheinbare Wiedersprüche ausfinden, welche dem ersten Anblick nach unauflößlich scheinen. Da man aber diese Wissenschaften biß auf ihre ersten Gründe untersuchen kan, so wird man in Stand gesetzet dergleichen Schwürigkeiten völlig zu heben. Wenn man aber auch nicht vermögend wäre dieses zu thun, so würden doch diese Wissenschaften nichts von ihrer Gewißheit verlieren. Warum sollte denn der heiligen Schrift durch ähnliche Einwendungen, so gleich alles Ansehen benommen werden?

XL. Die Geometrie wird für diejenige Wissenschaft gehalten, in welcher nichts angenommen wird, was sich nicht aus den ersten Grundsätzen unserer Erkenntniß auf das deutlichste herleiten läst. Dennoch haben sich Leute von nicht gemeinem Verstande gefunden, welche in der Geometrie sehr grosse und unauflößliche Schwierigkeiten anzutreffen vermeinten, wodurch sie sich einbildeten diese Wissenschaft aller Gewißheit beraubet zu haben. Die Einwürfe, so sie dagegen gemacht, sind auch so spitzfündig, daß es keine geringe Mühe und Einsicht erfordert, dieselben gründlich zu wiederlegen. Hiedurch pflegt aber bey allen vernünftigen Leuten die Geometrie nichts von ihrem Werth zu verlieren, wenn dieselben auch gleich nicht im Stande sind alle diese spitzfündigen Einwendungen aus dem Grunde zu heben. Mit was für Recht können demnach die Freygeister verlangen, daß man die heilige Schrift wegen einiger Schwierigkeiten, welche öfters bey weitem nicht so wichtig sind, als jene, so gegen die Geometrie gemacht werden, so gleich gäntzlich verwerfen soll?

XLI. Hernach finden sich auch in der Geometrie solche auf das gründlichste bewiesene Sätze, welche, wenn sie nicht mit der grösten Aufmercksamkeit erwogen werden, einander offenbar zu wiedersprechen scheinen. Es liessen sich hievon verschiedene Exempel anführen, wenn man dieselben ohne eine ziemlich tiefe Einsicht in diese Wissenschaft, dergleichen wir bey den meisten Lesern nicht vermuthen können, zu begreiffen im Stande wäre. Wir können aber so viel versichern, daß diese scheinbaren Wiedersprüche weit wichtiger sind, als diejenigen, so die Freygeister in der heiligen Schrift anzutreffen vermeinen. Unterdessen hat sich doch noch niemand in Sinn kommen lassen, die

Gewißheit der Geometrie in Zweifel zu ziehen, wenn er gleich nicht Fähigkeit genug besessen, alle diese dem Schein nach offenbahre Wiedersprüche zu erklären und aufzulösen.

XLII. Dergleichen Schwierigkeiten und scheinbare Wiedersprüche finden sich noch häuffiger in den anderen Wissenschaften, insonderheit wenn wir die ersten Grundsätze unserer Erkenntniß genauer untersuchen wollen. Niemand zweifelt, daß es in der Welt Cörper gebe, man ist auch gewiß, daß dieselben entweder aus einfachen Dingen zusammen gesetzt seyn müssen, oder nicht: man mag aber von diesen zweyen Meynungen annehmen, welche man will, so trift man dabey solche Schwierigkeiten an, welche noch niemand dergestalt hat heben können, daß diejenigen, so der anderen Meynung zugethan sind, zufrieden gewesen wären. Wollte man nun hieraus schliessen, daß weder die eine noch die andere Meynung der Wahrheit gemäß wäre, so müste man nothwendig das Daseyn der Cörper gäntzlich leugnen. Welches ob es gleich von einigen Phantasten würcklich geschehen, so wird doch deswegen nicht leicht ein vernünftiger Mensch denselben beypflichten.

XLIII. Es haben sich auch Leute gefunden, welche alle Bewegung gäntzlich geläugnet: Sie sagten, wenn sich ein Cörper bewegte, so müste sich derselbe entweder an dem Ort, wo er sich würcklich befindet, bewegen, oder an einem anderen Ort: das erstere aber könne nicht geschehen, denn so lange sich der Cörper an seinem Ort befinde, so lange könne ihm keine Bewegung zugeschrieben werden. Das letztere aber sey noch ungereimter, denn wie sollte sich ein Cörper an einem Ort bewegen können, wo er nicht ist? Vielleicht werden die wenigsten vermögend seyn den Betrug in diesem Schluß zu entdecken: werden dieselben aber deswegen an der Möglichkeit der Bewegung nur einiger massen zweifeln? Ist es also nicht die gröste Verwegenheit, wenn man das Ansehen der heiligen Schrift so gleich umstossen will, so bald man darinn einige unauflößliche Schwierigkeiten vermercket zu haben, sich einbildet?

XLIV. Ohne demnach die Einwürfe, womit die Freygeister die heilige Schrift zu betrügen pflegen, insbesondere zu erwägen, so kan man aus dem angeführten den sicheren Schluß machen, daß sie sich gegen dieses Buch auf die ungerechteste und unverantwortlichste Art betragen, wenn sie um einiger ihnen unauflößlich scheinenden Schwierigkeiten demselben gar allen Werth platterdings abzusprechen sich erkühnen. Die meisten von diesen Leuten werden gestehen müssen, daß sie nicht vermögend sind, die Schwierigkeiten gegen die Geometrie, gegen das Daseyn der Cörper, und gegen die Möglichkeit der Bewegung, deren hier ist erwehnet worden, aufzulösen, und doch ist noch nicht leicht einem von ihnen in Sinn gekommen, die Wahrheit und Würcklichkeit dieser Stücke zu verwerfen. Dieses ist also ein sicheres Kennzeichen, daß das Verfahren dieser Leute keineswegs aus Liebe zur Wahrheit, sondern aus einer gantz anderen und unreinen Quelle seinen Ursprung habe.

XLV. Hiebey ist noch ferner insonderheit in Erwegung zu ziehen, daß nur die heilige Schrift solche Sachen offenbahre, welche entweder gar nicht, oder doch schwerlich durch unsere Vernunft hätten ausfündig gemacht werden können: indem es dem Endzweck einer göttlichen Offenbahrung gäntzlich entgegen seyn würde, wenn darinn keine andere Sachen, als welche ein jeder leicht durch seine Vernunft entdecken könnte, enthalten wären. Da nun gegen solche Sachen, welche allein aus der Vernunft erkannt werden, so grosse und wichtige Schwierigkeiten, ja gar gleichsam offenbahre Wiedersprüche angeführt werden können; so müssen sich nothwendig in geoffenbahrten Lehren, welche sich nicht aus der Vernunft herleiten lassen, zum wenigsten eben so grosse Schwierigkeiten eräugnen: und folglich hat man um so viel weniger Ursach sich daran zu stossen.

XLVI. Diese Betrachtungen müsten die Einwürfe der Freygeister gäntzlich zernichten, wenn dieselben auch noch weit schwerer wären, als sie in der That sind. Allein solche starcke Einwürfe sind von ihnen noch nicht hervorgebracht worden, welche nicht schon auf das gründlichste wären wiederleget worden: da aber diese Leute nicht aus Liebe zur Wahrheit, sondern aus gantz anderen Absichten sich der heiligen Schrift wiedersetzen, so hat man sich um so viel weniger zu verwundern, wenn auch die besten Wiederlegungen von ihnen für nichts geachtet werden, und wenn sie die thümmsten und abgeschmacktesten Einwendungen, deren Nichtigkeit schon längst auf das deutlichste dargethan worden, noch täglich wiederhohlen. Wenn bey diesen Leuten nur noch einige Aufrichtigkeit und Liebe zur Wahrheit vorhanden wäre, so würde es gantz leicht seyn sie aus ihrem Irrthum herauszureissen, welches aber bey ihrer gewöhnlichen Verstockung gantz und gar unmöglich ist.

XLVII. Es ist denselben fast alles was in der heiligen Schrift enthalten ist, ein Dorn in den Augen, und wenn sie in anderen Büchern die allerungegründesten Nachrichten antreffen, welche der heiligen Schrift entgegen sind, so pflichten sie denselben mit der grösten Leichtgläubigkeit bey. Insonderheit kommt ihnen gantz unglaublich vor, daß die Welt jemals soll einen Anfang gehabt haben, und noch vielmehr, daß dieselbe einmal ihr Ende erreichen soll.

Sie befürchten nehmlich, daß sie alsdenn, eine unmittelbare Würckung Gottes auf diese Welt und auf unseren Zustand erkennen müsten, welches sie mit ihren übrigen Meynungen unmöglich zusammen reimen könnten. So lange es ihnen scheinet, daß alles durch die ordentlichen Kräfte der Natur gewürcket werde, so lange glauben sie gewonnen Spiel zu haben, und bilden sich ein dabey einer unmittelbaren göttlichen Würckung gäntzlich entbehren zu können.

XLVIII. Man befindet sich aber jetzt, Gott sey Danck, im Stande diese irrige Meynung, wenn wir auch darüber keine Offenbahrung hätten, gründlich zu wiederlegen. Es ist schon von dem grossen Astronomo Halley bemercket worden, daß der Mond anjetzo seinen Lauf um die Erde in einer kürtzeren Zeit verrichte, als vor alten Zeiten. Und wenn man die Beobachtungen der Sonne, welche zu den ältesten, mittleren und neuern Zeiten gemacht worden, genau untersuchet, so befindet man, daß die Jahre anjetzo etwas kürtzer sind als vormals. Man ist auch im Stande zu bestimmen, um wie viel die Länge des Jahrs alle Jahrhundert vermindert wird, und man kan darthun, daß diese Verminderung alle hundert Jahr etliche Secunden betrage. Es ist auch kein Zweifel, daß sich nicht eine gleiche Verminderung bey den übrigen Planeten in der Zeit, in welcher sie um die Sonne herumlauffen, befinden solte: und eben dieser Umstand äussert sich gantz deutlich in einem Cometen, welchen man schon etliche mal zu beobachten das Glück gehabt.

XLIX. Man kan diesen aus den Observationen gezogenen Schlüssen um so viel sicherer trauen, da dieselben den natürlichen Ursachen, welche wir deutlich erkennen, vollkommen gemäß sind. Denn da sich die Erde und die übrigen Planeten in der subtilen und feinen Himmels-Luft bewegen, so müssen dieselben daher in ihrer Bewegung einen geringen Wiederstand leiden. Es ist nun eine ausgemachte Sache, daß die Planeten, wenn dieser Wiederstand nicht vorhanden wäre, immer gleich weite Creise um die Sonne herum beschreiben würden: wann derohalben ihre Bewegung durch den Wiederstand der Himmels-Luft nur etwas weniges gehemmet wird, so können dieselben dem Zug nach der Sonne weniger wiederstehen, und müssen folglich näher zur Sonne kommen. Wegen dieser Würckung werden nun die Creise der Planeten immer kleiner, und dahero auch nach den Gesetzen der Bewegung in einer kürtzeren Zeit durchlauffen, welches eben derjenige Umstand ist, so aus den Beobachtungen ist geschlossen worden.

L. Hieraus folget also gantz offenbar, daß die Erde immer näher zur Sonne kommen müsse. Wenn demnach auch durch kein Wunderwerck eine

Veränderung in der gegenwärtigen Verfassung des Weltgebäudes gewürcket würde, so müßte doch endlich die Erde der Sonne so nahe kommen, daß darauf weder Menschen noch Thiere fernerhin bestehen könnten: und also kan die Welt in ihrem gegenwärtigen Zustande unmöglich beständig verharren, sondern es muß nothwendig eine Zeit kommen, da die Erde aller Einwohner gäntzlich beraubet werden wird. Wenn nun also die heilige Schrift von einem bevorstehenden Ende der Erde und der jetzigen Verfassung der gantzen Welt spricht, so streitet dasselbe nicht nur nicht mit der Vernunft, wie die Freygeister vorgeben, sondern stimmet auch mit demjenigen, was wir aus den natürlichen Ursachen zu erkennen im Stande sind, auf das genauste überein.

LI. Da ferner die Erde und die Planeten in den vergangenen Zeiten immer weiter von der Sonne entfernet gewesen sind als jetzo, so müsten dieselben, wenn die Welt von Ewigkeit her gestanden hätte, zu einer vergangenen Zeit zehenmal, hundertmal ja tausendmal weiter von der Sonne entfernet gewesen seyn, als jetzt. Es müste also eine Zeit gewesen seyn, da dieselben einem andern Fixsterne näher gewesen wären als der Sonne: alsdenn aber würden sie ihren Lauf den Gesetzen der Astronomie gemäß um denselben Fixstern vollendet haben, und hätten folglich nimmermehr in die Gegend der Sonne kommen können. Dieses ist ein unumstößlicher Beweis, daß die gegenwärtige Verfassung der Welt unmöglich von Ewigkeit her seyn könne, sondern daß dieselbe zu einer bestimmten Zeit durch eine unmittelbare Würckung GOTTES müsse hervorgebracht worden seyn.

LII. Wollte man noch einwenden, daß vielleicht die Fixsternen in den vergangenen Zeiten auch immer weiter von der Sonne entfernet gewesen wären, als anjetzo, und daß also die Planeten niemals näher bey einem anderen Fixstern gewesen wären, als bey der Sonne: so muß man doch so viel zugestehen, daß die Erde sich einmal in einer solchen Entfernung von der Sonne hätte befinden müssen, da wegen Mangel genugsamer Wärme weder Menschen noch Thiere darauf hätten bestehen können. Da nun die Menschen zu keiner Zeit aus natürlichen Ursachen auf der Erde haben entstehen können, so folget unwiedersprechlich, daß die Menschen und Thiere zu einer bestimmten Zeit unmittelbar von GOTT sind erschaffen worden. Hat man aber die Freygeister schon so weit gebracht, daß sie eine Schöpfung und künftige Zerstörung des menschlichen Geschlechts erkennen müssen, so wird auch ihr gantzes Unterfangen, wodurch sie die Religion zu bestürmen pflegen, gäntzlich zu Grunde gerichtet.

LIII. So deutlich aber und unumstößlich alle diese Gründe sind, wodurch die Göttlichkeit der heiligen Schrift dargethan worden, so ist doch nicht zu vermuthen, daß dadurch die Rotte der Freygeister und Religionsspötter von ihrem thörigten Beginnen jemals gäntzlich werde abgezogen werden. Die heilige Schrift versichert uns vielmehr, daß die Unbesonnenheit dieser Leute, absonderlich zu den letzten Zeiten, je länger je mehr über Hand nehmen werde: und eben diese genaue Erfüllung dieser Prophezeyung dienet auch nicht wenig die Göttlichkeit der heiligen Schrift zu bestätigen. Inzwischen wünschen wir doch von Hertzen, daß diese Betrachtungen viele noch nicht allzusehr verderbte Gemüther, welche sich durch die Verführungen dieser elenden Leute unbedachtsamer Weise haben hinreissen lassen, wiederum auf den rechten Weg bringen mögen.

ELOGE DE M. EULER
PAR LE MARQUIS DE CONDORCET

Histoire de l'Académie Royale des sciences 1783, Paris 1786, p. 37–68

Léonhard Euler, Directeur de la classe de Mathématiques dans l'Académie de Pétersbourg, et auparavant dans celle de Berlin; de la Société Royale de Londres, des Académies de Turin, de Lisbonne et de Bâle; Associé-étranger de celle des Sciences, naquit à Bâle, le 15 Avril 1707, de Paul Euler et de Marguerite Brucker.

Son père, devenu en 1708 Pasteur du village de Riechen près de Bâle, fut son premier Instituteur, et eut bientôt le plaisir de voir ces espérances des talens et de la gloire d'un fils, si douces pour un cœur paternel, naître et se fortifier sous ses yeux et par ses soins.

Il avoit étudié les Mathématiques sous Jacques Bernoulli; on sait que cet homme illustre joignoit à un grand génie pour les Sciences, une Philosophie profonde qui n'accompagne pas toujours ce génie, mais qui sert à lui donner plus d'étendue et à le rendre plus utile: dans ses leçons, il faisoit sentir à ses disciples, que la Géométrie n'est pas une Science isolée, et la leur présentoit comme la base et la clé de toutes les connoissances humaines, comme la Science où l'on peut le mieux observer la marche de l'esprit, celle dont la culture exerce le plus utilement nos facultés, puisqu'elle donne à l'entendement de la force et de la justesse à la fois; enfin comme une étude également précieuse par le nombre ou la variété de ses applications, et par l'avantage de faire contracter l'habitude d'une méthode de raisonner, qui peut s'employer ensuite à la recherche des vérités de tous les genres, et nous guider dans la conduite de la vie.

Paul Euler, pénétré des principes de son Maître, enseigna les élémens des Mathématiques à son fils, quoiqu'il le destinât à l'étude de la Théologie; et lorsque le jeune Euler fut envoyé à l'Université de Bâle, il se trouva digne de recevoir les leçons de Jean Bernoulli: son application, ses dispositions heureuses lui méritèrent bientôt l'amitié de Daniel et de Nicolas Bernoulli, disciples et déjà rivaux de leur père; il eut même le bonheur d'obtenir celle du sévère Jean Bernoulli, qui voulut bien lui donner, une fois par semaine, une leçon particulière, destinée à éclaircir les difficultés qui se présentoient à lui dans le cours de ses lectures et de ses travaux: les autres jours étoient employés par M. Euler, à se mettre en état de profiter de cette faveur signalée.

Cette méthode excellente empêchoit son génie naissant de s'épuiser contre des obstacles invincibles, de s'égarer dans les routes nouvelles qu'il cherchoit à s'ouvrir; elle guidoit et secondoit ses efforts: mais en même temps elle l'obligeoit de déployer toutes ses forces, qu'il augmentoit encore par un exercice proportionné à son âge et à l'étendue de ses connoissances.

Il ne jouit pas long-temps de cet avantage; et à peine eut-il obtenu le titre de Maître-ès-Arts, que son père qui le destinoit à lui succéder, l'obligea de quitter les Mathématiques pour la Théologie: heureusement cette rigueur ne fut que passagère, on lui fit aisément entendre que son fils étoit né pour remplacer dans l'Europe, Jean Bernoulli, et non pour être Pasteur de Riechen.

Un Ouvrage que M. Euler fit à dix-neuf ans, sur la mâture des Vaisseaux, sujet proposé par l'Académie des Sciences, obtint un *accessit* en 1727, honneur d'autant plus grand, que le jeune habitant des Alpes n'avoit pu être aidé par aucune connoissance pratique, et qu'il n'avoit été vaincu que par M. Bouguer, Géomètre habile, alors dans la force de son talent, et déjà depuis dix ans Professeur d'Hydrographie dans une ville maritime.

M. Euler concouroit en même temps pour une Chaire dans l'Université de Bâle; mais c'est le sort qui prononce entre les Savans admis à disputer ces places, et il ne fut pas favorable, nous ne disons point à M. Euler, mais à sa patrie qui le perdit peu de jours après et pour toujours: deux ans auparavant, Nicolas et Daniel Bernoulli avoient été appelés en Russie; M. Euler qui les vit partir avec regret, obtint d'eux la promesse de chercher à lui procurer le même honneur, qu'il ambitionnoit de partager; et il ne faut pas en être surpris. La splendeur de la Capitale d'un grand Empire, cet éclat qui, se répandant sur les travaux dont elle est le théâtre et sur les hommes qui l'habitent, semble ajouter à leur gloire, peut aisément séduire la jeunesse, et frapper le citoyen libre, mais obscur et pauvre d'une petite République: Mrs. Bernoulli furent fidèles à leur parole, et se donnèrent, pour avoir auprès d'eux un Concurrent si redoutable, autant de soins que des hommes ordinaires en auroient pu prendre pour écarter leurs rivaux.

Le voyage de M. Euler fut entrepris sous de tristes auspices, il apprit bientôt que Nicolas Bernoulli avoit déjà été victime de la rigueur du climat; et le jour même où il entra sur les terres de l'empire Russe, fut celui de la mort de CATHERINE Ire, évènement qui parut d'abord menacer d'une dissolution prochaine l'Académie dont cette Princesse, fidèle aux vues de son époux, venoit d'achever la fondation. M. EULER, éloigné de sa patrie, n'ayant point, comme M. DANIEL BERNOULLI, à y rapporter un nom célèbre et respecté, prit la résolution d'entrer dans la marine Russe: un des Amiraux de PIERRE Ier lui avoit déjà promis une place, lorsque heureusement pour la Géométrie, l'orage élevé contre les Sciences se dissipa; M. EULER obtint le titre de Professeur, succéda, en 1733, à M. DANIEL BERNOULLI lorsque cet homme illustre se retira dans son pays; et la même année il épousa Mlle GSELL sa compatriote, fille d'un Peintre que PIERRE Ier avoit ramené en Russie, au retour de son premier voyage. Dès-lors, pour nous servir de l'expression de BACON, M. EULER sentit qu'il avoit donné des otages à la fortune, et que le pays où il pouvoit espérer de former un établissement pour sa famille, étoit devenu pour lui une patrie nécessaire. Né chez une Nation où tous les gouvernemens conservent au moins l'apparence et le langage des constitutions républicaines, où, malgré des distinctions plus réelles que celles qui séparent les premiers esclaves d'un Despote, du dernier de ses sujets, on a soigneusement gardé toutes les formes de l'égalité; où le respect qu'on doit aux loix s'étend jusqu'aux usages les plus indifférens, pourvu que l'antiquité ou l'opinion vulgaire les ait consacrés; M. EULER se trouvoit transporté dans un pays où le Prince exerce une autorité sans bornes, où la loi la plus sacrée des gouvernemens absolus, celle qui règle la succession à l'Empire, étoit alors incertaine et méprisée; où des Chefs, esclaves du Souverain, régnoient despotiquement sur un peuple esclave; et c'étoit dans le moment où cet Empire, gouverné par un Etranger ambitieux, défiant et cruel, gémissoit sous la tyrannie de BIREN, et offroit un spectacle aussi effrayant qu'instructif aux Savans qui étoient venus chercher dans son sein la gloire, la fortune, et la liberté de goûter en paix les douceurs de l'étude!

On sent tout ce que dut éprouver l'ame de M. EULER, lié à ce séjour par une chaîne qu'il ne pouvoit plus rompre: peut-être doit-on à cette circonstance de sa vie, cette opiniâtreté pour le travail dont il prit alors l'habitude, et qui devint son unique ressource dans une Capitale où l'on ne trouvoit plus que des satellites, ou des ennemis du Ministre, les uns occupés de flatter ses soupçons, les autres de s'y dérober: cette impression fut si forte sur M. EULER, qu'il la conservoit encore, lorsqu'en 1741, l'année d'après la chute de BIREN, dont la tyrannie fit place à un gouvernement plus modéré et plus humain, il quitta Pétersbourg pour se rendre à Berlin, où le Roi de Prusse l'avoit appelé. Il fut présenté à la Reine-mère, cette Princesse se plaisoit dans la conversation des hommes éclairés, et elle les accueilloit avec cette familiarité noble qui annonce dans les Princes le sentiment d'une grandeur personnelle, indépendante de leurs titres, et qui est devenue un des caractères de cette famille auguste; cependant la Reine de Prusse ne put obtenir de M. EULER que des monosyllabes, elle lui reprocha cette timidité, cet embarras qu'elle croyoit ne pas mériter d'inspirer; *pourquoi ne voulez-vous donc pas me parler*, lui dit-elle? *Madame*, répondit-il, *parce que je viens d'un pays où, quand on parle, on est pendu.*

Parvenu au moment de rendre compte des travaux immenses de M. EULER, j'ai senti l'impossibilité d'en suivre les détails, de faire connoître cette foule de découvertes, de méthodes nouvelles, de vues ingénieuses répandues dans plus de trente Ouvrages publiés à part, et dans près de sept cents Mémoires, dont environ deux cents déposés à l'Académie de Pétersbourg, avant sa mort, sont destinés à enrichir successivement la collection qu'elle publie.

Mais un caractère particulier m'a semblé le distinguer des hommes illustres qui en suivant la même carrière, ont obtenu une gloire que la sienne n'a pas éclipsée; c'est d'avoir embrassé les Sciences Mathématiques dans leur universalité, d'en avoir successivement perfectionné les différentes parties; et en les enrichissant toutes par des découvertes importantes, d'avoir produit une révolution utile dans la manière de les traiter. J'ai donc cru qu'en formant un tableau méthodique des différentes branches de ces Sciences, en marquant pour chacune les progrès, les changemens heureux qu'elle doit au génie de M. EULER, j'aurois du moins, autant que mes forces me le permettent, donné une idée plus juste de cet homme célèbre, qui, par la réunion de tant de qualités extraordinaires, a été pour ainsi dire un phénomène dont l'histoire des Sciences ne nous avoit encore offert aucun exemple.

L'Algèbre n'avoit été pendant long-temps qu'une Science très-bornée; cette manière de ne considérer l'idée de la grandeur que dans le dernier degré d'abstraction où l'esprit humain puisse atteindre; la rigueur avec laquelle on sépare de cette idée tout ce qui, en occupant l'imagination, pourroit donner quelqu'appui ou quelque repos à l'intelligence; enfin l'extrême généralité des signes que cette Science emploie, la rendent, en quelque sorte, trop étrangère à notre nature, trop éloignée de nos conceptions communes, pour que l'esprit humain pût aisément s'y plaire et en acquérir facilement l'habitude. La marche même des méthodes algébriques rebutoit encore les hommes les plus propres à ces méditations; pour peu que l'objet qu'on poursuit soit compliqué, elles forcent de l'oublier totalement, pour ne songer qu'à leurs formules; la route qu'on suit est assurée, mais le but où l'on veut arriver, le point d'où l'on est parti, disparoissent également aux regards du Géomètre; et il a fallu long-temps du courage pour oser perdre la terre de vue, et s'exposer sur la foi d'une Science nouvelle. Aussi, en jetant les yeux sur les Ouvrages des grands Géomètres du siècle dernier, de ceux même auxquels l'Algèbre doit les découvertes les plus importantes, on verra combien peu ils étoient accoutumés à manier ce même instrument qu'ils ont tant perfectionné; et l'on ne pourra s'empêcher de regarder comme l'ouvrage de M. EULER, la révolution qui a rendu l'Analyse algébrique, une méthode lumineuse, universelle, applicable à tout, et même facile.

Après avoir donné sur la forme des racines des équations algébriques, sur leur solution générale, sur l'élimination, plusieurs Théories nouvelles, et des vues ingénieuses ou profondes, M. EULER porta ses recherches sur le calcul des quantités transcendantes. LEIBNITZ et les deux BERNOULLI se partagent la gloire d'avoir introduit dans l'analyse algébrique, les fonctions exponentielles et logarithmiques; COTES avoit donné le moyen de représenter par des sinus ou des cosinus, les racines de certaines équations algébriques.

Un usage heureux de ces découvertes conduisit M. EULER à observer les rapports singuliers des quantités exponentielles et logarithmiques avec les transcendantes nées dans le cercle, et ensuite à trouver des méthodes au moyen desquelles, faisant disparoître de la solution des problèmes, les termes imaginaires qui s'y seroient présentés et qui auroient embarrassé le calcul, quoiqu'on sût qu'ils dussent se détruire, et réduisant les formules à une expression plus simple et plus commode, il est parvenu à donner une forme entièrement nouvelle à la partie de l'analyse qui s'applique aux questions d'Astronomie et de Physique. Cette forme a été adoptée par tous les Géomètres; elle est devenue d'un usage commun, et elle a produit dans cette partie du calcul, à peu-près la même révolution que la découverte des logarithmes avoit produite dans les calculs ordinaires.

Ainsi, à certaines époques, ou après de grands efforts, les Sciences mathématiques semblent avoir épuisé toutes les ressources de l'esprit humain, et atteindre le terme marqué à leurs progrès; tout-à-coup une nouvelle méthode de calcul vient s'introduire dans ces Sciences et leur donner une face nouvelle; bientôt on les voit s'enrichir rapidement par la solution d'un grand nombre de problèmes importans dont les Géomètres n'avoient osé s'occuper, rebutés par la difficulté, et pour ainsi dire par l'impossibilité physique de conduire leurs calculs jusqu'à un résultat réel. Peut-être la justice exigeroit-elle de réserver à celui qui a su introduire ces méthodes et les rendre usuelles, une portion dans la gloire de tous ceux qui les emploient avec succès, mais du moins il a sur leur reconnoissance des droits qu'ils ne pourroient contester sans ingratitude.

L'analyse des séries a occupé M. Euler dans presque toutes les époques de sa vie: c'est même une des parties de ses Ouvrages où l'on voit briller le plus cette finesse, cette sagacité, cette variété de moyens et de ressources qui le caractérisent.

Les fractions continues, inventées par le Vicompte Brouncker, paroissoient presque oubliées des Géomètres, M. Euler en perfectionna la théorie, en multiplia les applications et en fit sentir toute l'importance.

Ses recherches presque absolument neuves sur les séries de produits indéfinis, offrent des ressources nécessaires à la solution d'un grand nombre de questions utiles ou curieuses; et c'est sur-tout en imaginant ainsi de nouvelles formes de séries, et en les employant, non-seulement à des approximations dont on est si souvent forcé de se contenter, mais aussi à la découverte de vérités absolues et rigoureuses, que M. Euler a su agrandir cette branche de l'analyse, aujourd'hui si vaste, et bornée avant lui à un petit nombre de méthodes et d'applications.

Le Calcul intégral, l'instrument le plus fécond de découvertes que jamais les hommes aient possédé, a changé de face depuis les Ouvrages de M. Euler; il a perfectionné, étendu, simplifié toutes les méthodes employées ou proposées avant lui: on lui doit la solution générale des équations linéaires, premier fondement de ces formules d'approximation, si variées et si utiles. Une foule de méthodes particulières, fondées sur différens principes, sont répandues dans ses Ouvrages, et réunies dans son Traité du Calcul intégral: là, on le voit par un heureux usage des substitutions, ou rappeler à une méthode connue, des équations qui sembloient s'y refuser, ou réduire aux premières différentielles, des équations d'ordres supérieurs; tantôt en considérant la forme des intégrales, il en déduit les conditions des équations différentielles auxquelles elles peuvent satisfaire; et tantôt l'examen de la forme des facteurs qui rendent une différentielle complète, le conduit à former des classes générales d'équations intégrables: quelquefois une propriété particulière qu'il remarque dans une équation, lui offre un moyen de séparer les indéterminées qui sembloient devoir y rester confondues; ailleurs, si une équation où elles sont séparées, se dérobe aux méthodes communes, c'est en mêlant ces indéterminées qu'il parvient à connoître l'intégrale.

Au premier coup-d'œil, le choix et la réussite de ces moyens peuvent sembler, en quelque sorte, appartenir au hasard; cependant, un succès si fréquent et si sûr, oblige de reconnoître une autre cause, et il n'est pas toujours impossible de suivre le fil délié qui a guidé le génie. Si, par exemple, on considère la forme des substitutions employées par M. EULER, on découvrira souvent ce qui a pu lui faire prévoir que cette opération produiroit l'effet dont il avoit besoin; et si on examine la forme que dans une de ses plus belles méthodes, il suppose aux facteurs d'une équation du second ordre, on verra qu'il s'est arrêté à une de celles qui appartiennent particulièrement à cet ordre d'équations. A la vérité, cette suite d'idées qui dirige alors un Analiste, est moins une méthode dont il puisse développer la marche, qu'une sorte d'instinct particulier dont il seroit difficile de rendre compte, et souvent il aime mieux ne pas faire l'histoire de ses pensées, que de s'exposer au soupçon d'en avoir donné un roman ingénieux, et fait après coup.

M. EULER a observé que les équations différentielles sont susceptibles de solutions particulières qui ne sont pas comprises dans la solution générale. M. CLAIRAUT a fait aussi la même remarque; mais M. EULER a montré depuis, pourquoi ces intégrales particulières étoient exclues de la solution générale, et il est le premier qui se soit occupé de cette théorie, perfectionnée depuis par plusieurs Géomètres célèbres, et dans laquelle le Mémoire de M. DE LA GRANGE, sur la nature de ces intégrales et leur usage dans la solution des problèmes, n'a plus rien laissé à désirer.

Nous citerons encore une partie de ce calcul qui appartient presque en entier à M. EULER; c'est celle où l'on cherche des intégrales particulières pour une certaine valeur déterminée des inconnues que renferme l'équation; cette Théorie est d'autant plus importante, que souvent l'intégrale générale se dérobe absolument à nos recherches, et que, dans les problèmes où une valeur approchée de l'intégrale ne suffit pas aux vues qu'on se propose, la connoissance de ces intégrales particulières, peut suppléer à ce défaut. En effet, on connoît alors, du moins pour certains points, la valeur rigoureuse; et cette connoissance unie à celle d'une valeur générale approchée, doit suffire à presque tous les besoins de l'Analyse.

Personne n'a fait un usage plus étendu et plus heureux des méthodes qui donnent la valeur de plus en plus approchée d'une quantité déterminée par des équations différentielles, et dont on a déjà une première valeur; et il s'est également occupé de donner un moyen direct de déduire immédiatement de l'équation même, une valeur assez voisine de la vraie, pour que les puissances élevées de leur différence, puissent être négligées; moyen sans lequel les méthodes d'approximation en usage parmi les Géomètres, ne pourroient s'étendre aux équations pour lesquelles les observations ou des considérations particulières ne donnent pas cette première valeur dont ces méthodes supposent la connoissance.

Ce que nous avons dit suffit pour montrer jusqu'à quel point M. EULER avoit approfondi la nature des équations différentielles, la source des difficultés qui s'opposent à l'intégration, et la manière de les éluder ou de les vaincre; son grand Ouvrage sur cet objet, est non-seulement un Recueil précieux de méthodes neuves et étendues, c'est encore une mine féconde de découvertes, que tout homme né avec quelque talent, ne peut parcourir sans en rapporter de riches dépouilles. L'on peut dire de cette partie des travaux de M. EULER, comme de beaucoup d'autres, que les méthodes qu'elle renferme serviront longtemps après lui, à résoudre des questions importantes et difficiles; et que ses Ouvrages produiront encore et plus d'une découverte et plus d'une réputation.

Le calcul aux différences finies, n'étoit presque connu que par l'Ouvrage obscur, mais plein de sagacité, de TAYLOR: M. EULER en fit une branche importante du calcul intégral, lui donna une notation simple et commode, et sut l'appliquer avec succès à la théorie des suites, à la recherche de leurs sommes, ou de l'expression de leurs termes généraux, à celle de la racine des équations déterminées, à la manière d'avoir, par un calcul facile, la valeur approchée des produits, ou des sommes indéfinies de certains nombres.

C'est à M. D'ALEMBERT qu'appartient réellement la découverte du calcul aux différences partielles, puisque c'est à lui qu'est dûe la connoissance de la forme générale de leurs intégrales; mais dans les premiers Ouvrages de M. D'ALEMBERT on voyoit plus le résultat du calcul, que le calcul lui-même; c'est à M. EULER que l'on en doit la notation, il a su se le rendre propre, en quelque manière, par la profonde théorie qui l'a conduit à résoudre un grand nombre de ces équations, à distinguer les formes des intégrales pour les différens ordres et pour les différens nombres de variables, à réduire ces équations lorsqu'elles ont certaines formes, à des intégrations ordinaires, à donner les moyens de rappeler à ces formes, par d'heureuses substitutions, celles qui s'en éloignent; en un mot, en découvrant dans la nature des équations aux différences partielles, plusieurs de ces propriétés singulières qui en rendent la théorie générale si difficile et si piquante; qualités presque inséparables en Géométrie, où le degré de la difficulté est si souvent la mesure de l'intérêt qu'on prend à une question, de l'honneur qu'on attache à une découverte. L'influence d'une vérité nouvelle sur la Science même ou sur quelqu'application importante, est le seul avantage qui puisse balancer ce mérite de la difficulté vaincue, chez des hommes pour qui le plaisir d'apercevoir une vérité, est toujours proportionné aux efforts qu'elle leur a coûtés.

M. EULER n'avoit négligé aucune partie de l'Analyse: il a démontré quelques-uns des théorèmes de FERMAT, sur l'analyse indéterminée, et en a trouvé plusieurs autres non moins curieux, non moins difficiles à découvrir. La marche du cavalier au jeu d'échecs, et différens autres problèmes de situation, ont aussi piqué sa curiosité et exercé son génie: il mêloit aux recherches les plus importantes, ces amusemens, souvent plus difficiles, mais presque inutiles et aux progrès mêmes de la Science, et aux applications tentées jusqu'ici. M. EULER avoit un esprit trop sage pour ne pas sentir l'inconvénient de se livrer longtemps à ces recherches purement curieuses, mais trop étendu en même temps, pour ne pas voir que leur inutilité ne devoit être que momentanée, et que le seul moyen de la faire cesser, étoit de chercher à les approfondir et à les généraliser.

L'application de l'Algèbre à la Géométrie, avoit occupé, depuis DESCARTES, presque tous les Géomètres du dernier siècle; mais M. EULER a prouvé qu'ils n'avoient pas, à beaucoup près, tout épuisé. On lui doit de nouvelles recherches sur le nombre des points qui déterminent une ligne courbe dont le degré est connu, et sur celui des intersections des lignes de différens degrés; on lui doit également l'équation générale des courbes, dont les développées, les secondes, les troisièmes développées, en un mot les développées d'un ordre quelconque, sont semblables à la courbe génératrice: équation remarquable par son extrême simplicité.

La Théorie générale des surfaces courbes, étoit peu connue, et M. EULER est le premier qui l'ait développée dans un Ouvrage élémentaire: il y ajouta celle des rayons osculateurs de ces surfaces; et il parvint à cette conclusion singulière, que la courbure d'un élément de surface est déterminée par deux des rayons osculateurs des courbes formées par l'intersection de la surface et d'un plan qui passe par la perpendiculaire au point donné; que ces rayons sont le plus grand et le plus petit de tous ceux qui appartiennent à la suite des courbes ainsi formées, et qu'enfin ils se trouvent toujours dans des plans perpendiculaires l'un à l'autre.

Il donna de plus, une méthode pour déterminer les surfaces qui peuvent être développées sur un plan, et une théorie des projections géographiques de la sphère. Ces deux Ouvrages renferment une application du calcul des différences partielles à des problèmes géométriques: application qui peut s'étendre à beaucoup de questions intéressantes, et dont la première idée est dûe à M. EULER.

Ses recherches sur les courbes, qui, tracées sur une sphère, sont rectifiables algébriquement, et sur les surfaces courbes, dont les parties correspondant à des parties d'un plan donné, sont égales entr'elles, l'ont conduit à une nouvelle espèce d'analyse, à laquelle il donne le nom d'*Analyse infinitésimale indéterminée;* parce que, comme dans l'Analyse indéterminée ordinaire, les quantités qui restent arbitraires sont assujetties à certaines conditions: et de même que l'analyse indéterminée a pu servir quelquefois à la perfection de l'Algèbre, M. EULER regardoit sa nouvelle Analyse comme une Science qui devoit un jour être utile au progrès du calcul intégral.

En effet, ces questions particulières, qui ne tiennent pas au corps méthodique des Sciences mathématiques, qui n'entrent point dans les applications qu'on peut en faire, ne doivent pas être regardées seulement comme des moyens d'exercer les forces ou de faire briller le génie des Géomètres; presque toujours dans les Sciences, on commence par cultiver séparément quelques parties isolées, à mesure que les découvertes successives se multiplient, les liaisons qui unissent ces parties se laissent successivement apercevoir; et le plus souvent c'est aux lumières qui résultent de cette réunion, que sont dûes les grandes découvertes qui font époque dans l'histoire de l'esprit humain.

La question de déterminer les courbes ou les surfaces pour lesquelles certaines fonctions indéfinies sont plus grandes ou plus petites que pour toutes les autres, avoit exercé les Géomètres les plus illustres du siècle dernier. Les solutions des problèmes du solide de la moindre résistance, de la courbe de plus vîte descente, de la plus grande des aires isopérimètres, avoient été célèbres en Europe. La méthode générale de résoudre le problème, étoit cachée dans ces solutions, et sur-tout dans celle que JACQUES BERNOULLI avoit trouvée pour la question des isopérimètres, et qui lui avoit donné sur son frère un avantage que tant de chef-d'œuvres, enfantés depuis par JEAN BERNOULLI, n'ont pu faire oublier. Mais il falloit développer cette méthode, il falloit la réduire en formules générales; et c'est ce que fit M. EULER, dans un Ouvrage imprimé en 1744, et l'un des plus beaux monumens de son génie. Pour trouver ces formules il avoit été obligé d'employer la considération des lignes courbes; quinze ans après un jeune Géomètre (M. DE LA GRANGE), qui dans ses premiers Essais annonçoit un digne successeur d'EULER, résolut le même problème par une méthode purement analytique: M. EULER admira le premier ce nouvel effort de l'art du calcul, s'occupa lui-même d'exposer la nouvelle méthode, d'en présenter les principes, et d'en donner le développement avec cette clarté, cette élégance qui brillent dans tous ses Ouvrages; jamais le génie ne reçut et ne rendit un plus bel hommage, et jamais il ne se montra plus supérieur à ces petites passions que le partage d'un peu de gloire rend si actives et si violentes dans les hommes ordinaires.

Nous terminerons cet exposé des travaux de M. EULER sur l'analyse pure, en observant qu'il seroit injuste de borner son influence sur les progrès des Mathématiques, aux découvertes sans nombre dont ses Ouvrages sont remplis. Ces communications qu'il a ouvertes entre toutes les parties d'une Science si vaste; ces vues générales, que souvent même il n'indique pas, mais qui n'échappent point à un esprit attentif; ces routes dont il s'est contenté d'ouvrir l'entrée, et d'aplanir les premiers obstacles, sont encore autant de bienfaits dont les Sciences s'enrichiront, et dont la postérité jouira, en oubliant peut-être la main dont elle les aura reçus.

Le Traité de Mécanique que M. EULER donna en 1736, est le premier grand Ouvrage où l'Analyse ait été appliquée à la Science du mouvement. Le nombre des choses neuves ou présentées d'une manière nouvelle, qui entrent dans ce Traité, eût étonné les Géomètres, si M. EULER n'en eût déjà publié séparément la plus grande partie.

Dans ses nombreux travaux sur la même Science, il fut toujours fidèle à l'analyse; et l'usage heureux qu'il en a fait a mérité à cette méthode la préférence qu'elle a enfin obtenue sur toutes les autres.

La solution du problème où l'on cherche le mouvement d'un corps lancé dans l'espace et attiré vers deux points fixes, est devenue célèbre par l'Art avec lequel des substitutions dont M. EULER savoit si bien prévoir la forme, l'ont conduit à réduire aux quadratures, des équations que leur complication et leur forme pouvoient faire regarder comme insolubles.

Il appliqua l'analyse au mouvement d'un corps solide d'une figure donnée, et elle le conduisit à ce beau théorème déjà donné par SEGNER, *qu'un corps d'une figure quelconque, peut tourner librement, d'un mouvement uniforme, autour de trois axes perpendiculaires entr'eux;* à la connoissance de plusieurs propriétés singulières de ces trois axes principaux, et enfin aux équations générales du mouvement d'un corps, quelles que soient sa figure et la loi des forces accélératrices qui agissent sur ses élémens et sur quelques-unes de ses parties.

Le problème des cordes vibrantes, et tous ceux qui appartiennent à la théorie du son ou des loix des oscillations de l'air, ont été soumis à l'analyse par les nouvelles méthodes dont il enrichit le calcul des différences partielles. Une théorie du mouvement des fluides, appuyée sur ce même calcul, étonna par la clarté qu'il a répandue sur des questions si épineuses, et la facilité qu'il a su donner à des méthodes fondées sur une analyse si profonde.

Tous les problèmes de l'Astronomie physique, qui ont été traités dans ce siècle, ont été résolus par des Méthodes analytiques particulières à M. Euler. Son calcul des perturbations de l'orbite terrestre, sur-tout sa théorie de la Lune, sont des modèles de la simplicité, de la précision auxquelles on peut porter ces méthodes; et en lisant ce dernier Ouvrage, on n'est pas moins étonné de voir jusqu'où un homme d'un grand génie, animé du désir de ne rien laisser à faire sur une question importante, peut pousser la patience et l'opiniâtreté du travail.

L'Astronomie n'employoit que des méthodes géométriques, M. Euler sentit tout ce qu'elle pouvoit espérer des secours de l'analyse, et il le prouva par des exemples qui, imités depuis par plusieurs Savans célèbres, pourront un jour faire prendre à cette Science une forme nouvelle.

Il embrassa la Science navale, dans un grand Ouvrage auquel une savante analyse sert de base, et où les questions les plus difficiles sont soumises à ces méthodes générales et fécondes qu'il savoit si bien créer et employer: long-temps après, il publia, sur la même matière, un abrégé élémentaire de ce même Traité, où il renferme, sous la forme la plus simple, ce qui peut être utile à la pratique, et ce que doivent savoir ceux qui se consacrent au service de mer: cet Ouvrage, quoique destiné par l'Auteur aux seules écoles de l'empire de Russie, lui mérita une gratification du Roi, qui jugea que des travaux utiles à tous les hommes, avoient des droits à la reconnoissance de tous les Souverains, et voulut montrer que même aux extrémités de l'Europe, des talens si rares ne pouvoient échapper ni à ses regards ni à ses bienfaits. M. Euler fut sensible à cette marque de l'estime d'un Roi puissant, et elle reçut un nouveau prix à ses yeux, de la main qui la lui transmit: c'étoit celle de M. Turgot, Ministre respecté dans l'Europe, par ses lumières comme par ses vertus, fait pour commander à l'opinion plutôt que pour lui obéir, et dont le suffrage, toujours dicté par la vérité, et jamais par le désir d'attirer sur lui-même l'approbation publique, pouvoit flatter un Sage trop accoutumé à la gloire pour être encore sensible au bruit de sa renommée.

Dans les hommes d'un génie supérieur, l'extrême simplicité de caractère peut s'allier avec les qualités de l'esprit, qui semblent le plus annoncer de l'habileté ou de la finesse; aussi M. Euler, malgré cette simplicité qui ne se démentit jamais, savoit cependant distinguer avec une sagacité, toujours indulgente il est vrai, les hommages d'une admiration éclairée, et ceux que la vanité prodigue aux Grands hommes pour s'assurer du moins le mérite de l'enthousiasme.

Ses travaux sur la Dioptrique, sont fondés sur une analyse moins profonde, et on est tenté de lui en savoir gré, comme d'une espèce de sacrifice: les différens rayons dont un rayon solaire est formé, subissent dans le même milieu, des réfractions différentes; séparés ainsi des rayons voisins, ils paroissent seuls, ou moins mélangés, et donnent la sensation de couleur qui leur est propre; cette réfrangibilité varie dans les différens milieux pour chaque rayon, et suivant une loi qui n'est pas la même que celle de la réfraction moyenne dans ces milieux: cette observation donnoit lieu de croire que deux prismes inégaux et de différentes matières, combinés ensemble, pourroient détourner un rayon de sa route, sans le décomposer, ou plutôt en replaçant par une triple réfraction, les rayons élémentaires dans une direction parallèle.

De la vérité de cette conjecture, pouvoit dépendre, dans les lunettes, la destruction des iris qui colorent les objets vus à travers les verres lenticulaires: M. EULER étoit convaincu de la possibilité du succès, d'après cette idée métaphysique, *que si l'œil a été composé de diverses humeurs, c'est uniquement dans l'intention de détruire les effets de l'aberration de réfrangibilité;* il ne s'agissoit donc que de chercher à imiter l'opération de la Nature, et il en proposa les moyens, d'après une théorie qu'il s'étoit formée. Ses premiers essais excitèrent les Physiciens à s'occuper d'un objet qu'ils paroissoient avoir négligé; leurs expériences ne s'accordèrent point avec la théorie de M. EULER, mais elles confirmèrent les vues qu'il avoit eues sur la perfection des lunettes. Instruit alors par eux des loix de la dispersion dans les différens milieux, il abandonna ses premières idées, soumit au calcul les résultats de leurs expériences, et enrichit la Dioptrique de formules analytiques, simples, commodes, générales, applicables à tous les instrumens qu'on peut construire.

On a encore de M. EULER, quelques Essais sur la théorie générale de la lumière, dont il cherchoit à concilier les phénomènes avec les loix des oscillations d'un fluide; parce que l'hypothèse de l'émission des rayons en ligne droite, lui paroissoit présenter des difficultés insurmontables. La théorie de l'aimant, celle de la propagation du feu, les loix de la cohésion des corps et celles des frottemens, devinrent aussi pour lui l'occasion de savans calculs, appuyés malheureusement sur des hypothèses, plutôt que sur des expériences.

Le calcul des Probabilités, l'Arithmétique politique, furent encore l'objet de ses infatigables travaux; nous ne citerons ici que ses recherches sur les Tables de mortalité, et sur les moyens de les déduire des phénomènes avec plus d'exactitude; sa méthode de prendre un milieu entre des observations, ses calculs sur l'établissement d'une Caisse d'emprunt, dont le but est d'assurer aux veuves, aux enfans, ou une somme fixe ou une rente, payable après la mort d'un mari ou d'un père; moyen ingénieux, imaginé par des Géomètres philosophes, pour contre-balancer le mal moral qui résulte de l'établissement des rentes viagères, et pour rendre utiles aux familles, les plus petites épargnes que leur chef peut faire sur son gain journalier, ou sur les appointemens, soit d'une commission, soit d'une place.

On a vu dans l'éloge de M. DANIEL BERNOULLI, qu'il avoit partagé avec M. EULER seul la gloire d'avoir remporté treize Prix à l'Académie des Sciences; souvent ils travaillèrent pour les mêmes sujets, et l'honneur de l'emporter sur son Concurrent, fut encore partagé entr'eux, sans que jamais cette rivalité ait suspendu les témoignages réciproques de leur estime, ou refroidi le sentiment de leur amitié. En examinant les sujets sur lesquels l'un et l'autre ont obtenu la victoire, on voit que le succès a dépendu sur-tout du caractère de leur talent: lorsque la question exigeoit de l'adresse dans la manière de l'envisager, un usage heureux de l'expérience, ou des vues de Physique ingénieuses et neuves, l'avantage étoit pour M. DANIEL BERNOULLI; n'offroit-elle à vaincre que de grandes difficultés de calcul, falloit-il créer de nouvelles méthodes d'analyse, c'étoit M. EULER qui l'emportoit: et si l'on pouvoit avoir la témérité de vouloir juger entr'eux, ce ne seroit pas entre deux hommes qu'on auroit à prononcer, ce seroit entre deux genres d'esprit, entre deux manières d'employer le génie.

Nous n'aurions donné qu'une idée très-imparfaite de la fécondité de M. EULER, si nous n'ajoutions à cette foible esquisse de ses travaux, qu'il est peu de sujets importans pour lesquels il ne soit revenu sur ses traces, en refaisant même plusieurs fois son premier Ouvrage; tantôt il substituoit une méthode directe et analytique, à une méthode indirecte; tantôt il étendoit sa première solution à des cas qui lui avoient d'abord échappé; ajoutant presque toujours de nouveaux exemples qu'il savoit choisir avec un art singulier, parmi ceux qui offroient ou quelque application utile ou quelque remarque curieuse: la seule intention de donner à son travail une forme plus méthodique, d'y répandre plus de clarté, d'y ajouter un nouveau degré de simplicité, suffisoit pour le déterminer à des travaux immenses; jamais Géomètre n'a tant écrit, et jamais aucun n'a donné à ses Ouvrages un tel degré de perfection. Lorsqu'il publioit un Mémoire sur un objet nouveau, il exposoit avec simplicité la route qu'il avoit parcourue, il en faisoit observer les difficultés ou les détours; et après avoir fait suivre scrupuleusement à ses lecteurs la marche de son esprit dans ses premiers essais, il leur montroit ensuite comment il étoit parvenu à trouver une route plus simple: on voit qu'il préféroit l'instruction de ses disciples à la petite satisfaction de les étonner, et qu'il croyoit n'en pas faire assez pour la Science, s'il n'ajoutoit aux vérités nouvelles dont il l'enrichissoit, l'exposition naïve des idées qui l'y avoient conduit.

Cette méthode d'embrasser ainsi toutes les branches des Mathématiques, d'avoir, pour ainsi dire, toujours présentes à l'esprit toutes les questions et toutes les théories, étoit pour M. Euler une source de découvertes, fermée pour presque tous les autres, ouverte pour lui seul: ainsi dans la suite de ses travaux, tantôt s'offroit à lui une méthode singulière d'intégrer des équations, en les différenciant, tantôt une remarque sur une question d'Analyse ou de Mécanique, le conduisoit à la solution d'une équation différentielle très-compliquée, qui échappoit aux méthodes directes; c'est quelquefois un problème, en apparence très-difficile, qu'il résout en un instant par une méthode très simple, ou un problème qui paroît élémentaire, et dont la solution a des difficultés qu'il ne peut vaincre que par de grands efforts; d'autres fois, des combinaisons de nombres singuliers, des séries d'une forme nouvelle, lui présentent des questions piquantes par leur nouveauté, ou le mènent à des vérités inattendues. M. Euler avertissoit alors avec soin que c'étoit au hasard qu'il devoit les découvertes de ce genre; ce n'étoit pas en diminuer le mérite, car on voyoit aisément que ce hasard ne pourroit arriver qu'à un homme qui joindroit à une vaste étendue de connoissances, la sagacité la plus rare. D'ailleurs, peut-être ne faudroit-il pas le louer de cette candeur, quand même elle lui auroit coûté un peu de sa gloire: les hommes d'un grand génie ont rarement ces petites ruses de l'amour-propre, qui ne servent qu'à rapetisser aux yeux des juges éclairés, ceux qu'elles agrandissent dans l'opinion de la multitude; soit que l'homme de génie sente qu'il ne sera jamais plus grand qu'en se montrant tel qu'il est, soit que l'opinion n'ait pas sur lui cet empire qu'elle exerce avec tant de tyrannie sur les autres hommes.

Lorsqu'on lit la vie d'un grand homme, soit conviction de l'imperfection attachée à la foiblesse humaine, soit que la justice dont nous sommes capables, ne puisse atteindre jusqu'à reconnoître dans nos semblables une supériorité dont rien ne nous console, soit enfin que l'idée de la perfection dans un autre nous blesse ou nous humilie encore plus que celle de la grandeur; il semble qu'on a besoin de trouver un endroit foible, on cherche quelque défaut qui puisse nous relever à nos propres yeux, et l'on est involontairement porté à se défier de la sincérité de l'Écrivain, s'il ne nous montre pas cet endroit foible, s'il ne soulève point le voile importun dont ces défauts sont couverts.

M. Euler paroissoit quelquefois ne s'occuper que du plaisir de calculer, et regarder le point de Mécanique ou de Physique, qu'il examinoit, seulement comme une occasion d'exercer son génie et de se livrer à sa passion dominante. Aussi les Savans lui ont-ils reproché d'avoir quelquefois prodigué son calcul à des hypothèses physiques, ou même à des principes métaphysiques, dont il n'avoit pas assez examiné ou la vraisemblance ou la solidité; ils lui reprochoient aussi de s'être trop reposé sur les ressources du calcul, et d'avoir négligé celles que pouvoit lui donner l'examen des questions mêmes qu'il se proposoit de résoudre. Nous conviendrons que le premier reproche n'étoit pas sans fondement, nous avouerons que dans M. EULER le Métaphysicien, ou même le Physicien, n'a pas été si grand que le Géomètre; et l'on doit regretter sans doute que plusieurs parties de ses Ouvrages, par exemple de ceux qu'il a faits sur la Science navale, sur l'Artillerie n'aient presque été utiles qu'aux progrès de la Science du calcul: mais nous croyons que le second reproche est beaucoup moins mérité; par-tout dans les Ouvrages de M. EULER, on le voit occupé d'ajouter aux richesses de l'analyse, d'en étendre et d'en multiplier les applications; en même-temps qu'elle paroît son instrument unique, on voit qu'il a voulu en faire un instrument universel: le progrès naturel des Sciences mathématiques, devoit amener cette révolution; mais il l'a vu pour ainsi dire s'accomplir sous ses yeux, c'est à son génie que nous la devons; elle a été le prix de ses efforts et de ses découvertes. Ainsi, lors même qu'il paroissoit abuser de l'Analyse et en épuiser tous les secrets pour résoudre une question dont quelques réflexions étrangères au calcul lui eussent donné une solution simple et facile, souvent il ne cherchoit qu'à montrer les forces et les ressources de son Art; et on doit lui pardonner, si quelquefois, en paroissant s'occuper d'une autre Science, c'étoit encore au progrès et à la propagation de l'Analyse, que ces travaux étoient consacrés, puisque la révolution qui en a été le fruit, est un de ses premiers droits à la reconnoissance des hommes, et un de ses plus beaux titres à la gloire.

Je n'ai pas cru devoir interrompre le détail des travaux de M. EULER, par le récit des évènemens très-simples et très-peu multipliés de sa vie.

Il s'établit à Berlin en 1741, et y resta jusqu'en 1766.

Madame la Princesse d'Anhalt-Dessau, nièce du Roi de Prusse, voulut recevoir de lui quelques leçons de Physique; ces leçons ont été publiées sous le nom de *Lettres à une Princesse d'Allemagne;* ouvrage précieux par la clarté singulière avec laquelle il y a exposé les vérités les plus importantes de la Mécanique, de l'Astronomie-physique, de l'Optique et de la Théorie des sons, et par des vues ingénieuses moins philosophiques, mais plus savantes que celles qui ont fait survivre la pluralité des Mondes de FONTENELLE, au système des tourbillons. Le nom d'EULER, si grand dans les Sciences, l'idée imposante que l'on se forme de ses Ouvrages destinés à développer ce que l'Analyse a de plus épineux et de plus abstrait, donnent à ces Lettres si simples, si faciles, un charme singulier: ceux qui n'ont pas étudié les Mathématiques, étonnés, flattés peut-être de pouvoir entendre un Ouvrage d'EULER, lui savent gré de s'être mis à leur portée; et ces détails élémentaires des Sciences, acquièrent une sorte de grandeur par le rapprochement qu'on en fait avec la gloire et le génie de l'homme illustre qui les a tracés.

Le Roi de Prusse employa M. EULER à des calculs sur les monnoies, à la conduite des eaux de Sans-souci, à l'examen de plusieurs canaux de navigation; ce Prince n'étoit pas né pour croire que de grands talens et des connoissances profondes, fussent jamais des qualités superflues ou dangereuses, et le bonheur de pouvoir être utile, un avantage réservé par la Nature à l'ignorance et à la médiocrité.

En 1750, M. EULER fit le voyage de Francfort pour y recevoir sa mère, veuve alors, et la ramener à Berlin; il eut le bonheur de l'y conserver jusqu'en 1761: pendant onze ans elle jouit de la gloire de son fils, comme le cœur d'une mère sait en jouir, et fut plus heureuse encore peut-être, par ses soins tendres et assidus, dont cette gloire augmentoit le prix.

Ce fut pendant son séjour à Berlin, que M. EULER, lié par la reconnoissance à M. DE MAUPERTUIS, se crut obligé de défendre ce Principe de la moindre action, sur lequel le Président de l'Académie de Prusse avoit fondé l'espérance d'une si grande renommée; le moyen que choisit M. EULER, ne pouvoit guère être employé que par lui, c'étoit de résoudre par ce Principe quelques-uns des problèmes les plus difficiles de la Mécanique: ainsi dans les temps fabuleux, les Dieux daignoient fabriquer pour les guerriers qu'ils favorisoient, des armes impénétrables aux coups de leurs adversaires. Nous désirerions que la reconnoissance de M. EULER se fût bornée à une protection si noble et si digne de lui, mais on ne peut se dissimuler qu'il n'ait montré trop de dureté dans ses réponses à KOENIG; et c'est avec douleur que nous sommes obligés de compter un Grand homme parmi les ennemis d'un Savant malheureux et persécuté: heureusement toute la vie de M. EULER le met à l'abri d'un soupçon plus grave; sans cette simplicité, cette indifférence pour la renommée, qu'il a montrées constamment, on auroit pu croire que les plaisanteries d'un illustre Partisan de M. KOENIG (plaisanteries que M. DE VOLTAIRE lui-même a depuis condamnées à un juste oubli), avoient altéré le caractère du sage et paisible Géomètre; mais s'il fit alors une faute, c'est à l'excès seul de la reconnoissance qu'il faut l'attribuer; et c'est par un sentiment respectable qu'il a été injuste, une seule fois dans sa vie.

Les Russes ayant pénétré dans la Marche de Brandebourg, en 1760, pillèrent une métairie que M. EULER avoit auprès de Charlotembourg: mais le Général TOTTLEBEN n'étoit pas venu faire la guerre aux Sciences; instruit de la perte que M. EULER avoit essuyée, il s'empressa de la réparer, en faisant payer le dommage à un prix fort au-dessus de la valeur réelle; et il rendit compte de ce manque d'égards involontaire à l'Impératrice ELISABETH, qui ajouta un don de quatre mille florins à une indemnité déjà beaucoup plus que suffisante: ce trait n'a point été connu en Europe, et nous citons avec enthousiasme quelques actions semblables que les Anciens nous ont transmises; cette différence dans nos jugemens, n'est-elle pas une preuve de ces progrès heureux de l'espèce humaine, que quelques Écrivains s'obstinent à nier encore, apparemment pour éviter qu'on ne les accuse d'en avoir été les complices?

Le Gouvernement de Russie n'avoit jamais traité M. EULER comme un étranger, une partie de ses appointemens lui fut toujours payée malgré son absence; et l'Impératrice l'ayant appelé, en 1766, il consentit à retourner à Pétersbourg.

En 1735, les efforts que lui avoit coûtés un calcul astronomique, pour lequel les autres Académiciens demandoient plusieurs mois, et qu'il acheva en peu de jours, lui avoient causé une maladie suivie de la perte d'un œil; il avoit lieu de craindre une cécité complète s'il s'exposoit de nouveau dans un climat dont l'influence lui étoit contraire: l'intérêt de ses enfans l'emporta sur cette crainte; et si on songe que l'étude étoit pour M. EULER une passion exclusive, on jugera sans doute que peu d'exemples d'amour paternel ont mieux prouvé qu'il est la plus puissante et la plus douce de nos affections.

Il essuya peu d'années après, le malheur qu'il avoit prévu, mais il conserva, heureusement pour lui et pour les Sciences, la faculté de distinguer encore de grands caractères tracés sur une ardoise avec de la craie; ses fils, ses élèves copioient ses calculs, écrivoient sous sa dictée le reste de ses Mémoires; et si on en juge par leur nombre, et souvent par le génie qu'on y retrouve, on pourroit croire que l'absence encore plus absolue de toute distraction, et la nouvelle énergie que ce recueillement forcé donnoit à toutes ses facultés, lui ont fait plus gagner, que l'affoiblissement de sa vue n'a pu lui faire perdre de facilité et de moyens pour le travail.

D'ailleurs, M. EULER, par la nature de son génie, par l'habitude de sa vie, s'étoit même involontairement préparé des ressources extraordinaires: en examinant ces grandes formules analytiques, si rares avant lui, si fréquentes dans ses Ouvrages, dont la combinaison et le développement réunissent tant de simplicité et d'élégance, dont la forme même plaît aux yeux comme à l'esprit, on voit qu'elles ne sont pas le fruit d'un calcul tracé sur le papier, et que produites toutes entières dans sa tête, elles y ont été créées par une imagination également puissante et active. Il existe dans l'Analyse (et M. EULER en a beaucoup multiplié le nombre), des formules d'une application commune et presque journalière; il les avoit toujours présentes à l'esprit, les savoit par cœur, les récitoit dans la conversation; et M. D'ALEMBERT, lorsqu'il le vit à Berlin, fut étonné d'un effort de mémoire qui supposoit dans l'esprit de M. EULER tant de netteté, et tant de vigueur à la fois. Enfin sa facilité à calculer de tête, étoit portée à un degré qu'on croiroit à peine, si l'histoire de ses travaux n'avoit accoutumé aux prodiges: on l'a vu, dans l'intention d'exercer son petit-fils aux extractions de racines, se former la Table des six premières puissances de tous les nombres, depuis 1 jusqu'à 100, et la conserver exactement dans sa mémoire: deux de ses disciples avoient calculé jusqu'au dix-septième terme, une série convergente assez compliquée; leurs résultats, quoique formés d'après un calcul écrit, différoient d'une unité au cinquantième chiffre; ils firent part de cette dispute à leur maître, M. EULER refit le calcul entier dans sa tête, et sa décision se trouva conforme à la vérité.

Depuis la perte de sa vue, il n'avoit d'autre amusement que de faire des aimants artificiels, et de donner des leçons de Mathématique à un de ses petits-fils, qui lui paroissoit annoncer d'heureuses dispositions.

Il alloit encore quelquefois à l'Académie, principalement dans les circonstances difficiles, où il croyoit que sa présence pouvoit être utile pour y maintenir la liberté: on sent combien un Président perpétuel, nommé par la Cour, peut troubler le repos d'une Académie, et tout ce qu'elle en doit craindre, lorsque n'étant pas choisi dans la classe des Savans, il ne se sent pas même arrêté par le besoin qu'a sa réputation du suffrage de ses Confrères; comment des hommes, uniquement occupés de leurs paisibles travaux, et ne sachant parler que le langage des Sciences, pourroient-ils alors se défendre, sur-tout si étrangers, isolés, éloignés de leur patrie, ils tiennent tout du Gouvernement auquel ils ont à demander justice contre le Chef que ce Gouvernement même leur a donné?

Mais il est un degré de gloire où l'on se trouve au-dessus de la crainte; c'est lorsque l'Europe entière s'élèveroit contre une injure personnelle faite à un Grand homme, qu'il peut sans risque déployer contre l'injustice l'autorité de sa renommée, et élever en faveur des Sciences, une voix qu'on ne peut empêcher de se faire entendre; M. EULER, tout simple, tout modeste qu'il étoit, sentoit ses forces, et les a plus d'une fois heureusement employées.

En 1771, la ville de Pétersbourg éprouva un incendie terrible, les flammes gagnèrent la maison de M. EULER; un Bâlois, M. PIERRE GRIMM (dont le nom mérite sans doute d'être conservé), apprend le danger de son illustre compatriote, aveugle et souffrant, il se précipite au travers des flammes, pénètre jusqu'à lui, le charge sur ses épaules et le sauve au péril de sa vie: la bibliothèque, les meubles de M. EULER furent consumés, mais les soins empressés du comte ORLOFF, sauvèrent ses manuscrits; et cette attention, au milieu du trouble et des horreurs de ce grand désastre, est un des hommages les plus vrais et les plus flatteurs que jamais l'autorité publique ait rendus au génie des Sciences: la maison de M. EULER étoit un des bienfaits de l'Impératrice, un nouveau bienfait en répara promptement la perte.

Il a eu de sa première femme treize enfans, dont huit morts en bas âge; ses trois fils lui ont survécu, et il eut le malheur de perdre ses deux filles dans la dernière année de sa vie; de trente-huit petits-enfans, vingt-six vivoient encore à l'époque de sa mort. En 1776, il épousa en secondes nôces, Mlle GSELL, sœur de père de sa première femme; il avoit gardé toute la simplicité de mœurs dont la maison paternelle lui avoit donné l'exemple; tant qu'il a conservé la vue, il rassembloit tous les soirs, pour la prière commune, ses petits-enfans, ses domestiques et ceux de ses élèves qui logeoient chez lui; il leur lisoit un chapitre de la Bible, et quelquefois accompagnoit cette lecture d'une exhortation.

Il étoit très-réligieux; on a de lui une preuve nouvelle de l'existence de Dieu et de la spiritualité de l'ame, cette dernière même a été adoptée dans plusieurs écoles de Théologie: il avoit conservé scrupuleusement la Religion de son pays, qui est le Calvinisme rigide; et il ne paroît pas qu'à l'exemple de la plupart des Savans Protestans, il se soit permis d'adopter des opinions particulières, et de se former un système de Religion.

Son érudition étoit très-étendue, sur-tout dans l'histoire des Mathématiques; on a prétendu qu'il avoit porté sa curiosité jusqu'à s'instruire des procédés et des règles de l'Astrologie, et que même il en avoit fait quelques applications; cependant lorsqu'en 1740, on lui donna ordre de faire l'horoscope du Prince YVAN, il représenta que cette fonction appartenoit à M. KRAAFF, qui, en qualité d'Astronome de la Cour, fut obligé de la remplir. Cette crédulité qu'on est étonné de trouver à cette époque dans la Cour de Russie, étoit générale un siècle auparavant dans toutes les Cours de l'Europe; celles de l'Asie n'en ont pas encore secoué le joug, et il faut avouer, que si on en excepte les maximes communes de la Morale, il n'y a jusqu'ici aucune vérité qui puisse se glorifier d'avoir été adoptée aussi généralement et aussi long-temps, que beaucoup d'erreurs, ou ridicules ou funestes.

M. Euler avoit étudié presque toutes les branches de la Physique, l'Anatomie, la Chimie, la Botanique; mais sa supériorité dans les Mathématiques ne lui permettoit pas d'attacher la plus petite importance à ses connoissances dans les autres genres, quoiqu'assez étendues pour qu'un homme plus susceptiple des petitesses de l'amour-propre, eût pu aspirer à une sorte d'universalité.

L'étude de la Littérature ancienne et des Langues savantes, avoit fait partie de son éducation; il en conserva le goût toute sa vie, et n'oublia rien de ce qu'il avoit appris; mais il n'eut jamais ni le temps ni le désir d'ajouter à ses premières études: il n'avoit pas lû les Poëtes modernes, et savoit par cœur l'Enéïde. Cependant M. Euler ne perdoit pas de vue les Mathématiques, même lorsqu'il récitoit les vers de Virgile; tout étoit propre à lui rappeler cet objet presque unique de ses pensées, et on trouve dans ses Ouvrages un savant Mémoire sur une question de Mécanique, dont il racontoit qu'un vers de l'Enéïde lui avoit donné la première idée.

On a dit, que, pour les hommes d'un grand talent, le plaisir du travail en étoit une récompense plus douce encore que la gloire; si cette vérité avoit besoin d'être prouvée par des exemples, celui de M. Euler ne permettroit plus d'en douter.

Jamais, dans ses savantes discussions avec de célèbres Géomètres, il n'a laissé échapper un seul trait qui puisse faire soupçonner qu'il se soit occupé des intérêts de son amour-propre. Jamais il n'a réclamé aucune de ses découvertes; et si on revendiquoit quelque chose dans ses Ouvrages, il s'empressoit de réparer une injustice involontaire, sans même trop examiner si l'équité rigoureuse exigeoit de lui un abandon absolu. Y avoit-on relevé quelqu'erreur, si le reproche étoit mal fondé, il l'oublioit; s'il étoit juste, il se corrigeoit, et ne songeoit même pas à observer, que souvent le mérite de ceux qui se vantoient d'avoir aperçu ses fautes, consistoit seulement dans une application facile des méthodes que lui-même leur avoit enseignées, à des théories dont il avoit aplani d'avance les plus grandes difficultés.

Presque toujours les hommes médiocres cherchent à se faire valoir par une sévérité proportionnée à la haute idée qu'ils veulent donner de leur jugement ou de leur génie; inexorables pour tout ce qui s'élève au-dessus d'eux, ils ne pardonnent même pas à l'infériorité; on diroit qu'un sentiment secret les avertit du besoin qu'ils ont de rabaisser les autres. Au contraire, le premier mouvement de M. EULER le portoit à célébrer les talens dès l'instant où quelques essais heureux frappoient ses regards, et sans attendre que l'opinion publique eût sollicité son suffrage. On le voit employer son temps à refaire, à éclaircir ses Ouvrages, et même à résoudre des problèmes déjà résolus, qui ne lui laissoient plus que le mérite de plus d'élégance et de méthode, avec la même ardeur, la même constance qu'il eût mises à poursuivre une vérité nouvelle dont la découverte auroit ajouté à sa renommée. D'ailleurs, si le désir ardent de la gloire eût existé au fond de son cœur, la franchise de son caractère ne lui eût pas permis d'en cacher les mouvemens. Mais cette gloire dont il s'occupoit si peu, vint le chercher. La fécondité singulière de son génie frappoit même ceux qui n'étoient pas en état d'entendre ses Ouvrages; quoiqu'uniquement livré à la Géométrie, sa réputation s'étendit parmi les hommes les plus étrangers à cette Science; et il fut pour l'Europe entière, non-seulement un grand Géomètre, mais un grand homme. Il est d'usage, en Russie, d'accorder des titres militaires à des hommes très-étrangers au service; c'est rendre hommage au préjugé qui faisoit regarder cet état comme la seule profession noble, et avouer en même temps qu'on en reconnoît toute la fausseté: quelques Savans ont obtenu jusqu'au grade de Général-Major; M. EULER n'en eut et n'en vouloit avoir aucun: mais quel titre pouvoit honorer le nom d'EULER? Et alors le respect pour la conservation des droits naturels de l'homme, impose en quelque sorte le devoir de donner l'exemple d'une sage indifférence pour ces hochets de la vanité humaine, si puérils, mais si dangereux.

La plupart des Princes du Nord, dont il étoit personnellement connu, lui ont donné des marques de leur estime, ou plutôt de la vénération qu'on ne pouvoit refuser à la réunion d'une vertu si simple et d'un génie si vaste et si élevé. Dans le voyage que le Prince Royal de Prusse fit à Pétersbourg, il prévint la visite de M. EULER, et passa quelques heures à côté du lit de cet illustre vieillard, ayant ses mains dans les siennes, et tenant sur ses genoux un petit-fils d'EULER, que ses dispositions précoces pour la Géométrie, avoient rendu l'objet particulier de sa tendresse paternelle.

Tous les Mathématiciens célèbres qui existent aujourd'hui, sont ses Elèves: il n'en est aucun, qui ne se soit formé par la lecture de ses Ouvrages, qui n'ait reçu de lui les formules, la méthode qu'il emploie, qui, dans ses découvertes, ne soit guidé et soutenu par le génie d'EULER. Il doit cet honneur à la révolution qu'il a produite dans les Sciences Mathématiques, en les soumettant toutes à l'analyse; à sa force pour le travail, qui lui a permis d'embrasser toute l'étendue de ces Sciences; à l'ordre qu'il a su mettre dans ses grands Ouvrages; à la simplicité, à l'élégance de ses formules; à la clarté de ses méthodes et de ses démonstrations qu'augmentent encore la multiplicité et le choix de ses exemples. Ni NEWTON, ni DESCARTES même, dont l'influence a été si puissante, n'ont obtenu cette gloire, et jusqu'ici, seul entre les Géomètres, M. EULER l'a possédée toute entière et sans partage.

Mais comme Professeur, il a formé des Elèves qui lui appartiennent plus particulièrement, et parmi lesquels nous citerons son fils aîné, que l'Académie des Sciences a choisi pour le remplacer, sans craindre que cette succession honorable accordée au nom d'EULER, comme à celui de BERNOULLI, pût devenir un exemple dangereux; un second fils, livré aujourd'hui à l'étude de la Médecine, mais qui dans sa jeunesse a remporté dans cette Académie un Prix sur les altérations du moyen mouvement des Planètes; M. LEXELL, qu'une mort prématurée vient d'enlever aux Sciences; enfin, M. FUSS, le plus jeune de ses disciples, le compagnon de ses derniers travaux, qui, envoyé de Bâle à M. EULER, par M. DANIEL BERNOULLI, s'est montré digne par ses Ouvrages, du choix de BERNOULLI et des leçons d'EULER; et qui, après avoir rendu dans l'Académie de Pétersbourg, un hommage public à son illustre Maître, vient de s'unir à sa petite-fille.

De seize Professeurs attachés à l'Académie de Pétersbourg, huit avoient été formés par lui; et tous, connus par leurs Ouvrages, et décorés de titres académiques, se glorifioient de pouvoir y ajouter celui de disciples d'EULER.

Il avoit conservé toute sa facilité, et en apparence toutes ses forces; aucun changement n'annonçoit que les Sciences fussent menacées de le perdre. Le 7 Septembre 1783, après s'être amusé à calculer sur une ardoise les loix du mouvement ascensionnel des machines aérostatiques, dont la découverte récente occupoit alors toute l'Europe, il dîna avec M. LEXELL et sa famille, parla de la Planète d'HERSCHELL, et des calculs qui en déterminent l'orbite; peu de temps après il fit venir son petit-fils, avec lequel il badinoit en prenant quelques tasses de thé, lorsque tout-à-coup, la pipe qu'il tenoit à la main lui échappa, et il cessa de calculer et de vivre.

Telle fut la fin d'un des hommes les plus grands et les plus extraordinaires que la Nature ait jamais produits; dont le génie fut également capable des plus grands efforts et du travail le plus continu, qui multiplia ses productions audelà de ce qu'on eût osé attendre des forces humaines, et qui cependant fut original dans chacune; dont la tête fut toujours occupée et l'ame toujours calme, qui enfin, par une destinée malheureusement trop rare, réunit et mérita de réunir un bonheur presque sans nuage, à une gloire qui ne fut jamais contestée.

Sa mort a été regardée comme une perte publique, même dans le pays qu'il habitoit: l'Académie de Pétersbourg a porté solennellement son deuil, et lui a décerné à ses frais un buste de marbre qui doit être placé dans ses salles d'assemblées; elle lui avoit déjà rendu pendant sa vie, un honneur plus singulier. Dans un tableau allégorique, la Géométrie s'appuie sur une planche chargée de calculs, et ce sont les formules de sa nouvelle théorie de la Lune, que l'Académie a ordonné d'y inscrire. Ainsi, un pays, qu'au commencement de ce siècle nous regardions encore comme barbare, apprend aux nations les plus éclairées de l'Europe, à honorer la vie des grands hommes et leur mémoire récente: il donne à ces nations un exemple que plusieurs d'entr'elles auroient à rougir, peut-être, de n'avoir su ni prévenir, ni même imiter.

INDEX NOMINUM

QUAE SERIEI TERTIAE TOMIS 11 ET 12 INSUNT

GPSR Compliance

The European Union's (EU) General Product Safety Regulation (GPSR) is a set of rules that requires consumer products to be safe and our obligations to ensure this.

If you have any concerns about our products, you can contact us on ProductSafety@springernature.com

In case Publisher is established outside the EU, the EU authorized representative is:

Springer Nature Customer Service Center GmbH
Europaplatz 3
69115 Heidelberg, Germany

Batch number: 10731594

Printed by Printforce, the Netherlands